中文翻译版

系统生物学中的蛋白质组学
方法与实验指南

Proteomics in Systems Biology
Methods and Protocols

主　编　〔加拿大〕詹妮弗·格迪斯-麦卡利斯特
　　　　（Jennifer Geddes-McAlister）
主　译　王宜强　张庆华　王　牧

科学出版社
北　京

图字：01-2023-5702 号

内 容 简 介

本书是Springer/Humana出版社出版的《分子生物学方法》（*Methods in Molecular Biology*）系列丛书之第2456卷，主要介绍了基于质谱分析的蛋白质组学技术在系统生物学研究中的应用，着重于技术方法，辅以相关理论及注意事项。在研究对象方面，涵盖了目前生物或医药研究领域常用的细菌、真菌、植物、动物和人类等物种；包括了组织、细胞、细胞器、分子等不同层面的蛋白质组学，还包括了健康（生理）或疾病（病理）状态下蛋白质组的变迁。在研究过程方面，从起初的样本制备（甚至更早期的植物样本培育），到中间的样本处理和检测、数据采集和分析，再到最后的深度挖掘，给读者一个全链条的逐步操作指南。对于一些重要的操作环节，则通过"注释"的方式进一步拓展，帮助更深入地了解相关步骤的关键或其理论支撑。本书除作为蛋白质组学专业人员或质谱领域技术人员的操作指南外，还可帮助其他专业领域的人员如何通过该技术解决本专业遇到的技术问题。

本书可供从事生物、医学及其他生命科学相关基础、转化及应用研究的科研和教学人员及在这些领域接受培训的学员参考阅读。

图书在版编目（CIP）数据

系统生物学中的蛋白质组学方法与实验指南 /（加）詹妮弗·格迪斯－麦卡利斯特(Jennifer Geddes-McAlister) 主编；王宜强，张庆华，王牧主译. -- 北京：科学出版社，2024.8. -- ISBN 978-7-03-078953-2

Ⅰ．Q51-62

中国国家版本馆 CIP 数据核字第 202403UM52 号

责任编辑：李 玫 / 责任校对：张 娟
责任印制：师艳茹 / 封面设计：龙 岩

First published in English under the title
Proteomics in Systems Biology: Methods and Protocols
edited by Jennifer Geddes-McAlister
Copyright © Jennifer Geddes-McAlister, 2022
This edition has been translated and published under licence from
Springer Science+Business Media, LLC, part of Springer Nature.

科 学 出 版 社 出版
北京东黄城根北街 16 号
邮政编码：100717
http://www.sciencep.com
北京建宏印刷有限公司印刷

科学出版社发行　各地新华书店经销
*
2024 年 8 月第 一 版　开本：889×1194　1/16
2024 年 8 月第一次印刷　印张：16
字数：480 000

定价：288.00 元
（如有印装质量问题，我社负责调换）

主译简介

　　王宜强　博士，毕业于北京大学医学部，军事医学科学院获硕士、博士学位，先后任职于第二军医大学、美国爱荷华大学、山东省医学科学院、苏州大学、厦门大学和西交利物浦大学。从事医学基础研究，主要兴趣为疾病的发病机制及实验治疗，先后主持国家自然科学基金面上项目五项、973前期研究专项和山东省杰出青年基金各一项。发表SCI论文、中文核心期刊论文100余篇，主编、主译出版著作各一部、参编参译著作多部。获国家科技进步二等奖一项（第三位），获国家发明专利授权九项。先后获山东省"泰山学者"特聘教授、江苏省"双创团队"核心成员、福建省引进高层次人才称号和多家学术组织委员和中华系列杂志编委。

　　张庆华　博士，先后担任上海交通大学医学院附属瑞金医院、上海血液学研究所、医学基因组学国家重点实验室研究员，国家人类基因组南方研究中心上海市健康与疾病基因组重点实验室副主任，生物芯片上海国家工程研究中心副主任，博士生导师。现任全国生物芯片标准化委员会委员、医学生物技术学会生物芯片分会委员、上海市生物工程学会常务理事、中国遗传学会基因组委员会委员、中国抗癌协会肿瘤标志物委员会外泌体专家委员会委员、精准治疗专业委员会常务委员。先后承担科技部863、973项目和中医药国家重大科技专项、国家自然科学基金以及上海市科技专项等。2012年发起创建上海华盈生物医药科技有限公司，为科研人员提供各类蛋白质组学专业检测和分析。

　　王　牧　博士，曾任美国印第安纳大学医学院生物化学和分子生物学终身教授、蛋白质中心主任，美国国家癌症研究所临床蛋白质组学技术癌症项目联合首席研究员，获2004年人类蛋白质组学学会青年科学家奖。发表高影响力论文百余篇，2024年H指数为47。主要研究领域包括哺乳动物系统基因修复机理、癌症化疗耐药性机理及敏化剂研发、前列腺癌药物新靶点探索、帕金森症病因研究和临床生物标志物开发及应用等。为西交利物浦大学慧湖药学院创始执行院长，现任西交利物浦大学慧湖药学院教授、西浦慧湖生物大分子表征分析中心主任。

译者名单

主　译　王宜强　张庆华　王　牧

译　者　（按姓氏笔画排序）

　　　　　王　牧　西交利物浦大学

　　　　　王　婷　安徽医科大学第一附属医院

　　　　　王宜强　西交利物浦大学

　　　　　纪东瑞　上海华盈生物医药科技有限公司

　　　　　沈　莹　苏州大学附属第一医院

　　　　　张　杰　西交利物浦大学

　　　　　张庆华　上海华盈生物医药科技有限公司

　　　　　张晓雪　西交利物浦大学

　　　　　陈　颖　西交利物浦大学

　　　　　邵联波　苏州大学附属第一医院

　　　　　赵梓妍　西交利物浦大学

　　　　　徐明明　西交利物浦大学

　　　　　程　恳　西交利物浦大学

　　　　　黎陈铖　西交利物浦大学

　　　　　Shining Loo　西交利物浦大学

　　　　　Joyce J. Wang　贝勒大学（Baylor University）

原著者名单

LYNDA AGBO • Department of Molecular Medicine, Cancer Research Center and Big Data Research Center, Université Laval, Québec, QC, Canada; Endocrinology and Nephrology Division, CHU de Québec-Université Laval Research Center, Québec, QC, Canada

ASPASIA A. AMIRIDIS • Department of Biochemistry, University of Wisconsin-Madison, Madison, WI, USA

ANTHONIA ANOWAI • Department of Physiology and Pharmacology, University of Calgary, Calgary, AB, Canada; Department of Biochemistry and Molecular Biology, University of Calgary, Calgary, AB, Canada; McCaig Institute for Bone and Joint Health, University of Calgary, Calgary, AB, Canada; Hotchkiss Brain Institute, University of Calgary, Calgary, AB, Canada

BRIANNA BALL • Department of Molecular and Cellular Biology, University of Guelph, Guelph, ON, Canada

SOPHIE ANNE BLANCHET • Oncology Division, CHU de Québec-Université Laval Research Center, Québec, QC, Canada; Department of Molecular Biology, Medical Biochemistry and Pathology, Cancer Research Center, Université Laval, Québec, QC, Canada

FRANÇOIS-MICHEL BOISVERT • Department of Immunology and Cell Biology, Faculty of Medicine and Health Sciences, Université de Sherbrooke, Québec, QC, Canada

ÖZÜM SEHNAZ CALISKAN • Diabetes Center, Helmholtz Zentrum München, German Research Center for Environmental Health, Neuherberg, Germany; German Center for Diabetes Research(DZD), Neuherberg, Germany

TZU-CHIAO CHAO • Department of Biology, University of Regina, Regina, SK, Canada; Institute of Environmental Change and Society, University of Regina, Regina, SK, Canada

VINCENT C. CHEN • Department of Chemistry, Brandon University, Brandon, MB, Canada

SAMEEKSHA CHOPRA • Department of Physiology and Pharmacology, University of Calgary, Calgary, AB, Canada; Department of Biochemistry and Molecular Biology, University of Calgary, Calgary, AB, Canada; McCaig Institute for Bone and Joint Health, University of Calgary, Calgary, AB, Canada; Hotchkiss Brain Institute, University of Calgary, Calgary, AB, Canada

DOUG COSSAR • PlantForm Corporation Canada, Toronto, ON, Canada

JÜRGEN COX • Computational Systems Biochemistry Research Group, Max Planck Institute of Biochemistry, Martinsried, Germany

ARNAUD DROIT • Proteomics Platform, CHU de Québec-Université Laval Research Center, Québec, QC, Canada; Computational Biology Laboratory, CHU de Québec-Université Laval Research Center, Québec, QC, Canada

ANTOINE DUFOUR • Department of Physiology and Pharmacology, University of Calgary, Calgary, AB,

Canada; Department of Biochemistry and Molecular Biology, University of Calgary, Calgary, AB, Canada; McCaig Institute for Bone and Joint Health, University of Calgary, Calgary, AB, Canada; Hotchkiss Brain Institute, University of Calgary, Calgary, AB, Canada

DANIEL FIGEYS • Department of Biochemistry, Microbiology and Immunology and Ottawa Institute of Systems Biology, University of Ottawa, Ottawa, ON, Canada; School of Pharmaceutical Sciences, University of Ottawa, Ottawa, ON, Canada

LEONARD JAMES FOSTER • Michael Smith Laboratories and Department of Biochemistry & Molecular Biology, University of British Columbia, Vancouver, BC, Canada

AMÉLIE FRADET-TURCOTTE • Oncology Division, CHU de Québec-Université Laval Research Center, Québec, QC, Canada; Department of Molecular Biology, Medical Biochemistry and Pathology, Cancer Research Center, Université Laval, Québec, QC, Canada

JENNIFER GEDDES-MCALISTER • Department of Molecular and Cellular Biology, University of Guelph, Guelph, ON, Canada

MAXIMILIAN GERWIEN • Computational Systems Biochemistry Research Group, Max Planck Institute of Biochemistry, Martinsried, Germany

CLARISSE GOTTI • Proteomics Platform, CHU de Québec-Université Laval Research Center, Québec, QC, Canada; Computational Biology Laboratory, CHU de Québec-Université Laval Research Center, Québec, QC, Canada

NICOLE HANSMEIER • Department of Biology, University of Regina, Regina, SK, Canada; Luther College at University of Regina, Regina, SK, Canada

RAFE HELWER • Department of Chemistry, Brandon University, Brandon, MB, Canada

AICHA ASMA HOUFANI • Michael Smith Laboratories and Department of Biochemistry & Molecular Biology, University of British Columbia, Vancouver, BC, Canada

DANISHA JOHAL • Department of Molecular and Cellular Biology, University of Guelph, Guelph, ON, Canada

NATALIE KRAHMER • Diabetes Center, Helmholtz Zentrum München, German Research Center for Environmental Health, Neuherberg, Germany; German Center for Diabetes Research(DZD), Neuherberg, Germany

JONATHAN R. KRIEGER • Bioinformatics Solutions Inc., Waterloo, ON, Canada

OLEG KROKHIN • Manitoba Centre for Proteomics and Systems Biology, Department of Internal Medicine, University of Manitoba, Winnipeg, MB, Canada

JEAN-PHILIPPE LAMBERT • Department of Molecular Medicine, Cancer Research Center and Big Data Research Center, Université Laval, Québec, QC, Canada; Endocrinology and Nephrology Division, CHU de Québec-Université Laval Research Center, Québec, QC, Canada

PHILIPP F. LANGE • Department of Pathology and Laboratory Medicine, University of British Columbia, Vancouver, BC, Canada; Michael Cuccione Childhood Cancer Research Program, BC Children's Hospital, Vancouver, BC, Canada; Department of Molecular Oncology, BC Cancer, Vancouver, BC, Canada

YING LAO • Manitoba Centre for Proteomics and Systems Biology, Department of Internal Medicine, University of Manitoba, Winnipeg, MB, Canada

MATHIEU LAVALLÉE-ADAM • Department of Biochemistry, Microbiology and Immunology and Ottawa Institute of Systems Biology, University of Ottawa, Ottawa, ON, Canada

MICKAËL LECLERCQ • Computational Biology Laboratory, CHU de Québec-Université Laval Research

Center, Québec, QC, Canada

BOYAN LIU • Department of Molecular and Cellular Biology, University of Guelph, Guelph, ON, Canada

BARBARA MAINOLI • Department of Physiology and Pharmacology, University of Calgary, Calgary, AB, Canada; Department of Biochemistry and Molecular Biology, University of Calgary, Calgary, AB, Canada; McCaig Institute for Bone and Joint Health, University of Calgary, Calgary, AB, Canada; Hotchkiss Brain Institute, University of Calgary, Calgary, AB, Canada

GIORGIA MASSACCI • Department of Biology, University of Rome Tor Vergata, Rome, Italy

THIBAULT MAYOR • Michael Smith Laboratories, Department of Biochemistry and Molecular Biology, University of British Columbia, Vancouver, BC, Canada

MICHAEL D. MCLEAN • PlantForm Corporation Canada, Toronto, ON, Canada

FLORIAN MEIER • Department Proteomics and Signal Transduction, Max Planck Institute of Biochemistry, Martinsried, Germany; Functional Proteomics, Jena University Hospital, Jena, Germany

ANNA MELLER • Department of Immunology and Cell Biology, Faculty of Medicine and Health Sciences, Université de Sherbrooke, Québec, QC, Canada

CRISTEN MOLZAHN • Michael Smith Laboratories, Department of Biochemistry and Molecular Biology, University of British Columbia, Vancouver, BC, Canada

NEELOFFER MOOKHERJEE • Manitoba Centre for Proteomics and Systems Biology, Department of Internal Medicine, University of Manitoba, Winnipeg, MB, Canada; Department of Immunology, University of Manitoba, Winnipeg, MB, Canada

LORENZ NIERVES • Department of Pathology and Laboratory Medicine, University of British Columbia, Vancouver, BC, Canada; Michael Cuccione Childhood Cancer Research Program, BC Children's Hospital, Vancouver, BC, Canada

MARLENE OEFFINGER • Institut de recherches cliniques de Montréal, Montréal, QC, Canada; Département de biochimie, Faculté de médecine, Université de Montréal, QC, Canada; Faculty of Medicine, Division of Experimental Medicine, McGill University, QC, Canada

DAVID P. OVERY • Agriculture and Agri-Food Canada, Ottawa Research and Development Centre, Ottawa, ON, Canada

HADEESHA PIYADASA • Manitoba Centre for Proteomics and Systems Biology, Department of Internal Medicine, University of Manitoba, Winnipeg, MB, Canada; Department of Immunology, University of Manitoba, Winnipeg, MB, Canada; Department of Pathology, School of Medicine, Stanford University, Palo Alto, CA, USA

NICHOLAS PRUDHOMME • Department of Molecular and Cellular Biology, University of Guelph, Guelph, ON, Canada

ATEFEH RAFIEI • Department of Chemistry, University of Calgary, Calgary, AB, Canada

FLORENCE ROUX-DALVAI • Proteomics Platform, CHU de Québec-Université Laval Research Center, Québec, QC, Canada; Computational Biology Laboratory, CHU de Québec-Université Laval Research Center, Québec, QC, Canada

FRANCESCA SACCO • Department of Biology, University of Rome Tor Vergata, Rome, Italy

DAVID C. SCHRIEMER • Department of Chemistry, University of Calgary, Calgary, AB, Canada; Department of Biochemistry and Molecular Biology, University of Calgary, Calgary, AB, Canada

NICHOLLAS E. SCOTT • Department of Microbiology and Immunology, Peter Doherty Institute for Infection and Immunity, The University of Melbourne, Parkville, VIC, Australia

MITRA SERAJAZARI • Ontario Agriculture College, University of Guelph, Guelph, ON, Canada

SAMRACHANA SHARMA • Department of Biology, University of Regina, Regina, SK, Canada

CAITLIN M. A. SIMOPOULOS • Department of Biochemistry, Microbiology and Immunology and Ottawa Institute of Systems Biology, University of Ottawa, Ottawa, ON, Canada

PAVEL SINITCYN • Computational Systems Biochemistry Research Group, Max Planck Institute of Biochemistry, Martinsried, Germany

PATRICIA SKOWRONEK • Department Proteomics and Signal Transduction, Max Planck Institute of Biochemistry, Martinsried, Germany

ARJUN SUKUMARAN • Department of Molecular and Cellular Biology, University of Guelph, Guelph, ON, Canada

PATA-ETING KOUGNASSOUKOU TCHARA • Department of Molecular Medicine, Cancer Research Center and Big Data Research Center, Université Laval, Québec, QC, Canada; Endocrinology and Nephrology Division, CHU de Québec-Université Laval Research Center, Québec, QC, Canada

SAMINA THAPA • Department of Biology, University of Regina, Regina, SK, Canada

CHRISTIAN TRAHAN • Institut de recherches cliniques de Montréal, Montréal, QC, Canada

JANICE TSUI • Department of Pathology, University of British Columbia, Vancouver, BC, Canada; Michael Cuccione Childhood Cancer Research Program, BC Children's Hospital, Vancouver, BC, Canada

ANULI C. UZOZIE • Department of Pathology, University of British Columbia, Vancouver, BC, Canada; Michael Cuccione Childhood Cancer Research Program, BC Children's Hospital, Vancouver, BC, Canada

AMY M. WEEKS • Department of Biochemistry, University of Wisconsin-Madison, Madison, WI, USA

THOMAS E. WITTE • Agriculture and Agri-Food Canada, Ottawa Research and Development Centre, Ottawa, ON, Canada; Department of Chemistry and Biomolecular Sciences, University of Ottawa, Ottawa, ON, Canada

DANIEL YOUNG • Department of Physiology and Pharmacology, University of Calgary, Calgary, AB, Canada; Department of Biochemistry and Molecular Biology, University of Calgary, Calgary, AB, Canada; McCaig Institute for Bone and Joint Health, University of Calgary, Calgary, AB, Canada; Hotchkiss Brain Institute, University of Calgary, Calgary, AB, Canada

中文版序一

"蛋白质组学"这一概念本身的形成借鉴于世纪之交完成的"人类基因组计划",其历史可以追溯到分子生物学和蛋白质化学的早期。当时研究人员主要通过电泳和色谱等技术了解单个蛋白质。20世纪末,质谱技术在生物大分子中的应用彻底改变了这一领域,使对蛋白质的高通量鉴定和定量成为可能;加上基因组测序技术和生物信息学的加速发展,为更全面的系统生物学研究铺平了道路。

相对于简单、静态的遗传物质单位"基因",蛋白质种类繁多、结构复杂、表达水平动态变化,因此蛋白质组学的研究面临着重大的技术挑战,可以体现在不同的细胞组织体液的样品制备、质谱数据采集、大规模的数据分析等方方面面。Springer/Humana 出版社最近出版的《分子生物学方法》(*Methods in Molecular Biology*)系列丛书之一《系统生物学中的蛋白质组学方法与实验指南》,秉承了系列丛书的严谨传统和实用风格,为蛋白质组学和系统生物学领域的研究人员提供了一份理论与实践兼备的实操指南。本书的作者来自世界各地的实验室,都是蛋白质组学相关领域的专家学者。通过阅读本书读者会发现,在每个章节,对不同主题简明扼要地介绍后,再对实验所需材料和试剂、样品制备方案、质谱技术细节、数据分析工具和方法等步骤进行了详细描述。此外,本书还针对实验中可能出现的常见问题提供了疑难解答和对策,增强了实验方法的可重复性和实用性。作为《分子生物学方法》系列丛书曾经的撰稿人,我深知作者们的这些分享都来自于他们在科研过程中宝贵的第一手资料和经验。

在学科领域方面,本书深入探讨了蛋白质组学在临床医学、传染病和农业方面的应用。除了传统的蛋白质组学(包括基于蛋白修饰的磷酸化蛋白组或糖化蛋白组,以及亚细胞器的蛋白质组)方法外,还涉猎代谢组学及最前沿的生物信息学工具,包括机器学习的应用和数据整合的策略。对初学者来说,本书叙述简洁,内容通俗易懂,实验材料、方法翔实全面,按照书中的描述去做,很容易上手并获得可靠的实验结果。而有经验的科研人员,会从本书中对蛋白质组学在不同领域中的应用探讨中获得有意义的启发,拓宽科研思路。研究复杂生物样本的科研人员,可能对书中最后几章比较感兴趣。基于机器学习和人工智能的最新生物信息技术,在对数据的挖掘处理和功能分析方面发挥了重要作用,使得研究人员能够从庞大的数据中提取有意义的生物学模式。

本人在20世纪90年代中期读博士时进入蛋白质组学研究领域,深知一本优秀的实验方法和指南对于蛋白质组学研究的重要性。以西交利物浦大学的学者为主的团队,将这本英文原著的中文版《系统生物学中的蛋白质组学方法与实验指南》介绍给以中文为母语的科研工作者。在与中国同道学术交流所知,这是第一本以中文出版的蛋白质组学在系统生物学中的应用指南。随着科学发展和研究的深入,基于蛋白质组学的研究策略在中国科研界会有更广泛的应用,因此相信会有更多的科研工作者从这本指南的中文译本中受益,从而助力蛋白质组学在生物医药领域的应用,促进我们对复杂生物系统和疾病机制的更深入认识。

为此,我衷心祝贺《系统生物学中的蛋白质组学方法与实验指南》的出版。

李新萍 博士(Xinping Li, PhD)

马克斯·普朗克老年生物学研究所蛋白质组学平台,德国科隆

(Proteomics Core Facility, Max Planck Institute for Biology of Ageing, Cologne, Germany)

2024年1月

中文版序二

20世纪末，蛋白质组学的出现打开了功能基因组学的新纪元，生命科学进入了后基因组时代。蛋白质是生物学功能的执行者，包含了多个维度的生物学信息，能够直接反映生物体实际的功能状态，所以在生命活动中蛋白质的表达必然是变化的、多样的。这就意味着只有系统、动态地对蛋白质进行研究，才能全面和深入地认识生命中复杂的生理病理变化。而蛋白质组学是研究基因组所表达的全部蛋白质的科学，包括蛋白质表达丰度、翻译后修饰、亚细胞定位、三维结构及相互作用网络等。是从整体角度对细胞、组织或生物体的蛋白质结构、功能及生物学过程调控进行研究，可以全景式地揭示生理病理下蛋白质的功能机制、调节控制、信号传导和作用网络。近30年来，生物质谱和生物信息学的迅猛发展，使得蛋白质组学成为探索生命科学一个极其重要的技术工具，推动了多个领域发生革命性进展。

纵览《系统生物学中的蛋白质组学方法与实验指南》全书内容围绕系统生物学，精选了20多个代表性蛋白质组学实验，涵盖了多种最新的蛋白质组学技术和策略，详细介绍了样品制备、质谱检测和生物信息学分析各个环节的分析策略和实验步骤。本书具有很强的实用性和可操作性，读者可以根据自己的实验对象和实验目的，选择合适的实验步骤进行操作，完成蛋白质组学研究，有效地节约时间和成本，提高研究效率。本书是一本集蛋白质组学方法和实践相结合的专业译著，对于国内从事蛋白质组学研究者和实验人员具有重要的指导作用。

何 昆 研究员

国家生物医学分析中心

2024年1月

译者前言

现代科学技术的进步剧烈地改变着科学本身的发展模式。"基因组"作为第一个组学概念，不但奠定了结构组学的基石，而且引发了对"高通量"科研模式和策略的追求，从而催生了"蛋白质组"和一系列功能组学概念（如 metablome——代谢组、interactome——互作组等）。与其他组学研究技术相似，开展蛋白质组学研究需要专门的高级且昂贵的仪器设备、需要专业技术人员进行操作才能确保研究的质量，其产生的海量数据也需要专门的软件进行分析处理，才能确保数据不被误收、误读、误解。若想充分利用这些宝贵的实验结果和数据资源，还需要专门的生物信息学工具对其进行探索性挖掘。诸多的"专门"门槛，限制了蛋白质组学平台走入"寻常百姓家（科研机构）"，也使得非蛋白质组学专业人员对应用蛋白质组学策略解决自己关注的学术问题时常望而却步，不知所措，最后干脆避而远之。虽然有些科研机构或生物技术服务平台可以提供质谱分析、数据采集等，但非蛋白生物学实验室或团队准备的样本，常难以达到蛋白质组学研究的要求，导致最后获得的数据质量参差不齐，甚至事倍功半。这种现象，对常在功能学研究中委托专业实验室进行质谱分析的王宜强，或对在组学技术领域从事技术和服务的张庆华，以及专门从事大分子功能研究和质谱分析的王牧来讲，都深有体会。因此，当这三位不同领域的专家看到 Springer/Humana 出版社的《分子生物学方法》（*Methods in Molecular Biology*）系列丛书中的《系统生物学中的蛋白质组学方法与实验指南》（*Proteomics in Systems Biology Methods and Protocols*）一书时，均相信它正是可以帮助解决上述困境、促进蛋白质组学广泛应用的有力工具。感谢科学出版社的信任、同事们的合作，以及上海华盈生物医药科技有限公司和西浦慧湖药学院–海狸生物联合科学实验室的资助，使得该书的中文版得以问世。感谢长期在德国马普老年生物学研究所从事蛋白质组学研究的李新萍博士和在中国国家生物医学分析中心从事质谱研究的何昆研究员对翻译工作提出宝贵建议，并为本书中文版作序。

除了李新萍、何昆两位专家在中文版序中指出的本书的权威性等特征之外，还需要特别指出的是，本书介绍的实验指南均基于海外研究平台，使用国际厂商的仪器设备、试剂、耗材等；但其体现的基本原理和操作原则不但适用于国内装备有上述设备的技术服务平台，而且经过适当、合理的调整，这些方案也可采用国产的高质量产品进行替代。比如，进行蛋白质分离纯化所需的试剂、抗体、磁珠、层析柱，都有质量可靠的国产替代品；用于质谱分析的仪器设备，也有若干国产品牌；甚至书中专家使用和介绍的数据分析软件，也是来自我国的研究团队。因此，我们相信本书能够成为从事蛋白质组学和系统生物学研究的专业人员及在该领域从事科技服务的技术人员的工具书，也能帮助其他专业的广大科研工作者了解蛋白质组学，并在有需要时高质量地运用它，还特别盼望它能把关于蛋白质组学的系统知识带给国内更多的实验室，为该技术的广泛应用做出贡献。

王宜强　研究员　西交利物浦大学

张庆华　研究员　上海华盈生物医药科技有限公司

王　牧　教　授　西交利物浦大学

2024 年 1 月

原著前言

基于质谱的蛋白质组学及其相关的技术、仪器、生物信息学工具、应用，都是多样且具有意义的，可以用来研究众多生物系统。我们对于细胞活动、环境响应、调节机制中的更改、细胞活动必需的蛋白质互作网络的领悟，都受益于蛋白质组学带给我们的许多宝贵见解。不仅如此，基于质谱的蛋白质组学在生物化学、微生物学、免疫学、植物生物学、化学、药物研发、计算编程等众多领域中的应用，只是这种复杂精细技术的冰山一角。25年以来，蛋白质组学技术突飞猛进，提升了我们的基础生物知识，展示了新的功能和视角，在医学和农业领域备受推崇。《分子生物学方法》系列丛书中探索蛋白质组学的书目，也显示了这一新兴而知名领域的深远影响及其与诸多学科的互联性与交叉性。

本书重点关注系统生物学中的蛋白质组学，意在易懂地、丰富地、简明地突出蛋白质组学的众多技术与应用。内容涵盖最新的技术和生物信息学平台，包括的样品配制方法采用多种采集、量化、富集、修饰、交互作用方式，以此深入探索生物系统，以及蛋白质组学在临床、传染病、农业等领域的应用。除此以外，尖端生物信息科技，包括机器学习和数据集成，可以提取精准、可重现的、有效的数据。除蛋白质组学以外，本书亦呈现了有关代谢组学的技术。要对这些技术及其影响有全面的认知，不仅需要技术方面的考虑，还有成本、数据可用性等更多的因素。这本内容丰富的合作性合辑统筹众多因素，强调了蛋白质组学的重要性，为从系统生物学角度研究不同生物体呈现了众多方式。

Jennifer Geddes-McAlister

Guelph, ON, Canada

目　录

第一章　蛋白质组学实验流程中的隐蔽成本 ………………………………………………………… 1
　　Aicha Asma Houfani and Leonard James Foste

第二章　基于 dia-PASEF 技术和高通量质谱的蛋白质组学 ………………………………………… 9
　　Patricia Skowronek and Florian Meier

第三章　小鼠脑组织去垢剂不溶性蛋白质的分离及数据非依赖性采集定量分析 ………………… 18
　　Cristen Molzahn, Lorenz Nierves, Philipp F. Lange, and Thibault Mayor

第四章　啮齿动物肺组织样品制备和鸟枪法蛋白质组学分析 ……………………………………… 33
　　Hadeesha Piyadasa, Ying Lao, Oleg Krokhin, and Neeloffer Mookherjee

第五章　用于细菌蛋白质组学分析的蛋白质纯化和消化方法 ……………………………………… 40
　　Nicole Hansmeier, Samrachana Sharma, and Tzu-Chiao Chao

第六章　利用靶向胞膜的 Subtiligase 绘制细胞表面蛋白水解图谱 ………………………………… 46
　　Aspasia A. Amiridis and Amy M. Weeks

第七章　组织和液体活检样本的 N 末端组学 ………………………………………………………… 55
　　Anthonia Anowai, Sameeksha Chopra, Barbara Mainoli, Daniel Young, and Antoine Dufour

第八章　HUNTER：通过 N 端富集对微量样本蛋白水解系统进行表征的高灵敏自动方案 ……… 62
　　Anuli C. Uzozie, Janice Tsui, and Philipp F. Lange

第九章　胰岛的磷酸化蛋白质组学和细胞器蛋白质组学 …………………………………………… 80
　　Özüm Sehnaz Caliskan, Giorgia Massacci, Natalie Krahmer, and Francesca Sacco

第十章　真菌病原体全磷酸化谱分析及磷酸化蛋白质组学样品制备 ……………………………… 91
　　Brianna Ball, Jonathan R. Krieger, and Jennifer Geddes-McAlister

第十一章　以糖肽为中心的微生物糖蛋白质组表征方法 …………………………………………… 99
　　Nichollas E. Scott

第十二章　利用多蛋白质组学数据开展整合集成网络探究 ………………………………………… 111
　　Rafe Helwer and Vincent C. Chen

第十三章　啤酒酵母分子复合体的单步亲和纯化方法及靶向交联质谱分析 ……………………… 119
　　Christian Trahan and Marlene Oeffinge

ix

第十四章 微管相关蛋白结构分析的交联质谱方法···135
Atefeh Rafiei and David C. Schriemer

第十五章 应用生物素邻近标记技术对核受体进行互作组学作图·································143
Lynda Agbo, Sophie Anne Blanchet, Pata-Eting Kougnassoukou Tchara, Amélie Fradet-Turcotte, and Jean-Philippe Lambert

第十六章 通过蛋白质组学数据库挖掘揭示功能性假基因···155
Anna Meller and François-Michel Boisvert

第十七章 细菌病原体–宿主互作蛋白质组学分析揭示新型抗菌策略·····························162
Arjun Sukumaran and Jennifer Geddes-McAlister

第十八章 沙门菌感染致小鼠巨噬细胞"修饰膜"蛋白质组学解析···································169
Tzu-Chiao Chao, Samina Thapa, and Nicole Hansmeier

第十九章 互作蛋白质组学在分子制药中的应用···177
Nicholas Prudhomme, Jonathan R.Krieger, Michael D. McLean, Doug Cossar, and Jennifer Geddes-McAlister

第二十章 对小麦赤霉病发病机制的无标记定量蛋白质组学分析·····································185
Boyan Liu, Danisha Johal, Mitra Serajazari, and Jennifer Geddes-McAlister

第二十一章 数据非依赖型采集蛋白质组学和机器学习帮助快速鉴定生物样本中的细菌类别·······193
Florence Roux-Dalvai, Mickaël Leclercq, Clarisse Gotti, and Arnaud Droit

第二十二章 新型生物信息学策略促进动态宏蛋白质组学研究···206
Caitlin M. A. Simopoulos, Daniel Figeys, and Mathieu Lavallée-Adam

第二十三章 MaxQuant 模块鉴定多肽基因组变异的应用··218
Pavel Sinitcyn, Maximilian Gerwien, and Jürgen Cox

第二十四章 真菌种群的非靶向代谢组学分析···224
Thomas E. Witte and David P. Overy

第一章

蛋白质组学实验流程中的隐蔽成本

Aicha Asma Houfani and Leonard James Foster

> 蛋白质组学的实验流程，一般从细胞、组织、有机体的培养或收集开始，到蛋白质提取、消化和纯化处理，再到质谱分析，最后通过大量的生物信息学分析，从数据中得出生物学见解。具体步骤与细节，因实验室和样本类型而异。如，与软组织、生物流体或无壁细胞相比，从硬组织或带壁细胞中提取蛋白质，通常需要更多的机械破碎。最后，样本会流转到质谱仪上，并选用合适方法进行分析。目前，全球几乎所有的研究团队，都在使用液相色谱串联质谱技术。这意味着每个样本都会耗费大量的仪器时间。许多综述或方法论文，包括本书中的文章，都已经详细介绍了蛋白质组学分析各类样本所涉及的具体步骤。本章的重点是对这些步骤的成本考虑，包括能让首次样本分析能获得有效数据的因素。其中，有的成本经常被忽视，尤其是在那些拥有自己的质谱仪、不需要采用按次收费服务的研究团队。本章还针对在不同生物系统中使用蛋白质组学来证明假设的流程提出了建议，尤其针对所涉及的实际及隐藏的成本，提出一些研究方法细节，以帮助研究人员配置适当的设备，并根据所拥有的分析仪器建立起可能的合作关系。

一、引言

用蛋白质组学来表征一份样本中的"所有"蛋白质，但是"所有"是加引号的，因为当前的技术尚未达到能鉴定每一种蛋白质的程度。有的研究报道从细胞裂解物中鉴定出了超过 10 000 种的蛋白质[1-3]，但还没有团队声称已经确切鉴定出了所有的蛋白质。蛋白质组学的这一终极目标，仍受各种技术和生物因素的限制，包括但不限于以下因素。

1. 丰度：有些蛋白质的数量达不到当前检测的阈值。这是生物本身及技术两方面的限制。
2. 序列偏差：有些蛋白质经胰蛋白酶消化而产生的多肽，因大小或结构原因无法被检测到。
3. 蛋白修饰：一些蛋白质的修饰模式在意料之外，因此可能不会被检测到。
4. 基因组注释：尤其是非模式生物中的一些基因被错误地注释，导致对比蛋白质组学数据搜索的序列是错误的，使一些蛋白质无法被鉴定。
5. 样品制备、分析中的错误、偏倚。

尽管存在这些挑战，评估蛋白质组学实验是否成功的基本指标之一是鉴定出的蛋白质数量，所以每个团队都会尽量克服这些问题。一种简单的方法是花费更多的仪器时间来分析该样品（图 1-1）。延长液相色谱（LC）梯度，或在液相色谱-串联质谱（LC-MS/MS）检测前把样品分割，都可以实现这一目标。延长梯度可能会使仪器使用时间增加 50% 或 100%，而采用分割样品策略则可能使仪器使用时间多出 20 倍甚至50倍。

投入更多的仪器时间固然是一种解决方法，但这是有成本的。毫无疑问，一个可以无限制使用LC-MS/MS系统的实验室，可以利用这种方法获得更好的数据。但可用的仪器时间往往会限制实验进度，尤其是由税收资助的研究项目中。许多研究人员都希望使用仪器，所以有时必须排队等待。即使不考虑等待的时间，整个分析过程也涉及许多成本：操作仪器需要成本，购买仪器本身有摊销成本，样品准备需要人力成本，以及其他人等待时耗费的人力成本，从而延缓了科学研究的进度。

A. 样本生成（数周至数年）
- 样品通量和重复样本
- 实验与对照
- 多种样品类型（如生物流体、细胞、组织、器官、植物、昆虫、微生物等）
- 复杂的蛋白质混合物

B. MS样品制备（数小时至数日）
- 细胞溶解与变性
- 化学或酶法裂解
- 蛋白水解性消化（如胰蛋白酶）
- 复杂的肽混合物
- 多肽样品分割或分离

C. LC-MS/MS数据获取（数小时至数日）
- MS1（初步）
- MS2（片段分析）

D. 数据分析与品质（数小时至数日）
- 蛋白质组覆盖
- 选择变量
- 肽段鉴定
- 量化
- 数据可视化及注释

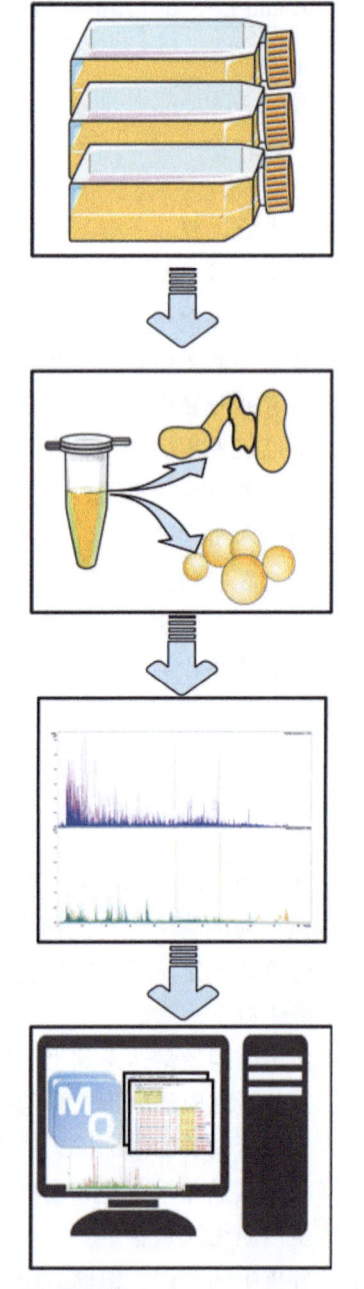

图1-1 蛋白质组学工作流程中的注意事项

A. 生物样本的生成时间因原料来源而异；B. 烦琐、耗时的样品制备过程，给数据分析带来一系列挑战；C. 样品分割的数量、质谱仪的种类决定着LC-MS/MS分析的深度；D. 从MS分析实验获得定量或定性数据到经过蛋白质搜索等获得数据解释或实验结论之间，有时也耗时甚久

本章的重点是蛋白质组学实验的成本。有些成本是明显且不可避免的：获得仪器需要一定的资金投入；大多数较新的仪器需要特殊、专有的专业知识来维护，因此需要成本支付服务合同；水电费和楼房费用，溶剂、缓冲液、塑料器材、备用零件等消耗品的成本。此外，还有负责样品准备和分析的专业人士的工资成本，分析、储存数据所需的计算机硬件和软件的成本。任何一个管理实验室的人都熟知所有这些成本，实验室的其他工作人员也可能了解大多数费用。但是经验表明，尽管人们知道这些成本的存在，但在做出有关实验和分析的选择时，往往不会充分考虑。比如，实验室的水电费和空间的费用，通常都由主办机构而非研究人员承担，因此容易对该类成本忽略。相反，研究者常花费大量时间考虑一些明显的成本，比如是否要对样本进行标记、标记试剂如何选择（使用 SILAC 是否比 iTRAQ 更便宜？）、购买多少抗体（实验室能否承担得起 25 个每个 500 美元的抗体来深入验证蛋白质组学数据？），以及是否需要使用专门的样品（即能否只使用 HeLa 细胞进行实验，还是必须购买昂贵的干细胞？）等。

二、样品的质量保证

从作者的经验及与同事的交流中得知，蛋白质组学设备的运行伴随着相当大的浪费：样本没有达到应有的丰富程度，色谱柱在装载后立即堵塞，上一个用仪器的人留下了塑料聚合物污染，使用了错误的对照样本等。其中一些问题，可以通过更好的规划或更小心地操作来避免，另一些则只能随着经验改进。即便如此，经验累积的过程也可以更有效。以下是在确保有效利用时间来制备、分析样品时应该考虑的一些因素。

（一）样品的选择、采集和存储

获取正确的样品是实验计划完成后开始的第一个实操步骤，在蛋白质组学流程中至关重要。然而很有可能，虽有明确的研究目标，但并不知道什么样的样本最适合达到这个目标。选用哪种生物系统最关键的衡量指标，决定了可以从中获得多少蛋白质。通常，加载到仪器上的蛋白质介于几百纳克与几微克之间，但这种微量样品很难用批量方法（如手动移液管和微离心管）处理，因此通常从 10～25μg（因实验类型而不同）的蛋白质开始准备。如，为了鉴定某种蛋白质的互作分子，想要确定获取的免疫沉淀物中目的分子的具体数量。在这种情况下，作者的经验是通过十二烷基磺酸钠-聚丙烯酰胺凝胶电泳（SDS-PAGE）来分离样品，并用胶体考马斯亮蓝染色[4]。如果和阴性对照，能在目标蛋白的预测分子量位置观察到特异的条带，那么样品中很可能存在足够的互作分子，并能成功地进行 LC-MS/MS 实验。类似的预测试原则也适用于其他难以使用分光光度为蛋白质定量的样本，如分离获得的细胞器。

许多蛋白质组学实验旨在对整个细胞或组织进行表征鉴定，或是对比不同状态下蛋白质的表达差异。同任何生物实验一样都需要对使用哪种生物系统做出选择，但所做出的选择可能会影响后续实验数据的质量，进而影响成本或时间进度。如，原代细胞和组织被认为比永生化细胞更具生理学相关性，但它们通常成本更高、更难获得，想获取足够的原代细胞以获得足够的蛋白质可能是个挑战。如果为了获得足够的某种神经元细胞以提取 25μg 的蛋白质而需要杀死 100 只小鼠，那么动物伦理委员会和实验室预算都可能要求先在适当的细胞系上进行一些探索性的预实验，然后再使用动物进行后续的验证。一味地坚持选择"最具生理学相关性的系统"并不总是最佳选项。

除选择正确的样品外，还应确保样品以适当的方式收集，并充分考虑后期所有步骤。如，在裂解生物体细胞时，通常会添加蛋白酶抑制剂，以防止内源性酶过早降解蛋白质。但如果后期的计划是用胰蛋白酶或其他蛋白酶来消化这些蛋白质，蛋白酶抑制剂将会妨碍此过程。虽然可以通过沉淀或采用 PAGE 电泳去除蛋白酶抑制剂，但它们在第一步时真的是必要的吗？比如，直接将细胞悬浮在 SDS 缓冲液中并加热至 95℃ 5 分钟，可以达到同样的效果并节省后续时间[5]。同样，在磷酸化蛋白质组学实验中，一开始就加入磷酸酶抑制剂是必要的吗？还是一开始就直接将所有酶变性并避免使用抑制剂更有效率？

另一个考虑因素是保存样品的方式和时间，以便后续回到样品以在完成分析时确保成功。虽然理想的做法是从收集样品到制备步骤再到 LC-MS/MS 分析一气呵成，但这几乎是不可能的。因此，要考虑何时及如何存储样品，以确保蛋白质或肽能够完全被回收，并且不需要额外处理或引入干扰物质。这可能需要一些试错来确定冷冻蛋白质是否会从溶液中丢失或者不可逆地吸附到塑料容器上。在实验系统中，一些聚合物或其他污染物掺入样品，可能是造成质谱分析运行时间浪费最大的常见因素。比如，用有机溶剂或某些有机酸（尤其三氟乙酸）存储样品，可能会使塑料容器释放塑化剂等成分进入样本。这不仅会抑制待检测多肽的离子化，导致数据质量较差，还可能因为需要清洁仪器、更换零件、购买新的分析柱等产生额外成本。

（二）确保起始样品的质量

样品制备的一致性和高质量，是确保质谱分析结果可靠性的关键[6]。蛋白质组学分析，在蛋白质足够并且蛋白质尽可能不含其他生物分子（例如脂质）、盐和合成有机化合物（例如聚合物）时灵敏度最高[7]。与此相关的新兴工作流程是将所有样品处理都集中在单个试管或微孔板孔中[8, 9]。将目标分子（蛋白质）与样品中其他物质分离，需要高效的蛋白质提取方法，其步骤根据细胞、组织、植物等不同生物来源而有所不同[10]。细胞、组织的裂解或破碎步骤，包括裂解缓冲液的选择，对蛋白质的回收率和纯度都有很大影响。若选用错误的破碎条件或裂解缓冲液，可能会导致提取的蛋白质出现偏差（如，某些类别的蛋白质可能不溶解，或部分组织没有被充分破碎）或提取出并不需要的成分（如来自植物和真菌样本的细胞壁），这些物质可能堵塞分析柱或造成不需要的沉淀物。

蛋白质组学工作流程中，上游生化步骤中的另一个重要因素是用于溶解和变性蛋白质的去垢剂（又作"去污剂"）。去垢剂的选择及其使用方式可能会对质谱设施的高效运行产生很大影响。去垢剂很可能污染进样口、离子光学系统、检测器和质谱仪的其他组件，甚至让仪器只能检测到去垢剂离子，而无法检测到蛋白质或多肽。而且去垢剂通常与肽具有类似的疏水性，并且浓度通常远高于目标蛋白质/多肽的浓度，所以很难与多肽分离。根据作者的经验，没有一种完美的去垢剂既能有效提取蛋白质，又能在 LC-MS/MS 之前被完全从肽溶液中去除。某些供应商提供所谓的"质谱友好"去垢剂：这些去垢剂通常在酸性条件下水解，而且水解产物不会与肽一起被净化。然而，根据经验，这些降解产物很难被去除，而常规的去垢剂效果反而更好。这里没有足够的篇幅来探讨所有的去垢剂，但建议避免使用其他生化领域常用的曲拉通（Triton）和聚乙氧基化壬基酚（例如 NP-40）等去垢剂，因为这些去垢剂的残留物就算通过 PAGE 电泳纯化了样本后，仍然会被质谱仪检测到。在需要去垢剂时，一般使用十二烷基硫酸钠（SDS）。虽然 SDS 如果进入质谱仪也会对仪器造成很大的危害[11]，但与常用的标准凝胶内消化程序类似，可以有效地将 SDS 从样品中去除[12]。

也可以不用去垢剂，而使用加了 2, 2, 2-三氟乙醇（TFE）的裂解缓冲液有效裂解细胞。TFE 会增加蛋白质的溶解性，而且易于挥发，可以被快速清理。一项比较裂解组织样本方法的研究发现，使用 TFE 方法时，鉴定出的多肽和蛋白质的平均数量和总数最高，比使用过滤辅助样品制备（FASP）或 RapiGest（上述可酸解的"质谱友好"去垢剂之一）准备的样品多达 2.3 倍。TFE 还具有其他优点：使用 TFE 的方法是所测试的方案中耗时最少的，且成本较低，并且因其低蒸气压而易于蒸发去除。尽管 TFE 比多数其他蛋白质提取方法更有优势，但它具有毒性，比其他方法更具安全风险。乙腈是一种与 TFE 在物理化学性质上相似但毒性较低的有机溶剂。上述同一研究表明，在蛋白质组学工作流程中用乙腈替代 TFE，得到的多肽和蛋白质鉴定结果类似，且二者获得的蛋白质组结果高度关联[13]。

如前所述，将含有过多盐分或受聚合物污染的样品加载到液相色谱-质谱（LC-MS/MS）系统中，可能会出现各种各样的问题，如浪费前期准备样本和对该样品进行初测的时间，还可能导致不得不对仪器进行清洁，干扰其他工作。为了避免这类"昂贵"错误，常规做法是在将样品放入高端仪器前，先在较低端的仪器上对每个样品进行初步测试。测试的目的并非旨在新的生物学发现，而是快速检查样品是否足够清洁、丰富以值得进一步分析。当然，一个实验室的资源有限，研究生和博士后也有时间压力，用这种方法检查每个样品是不可行的。但是对于每个新的方案，甚至对现有步骤的每一种修改，都应用这种方法事先进行检查，以确保方法有效，再应用于真实样品。这也适用于每个研究人员：无论是实验室的新人，还是老员工在采用一种新的、不熟悉的方案时，都应评估一下制备高质量样品的能力。虽然这种模式有些严格，但最终会让实验室的所有人受益，包括接受测试的人，确保不会浪费所有人时间。

（三）需要的数据

蛋白质组学是一个非常注重数据量的领域。虽然曾经有一位科学家因检测到单个蛋白质而获得了诺贝尔奖[14-16]，但如今的论文，如果没有鉴定数千个蛋白质，恐怕很难得到审稿人的认可，更不用说《科学》（Science）、《自然》（Nature）或《细胞》（Cell）杂志的编辑人员了。蛋白质组学固然是一种可以用来增加生物学知识的工具，但现在大多数的发现都需要大量的后续实验，以验证初始蛋白质组学的结果所产生的假设，其中包括比样本制备和 LC-MS/MS 更耗时的、对蛋白质组学数据进行的生物信息学分析[17]。那么，应该鉴定多少种蛋白质呢？这个数量的下限似乎主要取决于需要鉴定多少个蛋白质才能使审稿人相信你具备足够的专业知识来完成蛋白质组学实验。依据所用的生物系统不同，这个下限在 2000～3000 个蛋白质的范围。然而，一个更加切实可行的策略也是直接考虑成本效益的策略：只需要鉴定足够多的蛋白质就能建立可靠的假设，并通过其他方式进行验证即可。如，如果在感染 SARS-CoV-2 之类冠状病毒的样本中寻找决定发病机制的关键调控点，若能鉴定出 2 万个磷酸化肽段固然很好，但如果在 4500 个磷酸化肽段中就能找到那个关键调控点[18]，那么就不需要再进行额外的努力。当然，需要鉴定多少个蛋白质才能找到那个关键点，事先并不知道，所以追求更多的蛋白质可能是更保险的选择。而且，鉴定更多的蛋白质通常会使生物信息数据分析具备更强的统计学可靠性。但是，考虑到成本，还有几种策略可以优化鉴定蛋白质的过程。

1. 在选择分割样品前进行整体测试　先分析整个样品，包括所有要测试的不同条件。例如，要比较处理组与未处理组的表达差异，先将两组都进行三次初步测试，以确认样品制备是否合适、样品质量是否良好。根据结果，评估是否需要更多的蛋白质，以及如何实现这一目标（例如，进一步分割、选择最佳分割方式、扩展 LC 梯度）。

2. 经验　也许在研究的过程中对有哪些蛋白质已经有了一些假设。在之前的蛋白质组学实验中，是否见过这些蛋白质？需要多少仪器时间才能看到这些蛋白质？有没有其他需要考虑的因素？

3. 统筹学　即便上述第一点所言的起始实验显示有蛋白质差异表达，更深入的分析仍可能是需要的，比如进行更全面的生物信息学分析。那么在分割样品、获取更多数据的同时，也可以着手对最初鉴定出的差异表达进行后续实验。

三、纳米流液相：蛋白质组学的昂贵软肋

蛋白质组学实验的成本受到许多因素的影响。然而，对于设施而言，没有什么比停机时间更能增加每个样品的成本了。从表 1-1 中可以看出，每年分析的样品越少，每个样品的成本就越高。液相色谱-质谱（LC-MS/MS）仪器需要停机的原因有很多：定期清洁和维护、不定期清洁（例如检测高度污染的样品后）、硬件故障、电力故障、质量控制检查（这是确保最佳性能的重要步骤，虽然并不直接产生收益）。但最常见的停机原因是液相部分出现问题，因此液相也就成为蛋白质组学的软肋——但它像人的肋骨一样，是必不可少的一部分。将超高压与 nl/min 级别的流速相结合，可以使系统的灵敏度达到最高；这在蛋白质组学中至关重要，但也降低了系统稳定性。纳米流（nanoflow，也有译作"纳流"）液相色谱系统失败的原因有很多，如管道泄漏、转子和定子中的微小划痕、灰尘或污染物积聚增加了分析柱的反压等。除了仪器停机时间的损失外，修理过程中还会浪费大量时间。某些特定的方法可以采用较高的流速，极大地提高了系统的适用性，但几乎所有的探索性蛋白质组学方法都需要用户学会在纳米流范围内操作。

表 1-1 从数字衡量蛋白质组学实验的真实成本

类别	描述	成本/样本[1]
样本制备	蛋白质提取、消化、清理	$10
	研究生或博士后津贴	$200 [2]
资本成本	LC-MS/MS 仪器，包括安装、税收、运输—$1 M	$50 [3]
计算分析	数据存储	$1 [4]
	用开放获取算法进行蛋白质鉴定	$1
操作	负责维持仪器运行的工程师或科学家薪资，$80 000 的一半	$20
	溶剂、色谱柱、毛细管、气体	$4
MS 维护与维修	服务合同，$50 000/年	$12.50
总计		$298.50

注：[1] 准备或分析单个样品的费用，以美元计。假设单次仪器使用时间为 90 分钟，产生 3GB 的数据，数据库搜索花费 1 小时。

[2] 假设博士后津贴、福利为 5 万美元。在设计、完成所有的对照和检查程序后，一个人可能要一周才能测量 7～10 个样本。

[3] 假设每年分析 4000 个真实样本（除去停机、质量控制检查的不运行时间等），摊销的使用寿命为 5 年。

[4] 这项费用涵盖从购买外部移动硬盘到镜像服务器的花费，可能有很大不同

除了液相色谱系统无法正常运行的成本之外，纳米流体色谱的主要耗材成本在于分析柱。商业分析柱的成本可以高达 1000～2000 美元，如果这些分析柱被不良样品损坏，可能占据整个实验成本的一大部分。在实验室内制作分析柱相对较简单，但需要一定水平的专业知识，并且会占用经验丰富的工作人员的时间，从而增加人力成本。

四、重复与分割之间的平衡

重复是科学的基本原则之一。没有重复测量，无法了解所研究生物系统中的内在变异，无法判断检测到的变化是否显著或有意义。任何新领域的早期阶段里，为了展示一种新技术的能力，重复常会被忽视[19,20]。如今，生物重复试验成为蛋白质组学实验的默认常规之一，因此也要考虑到这些额外分析带来的成本。分割（即根据某些理论特征把样本分成不同等分）也是蛋白质组学研究的关键考量因素之一，在 LC-MS/MS 分析之前即对蛋白质或多肽样品进行分割，是鉴定更多蛋白质最简单的方法。但将单个样品分割成 10 个部分，会使该样品的成本增加一个数量级。因此，加上重复和分割，蛋白质组学实验的成本轻易可以达到数万美元。

想象一下，一名研究生想要比较疾病和健康组织、生成一个丰富的数据集，作为学位论文的基础。他知道需要三组重复实验：这是不言而喻的，因此要设置这些重复样本。他还知道，通过实验室用分割技术，将每个样本分割成 10 个部分，就可以轻松地将蛋白质鉴定数量增加 50%～100%。如此，对于疾病和健康组别的对比，每组有 3 个重复生物样本、每个生物产生 10 个分割，总共 60 个上机样本。这个学生能否在几乎相同的成本下获得更好的数据集呢？如果他设置成每组 5 个重复、每个重复有 6 个分割呢？或者进行 10 个重复、每个重复有 3 个分割呢？这些方案的分析成本是相等的，尽管样品制备成本和所需的时间会明显增加。重复和分割之间的最佳平衡，随着所研究系统的生物变量、固有的成本和挑战，以及实验目标而异。然而，一般来说，5 个重复、结合较少的分割，会比 3 个重复但更多分割会产生更好的数据集。首先，5 个重复可以减少数据缺失。其次，分割过程受到边际收益递减定律的严重影响，即大部分收益可以在最初的几个分割中实现[21]。对于某些类型的实验，尤其是分析小型临床试验或罕见疾病群体时，尽管 LC-MS/MS 的重复实验显得更昂贵，但使用更多数量的重复而减少分割可能是一种有用的策略[22]。

五、定量分析的成本

蛋白质组学中定量方法的发展十分迅速，无标记和稳定同位素标记技术都非常普遍[23]。在选择定量策略时，重要的是考虑样本的复杂性和可重复性，以及实验的成本[24]。在获取样本、进行数据分析的成本不变的情况下，于定量实验本身来讲，涉及的独特成本包括标记（如果使用标记）和LC-MS/MS成本。

代谢和同位素标记方法需要更高的前期成本来标记样品，而其他一些标记方式的额外成本微不足道[25]。基于一级质谱（MS1）的标记（即代谢性、非同位素衍生方式），系统的通量或多重性相对较低（一般不超过3个），但仍然能够减少分析一份样品所需的LC-MS/MS时间。同位素标记则可以实现非常高的通路容量，但也因此使得每份样本的标记成本相对较高，并且对仪器类型有要求[26-29]。此外，对于如何正确分析同位素标记的样本还有一些已被人知但仍然经常被忽略的陷阱，部分原因是要绕过这些缺陷是一条更艰难的路，并且还会增加分析的成本。尽管如此，依作者之见，同位素标记策略能够允准的多重通路特点，能够大大降低实验中的LC-MS/MS成本。

非标记定量方式分为两类：基于离子强度者和谱图计数法。基于离子强度的方法提供的准确度和精确度虽不及同位素标记法，但通常已经足够[30]。即使每个样品只分析一次，通过不进行标记而节省的成本很容易被LC-MS/MS成本所冲销。实验室总是要运行这些仪器（即使空转），因此这些仪器的成本经常被忽视。常用的谱图计数法[31]经常导致严重的采样不足，继而导致数据被过度解读。随机采样是所有丰度测量时应遵守的原则（其实也是RNA测序的整体基础）[32, 33]，因此要想获得关于蛋白质组的可靠数据，更多地采集样本也是必需的。故此，虽然谱图计数好像更便宜、简单、直观，但要想做好并得到可靠的结果，与标记法或基于离子强度的方法相比，还需要更多的技术重复和生物学重复测量。

六、结论

过去几年里，蛋白质组学得以迅速、持续、全面发展。蛋白质组学研究和实验需要明确、全面的计划，以最大限度地发挥其潜力、提升实验结果质量、扩展所能揭示的生物学见解。蛋白质组学实验涉及的隐形或明显的成本在一段时间后就会显露出来；试图通过增加通量的方式降低成本，会直接和间接影响实验设计中具体的决策，自然影响质谱设施资源的损耗速度。虽然高通量和敏感的定量蛋白质组分析是系统生物学中的重要工具，但它们需要许多成本，并不总在决策中被考虑到。研究者不但需要顾及控制样品的质量和稳定性，还要面临预实验预算、成本及高素质工作人员缺乏带来的挑战。希望这里给出的经验和思考，能够帮助研究团队和仪器中心制订合适的政策和程序，以提高效率。本部分重点介绍了如何根据数据类型和研究目的来计算实验成本，虽然有时非典型案例的成本估算可能会有出入，但其中涉及的研究人员如何在制订蛋白质组学实验方案时确定实验的相对成本、减少工作时间、快速评估研究需求等诸多原则，仍然适用。

参考文献

[1] Rosenberger G, Koh CC, Guo T et al(2014)A repository of assays to quantify 10 000 human proteins by SWATH-MS. Sci Data 1:1-15

[2] Muntel J, Gandhi T, Verbeke L, Bernhardt OM, Treiber T, Bruderer R, Reiter L(2019)Surpassing 10 000 identified and quantified proteins in a single run by optimizing current LC-MS instrumentation and data analysis strategy. Mol Omics 15:348-360

[3] Geiger T, Wehner A, Schaab C, Cox J, Mann M(2012)Comparative proteomic analysis of eleven common cell lines reveals ubiquitous but varying expression of most proteins. Mol Cell Proteomics 11:1-11

[4] Candiano G, Bruschi M, Musante L, Santucci L, Ghiggeri GM, Carnemolla B, Orecchia P, Zardi L, Righetti PG(2004)Blue silver:a very sensitive colloidal Coomassie G-250 staining for proteome analysis. Electrophoresis 25:1327-1333

[5] Rogers LD, Fang Y, Foster LJ(2010)An integrated global strategy for cell lysis, fractionation, enrichment and mass spectrometric analysis of phosphorylated peptides. Mol BioSyst 6:822-829

[6] Rogers JC, Bomgarden RD(2016)Sample preparation for mass spectrometry-based proteomics: from proteomes to peptides. Adv Exp Med Biol 919:43-62

[7] Hughes CS, Moggridge S, Müller T, Sorensen PH, Morin GB, Krijgsveld J(2019)Single-pot, solid-phase-enhanced sample preparation for proteomics experiments. Nat Protoc 14:68-85

[8] Macklin A, Khan S, Kislinger T(2020)Recent advances in mass spectrometry based clinical proteomics:applications to cancer research. Clin Proteomics 17:1-25

[9] Humphrey SJ, Karayel O, James DE, Mann M(2018)High-throughput and high-sensitivity phosphoproteomics with the EasyPhos platform. Nat Protoc 13:1897-1916

[10] Iliuk A(2018)Identification of phosphorylated proteins on a global scale. Curr Protoc Chem Biol 10:e48

[11] Kachuk C, Doucette AA(2018)The benefits(and misfortunes)of SDS in top-down proteomics. J Proteome 175:75-86

[12] Shevchenko A, Wilm M, Vorm O, Mann M(1996)Mass spectrometric sequencing of proteins from silver-stained polyacrylamide gels. Anal Chem 68:850-858

[13] Coscia F, Doll S, Bech JM, Schweizer L, Mund A, Lengyel E, Lindebjerg J, Madsen GI, Moreira JM, Mann M(2020)A strea mlined mass spectrometry-based proteomics workflow for large-scale FFPE tissue analysis. J Pathol 251:100-112

[14] Mann M(2019)The ever expanding scope of electrospray mass spectrometry—a 30 year journey. Nat Commun 10:3744

[15] Fenn JB(2003)Electrospray wings for molecular elephants(Nobel lecture). Angew Chem Int Ed Engl 42(33):3871-3894

[16] Cho A, Normile D(2002)Nobel prize in chemistry. Mastering macromolecules. Science 298:527-528

[17] Andrecht S, von Hagen J(2008)General aspects of sample preparation for comprehensive proteome analysis. In:Proteomics sample preparation. Wiley-VCH Verlag GmbH & Co. KGaA, Weinheim, Germany, pp 5-20

[18] Bouhaddou M, Memon D, Meyer B et al(2020)The global phosphorylation landscape of SARS-CoV-2 infection. Cell 182:685-712.e19

[19] Wright ME, Eng J, Sherman J, Hockenbery DM, Nelson PS, Galitski T, Aebersold R(2003)Identification of androgen-coregulated protein networks from the microsomes of human prostate cancer cells. Genome Biol 5:R4.

[20] Foster LJ, De Hoog CL, Mann M(2003)Unbiased quantitative proteomics of lipid rafts reveals high specificity for signaling factors. Proc Natl Acad Sci U S A 100:5813-5818

[21] Ly L, Wasinger VC(2011)Protein and peptide fractionation, enrichment and depletion:tools for the complex proteome. Proteomics 11:513-534

[22] Poulos RC, Hains PG, Shah R et al(2020)Strategies to enable large-scale proteomics for reproducible research. Nat Commun 11:1-13

[23] Mann M, Kelleher NL(2008)Precision proteomics:the case for high resolution and high mass accuracy. Proc Natl Acad Sci U S A 105:18132-18138

[24] Mirza SP(2012)Quantitative mass spectrometry-based approaches in cardiovascular research. Circ Cardiovasc Genet 5:477-477

[25] Hsu JL, Huang SY, Chow NH, Chen SH(2003)Stable-isotope dimethyl labeling for quantitative proteomics. Anal Chem 75:6843-6852

[26] Braun CR, Bird GH, Wu¨hr M, Erickson BK, Rad R, Walensky LD, Gygi SP, Haas W(2015)Generation of multiple reporter ions from a single isobaric reagent increases multiplexing capacity for quantitative proteomics. Anal Chem 87:9855-9863

[27] Wang Z, Yu K, Tan H, Wu Z, Cho JH, Han X, Sun H, Beach TG, Peng J(2020)27-plex tandem mass tag mass spectrometry for profiling brain proteome in Alzheimer's disease. Anal Chem 92:7162-7170

[28] Christoforou AL, Lilley KS(2012)Isobaric tagging approaches in quantitative proteomics:the ups and downs. Anal Bioanal Chem 404:1029-1037

[29] Christoforou A, Lilley KS(2011)Taming the isobaric tagging elephant in the room in quantitative proteomics. Nat Methods 8:911-913

[30] Wang M, You J, Bemis KG, Tegeler TJ, Brown DPG(2008)Label-free mass spectrometrybased protein quantification technologies in proteomic analysis. Brief Funct Genomics Proteomics 7:329-339

[31] Liu H, Sadygov RG, Yates JR(2004)A model for random sampling and estimation of relative protein abundance in shotgun proteomics. Anal Chem 76:4193-4201

[32] Nagalakshmi U, Wang Z, Waern K, Shou C, Raha D, Gerstein M, Snyder M(2008)The transcriptional landscape of the yeast genome defined by RNA sequencing. Science 320:1344-1349

[33] Girard M, Allaire PD, McPherson PS, Blondeau F(2005)Non-stoichiometric relationship between clathrin heavy and light chains revealed by quantitative comparative proteomics of clathrin-coated vesicles from brain and liver. Mol Cell Proteomics 4:1145-1154

第二章

基于 dia-PASEF 技术和高通量质谱的蛋白质组学

Patricia Skowronek and Florian Meier

> 离子淌度分离正在成为基于质谱技术的蛋白质组学不可或缺的一部分。本章介绍了利用捕集离子淌度——四极杆飞行时间（trapped ion mobility-quadrupole time-of-flight，TIMS-QTOF）质谱仪通过数据非依赖性采集（data-independent acquisition，dia）进行高通量非标记定量的方法。平行累积-连续碎裂（parallel accumulation-serial fragmentation，PASEF）操作模式将质量选择四极杆作为 TIMS 分离的一个函数，这就使 dia 和 PASEF 的联合（dia-PASEF）成为可能，同时也增加了方法设计上的复杂性。本章描述了包括仪器设置、方法设计、数据获取和离子淌度识别、基于 Spectronaut 软件搜库的数据分析等详细步骤。重点强调了关键的采集参数，以及对于较短的液相梯度应如何优化这些参数。作为例子，作者使用 EvosepOne 液相色谱系统和人类癌细胞系，实现了每天完成 60 个样本的通量分析，对约 6000 个蛋白质进行了定量，并且结果重现性很高。重要的是，该程序还可以很容易地应用于其他梯度和样品类型，例如修饰的多肽。

一、引言

借助基于质谱的蛋白质组学技术，作者对生物系统的结构和动力学的理解也越来越深刻[1, 2]。然而，蛋白质组的复杂性仍然带来了分析上的巨大挑战，也促使进行更具扩展性且覆盖度不断扩大的分析流程的开发[3]。离子淌度质谱（ion mobility spectrometry，IMS）是一种快速气相分离技术，可以与常规的液相色谱-质谱法（liquid chromatography-mass spectrometry，LC-MS）结合使用，从而提高分析峰的容量和选择性[4]。离子传输技术的进步和商品化设备操作及处理的简化，使这项技术成为蛋白质组学分析流程的具有吸引力的选择[5-8]。

传统 IMS 的理论基础是在一个被施加了电场且充满惰性气体的管道，离子漂移的迁移率取决于它们的大小和形状[9]。捕集离子淌度质谱（trapped ion mobility spectrometry，TIMS）则颠覆了经典漂移管 IMS 这一概念，其基本原理是通过将离子保持在轴向电场梯度中以对抗一个 1～3 mbar 的气流[10-12]。在这种设置下，离子被捕获在其电场迁移率与气流阻力达到平衡的位置：较大的、低迁移率离子偏向于 TIMS 分析器的出口，而较小的、高迁移率离子朝向分析器的入口。逐渐降低电场强度则可将离子释放到下游的质量分析器，这可作为其离子淌度的一个函数。TIMS 的一个引人注目的特点是在一个长 5～10 cm 的小型设备中，在 50～200 毫秒扫描时间内实现高分辨率效果[13]。这同时也开启了串联安装两个 TIMS 以高效利用离子的可能性[14]。

在TIMS-四极杆飞行时间（QTOF）配置中，碎裂前体离子的选择可以进一步与TIMS装置中的离子释放同步[15]。在这种"平行累积–连续碎裂"（PASEF）模式下，分析四极杆的分离窗口可以在单次TIMS扫描期间快速切换其质量位置[7, 16]。特别是，由于前体离子是在很窄的离子迁移峰处被释放，所以并不会影响灵敏度。由于肽段的质量与迁移率相关，通常首先释放的是高m/z（低迁移率）肽段，然后是低m/z（较高迁移率）肽段。遵循这一趋势，采用dia-PASEF模式，四极杆可以对高达100%的多肽前体离子束进行采样[17]。

本章将介绍采用纳流液相色谱系统与TIMS-QTOF质谱仪偶联，进行dia-PASEF模式下的非标记蛋白质组定量的详细步骤，重点介绍仪器设置中的关键步骤和方法设计的注意事项。为了说明该方案的可应用性，作者提供一个可以每天分析60个人类癌细胞系样本的采集方案，作为其他样本类型或其他液相色谱系统的dia-PASEF模式测量的参考案例。本章还简要描述如何基于文库数据提取对离子质量、保留时间和离子淌度等方面的数据进行分析。

二、材料

（一）样本

1. ESI-L低浓度调试用混合物（low concentration tuning mix）（Agilent Technologies产品）。

2. 按照蛋白质谱的标准方案从细胞或组织中获得纯化多肽，作者采用的方案是根据"iST"方法用胰蛋白酶消化的HeLa S3人宫颈癌细胞提取物[18]。

（二）液相色谱

1. 纳流超高效液相色谱系统。用Evosep One（Evosep Biosystems）系统[19]，按照标准化梯度每天分析60个样本（见注释1）。

2. 一次性C18固相萃取柱（Evotips，Evosep Biosystems）。

3. 纳流反相液相色谱分析柱。使用商品化的8cm×150μm毛细管柱，填装1.5μm C18多孔微球，含手紧式零死体积连接器（Evosep Biosystems）（见注释2）。

4. 最高纯度级的流动相A和B：含体积比0.1%甲酸的水，以及含体积比0.1%甲酸的乙腈。

（三）质谱分析

1. 高分辨率四极杆飞行时间质谱仪，在第一真空阶段配备双TIMS设备，并且可以在PASEF模式下运行。使用Bruker timsTOF Pro系统（见注释3）。

2. 纳米电喷雾离子源和发射器，如Bruker CaptiveSpray离子源和带有零死体积连接器的锥形尖端电喷雾发射器（内径20μm）（见注释4）。

3. 能够生成采集方法并执行dia-PASEF测量的仪器控制软件。本章中使用Bruker timsControl v2.0.18。

4. 用于操作液相色谱系统和安排采集序列的仪器控制软件。本章中使用Bruker HyStar v5.1和Evosep One系统的软件插件。

（四）数据分析

1. 用于分析dia-PASEF蛋白质组学数据的软件（见注释5）。为了展示预期结果，使用了Spectronaut v14（Biognosys AG）软件分析数据[20]。

2. 用于目标数据提取的谱图库（见注释6）[21]。使用与dia-PASEF实验相同的LC-MS设置和梯度，在数据依赖性采集模式下通过PASEF采集HeLa消化产物的反相馏分，通过Spectronaut软件从48个高pH反相馏分生成了该项目特定库[22]。该库包含了来自122 928个独特肽序列的176 885个前体离子及其碎片的离子质量、保留时间、离子淌度信息，并从中推断出9688个蛋白质。

3. 适用于被研究物种的蛋白质组数据库。本章使用的是从 Uniprot（http：//www.uniprot.org，taxonomy ID：9606）下载的包含人类标准和异构体蛋白质序列的 fasta 文件。

三、方法

处理热表面、易碎部件或带有高压电的组件时应小心。戴上手套以保护自己并避免污染。严格遵守所有相关仪器和实验室安全说明。

（一）仪器设置和离子淌度校准

1. 按照标准程序，使用 ESI-L 低浓度调试用混合物在 TIMS 模式下对 timsTOF Pro 仪器的飞行时间维度进行校准。

2. 组装 CaptiveSpray 离子源，首先按照说明书将发射器放入相应的支架中（见注释7）。

3. 根据说明书将 CaptiveSpray 离子源安装在 timsTOF Pro 质谱仪上。然后将分析柱连接到电喷雾发射器。确保离子源外壳和所有连接都紧密，以实现稳定的操作条件并避免形成柱后死体积。

4. 将 ESI-L 低浓度调试用混合物作为质量锁（Lock Mass）添加到 CaptiveSpray 过滤器或适配器的内壁上（见注释8）。

5. 将新鲜溶剂放入 Evosep One 液相色谱系统中，并将样品管线连接到分析柱。务必确保所有连接处都紧密、没有泄漏。

6. 打开 HyStar 软件并建立起与 timsTOF Pro 质谱仪和 Evosep One 液相系统的连接。

7. 在液相系统的"preparation"（预备）选项卡中启动空闲（怠机或待机）流量，设置流速为 250nl/min。

8. 在 timsControl 软件中激活"CaptiveSpray"离子源并将质谱仪切换到"Operate"（操作）模式。如有必要，调整电喷雾参数以获得稳定的离子电流。典型设置为干气温度 180℃、干气流量 3 L/min、毛细管电压 1750 V。

9. 启用 TIMS 并为实验选择适当的质谱参数，或加载之前生成的采集方法［请参阅下文（二）］。典型的参数是，扫描开始：m/z 100；扫描终止：m/z 1700；离子极性：正；扫描方式：dia-PASEF；$1/K_0$ 开始时间：0.60 Vs cm^{-2}；$1/K_0$ 终止时间：1.50 Vs cm^{-2}；斜坡时间：100 毫秒；累积时间：100 毫秒。确认质量锁在 m/z 622、922 和 1222 处具有足够的信噪比（见步骤 4）。

10. 将提取的质量锁的离子移动轨迹图添加到实时视图中。

11. 将"TIMS View"窗口中的移动轨迹视图（y 轴）的轴更改为 TIMS 洗脱电压，并通过手动限制离子源气流量将 m/z 622 离子的洗脱电压调整为 132 V。

12. 将离子移动图轴调回"reduced ion motility"（离子约化迁移率）系数 $1/K_0$，并转换到 timsControl 软件中的"calibration"（校准）选项卡（见注释9）。通过线性回归模型使用以下值（m/z, $1/K_0$）校准 TIMS 测量参数：622.0289、0.9848Vs cm^{-2}；922.0097，1.1895Vs cm^{-2}；1221.9906，1.3820 Vs cm^{-2}。这些值也可以在预先设定的"[ESI] Tuning Mix ES-TOF（ESI）"参考列表中找到。若峰分配正确则手动单击相应条目进行确认，如果分数为 100%，则接受校准。

（二）设置 dia-PASEF 采集方法

1. 转换到 timsControl 软件中的"MS Settings"窗口并确认扫描模式设置为"dia-PASEF"。

2. 在"MS/MS"选项卡中，设置适当的碰撞能量作为离子淌度的函数（见注释10）。胰蛋白酶全蛋白质组消化产物的典型参数是从 $1/K_0$=0.6Vs cm^{-2} 时的 20 eV 以线性方式变迁为 $1/K_0$=1.6Vs cm^{-2} 时的 59 eV。

3. 在当前执行的 dia-PASEF 模式中，四极杆分离以离子淌度为准逐步进行，使之覆盖 m/z 与离子淌度前体离子空间形成的矩形窗口（图 2-1）。采集方案是通过单次或多次 dia-PASEF 扫描最终覆盖整个前体离子空间，在每次扫描中采集所有前体离子的一部分。通过调整每个循环的 dia-PASEF 扫描次数及分离区域在 m/z

和离子淌度两个维度中的位置，从而可以根据实验需要平衡检测的灵敏度、速度和选择性（见注释 11）。

4. 按照接下来的步骤生成一个新的 dia-PASEF 采集方案或从文本文件中导入既有方案（"isolation list"即"分离列表"）并继续下一步。图 2-2 显示的是作者认为非常适合高通量非标记蛋白质组定量的采集方案。

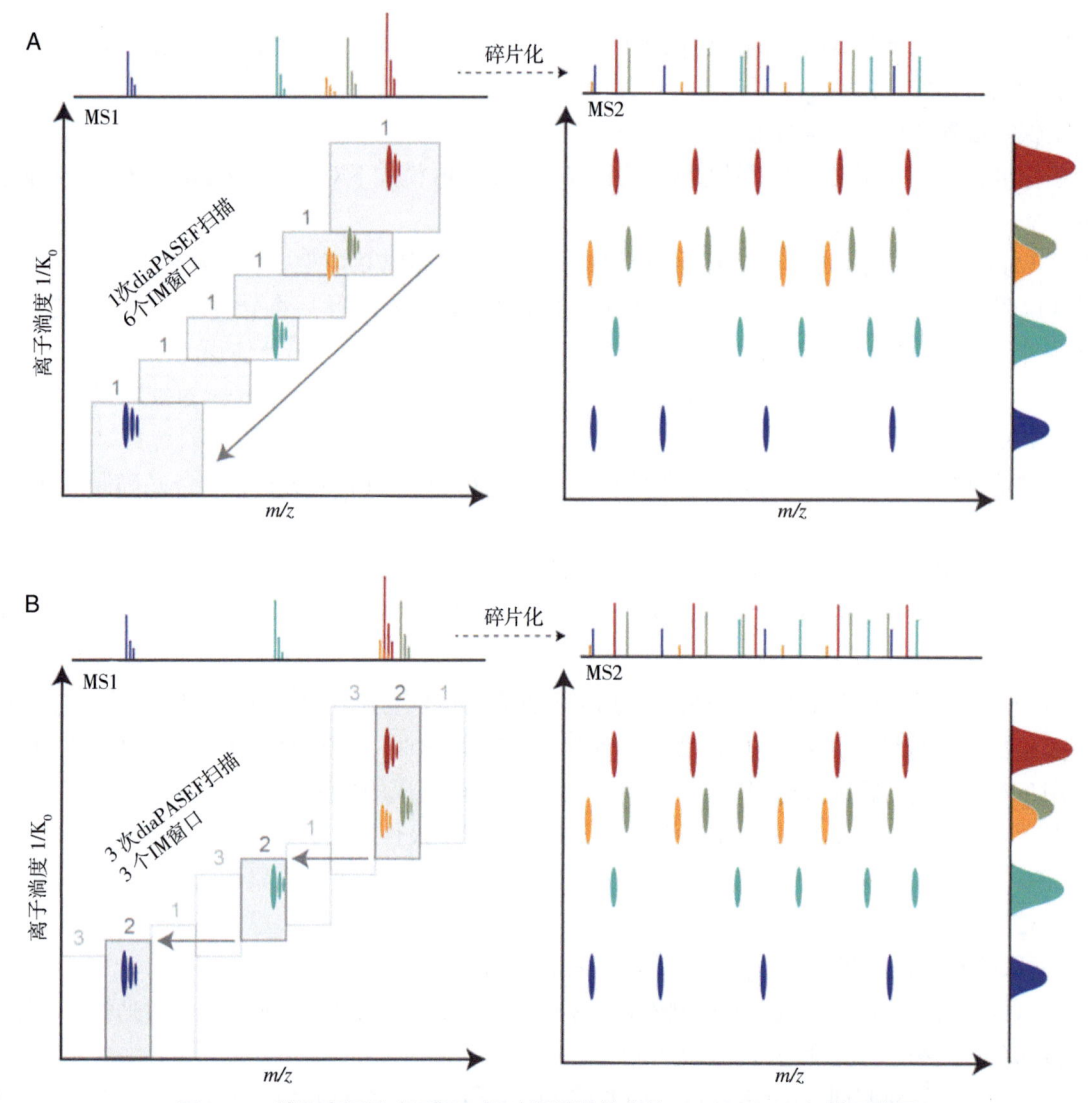

图 2-1　捕集离子淌度四极飞行时间质谱仪上的 dia-PASEF 扫描示意图

在 dia-PASEF 模式下，质谱仪循环执行采集周期中定义的所有 dia-PASEF 扫描，通常穿插有 TIMS-MS1 扫描。肽段前体离子和碎片离子的位置绘制在 m/z 与离子淌度平面图中，上方轴和右侧轴上的投影显示相应的质量和离子淌度谱。左侧两图显示前体离子分离，即质量选择性四极杆的位置作为 TIMS 分离的函数。右侧两图说明的是由此产生的由离子淌度区分出的碎片离子谱（MS2）。A. 具有 6 个分离窗口的单次扫描 dia-PASEF 采集方法，对角箭头表示扫描方向；B. 一个由三次扫描（编号 1、2、3）组成的 dia-PASEF 采集方法，每次扫描有 3 个窗口，共同覆盖整个前体离子空间。水平箭头表示四极杆分离窗口间的切换

5. 生成新的 dia-PASEF 采集方案：打开 MS/MS 选项卡中的"window editor"，通过点击"Open Analysis"加载既往某次既有样本的代表性实验并显示其前体离子在 m/z 对离子淌度的二维图中的分布（图 2-2A）。色谱图面板将显示总离子色谱图，而热图显示前体离子的平均强度在 m/z 与离子淌度图中的分布。复杂的胰蛋白酶消化产物通常显示出单电荷的背景离子和多电荷多肽形成的不同团簇（见注释 12）。

6. 单击热图中某个覆盖着感兴趣前体离子区域的多边形。图 2-2A 中的示例使用以下 4 个锚点（m/z,

1/K₀），从顶部开始顺时针方向分别是 1000，1.48；1000，1.24；400，0.58；400，0.78。

7. 使用方法编辑器计算定义的感兴趣区域内的分离窗口（见注释 13）。按照以下参数设置重现图 2-2A 的方案。质量宽度：25.0 Da；质量重叠：0；每次循环质量步幅：24；从多边形进行计算：质量步幅；离子迁移重叠：0；离子迁移窗口数量：1；质量范围：m/z 400～1000。这个采集方案的时间周期估计是 0.95 秒。

8. 点击"Apply dia-PASEF windows to method"保存当前采集方案。

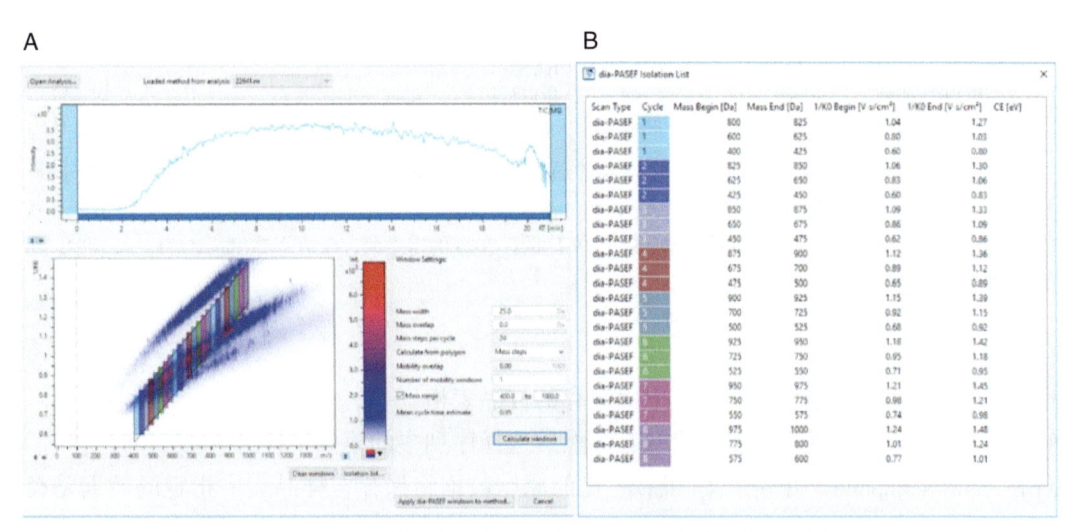

图 2-2　timsControl 软件短梯度的 8 次扫描 dia-PASEF 采集方法的设置

A. 展示的是对 HeLa 细胞的消化产物进行 21 分钟的分析时检测到的平均离子强度（上半部分），叠加显示所用的分离方案的参数（下半部分）。每个采集周期的 8 次 dia-PASEF 扫描的窗口都按颜色分组。B. 相同采集方案用相同颜色的表格表示

9. 如果需要，可以把分离列表（图 2-2B）导出为文本文件并在文本编辑器中编辑（见注释 14）。从文本文件导入采集方案可以允许高度个性化地定制方案，也有助于促进实验室之间方法的交流。

10. "保存"或"另存为"质谱采集方法。

（三）设置 LC-MS 采集方法

1. 打开 HyStar 软件并确保 Evosep One 液相色谱的配置处于激活状态。

2. 确保可用于每天分析 30、60、100、200 和 300 个样品的标准化 Evosep 液相色谱梯度已正确安装在系统上并且在 HyStar 中可用（见注释 15）。

3. 可以采用一个方法设置方便地将质谱和液相色谱方法链接。为此，可以转换至"Method Set"选项卡并选择预定义和标准化的"60_SPD.m"方法作为"separation method"，"Standard（标准）"进样方法及上面创建的 MS 方法作为"MS method"。

4. 保存设置的方法。

（四）获取一系列 dia-PASEF 实验

1. 打开 HyStar 软件并确认 timsTOF Pro 质谱仪和 Evosep One 液相色谱系统均已连接。

2. Evosep One 液相色谱系统使用 C18 SatgeTips[23] 作为一次性捕集柱（Evotips）以提高样品通量和通用性[19]。按照说明书的要求（见注释 16），首先清洗和平衡 Evotips，然后在 Evotip 上加入 200ng 的样品。

3. 将 Evotips 放入 Evosep One 的自动进样器的托盘中。

4. 打开 HyStar 软件中的"Sample Table"选项卡设置新的采集顺序。

5. 选择适合的 96 孔板布局和托盘槽。

6. 使用图形用户界面定义每个样本的位置并输入样本 ID 和数据路径。

7. 对于每个样品，选择上步创建的方法，包括 dia-PASEF 质谱方法和适于每天 60 个样品的液相色谱方法。

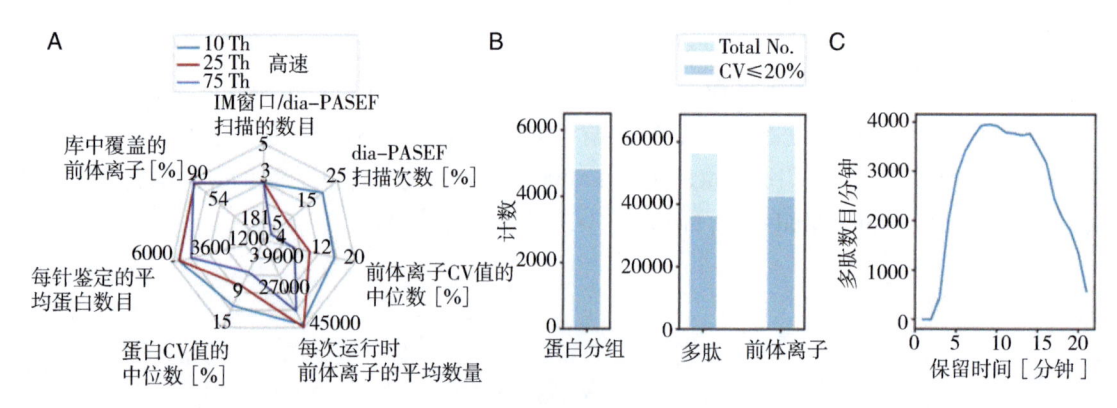

图 2-3　使用 dia-PASEF 以每天 60 个样品的通量对 HeLa 消化产物进行的单次运行蛋白质组分析

A. 使用 3 种可选的 dia-PASEF 采集方法分别进行三次重复 200 ng 进样的设计和结果；B. 使用来自 A 的 25 Th 方法 3 次重复进样方法鉴定出前体离子、肽和蛋白的总数，突出显示变异系数（CV）低于 20% 的定量值；C. 在单次 dia-PASEF 实验中，每分钟检测到的肽数量与保留时间的关系

8. 保存样本表格。
9. 转换至"Acquisition"选项卡并打开上面保存的样品表格。
10. 确认所有样品的复选框都处于开启状态，然后选择序列中的第一个样品。
11. 点击"Start sequence"开始采集。后缀 .d 的原始数据将保存在样品表中指定的数据路径中的样品 ID 下。

（五）数据处理和预期结果

有若干处理工具和策略适用于 dia-PASEF 原始数据的分析（见注释 5 和注释 6）。如，作者使用 Spectronaut[20] 处理以"每天 60 个样本"梯度采集的 200ng HeLa 样本的重复进样。作者选择了一个完整的项目特异的库［见二、（四）］用于目标数据提取和非标记定量。这种方案需要查询包含在谱图库中的肽前体离子和碎片离子的数据集，每个数据都包括保留时间、m/z 和离子淌度。

为了说明采集参数和方法设计选择对研究结果的影响（见注释 11 和注释 13），作者在 10～75Da 的范围内改变四极杆的分离宽度，但同时保持多边形区域固定，即在理论上可以覆盖库中接近 90% 的所有肽段前体离子（图 2-3A）。由于在每次 dia-PASEF 扫描中，较窄的分离窗口覆盖较少的前体离子，作者在从宽分离窗口到窄分离窗口的采集周期中添加更多的 dia-PASEF 扫描次数。这样做降低了谱图的复杂性却有助于分析，但是增加了循环时间，从而降低了每个峰的数据点数量。结果，变异系数中位数在最快的方法（75 Th）中最低，而在较慢的 10 Th 方法中最高。相反，在较窄分离窗口的方法中，定量的肽段前体离子和蛋白的平均数量更高。由此得出结论，对于每天 60 个样品的通量、每样品 200ng 的检测任务，采用每个采集周期有 8 次 dia-PASEF 扫描、每次 dia-PASEF 扫描 3 个分离窗口的采集方案，可以在蛋白质组覆盖率和定量准确性之间获得良好的平衡。在一个 3 次进样操作中，该方法总共定量了 65 449 个前体离子和 56 582 种多肽，从中推测出 6186 组蛋白（图 2-3B）。需特别指出的，是在 21 分钟梯度的中心阶段，每分钟检测到近 4000 种多肽（图 2-3C）。在蛋白质组水平的数据完整性达到 97.5%。

总之，该方案能够从少量的样本中快速、定量地分析复杂的蛋白质组。对 dia-PASEF 参数空间的讨论，应该还可以为其他应用方法开发提供指导，例如扩展梯度或翻译后修饰的分析。

四、注释

1. 本方法步骤可以很容易地转换到其他液相色谱设置中。Evosep One 系统在参考文献中有详细的描述和介绍[19]。

2. 根据拟选择的分析柱和电喷雾发射器，有时可能需要为柱子提供一个温箱以获得最佳分析效果并增加柱子耐久性。

3. 参考文献[7]中提供了timsTOF Pro质谱仪的详细说明。

4. 作为替代方案，作者曾使用内径为10μm的电喷雾发射器（Bruker），从而产生了较高的反压（backpressure，又译作"背压"）。

5. 很多的蛋白质组学软件可用于分析dia-PASEF数据，包括免费和开源工具，例如Skyline[24]、OpenSWATH[17, 25]和DIA-NN[26, 27]。

6. 基于文库的策略被广泛用于数据非依赖性采集的数据分析[28]。作为替代方案，也可以使用不依赖于文库的方法或二者混用。

7. 确认发射器已接地从而确保电喷雾稳定。

8. 质量锁化合物可以单独购买，并且以更高的浓度应用。但是，在空转下操作液相色谱系统时，检测低信号水平就足够了。

9. TIMS校准对于将dia-PASEF分离窗口准确定位在m/z与离子淌度平面图中至关重要。校准参数取决于离子淌度扫描范围及采集方法中定义的扫描时间，因此只要对这些设置进行更改，就必须重新执行校准。此外，校准值对通过TIMS设备的气流变化很敏感，包括环境气压通过时的变化。因此，必须定期验证质量锁离子的离子淌度位置，并在必要时重新校准。

10. 碰撞能量通常设置为TIMS洗脱电压（即离子淌度）的函数。当应用特定项目的文库时，建议使用文库构建时使用的碰撞能量和dia-PASEF数据。

11. 缩窄四极杆分离窗口可以降低dia-PASEF中碎片离子谱图的复杂性。为了覆盖整个质量范围，可以把前体离子窗口分成多个dia-PASEF扫描，这样做会增加循环时间并降低离子利用率。为了将位于m/z-离子淌度平面图中处于边缘位置较低离子传输检测带来的影响最小化，可以在某个特定dia-PASEF扫描周期中将多个扫描窗口在一个或两个维度[m/z或（和）离子淌度]上进行重叠。因此，理想状态是在选择性（窗口中前体离子的数量）、灵敏度（离子利用率）和定量准确性（每个色谱峰的数据点数）三者之间寻找一个最佳的平衡。对于每天分析60个样品和相对较高（200ng）的上样量，作者发现25 Da分离窗口和0.95秒循环时间可以在蛋白质组覆盖率和定量准确性之间提供良好的平衡。

12. 关于TIMS中肽段离子构象空间的详细研究可以在参考文献中找到[29]。

13. 在dia-PASEF采集方案中，四极杆分离窗口根据离子淌度进行切换，即在TIMS斜坡时间的任何一点上，都会选择一个m/z范围进行碎裂和质量分析。每次dia-PASEF扫描所选窗口的数量取决于所限定的前体离子多边形的离子淌度宽度和斜率。因为每次dia-PASEF扫描的窗口数量增加会减少可用时间，因此也就减少了每个窗口的离子淌度范围。

14. 如果多边形区域的离子淌度范围小于总TIMS离子淌度范围，则可以通过手动编辑分离列表来扩展每个dia-PASEF扫描中的第一个和最后一个窗口，以覆盖整个离子淌度范围。

15. 在LC配置编辑器/主泵菜单中激活"automatic idle flow"可能有助于延长色谱柱和发射器的使用寿命。

16. 在整个方案中都要避免Evotips萃取柱干燥。如果可行，在质谱分析临开始之前才加载样品。下面的文件提供了将样本加载到Evotips的更新版方法 https://www.evosep.com/wp-content/uploads/2020/03/Sample-loading-protocol.pdf

参考文献

[1] Larance M, Lamond AI(2015)Multidimensional proteomics for cell biology. Nat Rev Mol Cell Biol 16:269-280. https://doi.org/10. 1038/nrm3970

[2] Aebersold R, Mann M(2016)Massspectrometric exploration of proteome structure and function. Nature 537:347-355. https://doi.org/10.1038/nature19949

[3] Riley NM, Hebert AS, Coon JJ(2016)Proteomics moves into the fast lane. Cell Syst 2:142-143. https://doi.org/10.1016/j.cels. 2016.03.002

[4] Dodds JN, Baker ES(2019)Ion mobility spectrometry:fundamental concepts, instrumentation, applications, and the road ahead. J Am Soc Mass Spectrom 30:2185-2195. https:// doi.org/10.1007/s13361-019-02288-2

[5] Pfammatter S, Bonneil E, McManus FP et al(2018)A novel differential ion mobility device expands the depth of proteome coverage and the sensitivity of multiplex proteomic measurements. Mol Cell Proteomics 17:2051-2067. https://doi.org/10.1074/mcp.TIR118. 000862

[6] Hebert AS, Prasad S, Belford MW et al(2018)Comprehensive single-shot proteomics with FAIMS on a hybrid orbitrap mass spectrometer. Anal Chem 90:9529-9537. https://doi. org/10.1021/acs.analchem.8b02233

[7] Meier F, Brunner A-D, Koch S et al(2018)Online parallel accumulation-serial fragmentation(PASEF)with a novel trapped ion mobility mass spectrometer. Mol Cell Proteomics 17:2534-2545. https://doi.org/10.1074/mcp. TIR118.000900

[8] Bekker-Jensen DB, Martínez-Val A, Steigerwald S et al(2020)A compact quadrupoleorbitrap mass spectrometer with FAIMS interface improves proteome coverage in short LC gradients. Mol Cell Proteomics 19:716-729. https://doi.org/10.1074/mcp.tir119. 001906

[9] Revercomb HE, Mason E, a.(1975)Theory of plasma chromatography/gaseous electrophoresis. Rev Anal Chem 47:970-983. https:// doi.org/10.1021/ac60357a043

[10] Fernandez-Lima F, Kaplan D, Suetering J, Park MA(2011)Gas-phase separation using a trapped ion mobility spectrometer. Int J Ion Mobil Spectrom 14:93-98. https://doi.org/ 10.1007/s12127-011-0067-8

[11] Fernandez-Lima FA, Kaplan DA, Park MA(2011)Note:integration of trapped ion mobility spectrometry with mass spectrometry. Rev Sci Instrum 82:126106. https://doi.org/10. 1063/1.3665933

[12] Ridgeway ME, Lubeck M, Jordens J et al(2018)Trapped ion mobility spectrometry:a short review. Int J Mass Spectrom 425:22-35. https://doi.org/10.1016/j.ijms.2018.01.006

[13] Michelmann K, Silveira JA, Ridgeway ME, Park MA(2014)Fundamentals of trapped ion mobility spectrometry. J Am Soc Mass Spectrom 26:14-24. https://doi.org/10.1007/ s13361-014-0999-4

[14] Silveira JA, Ridgeway ME, Laukien FH et al(2017)Parallel accumulation for 100% duty cycle trapped ion mobility-mass spectrometry. Int J Mass Spectrom 413:168-175. https:// doi.org/10.1016/j.ijms.2016.03.004

[15] Meier F, Beck S, Grassl N et al(2015)Parallel accumulation-serial fragmentation(PASEF):multiplying sequencing speed and sensitivity by synchronized scans in a trapped ion mobility device. J Proteome Res 14:5378-5387. https://doi.org/10.1021/acs.jproteome. 5b00932

[16] Vasilopoulou CG, Sulek K, Brunner A-D et al(2020)Trapped ion mobility spectrometry and PASEF enable in-depth lipidomics from minimal sample amounts. Nat Commun 11:331. https://doi.org/10.1038/s41467-019- 14044-x

[17] Meier F, Brunner A-D, Frank M et al(2020)diaPASEF:parallel accumulation-serial fragmentation combined with data-independent acquisition. Nat Methods 17:1229-1236. https://doi.org/10.1038/s41592-020- 00998-0

[18] Kulak NA, Pichler G, Paron I et al(2014)Minimal, encapsulated proteomic-sample processing applied to copy-number estimation in eukaryotic cells. Nat Methods 11:319-324. https://doi.org/10.1038/nmeth.2834

[19] Bache N, Geyer PE, Bekker-Jensen DB et al(2018)A novel LC system embeds analytes in pre-formed gradients for rapid, ultra-robust proteomics. Mol Cell Proteomics 17(11):2284-2296. https://doi.org/10.1101/ 323048

[20] Bruderer R, Bernhardt OM, Gandhi T et al(2015)Extending the limits of quantitative proteome profiling with data-independent acquisition and application to acetaminophentreated three-dimensional liver microtissues. Mol Cell Proteomics 14:1400-1410. https:// doi.org/10.1074/mcp.M114.044305

[21] Gillet LC, Navarro P, Tate S et al(2012)Targeted data extraction of the MS/MS spectra generated by data-independent acquisition:a new concept for consistent and accurate proteome analysis. Mol Cell Proteomics 11:O111.016717. https://doi.org/10.1074/ mcp.O111.016717

[22] Kulak NA, Geyer PE, Mann M(2017)Lossless nano-fractionator for high sensitivity, high coverage proteomics. Mol Cell Proteomics 16(4):694-705. https://doi.org/10.1074/ mcp.O116.065136

[23] Rappsilber J, Mann M, Ishihama Y(2007)Protocol for micro-purification, enrichment, pre-fractionation and storage of peptides for proteomics using StageTips. Nat Protoc 2:1896-1906. https://doi.org/10.1038/nprot. 2007.261

[24] Pino LK, Searle BC, Bollinger JG et al(2020)The Skyline ecosystem:informatics for quantitative mass spectrometry proteomics. Mass Spectrom Rev 39:229-244. https://doi.org/ 10.1002/mas.21540

[25] Röst HL, Rosenberger G, Navarro P et al(2014)OpenSWATH enables automated, targeted analysis of data-independent acquisition MS data. Nat

Biotechnol 32:219-223. https://doi.org/10.1038/nbt.2841

[26] Demichev V, Messner CB, Vernardis SI et al(2020)DIA-NN:neural networks and interference correction enable deep proteome coverage in high throughput. Nat Methods 17:41-44. https://doi.org/10.1038/s41592-019-0638-x

[27] Demichev V, Yu F, Teo GC, et al(2021)High sensitivity dia-PASEF proteomics with DIA-NN and FragPipe. bioRxiv. https://doi.org/10.1101/2021.03.08.434385

[28] Zhang F, Ge W, Ruan G et al(2020)Dataindependent acquisition mass spectrometrybased proteomics and software tools:a glimpse in 2020. Proteomics 20:1900276. https://doi.org/10.1002/pmic.201900276

[29] Meier F, Köhler ND, Brunner A et al(2021)Deep learning the collisional cross sections of the peptide universe from a million experimental values. Nat Commun 12:1185. https://doi.org/10.1038/s41467-021-21352-8

第三章

小鼠脑组织去垢剂不溶性蛋白质的分离及数据非依赖性采集定量分析

Cristen Molzahn, Lorenz Nierves, Philipp F. Lange, and Thibault Mayor

> 有些蛋白在疾病中或随年龄增长而聚集，且在常规的研究方案中不溶于常用的去垢剂，但又经常需要对这些去垢剂不溶性蛋白质进行富集并用于分析。富集这些蛋白质有很多方法。本章中，作者提出了一种使用温和去垢剂（Triton X-100）和高速离心（20 000×g）的方法，以实现对这类蛋白的较大聚集体的提取和富集。蛋白质消化在柱上完成，便于用甲醇氯仿洗涤以去除脑组织中高丰度的脂类。然后，再使用数据非依赖采集质谱分析。实践证明这种方法具有高度的重复性，可用于富集蛋白质稳态崩溃时所累积的无定形聚集体。

一、引言

衰老常与神经退行性变化和认知衰退的发生有关。神经退行性疾病（NDDs）的主要发生原因是蛋白异常聚集物的积累。尽管人们对此展开了深入研究，但诱发毒性蛋白质聚集物形成的原因和过程仍然未知，人们认为它可能通过损伤累积和蛋白质稳态（蛋白质平衡）的丧失而发生。在秀丽线虫等模式生物中，人们发现延长寿命的手段可以改善蛋白质聚集过程，表明蛋白质聚集与衰老之间存在密切联系。为了更好地描述蛋白质稳态随年龄增长而丧失，需要对年龄或疾病的出现相关的蛋白质聚集物组成进一步研究。

不溶于去垢剂及对蛋白酶有抵抗性的淀粉样聚集物，是许多神经退行性疾病的特征[1]。虽然淀粉样纤维经常与神经退行性疾病有关，但在形成纤维聚集物之前，较小的寡聚物被证实具有更高的细胞毒性[2-4]。事实上，在小鼠模型中已经发现，在淀粉样聚集物形成之前就显示出认知衰退[5-6]。这种细胞毒性的可能机制之一是形成原纤维的蛋白质可以将其他蛋白质聚拢到这些无定形的聚集物中，从而扰乱细胞功能[7]。研究显示，与淀粉样聚集物不同，组成寡聚体的蛋白质保留了一些其原生结构，提示这些蛋白质可以通过胰蛋白酶消化并用于基于质谱的蛋白质组学研究[8]。

经过多年研究，衰老造成的蛋白质聚集在线虫中已经得到证实和充分了解[9-13]。长寿和短寿的线虫，如 *hsf*-1 和 *daf*-2 突变体，被用于探索蛋白质聚集与寿命关系的研究。两种突变线虫虽然都会积累聚集物，但聚集物的组成有所不同，说明处理聚集物的细胞机制对于寿命长短具有决定性意义。这些研究为衰老研究奠定了重要的基础，但尚未能应用于解释人脑组织内的蛋白聚集。将该类关于蛋白聚集的研究扩展到小鼠体系，将是确定聚集与衰老关联研究的重要进展。本章中将介绍从小鼠脑组织中提取去垢剂不溶性聚集物并使用数据非依赖采集质谱对其组分进行鉴定和定量的方法。

近年来，许多研究将高速离心与液相色谱串联质谱（LC-MS/MS）结合使用。这些研究使用多种去垢剂进行蛋白质提取和分割，试图鉴定不同的聚集物中与各种疾病相关的新型"共聚物"（co-aggregators）（表3-1）[10-26]。表3-1中的研究已经从各种聚集物中鉴定出数百种具有不同特性的蛋白质，包括Aβ组成的淀粉样纤维，以及富含TDP-43并可以形成液体状颗粒的包涵体。这些研究之间的一个关键区别是多种去垢剂的使用，包括能够将细胞膜渗透化并提取蛋白质的非离子性曲拉通（Triton-X100），以及能够进一步变性、溶解蛋白质的阴离子表面活性剂月桂酰肌氨酸钠（俗称十二烷基肌氨基酸钠，Sarkosyl）和十二烷基硫酸钠（SDS）。许多淀粉样纤维不溶于SDS，而无定形聚集物则可以更容易地在变性条件下溶解。分割过程中的另一个实验变量是离心步骤，通常包括高速离心（14 000×g～20 000×g）或超速离心（100 000×g～500 000×g），可以富集大而致密的聚集体，或者小的蛋白原纤维。了解脑蛋白聚集物的组成是识别蛋白质稳态衰退机制的关键一步。基于Triton-X100提取和高速离心的方法，是用于表征来源于野生型小鼠的脑组织。该方法经过改进，也适用于在基于数据依赖性采集（DDA）生成的肽库、采用数据非依赖采集（DIA）方法进行的LC-MS/MS分析。在特定的情况下，作者试图鉴定在更致密的颗粒中积累的蛋白质，包括在没有特定可能引起神经退行性疾病的遗传因素而自然衰老的情况下可能存在的无定形聚集物。此处展示的证据，强有力地证明该蛋白质组学平台能够通过数据非依赖采集（DIA）对样本进行可靠的比较。

表 3-1 对去垢剂不溶性的蛋白质的提取方式

生物	模型	条件	速度（g）	时长（分钟）	目标蛋白	文献出处
秀丽线虫	野生型（N2），fem-1, gon-2, glp-1, das-2	按此顺序：RAB缓冲液；1M蔗糖；RIPA裂解液（3x）	20 000	未指明		[12]
秀丽线虫	野生型（N2），温度敏感突变体	按此顺序：tris缓冲液；1% SDS（3x）	16 000	未指明		[11]
秀丽线虫	野生型（N2），daf-2, daf-16, has-1及其他	按此顺序：1%聚氧乙烯辛烷基苯酚醚（Igepal CA630）；0.5%脱氧胆酸钠（3x）	500 000	10		[10]
秀丽线虫	野生型（N2）	按此顺序：tris缓冲液；1% SDS	20 000	15		[13]
小鼠	亨廷顿舞蹈症	2% SDS	16 000	15	包涵体	[14]
小鼠	亨廷顿舞蹈症	1% 曲拉通	14 000	20	mHtt聚集物	[15]
小鼠	阿尔茨海默病	按此顺序：磷酸盐缓冲液（PBS insoluble）；0.5%乙基苯基聚乙二醇（NP-40）；2% 脱氧胆酸盐；1% SDS	100 000	30	不纯一的杂合聚集物	[25]
小鼠	阿尔茨海默病	1% 月桂酰肌氨酸	200 000	40	前纤维状聚集物	[16]
小鼠	野生型	0.5% 脱氧胆酸钠；1% Igepal CA-630）	50 000	60		[26]
小鼠	野生型	4% SDS	100 000	30		[17]
人类	额颞痴呆	按此顺序：tris缓冲液；1% 曲拉通；1% 曲拉通X-100及30%蔗糖；1% N-月桂酰肌氨酸；7M尿素及2M硫脲和2%SDS	25 000（第一步和最后一步）；180 000（其余步骤）	每次30	含有TDP-43的聚集物	[19]
人类	阿尔茨海默病	1% 月桂酰肌氨酸（2x）	180 000	30	老年斑及神经原纤维缠结（NFT）	[20]
人类	慢性创伤性脑病	1% 月桂酰肌氨酸（2x）	180 000	30	pTau和含有pTDP-43的聚集物	[21]

二、材料

（一）组织裂解

1. 液氮（LN2）和冰。

2. 小鼠脑组织（见注释1）。

3. 1%碳酸钠：将2g碳酸钠溶于200ml去离子超纯水（ddH$_2$O）中（见注释2）。

4. OPS冷冻研磨套装及钻头（Black & Decker）。

5. OPS制冷机或泡沫箱（20cm×20cm），裁切合适的盖子，用来稳固研钵。

6. 裂解缓冲液：50mmol/L 磷酸盐缓冲液 pH7.4，150mmol/L 氯化钠，1%曲拉通 X-100，50mmol/L 二硫苏糖醇（DTT），1×蛋白酶抑制剂混合物（简称PIC；Roche），1mmol/L 苯甲基磺酰氟（PMSF）。将磷酸盐缓冲液（0.25mol/L 储液）、氯化钠（5mol/L 储液）和曲拉通（10%溶液）混合，加入适量去离子超纯水使溶液体积达到90ml，获得1.11×的预混合液，在4℃下存放48小时。如果需要更长的储存时间，可以冷冻。临用前，向900μl的1.11×预混液中加入40μl的25×PIC（25×储液），10μl的100mmol/L PMSF（甲醇中储存），50μl的1mol/L DTT，即为1ml裂解缓冲液。

7. Bioruptor UCD-200非接触式全自动超声波破碎仪（Diagenode）。

（二）离心

1. Beckmann加固型1.5ml离心管。

2. Sorvall Legend Micro 21R Ultracentrifuge（Thermo Scientific）冷冻型微量离心机，预冷至4℃。

3. 与还原试剂相容的BCA蛋白试剂盒（与5%SDS相容）。

4. Tecan M200酶标仪。

（三）胰蛋白酶消化蛋白

1. 1 M三乙基碳酸氢铵（简称TEAB），pH 7.1和pH 7.55。TEAB的pH会随时间改变。一旦溶液达到需要的pH，将其在-20℃储存，并在使用前用pH试纸验证。

2. SDS缓冲液的2x储液：用100mmol/L（pH7.55）的TEAB（从1mol/L储液）配制的10%SDS（从20%SDS储液）。每次实验前新鲜配制。

3. S-Trap微型柱（Protifi）。

4. 0.5mol/L DTT：77.125 mg DTT粉末，用去离子超纯水配至1ml。在-20℃储存。

5. 0.56mol/L 氯乙酰胺：52.422 mg用去离子超纯水混合配至1ml（见注释3）。

6. 12%磷酸（HPLC，色谱级），在玻璃瓶中储存。

7. 1∶2的甲醇和氯仿（HPLC色谱级）混合溶液。氯仿会将塑料管中的聚合物溶出，因此必须在玻璃瓶中储存。

8. S-Trap结合缓冲液：含90%甲醇和100mmol/L TEAB，pH 7.1。在4℃储存。

9. 消化缓冲液：50mmol/L pH 7.1的TEAB。

10. 测序级胰蛋白酶（Promega）。在-70℃储存。

11. 低蛋白结合性离心管：1.5ml微型离心管（VWR），特殊处理后使其表面不黏附蛋白，可减少聚合物污染以提高数据质量。

12. 0.2% HPLC色谱级甲酸，在玻璃瓶中储存。

13. 50%乙腈（简称ACN），加入0.2%甲酸。

14. 液氮。

15. Micro Modulyo冷冻干燥机。

（四）Stage Tipping

1. 200µl 不黏性移液器吸头（Sarstedt）和 C18 Stage Tipping 膜片（Empore），按 Rappsilber 等的方法组装[23]。

2. 缓冲液 A：0.1% 三氟乙酸（TFA）和 2% 乙腈。

3. 缓冲液 B：0.1% TFA 和 80% 乙腈。

4. 甲醇。

5. Stage Tip 吸头适配器（https：//www.thingiverse.com/thing：4687978）（见注释 4）。

6. Eppendorf 迷你离心机（miniSpin plus centrifuge）。

7. 质谱注射缓冲液：0.1% 甲酸。

8. 真空离心机，如 Eppendorf Vacufuge plus。

（五）肽库的分割

1. 消化过的多肽样本。

2. 高效液相色谱（安捷伦 1100/1200 HPLC 系统，带有 40µl 取样回路的温控自动取样器，内联真空脱气器，二元泵，紫外线检测器，温控馏分收集器）和安捷伦 Open Lab CDS ChemStation Edition 操作系统（C.01.07 版）。

3. C18 色谱柱（安捷伦 Zorbax Extend 系列 –C18，3.5 µm 粒径填料）。

4. Axygen 96 孔 PCR 微孔板。

5. 高 pH 缓冲液 A：5mmol/L 碳酸氢铵溶液，2% 乙腈，pH 10.0。

6. 高 pH 缓冲液 B：5mmol/L 碳酸氢铵溶液，90% 乙腈，pH 10.0。

7. 真空离心机。

（六）DDA 数据库生成

1. Q Exactive HF Orbitrap 质谱仪与 Easy-nLC 1200 液相色谱系统（Thermo Scientific）偶联，配置 20nl 取样回路，内直径 30 µm 的 ID 钢发射器，以及完全清洁、校准、连接好或兼容的仪器。

2. 50cm µPAC™ 色谱柱及捕集柱（Pharmafluidics）。

3. MS 注射缓冲液：0.1% 甲酸。

4. 缓冲液 A：0.1% 甲酸和 2% 乙腈（LC-MS 级别，高纯度，低紫外线吸收）。

5. 缓冲液 B：0.1% 甲酸和 95% 乙腈（LC-MS 级别，高纯度，低紫外线吸收）。

6. NanoDrop™ 紫外分光光度计。

7. Indexed Retention Time iRT Peptidekit 试剂盒（Biogenesis）。

（七）DIA 质谱

1. Q Exactive HF Orbitrap 质谱仪与 Easy-nLC 1200 液相色谱系统（Thermo Scientific）偶联，配置 20nl 取样回路，内直径 30 µm 的钢发射器，以及完全清洁、校准、连接好或兼容的仪器。

2. 50cm µPAC™ 色谱柱及捕集柱（Pharmafluidics）。

3. MS 注射缓冲液：0.1% 甲酸。

4. 缓冲液 A：0.1% 甲酸和 2% 乙腈（LC-MS 级别，高纯度，低紫外线吸收）。

5. 缓冲液 B：0.1% 甲酸和 95% 乙腈（LC-MS 级别，高纯度，低紫外线吸收）。

6. NanoDrop™ 紫外分光光度计。

7. Indexed Retention Time iRT Peptidekit 试剂盒（Biogenesis）。

（八）数据分析

1. Spectronaut™，配备 Pulsar 14.3.200701.47787（Copernicus）（Biognosys）（见注释 5）。

2. UniprotKB 审核小鼠 FASTA（2020 年 9 月 25 日下载，含 17 056 种蛋白质）。

3. R 语言软件（3.6.1 版）。

（1）tidyverse 包。

（2）Msnbase 包。

三、方法

这种方法可处理小鼠大脑的各种区域，如皮质或海马体。提取 2 mg 蛋白质大致相当于 50 mg 湿组织，通过冷冻研磨组织达到裂解，随即进行样本分割、蛋白质消化和 Stage Tipping 分离。通常，此规程可同时处理多个样本，在 3 天内可准备多达 10 份不同的样本。样本可立即用于质谱分析，或在 Stage Tip 吸头中保存数天至数周。建议制备肽库以提高 DIA 分析的鉴定效果［详见（七）、（八）部分］。肽库需要的额外 100μg 蛋白质，通常从每份样本中取 50μg 的沉淀物和上清液，并按 1：1 的比例混合。建议为大脑的每个区域创建单独的肽库。需要注意的是，如果某些样本的蛋白质产量较低，可以将一部分样本组合生成集中肽库，而不会影响肽库的质量。

（一）细胞裂解

1. 将 OPS 研钵和研杵在 1% 碳酸钠溶液中浸泡 1 小时以保证清洁，然后放在去离子超纯水中，使用前晾干。

2. 将研钵、研杵、刮板和非黏附管放在制冷机或泡沫箱中的液氮中冷却（见注释 6）。

3. 将组织转移到预冷的研钵中，并用研杵将组织磨碎成小块。将研杵安装到电动机上，连续研磨组织 4 分钟，每 4 秒更换方向，直到组织变成粉末。

4. 缓慢将研杵沿着研钵壁拿出研钵，并刮下任何剩余的组织。

5. 使用药匙将至少 50 mg 的组织转移到液氮中的非黏附管中。将组织在冰上放置 1～2 分钟，然后加入裂解缓冲液（1000μl 缓冲液/50 mg 组织）。将组织与裂解缓冲液在冰上放置 20 分钟（见注释 7）。

6. 在超声水波破碎仪中加入冰降温，在高能模式下超声处理两次、每次持续 30 秒（见注释 8）。将样本放回冰上，立即进行下一小节的操作。

（二）离心和蛋白质测量

此步骤富集去垢剂不溶性蛋白质。根据过去的实验，其中约有 9% 的上清液是可被回收的蛋白质。

1. 在 4℃下，将样本在离心机中以 3000×g 的速度离心 10 分钟以沉淀细胞残渣。将上清液转移到一个 Beckmann 加固型 1.5ml 离心管中（见注释 9）。

2. 在 4℃下，将样本以 20 000×g 的速度离心 30 分钟以沉淀不溶于 1% 曲拉通的部分。将上清液转移到新的非黏附管中。在冰上冷藏。用 1ml 裂解缓冲液洗涤沉淀物 2 次，不应搅动沉淀物，每次以 20 000×g 的速度离心 10 分钟。

3. 用 25μl 1×SDS 缓冲液（用裂解缓冲液与 2×SDS 缓冲液 1：1 混合而得，也可用于 S-Triap 微型柱）重悬沉淀物（见注释 10）。

4. 将 12.5μl 上清液与 12.5μl 2×SDS 缓冲液混合。

5. 使用 Pierce 微孔板 BCA 蛋白试剂盒（与还原剂兼容）测量沉淀物和上清液试样的蛋白质浓度，具体操作如下。

6. 将试剂盒提供的 2 mg/ml BSA 原液用裂解缓冲液和 2×SDS 缓冲液以 1：1 混合的稀释液制备 BSA 蛋白标准溶液。制备一系列 7 个标准溶液样本，每个样本 50μl，浓度范围为 0.125～1.5 mg/ml BSA，并制备一个空白样本。

（1）根据样本数量，按照试剂盒中的规程准备适量工作试剂液（Working Reagent）每孔需 260μl。

（2）向 15μl 样本中加入 15μl 的裂解缓冲液与 2×SDS 缓冲液的 1：1 混合液。

（3）向每个孔中加入 9μl 稀释后的样本，每个样本设置 3 个复孔。

（4）向样本孔中加入 4μl 兼容试剂（Compatibility Reagent，来自试剂盒），在 37℃下温育 15 分钟。

（5）向每个孔中加入 260μl 工作试剂液，并在 37℃下温育 30 分钟。

（6）让反应板在室温下冷却约 5 分钟，然后使用读板仪在 562 nm 处测量光吸收率。

（7）建立光吸收率与浓度之间的校准曲线，以计算样本的浓度（见注释 11）。

（三）蛋白质消化和肽段洗脱

1. 将适量待处理的蛋白质（S-Triap micro 体系中为 1～100μg）转移到一个非黏附管中。通常使用 25μl 的样本体积；下面步骤 2～4 中所用的体积可以据此相应调整。

2. 还原：向样本中添加 1μl 0.5mol/L DTT，使终浓度约为 20mmol/L。手弹混匀后在 95℃下加热 10 分钟。

3. 烷基化：向样本中添加 2μl 0.56mol/L 氯乙酰胺使终浓度约为 40mmol/L。手弹混匀后避光放置 30 分钟。

4. 向还原和烷基化完毕的混合物中加入 3.22μl 12% 磷酸，使其终浓度为 1.2%。

5. 向酸化的蛋白质溶液中加入 175μl S-Triap 结合缓冲液。如果需要更多的蛋白质溶液体积，可以增加 S-Triap 结合缓冲液的量，保持 1×SDS 裂解混合液：结合缓冲液的比例为 1：7。

6. 向离心柱中添加酸化的溶液，每次不超过 100μl。

7. 将离心柱放入 1.5ml 非黏附管中，以 4000×g 的速度离心 30 秒，或直到溶液通过离心柱为止。如果需要，重复步骤 6。

8. 使用 150μl S-Triap 结合缓冲液洗涤离心柱 3 次，每次以 4000×g 的速度离心 30 秒。

9. 用 150μl 的氯仿、甲醇混合液（氯仿：甲醇的比例为 2：1）洗涤 1 次，然后用 150μl S-triap 结合缓冲液洗涤 2 次。每次以 4000×g 的速度离心 30 秒，以去除脂质。

10. 将 S-Triap 转移到一个干净的非黏附 1.5ml 样本管中。

11. 向柱中加入 20μl 消化缓冲液，其中添加胰蛋白酶，胰蛋白酶：蛋白质的比例为 1：25。短暂离心使蛋白酶溶液进入离心柱，若有溶液穿过离心柱则加回到离心柱顶部。

12. 关闭盖子以减少蒸发（见注释 12）。

13. 在 37℃下孵育 16 小时。

14. 向 S-Triap 柱中加入 40μl 消化缓冲液。

15. 以 4000×g 的速度离心 60 秒，洗脱肽段（见注释 13）。

16. 向柱中加入 40μl 0.2% 甲酸，以 4000×g 的速度离心 60 秒。

17. 用 40μl 50% 乙腈和 0.2% 甲酸混合溶液以 4000×g 的速度离心 60 秒，以洗脱疏水性肽段。

18. 在液氮中速冻肽段溶液，然后在 Micro Modulyo 冷冻干燥机中冻干约 16 小时，最后用 100μl 0.1% TFA 重新悬浮。继续进行 Stage Tipping 或转到"（五）肽库生成"。

（四）Stage Tipping

1. 准备 Stage Tip 吸头　根据样本的不同，可使用两种不同的 Stage Tipping 方法。对于沉淀物，如果只处理少量的上清液中的肽段（≤10μg），使用低结合能力的 Stage Tip 吸头。对于肽库构建或处理更多肽段的情况，使用高结合能力的 Stage Tip 吸头（最多 100μg）（见注释 14）。

（1）为每个样本准备一个 Stage Tip 吸头。使用钝性的 16 号针头在 C18 膜片上戳出一个圆孔。

（2）将一根掰直的回形针通过针头把 C18 膜片推入 200μl 的移液管吸头尖端。对于低结合能力的 Stage Tipping，加入第二个 C18 膜片，对于高容量的 Stage Tipping，只需加入一个 C18 膜片，然后进行下一步。

（3）制备 C18 树脂溶液：将约 100μl 的 C18 粉末转移到一个非黏附 1.5ml 管中（填充到相应的容积标线上）。加入 1ml 50% 乙腈，存放于 4℃。

（4）每次向 Stage Tipping 中加入 20μl 的 C18 混悬液，然后将吸头放在吸头适配器（置于 1.5ml 非黏附管中，以1000×g的速度离心1分钟，或至乙腈溶液通过吸头，直到吸头中有约3mm厚的C18微球。

2. Stage Tip 吸头的调节

（1）使用100μl 甲醇使C18重新湿润。将Stage Tip吸头在适配器中一起放入1.5ml非黏附管中，以1000×g的速度离心，直到液体通过，但C18未干燥（约2分钟）。

（2）使用100μl 缓冲液B进行洗涤，以1000×g的速度离心直到液体通过。

（3）使用100μl 缓冲液A进行2次洗涤，通过1000×g的速度离心直到液体通过。

（4）Stage Tip吸头现在已经预备好，可以结合样本，并应立即使用。

3. 样本的 Stage Tipping

（1）对于低结合能力的Stage Tip吸头（双C18膜片），每次转移≤10μg的样本。对于高容量的Stage Tip吸头，每次转移100μl的肽段，共约100μg。将Stage Tip吸头放入适配器中，以1000×g的速度离心2～5分钟或直到溶液通过。重复操作直到所有样本加载完毕（见注释14）。

（2）使用100μl 缓冲液A进行洗涤，通过1000×g的速度离心2～5分钟。样本现在可以在4℃下存放数天。

（3）添加100μl 缓冲液B进行洗脱，以1000×g的速度离心2～5分钟，将洗脱液收集到一个新的非黏附管中。

（4）在真空离心机中将肽段干燥（约1.5小时），然后按下文（七）进行质谱分析。如要构建肽库，则用30μl高pH缓冲液A重新悬浮，然后进行下文（五）的处理。

（5）可将样本在-20℃下保存，直到进行后续运行。

（五）肽库生成

蛋白质肽段文库可采用改编自Udeshi等的高pH反相液相色谱（RPLC）方法[24]，分为8个样本池。然后，样本通过数据依赖性质谱分析，生成MS2谱的肽库。

1. 将每个沉淀和上清样本等量混合，以获得总共约100μg的样本（50μg的沉淀样本和50μg的上清样本）。

2. 首先以50μl/min的流速用100%高pH缓冲液B清洗HPLC柱10分钟。

3. 以50μl/min的流速用100%高pH缓冲液A平衡HPLC柱40分钟。

4. 将30μl的肽库样本上至C18色谱柱中，并以0.66分钟/孔的速度，将样本收于96孔板中，共64分钟（所用梯度见表3-2）。

表3-2 高pH肽段分样梯度

时间（分钟）	% 缓冲液B
0～5	6
5～7	8
7～45	27
45～49	31
49～53	39
53～64	60
64～85	0

5. 将每隔8个的小份样本组合在一起，将96份样本分组，得到8组样本（例如，第1个肽段池由第1、9、17、…89孔样本组成）。

6. 在真空离心仪中干燥样本（约1小时），然后进行质谱分析（见注释15）。

（六）使用数据依赖性采集（DDA）对肽库进行质谱分析

1. 使用 12μl 的 MS 注射缓冲液（0.1% 甲酸与 iRT 多肽按 1∶30 体积比混合），重新悬浮每份样本。

2. 使用 1μl 的 MS 注射缓冲液校准紫外分光光度仪（NanoDrop）。

3. 从每份样本中取 1.2μl，使用紫外分光光度仪（NanoDrop）测量肽段浓度（见注释 16）。

4. 对于每份样本，使用 MS 注射缓冲液将浓度调整为 0.1μg/μl（即 1.2μg/12μl）。

5. 将 1μg 的多肽加载到 50cm μPAC™ 色谱柱上，并使用 60 分钟的梯度（表 3-3）在 85 分钟内进行洗脱。梯度期间的流速为 300nl/min。样品注射时的流速为 10μl/min，压力限制在 100bar。

6. 预柱前平衡体积为 3μl，流速为 3μl/min，最大压力限制为 200bar；分析柱平衡体积为 9μl，流速为 3μl/min，最大压力限制为 200bar。

7. 进行 85 分钟的数据依赖性采集（DDA）

（1）进行 1 次 MS1 扫描，质量范围为 400～1800m/z，分辨率为 60 000，最大进样时间为 75 毫秒，自动增益控制（AGC）目标为 3e6。

（2）选择最强的 12 个前体离子进行片段化，排除电荷为带单电荷和带 5 倍及以上电荷的前体离子。

（3）进行最多 12 次 MS2 扫描，分辨率为 15 000，最大进样时间为 50 毫秒，AGC 目标 5e4。归一化碰撞能量设置为 28。使用的动态排除时间为 20 秒。

8. 重复步骤 2-7，直到分析完所有的合并肽段池。

（七）使用数据非依赖采集（DIA）进行样本的质谱分析

1. 将干燥的肽段样本［来自上文（四）］重新悬浮在 12μl 的质谱注射缓冲液中（0.1% 甲酸∶iRT 多肽为 1∶30 体积比）。

2. 使用紫外分光光度仪（NanoDrop）从 1.2μl 的样本分取物中测量肽段浓度。NanoDrop 使用 MS 注射缓冲液进行空白校准。

3. 对于每份样本，使用 MS 注射缓冲液将浓度调整至 0.125μg/μl（12μl 中含有 1.5μg 的肽段）。

4. 将 800ng 的肽段（即稀释样品中的 6.5μl）加载到 50cm μPAC™ 色谱柱上，然后使用 60 分钟的梯度（表 3-3）进行 85 分钟的洗脱。梯度期间的流速为 300nl/min。样品注射时的流速为 10μl/min，压力限制在 100bar。

5. 预柱平衡体积为 3μl，流速为 3μl/min，最大压力限制为 200bar；分析柱平衡体积为 9μl，流速为 3μl/min，最大压力限制为 200bar。

6. 进行 85 分钟的 DIA 采集

（1）进行 1 次 MS1 扫描，质量范围为 300～1650m/z，分辨率为 120 000，最大进样时间为 60 毫秒，自动增益控制（AGC）目标为 3e6。

（2）进行 24 次 MS2 DIA 扫描，采用 24 个变量窗口格式（表 3-4），分辨率为 30 000，AGC 目标为 3e6。最大进样时间设置为"自动"。

（3）步进的归一化碎裂能量设定为 25.5、27、30。

7. 对每个样品重复步骤 2-6。

表 3-3 LC-MS/MS 梯度

时间（分钟）	% 缓冲液 B
0～5	4%～9%
5～10	9%～10%
10～15	10%～12%
15～20	12%～14%

续表

时间（分钟）	% 缓冲液 B
20～25	14%～15%
25～30	15%～17%
30～35	17%～18%
35～40	18%～19%
40～45	19%～21%
45～50	21%～24%
50～55	24%～27%
55～60	27%～80%
60～85	80%

表 3-4　DIA 方法的纳入列表和隔离窗口

纳入列表	隔离窗口（m/z）
367.5	35
398	28
422.5	23
444	22
464	20
483.5	21
503	20
522.5	21
542.5	21
562	20
582	22
603	22
624.5	23
647	24
670.5	25
695.5	27
723	30
754	34
789	38
827.5	41
873	52
932	68
1016.5	103
1358.5	583

（八）生成质谱库（spectral library）

1. 此处使用 Pulsar（Biognosys 公司的专有搜索引擎，已整合到 Spectronaut 中）进行质谱库制备（见注释 17）。

2. 首先选择"从 Pulsar 生成文库"。将出现一个向导来协助处理。

3. 选择"Add Runs from File（'从文件添加运行实验证'）"上传输入数据。肽段分收集时产生的原始 MS DDA 文件和样本收集的原始 MS DIA 文件被用作谱库生成的导入运行文件。

4. 选择要用于谱库生成的序列数据库。此处所用的为小鼠 fasta 文件和 iRT fasta 文件。

5. 搜索设置如下（见注释 18）

（1）"酶切规则（Cleavage rules）"设置为 Specific Trypsin/P、最小肽段长度为 7、最大肽段长度为 52，且允许的未酶解位点设置为 2 个。

（2）固定修饰设置为半胱氨酸碘乙酰胺化（Carbamidomethyl）。

（3）可变修饰设置为"Acetyl（Protein N-term）and Oxidation（M）"，即蛋白质 N 末端乙酰化、蛋氨酸氧化。

6. 在启动过程之前，还需要输入用于谱库生成的其他设置（见注释 19），包括容忍度参数（用于校准和主要搜索的质量容忍度）、鉴定参数（搜索引擎的阈值，如蛋白质、肽段和 PSM 的 FDR）、谱库过滤器（片段离子和前体离子水平设置）、iRT 校准（iRT 校准时优先设置）、工作流程（碎片离子选择策略，以及对于如何通过计算机生成同位素标记样品中缺失的通道等选项）（见注释 20）。

（九）DIA 样品的数据分析

1. 此处以使用 Spectronaut 中的 Analysis Perspective 向导进行 DIA 样品的分析为例（见注释 21）。

2. 选择"Set up a DIA Analysis from File"（即"从文件建立 DIA 分析"），这将打开一个文件资源管理器窗口，以导入选择的待分析文件，此处使用的是从样本中获取的原始 MS DIA 文件作为输入文件

3. 在选择输入文件后，将有一个向导辅助进行处理。此时需要指定一个准备好的谱库匹配给该原始 DIA 文件。

4. 准备 DIA 分析设置模式（见注释 22）。这包括 Data Extraction（即数据提取设置，用于计算强度的方法）、XICExtraction（使用 iRT 预测肽段洗脱）、Calibration（"校准"，iRT 和 m/z 校准设置）、Identification（"鉴定"，用于蛋白质和前体离子鉴定的诱饵和 FDR 截断）、Quantification（"定量"，主要和次要分组、定量的最小和最大要求、归一化等）、Workflow（"工作流程"，指定无标记分析或其他定量工作的流程）、Protein Inference（"蛋白质推断"）、Post Analysis（"后续分析"，比如差异丰度的测试和聚类等）、Pipeline Mode（"管线模式"，比如生成报告和文件的模式等）。

5. 然后使用默认设置模式（BGS Factory Settings）来分析 DIA 文件

（1）MS1 和 MS2 的 Intensity extraction（强度提取）设置为最大值；MS1 和 MS2 的容差策略（Tolerance strategy）设置为动态。

（2）XIC 离子迁移（Ion Mobility）和 XIC 保留时间提取窗口（Retention Time Extraction）均设置为动态。

（3）校准模式为自动，MZ 提取策略设置为"最大值"；激活 Precision iRT，排除脱氨基的肽段，为 RT <-> iRT 回归类型选择局部（非线性）回归；MS1 和 MS2 的容差策略设置为"System"（系统）默认。

（4）通过 Mutated 方法生成 Decoys，Decoy Limit Strategy（诱饵蛋白质限制）设置为动态，其最大数设为为肽库大小的 0.1；Per Run（每次运行）设置成机器学习和 Q 值计算设置，Protein and Precursor Q-value Cutoffs（蛋白质和前体的 Q 值阈值）设置为 0.1；单个匹配定义为去除序列（Stripped Sequence）；计算 PTM Localization Score（PTM 定位分数），Probability cutoffs（概率阈值）设置为 0.75；P-value Estimator（P 值估计器）设置为 Kernel Density Estimator。

（5）Proteotypicity filter 设置为无；Major（Protein）Grouping［主要（蛋白质）分组］按蛋白质组 ID

进行，Minor（Peptide）Grouping［次要（肽段）分组］按剥离序列进行。Major Group Quantity（主要组定量）采用平均肽段数量（Mean Peptide Quantity）计算，仅选择最高 N 个肽段，要求最少 1 个和最多 3 个肽段；Minor Group Quantity（次要组）定量采用平均前体数量（Mean Precursor Quantity）计算，仅选择最高 N 个前体，要求最少 1 个和最多 3 个前体。Quantity MS Level（定量 MS 级别）设置为 MS2；Quantity Type（定量类型）设置为面积（Area）；Data Filtering（数据过滤）使用 Q 值进行；启用 Cross Run Normalization（跨实验归一化），Normalization Strategy（归一化策略）设置为 Global Normalization on median（全局中位数归一化）。

6. 从 Spectronaut 导出包含已鉴定蛋白质分组和定量强度的数据。

7. 使用 R 软件"MSnbase"包"MinProb"方法中的"填充（impute）"功能将缺失的数据填入（见注释 23）。

8. 使用 R 和 LIMMA 软件包进行差异性分析。进行两个差异分析，每个分析将一个变量保持恒定［如年龄（年轻或老年）或类型（上清液或沉淀物）］。这样做是因为这两个变量不是独立的共变量。分析得到两个 p 值和变化倍数（Fold Change，FC），然后将其绘制在 FC-FC 图中。

（十）directDIA 分析

directDIA 分析与上一节描述的 DIA 分析类似，只是此分析不需要建立谱库。

1. 选择 Set up a directDIA Analysis from File（从文件设置 directDIA 分析），将打开一个文件资源管理器窗口，用于选择待分析的输入文件。此处选用"Standard Pool"中的原始 MS DIA 文件用作输入文件。

2. 选择要用作序列数据库的 fasta 文件。此处使用小鼠 fasta 文件和 iRT fasta 文件用作序列数据库。

3. 如下设置搜索条件和 directDIA 分析设置模式（见注释 24）

（1）Cleavage rules（酶切规则）设定为 Specific Trypsin/P，肽段最小长度为 7、最大长度为 52，且允许的未酶解位点为 2 个。

（2）固定修饰设置为半胱氨酸碘乙酰胺化 Carbamidomethyl（C）。

（3）可变修饰设置为 Acetyl（Protein N-term）和 Oxidation（M）。

（4）使用默认设置模式（BGS Factory Settings）执行 directDIA 分析。

4. 使用 R 软件对"Standard Pool"进行 directDIA 分析。从 Spectronaut 的 Report 工具条中可获得蛋白质分组的强度。使用 Protein Quant（蛋白质定量）中 Run Pivot Report 可导出一组数据，该组数据的列是 Pooled Standards（"集中标准池"）中每项 DIA 运行，行是鉴定到和（或）定量的蛋白质分组。

（十一）标准池样品的分析

此分析通过比较技术重复得到的数据同时参考下一节来评估 DIA 测量的精确性。

1. 通过确定分析报告中每个蛋白质分组中未缺失和缺失（即 NA）值的数量，来体现数据完整性，并进一步体现蛋白质各组鉴定过程的一致性。在此，如果一个蛋白质分组在所有 8 个"集中标准池"的运行中都被定量到，则被认为 100% 完整。

2. 将每行内每个蛋白质分组的标准差除以其均值再乘以 100，即该蛋白质分的变异系数（CV）。这些计算使用基本的 R 函数即可完成。为了获得整体的 CV 分布，使用 ggplot 包将整个数据集计算出的 CV 绘制成小提琴图（图 3-1B）。在这里，小提琴图的宽度与具有特定 CV 的蛋白质组数量相关。此外，还可使用 ggplot 包创建一个条形图，以进一步强调可重复性。此图中，我们将蛋白质组分为 4 个区间：CV＜10%，10%＜CV＜20%，20%＜CV＜50%，CV＞50%（图 3-1C）。

3. 为了确定蛋白质强度和 CV 之间的相关性，首先计算每个蛋白质组的均值强度的 log10，然后用 ggplot 制作一个散点图，其中 log10（均值强度）放在 x 轴上，log10CV 在 y 轴上（图 3-1D）。

（十二）结果：DIA 工作流程的可重复性

为评估 DIA 分析的可重复性，对 15～100 周龄的雄性 C57BL/6J 小鼠的大脑皮质组织来源的上清液样本的复样进行了一系列分析。大脑组织按照上文（一）～（三）的描述，在为期 3 天的时间内处理完成，然后通过高 / 低结合能力的 Stage Tip 进行处理。为了生成标准上清液样本，将来自所有样本的小部分上清液混合起来，总共约 10μg，然后按照上文（七）和（九）的描述进行分析。同时，并行着从两个年龄段的 28 只小鼠的大脑皮质样本汇集生成肽段库。在此特定情况下，总共使用了 100μg 的汇集肽段进行 RPLC。

为了控制质谱数据采集的可重复性，在另外一组共 56 个样本的间隙注入"标准池"样品，总共进行了 8 次注射上样。综合分析后，使用 directDIA 分析从"标准池"样本中定量了 31 463 个肽段和 3521 种蛋白质。其中，31 195 个肽段（＞99%）和 3507 种蛋白质组（＞99%）在所有上样分析中均得到定量（图 3-1A）。这些结果说明 DIA 分析在蛋白鉴定方面具有很高的可重复性，也证明了使用较低值填充缺失值并进行进一步分析的可行性。

然后计算蛋白质强度的变异系数（CV）。按照所使用的 Spectronaut directDIA 模式，蛋白质群的强度是基于最高 1～3 个肽段的平均强度计算的。研究者发现在 8 次"标准池"注射中，所有蛋白质组的 CV 中位数为 7.5%（图 3-1B）。此外，在"标准池"中检测到的多数蛋白质（2346 种，占 67%）的 CV＜10%（图 3-1C）。另外，还有 790 种（占 22%）蛋白质的 CV 为 10%～20%。最后，确定了观察到的 CV 与每组蛋白质的报告强度之间的相关性，发现平均强度较低的蛋白质群具有较大的 CV，而平均强度较高的蛋白质群具有较小的 CV（图 3-1D）。这些结果证实了 DIA 分析的整体定量精度较高。这个结果也直接提示，对于在沉淀物和上清液中富集有差异的蛋白质，本策略具有较高的识别能力。然而，需要注意的是，样品处理工作流程中也确实可以引入一些无法通过重复上样分析标准池样品来消除的变数。

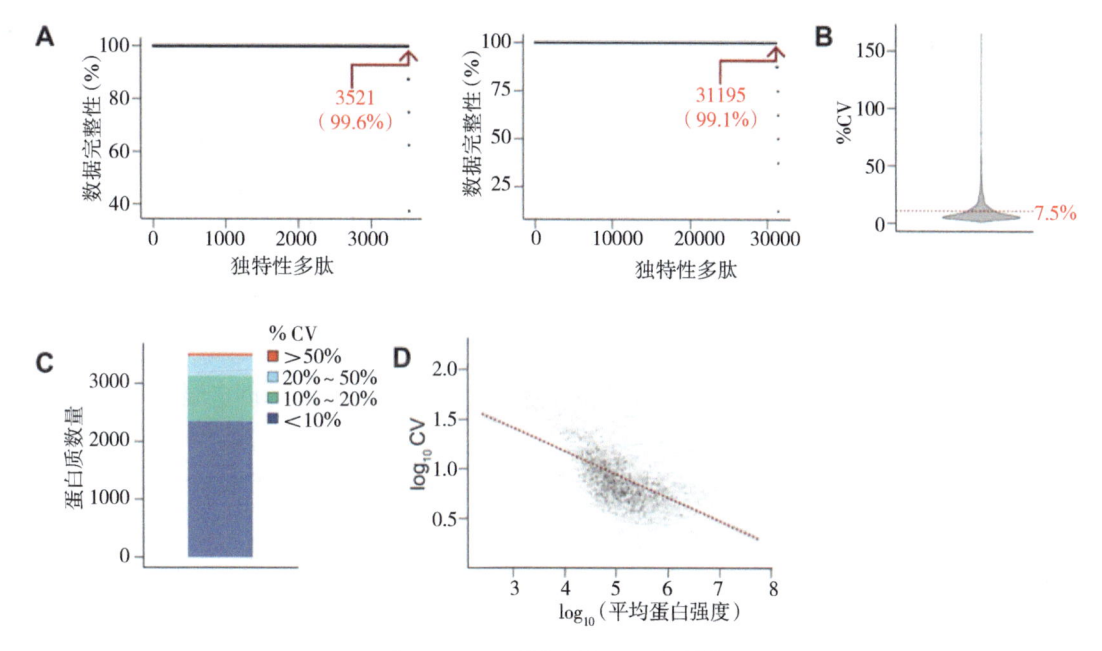

图 3-1　DIA 分析的技术重复性策略

A. 显示蛋白质和肽段种类的完整性。首先确定蛋白质或肽段在"标准池"上样中被检测到的次数，最多为 8 次。蛋白质或肽段按照完整性排列在 x 轴上，其中完整性为 100% 的排在前面（左端）。图中在末尾注明了完整性为 100% 的蛋白质和肽段的数量和百分比。B. 为总体蛋白质变异系数（CV）。计算每组蛋白质的 CV，并绘制为小提琴图。图中显示了整个数据集中 CV 的分布，宽度较大的区域表示有更多蛋白质具有该 CV 值。C. 分层法显示蛋白质 CV。将计算得到的蛋白质 CV 分成 4 个区间：＜10%、10%～20%、20%～50% 和＞50%，可见多数蛋白群的 CV 均较低。D. CV 与平均蛋白质强度之间的关系。将平均蛋白质强度的 $\log_{10}$ 和 CV 的 $\log_{10}$ 绘制成散点图，并回归拟合线性相关线以展示两个变量之间的关系。可以看出，平均强度较低的蛋白质一般具有较高的 CV

四、注释

1. 用于分析的小鼠大脑区域，是在合作者的帮助下获得的。为遵守动物伦理，小鼠在麻醉（异氟醚气体）和二氧化碳窒息下被处死。为保存脑组织，不能使用颈椎脱位法处死小鼠。通过心脏穿刺用含有 Halt™ 蛋白酶抑制剂和磷酸酶抑制剂混合物（ThermoFisher）的 1×PBS 对小鼠进行灌注，以此通过消除脑组织血管中的血清蛋白质的影响，提高鉴定的准确性。整个小鼠大脑通常按两个半球分开，并从不同的区域分别收集皮质、海马体和小脑。随后立即在液氮中快速冷冻组织，并保存至进一步处理前。务必注意，组织不能进行固定。此方法可以从 50～100mg 的小鼠皮质样本组织中提取到约 5% 的蛋白质。

2. 除非另有说明，所有缓冲液或试剂均应溶解于去离子超纯水中。另外，用于盛放质谱试剂的所有玻璃器皿和重复使用的塑料器皿都用手工清洗和漂洗，并与其他由集中清洗机构准备的玻璃器皿分开存放。

3. 氯乙酰胺溶液必须现用现配。

4. Stage Tipping 分离提取技术是由 Matthias Mann 于 2003 年发明的，全称是 STop And Go Extraction，简称 STAGE 或 Stage。其基本原理是将凝胶微球包埋在致密网格中形成吸附介质并置于常用的移液器吸头中，制作完毕的吸头也被称作 STAGE Tip(s) 或 Stage Tip(s)。目前有不同厂家提供不同规格的 Stage Tip 成品，但也可以自行制作。该技术还需要一个能将吸头固定的支架或适配器，用于将吸头固定在 1.5ml 离心管中然后进行离心。此处使用的是用 Prusa I3 MK3S 3D 打印机和 1.75 mm 聚乳酸（PLA）丝材料打印出的适配器。

5. 该软件可在满足最低系统要求的任何系统上使用。

6. 在转移组织前后对非黏附管进行称重，用于计算所用组织的重量。

7. 冰上复温时将管子打开，以防止管内压力增加并将组织喷出。

8. 也可以使用 27G 注射针进行 10 次抽拉达到匀浆，但此法不便用于大量样本，也不适用于坚硬或纤维较多的组织。

9. 在高速度下这尤为重要，常用的非黏附性管最大可承受 14 000×g。因此在 20 000×g 下需要使用加固型离心管。

10. 为溶解沉淀物，可能需要带有超声波破碎仪的水浴超声设施，设置为高能、每次 30 秒，直到沉淀物不再可见。

11. 首先计算每个标准样本的平均值，然后在线性范围内绘制线性回归直线以得到斜率方程，然后使用该方程及样本的平均吸光度计算 x 值。

12. 为了防止消化缓冲液蒸发，将 S-Triap 柱放入盛有水的容器中，为温育创造湿润环境。

13. 大多数肽段将在此步中洗脱。

14. 可能没有足够的沉淀物需要使用高结合能力吸头，此时可使用 2 层 C18 膜片，并使用不超过 10μg 的蛋白质进入吸头。

15. 肽段可以储存在 −20℃。如果不立即进行测量，肽段应干燥储存。

16. 使用 NanoDrop 紫外分光光度仪以 Protein A280 设置测量样本浓度。

17. 有关在 Spectronaut 中生成谱库的更多详细信息，请参阅用户手册 3.3 节。

18. 有关谱库制备方案中不同参数的更详细解释，请参阅用户手册附录 7.4。

19. 有关 Spectronaut 中搜索设置的更详细解释，请参阅用户手册附录 7.2。

20. 此处使用默认设置（BGS 出厂设置）生成谱库：校准的 Mass tolerance（质量容限）设置为 "Dynamic（动态）"，MS1 和 MS2 的 Correction factor（"校正因子"）设置为 1。蛋白质、肽段和 PSM 的 FDR 设置为 0.01。未排除 Single Hit（单次命中）蛋白质，并且未启用 protein localization filter（蛋白质定位筛选器）。要求碎片离子至少有 3 个氨基酸、300～1800m/z 和 > 5% 的相对强度；前体离子设置要求最少和最多的碎片离子数分别为 3 和 6。iRT Reference Strategy（iRT 参考策略）设置为 Deep Learning Assisted iRT regression（深度学习辅助的 iRT 回归）。

21. 有关 Spectronaut 中 DIA 或 directDIA 分析的更多详细信息，请参阅用户手册 3.4 节。

22. 有关 DIA 分析方案中不同参数的更详细解释，请参阅用户手册附录 7.1。

23. "MinProb" 方法通过从高斯分布中随机抽取一份平均值等于该样本观测值的 q-th 分位数（默认 q = 0.01）来插补左限数据，标准差则根据蛋白质的标准偏差中位数估计。

24. 有关搜索设置和 directDIA 分析方案的更详细解释，请参阅 Spectronaut 用户手册附录 7.3。

参考文献

[1] Taylor JP, Hardy J, Fischbeck KH(2002)Toxic proteins in neurodegenerative disease. Science 296(5575):1991-1995

[2] Bucciantini M, Giannoni E, Chiti F, Baroni F, Formigli L, Zurdo J, Taddei N, Ramponi G, Dobson CM, Stefani M(2002)Inherent toxicity of aggregates implies a common mechanism for protein misfolding diseases. Nature 416(6880):507-511

[3] Lue LF, Kuo YM, Roher AE, Brachova L, Shen Y, Sue L, Beach T, Kurth JH, Rydel RE, Rogers J(1999)Soluble amyloid beta peptide concentration as a predictor of synaptic change in Alzheimer's disease. Am J Pathol 155(3):853-862

[4] Campioni S, Mannini B, Zampagni M, Pensalfini A, Parrini C, Evangelisti E, Relini A, Stefani M, Dobson CM, Cecchi C, Chiti F(2010)A causative link between the structure of aberrant protein oligomers and their toxicity. Nat Chem Biol 6(2):140-147

[5] Moechars D, Dewachter I, Lorent K, Reversé D, Baekelandt V, Naidu A, Tesseur I, Spittaels K, Haute CV, Checler F, Godaux E, Cordell B, Van Leuven F(1999)Early phenotypic changes in transgenic mice that overexpress different mutants of amyloid precursor protein in brain. J Biol Chem 274(10):6483-6492

[6] Dewachter I, van Dorpe J, Spittaels K, Tesseur I, Van Den Haute C, Moechars D, Van Leuven F(2000)Modeling Alzheimer's disease in transgenic mice:effect of age and of presenilin1 on amyloid biochemistry and pathology in APP/London mice. Exp Gerontol 35(6-7):831-841

[7] Olzscha H, Schermann SM, Woerner AC, Pinkert S, Hecht MH, Tartaglia GG, Vendruscolo M, Hayer-Hartl M, Hartl FU, Vabulas RM(2011)Amyloid-like aggregates sequester numerous metastable proteins with essential cellular functions. Cell 144(1):67-78

[8] Bouchard M, Zurdo J, Nettleton EJ, Dobson CM, Robinson CV(2000)Formation of insulin amyloid fibrils followed by FTIR simultaneously with CD and electron microscopy. Protein Sci 9(10):1960-1967

[9] Ben-Zvi A, Miller EA, Morimoto RI(2009)Collapse of proteostasis represents an early molecular event in Caenorhabditis elegans aging. Proc Natl Acad Sci U S A 106(35):14914-14919

[10] Walther DM, Kasturi P, Zheng M, Pinkert S, Vecchi G, Ciryam P, Morimoto RI, Dobson CM, Vendruscolo M, Mann M, Hartl FU(2015)Widespread proteome remodeling and aggregation in aging C. elegans. Cell 161(4):919-932

[11] Reis-Rodrigues P, Czerwieniec G, Peters TW, Evani US, Alavez S, Gaman EA, Vantipalli M, Mooney SD, Gibson BW, Lithgow GJ, Hughes RE(2012) Proteomic analysis of age-dependent changes in protein solubility identifies genes that modulate lifespan. Aging Cell 11(1):120-127

[12] David DC, Ollikainen N, Trinidad JC, Cary MP, Burlingame AL, Kenyon C(2010)Widespread protein aggregation as an inherent part of aging in C. elegans. PLoS Biol 8(8):e1000450

[13] Xie X, Chamoli M, Bhaumik D, Sivapatham R, Angeli S, Andersen JK, Lithgow GJ, Schilling B(2020)Quantification of insoluble protein aggregation in Caenorhabditis elegans during aging with a novel data-independent acquisition workflow. J Vis Exp 162:e61366

[14] Hosp F, Gutiérrez-Ángel S, Schaefer MH, Cox J, Meissner F, Hipp MS, Hartl FU, Klein R, Dudanova I, Mann M(2017)Spatiotemporal proteomic profiling of Huntington's disease inclusions reveals widespread loss of protein function. Cell Rep 21(8):2291-2303

[15] Sap KA, Guler AT, Bezstarosti K, Bury AE, Juenemann K, Demmers JAA, Reits EA(2019)Global proteome and ubiquitinome changes in the soluble and insoluble fractions of Q175 Huntington mice brains. Mol Cell Proteomics 18(9):1705-1720

[16] Thygesen C, Metaxas A, Larsen MR, Finsen B(2018)Age-dependent changes in the sarkosylinsoluble proteome of APPSWE/PS1ΔE9 transgenic mice implicate dysfunctional mitochondria in the pathogenesis of Alzheimer's disease. J Alzheimers Dis 64(4):1247-1259

[17] Kelmer Sacramento E, Kirkpatrick JM, Mazzetto M, Baumgart M, Bartolome A, Di Sanzo S, Caterino C, Sanguanini M, Papaevgeniou N, Lefaki M, Childs D, Bagnoli S, Terzibasi Tozzini E, Di Fraia D, Romanov N, Sudmant PH, Huber W, Chondrogianni N, Vendruscolo M, Cellerino A, Ori A(2020)Reduced proteasome activity in the aging brain results in ribosome stoichiometry loss and aggregation. Mol Syst Biol 16(6):e9596

[18] Pace MC, Xu G, Fromholt S, Howard J, Crosby K, Giasson BI, Lewis J, Borchelt DR(2018)Changes in proteome solubility indicate widespread proteostatic disruption in mouse models of neurodegenerative disease. Acta Neuropathol 136(6):919-938

[19] Seyfried NT, Gozal YM, Donovan LE, Herskowitz JH, Dammer EB, Xia Q, Ku L, Chang J, Duong DM, Rees HD, Cooper DS, Glass JD, Gearing M,

Tansey MG, Lah JJ, Feng Y, Levey AI, Peng J(2012)Quantitative analysis of the detergent-insoluble brain proteome in frontotemporal lobar degeneration using SILAC internal standards. J Proteome Res 11(5):2721-2738

[20] Hales CM, Dammer EB, Deng Q, Duong DM, Gearing M, Troncoso JC, Thambisetty M, Lah JJ, Shulman JM, Levey AI, Seyfried NT(2016)Changes in the detergent-insoluble brain proteome linked to amyloid and tau in Alzheimer's disease progression. Proteomics 16(23):3042-3053

[21] Cherry JD, Zeineddin A, Dammer EB, Webster JA, Duong D, Seyfried NT, Levey AI, Alvarez VE, Huber BR, Stein TD, Kiernan PT, McKee AC, Lah JJ, Hales CM(2018)Characterization of detergent insoluble proteome in chronic traumatic encephalopathy. J Neuropathol Exp Neurol 77(1):40-49

[22] Xu G, Fromholt SE, Chakrabarty P, Zhu F, Liu X, Pace MC, Koh J, Golde TE, Levites Y, Lewis J, Borchelt DR(2020)Diversity in Aβ deposit morphology and secondary proteome insolubility across models of Alzheimer-type amyloidosis. Acta Neuropathol Commun 8(1):43

[23] Rappsilber J, Mann M, Ishihama Y(2007)Protocol for micro-purification, enrichment, pre-fractionation and storage of peptides for proteomics using StageTips. Nat Protoc 2(8):1896-1906

[24] Udeshi ND, Mertins P, Svinkina T, Carr SA(2013)Large-scale identification of ubiquitination sites by mass spectrometry. Nat Protoc 8(10):1950-1960

[25] Xu G, Stevens SM, Moore BD, McClung S, Borchelt DR(2013)Cytosolic proteins lose solubility as amyloid deposits in a transgenic mouse model of Alzheimer-type amyloidosis. Hum Mol Genet 22(14):2765-2774

[26] Albu RF, Chan GT, Zhu M, Wong ET, Taghizadeh F, Hu X, Mehran AE, Johnson JD, Gsponer J, Mayor T(2015)A feature analysis of lower solubility proteins in three eukaryotic systems. J Proteome 118:21-38

第四章

啮齿动物肺组织样品制备和鸟枪法蛋白质组学分析

Hadeesha Piyadasa, Ying Lao, Oleg Krokhin, and Neeloffer Mookherjee

> 质谱（mass spectrometry，MS）是一种用于表征各种生物样品中的全部蛋白质谱的常规方法。本章描述了啮齿动物肺组织匀浆、样品制备和基于液相色谱 – 串联质谱（liquid chromatography with tandem mass spectrometry，LC–MS/MS）方法的鸟枪法蛋白质组学。

一、引言

了解从啮齿动物疾病模型中分离出的组织中蛋白质组的变化，对于理解呼吸系统相关疾病发生发展的基本机制至关重要[1-2]。基于质谱的方法可用于鉴定和表征肺组织中全部蛋白质谱/肽谱的变化。然而复杂生物起始材料样本准备时的细致和一致性对于成功进行的下游 MS 分析至关重要。因此，本章介绍了一个精心优化的样品制备和处理步骤，可用于基于 LC–MS/MS 方法的大鼠和小鼠肺组织蛋白质组表征[3-4]。

二、材料

（一）组织匀浆和蛋白质提取

1. 匀浆缓冲液（冰上放置）：（50mmol/L Tris–HCl，pH 7.5，2mmol/L MgCl$_2$，150mmol/L NaCl，1% 脱氧胆酸钠，1% SDS），加入 1× 蛋白酶抑制剂混合物（PIC）。
2. 磷酸盐缓冲液（PBS）。
3. 无菌手术刀。
4. 匀浆机（Cole–Parmer LabGEN 125 匀浆机）。
5. 匀浆机探头（Cole–Parmer LabGEN Plastic Tip Probes）。
6. 离心机。

（二）总蛋白定量

1. Pierce Micro BCA 蛋白分析试剂盒。
2. 微孔板，未经处理，96 孔，平底，透明。
3. 适用于 96 孔板的微孔板密封胶带。
4. 微孔板读取仪器。

5. 37℃烘箱。

（三）SDS-PAGE

1. XCell SureLock™ Mini-Cell 电泳系统（Invitrogen™）。
2. 4%～12% Tris-Bis 胶，10 孔（Invitrogen™）。
3. 20×MOPS SDS 跑胶缓冲液（Invitrogen™）。
4. 4×NuPAGE™ LDS 样本缓冲液（Invitrogen™）。
5. NuPAGE™ 抗氧化剂（Invitrogen™）。
6. 10×NuPAGE 还原剂（Invitrogen™）。
7. Amersham™ ECL™ Rainbow™ 蛋白标记蛋白。
8. GelCode™ Blue 染色试剂。
9. 一次性方形托盘。

（四）蛋白还原和烷基化

1. 100mmol/L 二硫苏糖醇（Dithiothreitol，DTT）。
2. 500mmol/L 碘乙酰胺（Iodoacetamide，IAA）。

（五）SP3（单点固相增强样品制备）法净化蛋白质

1. Cytiva Sera-Mag™ Speedbead 羧酸修饰磁珠（亲水性），50 mg/ml。
2. Cytiva Sera-Mag™ Speedbead 羧酸修饰磁珠（疏水性），50 mg/ml。
3. LC-MS 级水。
4. 500mmol/L Tris-HCl 缓冲液（pH 7.0）。
5. 70% 乙醇。
6. 100% 乙腈。
7. 磁力架，例如 DynaMag™-2 磁力架。

（六）胰蛋白酶消化

1. 50mmol/L Tris-HCl 缓冲液（pH 8.0）。
2. Promega 测序级修饰胰蛋白酶（Promega，V5111）。

（七）多肽纯化

1. SOLA™ HRP SPE。
2. 100% 乙腈。
3. 条件缓冲液：0.1% 三氟乙酸（trifluoroacetic acid，TFA）。
4. 洗脱缓冲液：含 65% 乙腈和 0.1% TFA 的水溶液。
5. 注射器柱塞（或者一个真空泵系统）。

（八）仪器

1. 液相色谱仪　Easy-nLC 1200 纳流液相色谱。
2. 质谱仪　Orbitrap Q Exactive HF-X。
3. 其他仪器　NanoDrop™ Spectrophotometer 2000 分光光度计。

三、方法

（一）组织匀浆

1. 制备匀浆缓冲液（每份组织 500μl），冰上放置。
2. 准备含 1×PIC 的 PBS（每个组织 5ml，额外 2～3ml 用于洗涤匀浆机探头）。根据样品的数量，将

5ml 分装到 15ml 的锥形离心管中，并保存在冰上。

3. 从 –80℃或液氮中取出冷冻的肺组织。立即用无菌手术刀在冷冻肺碎片的表面浅划几下（增加表面积）。

4. 将肺组织块放入含有 PBS + PIC 的 15ml 试管中，并在 4℃下缓慢旋转 30 分钟（清洗）。

5. 在此期间，为每个组织块准备一支 5ml 圆底聚丙烯管，加入 300μl 的冰冷匀浆缓冲液并置于冰上。

6. 肺组织清洗 30 分钟后，立即转移到上述装有匀浆缓冲液的圆底 5ml 试管中，置于冰上。

7. 将样品在冰上小心匀浆，同时防止生成泡沫（见注释 1）。

8. 使用 200μl 预冷匀浆缓冲液清洗匀浆器探头，并将清洗液收集到圆底管中，并确保从匀浆器探头回收所有样本。

9. 所有组织块匀浆结束后，将 5ml 圆底管的内容物转移到 1.5ml Eppendorf 管中。温度在 4℃时以 10,000×g 的速度离心样品 10 分钟。

10. 根据需要和实验计划分装上清液（可溶性蛋白质）。为每个样品分出 20μl 置于冰上，用于后续蛋白质定量。其余样本直接进行后续实验或冷冻在 –80℃下长期保存。

（二）蛋白定量

Micro BCA 蛋白分析。

1. 如果是冷冻样品，则将 Eppendorf 管中的所有样品在冰上解冻，并在 4℃下以 1000×g 的速度离心样品 5 分钟。

2. 在未处理的 96 孔微孔板的第 1 列和第 2 列中一式两份添加 100μl 标准品（BSA）。标准品的稀释和浓度范围根据说明书建议（见注释 2）。

3. 蛋白样品应根据起始材料的多寡酌情稀释，以便使蛋白浓度落在 Micro BCA 的检测范围内（见注释 3）。

4. 稀释比例确定后，向 96 孔板的孔中加入适量的水、然后加入预期体积的样品。也可预先在另外管中将样本稀释到所需的浓度，然后直接加入测量板的孔中。

5. 根据需要样品及标准品的孔数计算所需 Micro BCA 试剂的量。例如，对于 60 个孔（包括 16 个标准孔），使用如下：Micro BCA™ Reagent A：50μl×60=3000μl，Micro BCA™ Reagent B：48μl×60=2880μl，Micro BCA™ Reagent C：2μl×60 = 120μl。Micro BCA™ 蛋白分析试剂盒包括 Reagents A，B，C（见注释 7）。

6. 将试剂 A、B 和 C 在适当的反应管中混合，然后向每个含有样品或标准品的孔中加入 100μl Micro BCA™。若有连续分液加样枪（Repeat Dispenser 或 Repeating Pipette）和适配枪头，可以使用。若有多通道移液器也可考虑使用，但需要注意在液体体积较少时使用多通道移液器和液体槽容易造成浪费和偏差。

7. 96 孔板用微孔板封口胶带封口，37℃烘箱孵育 60 分钟。

8. 使用标准分光光度计或酶标仪测定样品和标准品在 562 nm 处的吸收。

9. 使用 BSA 生成的标准曲线确定制备的肺组织蛋白质样品浓度。

（三）质量评估

使用 NuPAGE™ 系统进行凝胶电泳。

1. 根据每个样品的蛋白质浓度，取每个样品总蛋白质 10μg 分装到 1.5ml Eppendorf 管中。在加到凝胶上之前，所有样品都应具有相同的蛋白质含量。

2. 向每个样品中加入 ddH$_2$O 以确保所有样品的体积相等。对于 20μl 的总样品体积，向每个样品中加入 ddH$_2$O 使总体积达到 13μl，并向每个样品中加入 7μl Master Mix 缓冲液（表 4-1），使总样品体积为 20μl（见注释 4）。

表 4-1　Master Mix 配制

加入试剂	每个样本（最后体积 20μl）
NuPAGE LDS 样本缓冲液（4×）	5μl
NuPAGE 还原试剂（10×）	2μl

3. 使用涡旋器充分混合样品。
4. 脉冲式离心样品约 5 秒，使溶液汇集在微量离心管底部。
5. 如果需要，可以制作额外的样品缓冲液用于空白对照上样显示。使用 5μl 的蛋白分子量标记蛋白。
6. 使用 80~90℃水浴将所有样品加热 8~10 分钟。
7. 脉冲式离心样品约 5 秒，使溶液汇集在微量离心管底部。
8. 从凝胶上取下白色条带，将梳子面朝向里面，底部紧贴电泳槽下方，两侧夹紧，确保整个电泳系统没有漏液。
9. 将电泳缓冲液倒入前室至满格线，确保无漏液。然后将电泳缓冲液倒入后室到大致相同高度。
10. 取出梳子，向内室中加入 500μl 抗氧化剂（该部分为可选项，但推荐使用）。然后，使用 1ml 移液器用电泳缓冲液仔细冲洗梳孔以清除残留物。
11. 仔细地将样品和蛋白分子量标记蛋白上样到所需的泳道。用空白样本缓冲液/模拟样本上样到所有空白泳道。
12. 在 150V 下跑胶，直到溴酚蓝线到达凝胶的底部边缘（约 90 分钟）。
13. 从凝胶夹板中取下凝胶并转移到装有 ddH_2O（500~1000ml）的大容器中。
14. 将凝胶置于低速振荡器上，洗涤凝胶以去除盐分。每 20 分钟更换一次 ddH_2O，持续 1 小时。
15. 将凝胶放入方形托盘中。
16. 添加 GelCode™ Blue Stain 直至凝胶完全被浸没。
17. 室温孵育过夜。
18. 盖上盖子防止蒸发。
19. 用 ddH_2O 洗涤凝胶（3 次，每次 10 分钟）以去除染色。
20. 为凝胶拍照。

（四）质谱样本准备

1. 制备用于 SP3 蛋白质纯化的蛋白质裂解物

（1）根据样品的蛋白质浓度（通过 Micro BCA 测定法确定）将 100μg 总蛋白质分装到 1.5ml Eppendorf 管中（记住样本体积）。

（2）根据上述 100μg 裂解液的体积，向其中加入 1/9 体积的 100mmol/L DTT，使 DTT 的终浓度为 10mmol/L，并在 57℃下孵育 30 分钟。

（3）在添加 IAA 之前将样品冷却至室温。

（4）根据上述样品的总体积，向其中加入 1/9 体积的 IAA（500mmol/L）使 IAA 最终浓度为 50mmol/L。室温下避光孵育样品 45 分钟。

（5）向上述样品中加入 1/4 体积的 DTT（100mmol/L），使每个样品中 DTT 的终浓度为 20mmol/L，以淬灭溶液中过量的 IAA。

（6）在涡旋混合器上以 800r/min 的速度在室温下涡旋 10 分钟。

2. 准备 SP3 磁珠

（1）将磁珠平衡至室温。

（2）在 1.5ml Eppendorf 管中混合 20μl Sera-Mag™（亲水性）和 20μl Sera-Mag™（疏水性）。

（3）加入 500μl LC-MS 级的水浸洗磁珠。

（4）将装有磁珠的 Eppendorf 管放在磁力架上，让磁珠静置 2 分钟。

（5）移除并弃去上清液。

（6）重复上述步骤（3）～（5）两次。

（7）在 LC-MS 级水中以 20μg 固体/μl 的浓度重悬磁珠（在此阶段，制备的磁珠可以储存在冰箱中）。

3. 蛋白纯化

（1）使用最小体积的 500mmol/L Tris-HCl（pH 7.0）将准备好的蛋白裂解物样品的 pH 调至 7.0。取出 5μl 至新的 1.5ml Eppendorf 管用于实验。

（2）将 10μl 准备好的磁珠以 1：2（w/w，裂解液：：磁珠）的比例加到裂解物中。

（3）加入乙腈至终浓度为 70% 以促进蛋白质与磁珠的结合。

（4）将样品在室温下孵育 18 分钟。

（5）将样品放在磁力架上 1 分钟。

（6）去除并弃去上清液。

（7）保持样品仍在磁力架上，用 200μl 70% 乙醇清洗沉淀。

（8）去除磁珠上的洗涤液。

（9）再次重复上述步骤（7）和（8）。

（10）保持样品仍在磁力架上，用 200μl 乙腈清洗沉淀。

（11）去除磁珠的洗涤液并进行胰蛋白酶消化（见下文）。避免使磁珠长时间干燥。

4. 胰蛋白酶消化

（1）将 20μg 胰蛋白酶溶于 200μl 50mmol/L Tris-HCl 中，即浓度为 0.1μg/μl 的消化缓冲液。

（2）将 40μl 消化缓冲液添加到上述结合于磁珠的蛋白质样品中，酶：蛋白质的质量比为 1：25。

（3）将样品在 37℃ 下孵育 16 小时。

（4）超声处理样品 15 秒。

（5）在微量离心机中脉冲式离心，将磁珠及溶液汇聚于管底。

（6）将样品放在磁力架上 1 分钟。

（7）收集肽溶液并将其转移到新的 Eppendorf 管中。

（8）向样品中加入 TFA 使其终浓度达到 0.5% 以终止胰蛋白酶活性。在此阶段，样品可以储存在 -80℃，直到下一步。

5. 多肽脱盐（见注释 5）

（1）用注射器以每秒 1 滴的速度推注 1ml 乙腈流过并激活脱盐柱。在整个过程中保持柱子湿润很重要。

（2）添加 1ml 的 0.1% TFA 即条件缓冲液以平衡柱子。

（3）用注射器将溶剂从柱子中排出。

（4）将肽样品上样到柱体上。

（5）重复上述步骤（3）。

（6）1ml 0.1% TFA 清洗肽段结合的柱子。

（7）重复上述步骤（3）。

（8）加入 150μl 洗脱缓冲液，用注射器将多肽洗脱到新的 Eppendorf 管中。

（9）再加入 150μl 洗脱缓冲液，将洗脱液收集到上述样品管中。

（10）真空冻干多肽样品。

（五）LC-MS/MS 检测样本

1. LC-MS 分析前的准备工作

（1）假设蛋白质消化的多肽回收率为 50%，用 LC-MS 级的 0.1% 甲酸（FA）重悬样品，使多肽浓度约为 0.5μg/μl。

（2）以 1000 r/min 的速度涡旋振荡样品 15 分钟。

2. 使用 NanoDrop™ 分光光度计测定肽浓度

（1）选择方案：在 205 nm 波长下测量多肽。

（2）用 5μl 0.5mol/L HCl 清洗 UV 测量比色皿 1 分钟。

（3）利用稀释剂（LC-MS 级 0.1% 甲酸）将机器设置为本底，测定空白值 < 0.002 au 在可接受检测内检测，否则重新进行本底处理。

（4）每个样本使用 2μl 进行检测。

（5）在样品之间用乙醇清洗机器，并用无尘纸擦干。

（6）再次测量空白（< 0.002 au 在可接受的范围内，否则重新清洗、定标）。

（7）检测下一个样本。

（8）根据从 Nanodrop 测量中获得的肽浓度进行适当的稀释，以便为纳流 LC 系统的自动进样器准备多肽样本（每次进样 1μg）。

3. 联合使用 Easy-nLC 1200 系统和电喷雾 Orbitrap QExactive HF-X 质谱仪进行样品分析（参见注释 6）

（1）对于色谱参数设置，流动相 A 是 0.1%（v/v）甲酸，流动相 B 是含 0.1%（v/v）甲酸的 80% 乙腈溶液（LC-MS 级）。流速设置为 300nl/min，并使用以下梯度在 C18 柱（3 μm 粒径，100 μm × 30cm 柱尺寸）上进行肽分离：B 相在 9 分钟内从 2% 增加到 6%，在 145 分钟时间内从 6% 增加到 25%，在 15 分钟的时间内上升到 45%，在 1 分钟时间内增加到 90%，最终以 90% B 相洗脱 10 分钟（总共 3 小时分析时间）。

（2）对于数据采集，为电喷雾 Orbitrap 仪器配置数据依赖采集方法：以 120 000（m/z 200）的分辨率获取 375～1500m/z 范围的 Survey Scan 扫描数据，最大离子注入时间为 50 毫秒，并自动增益控制（AGC）目标值设为 3e6。在 MS2 扫描触发模式下，采用 28% 的归一化碰撞能量进行碎片化，将 TopN 设置为 20，强度阈值保持在 2.0e4。将碎片谱的 AGC 目标值设置为 1E5，并以 30 000 的分辨率采集，离子注入时间为 75 毫秒，分离宽度为 1.6m/z。启用先前选择的质量的动态排除 40 秒，电荷状态过滤限制为 2～6，肽匹配设置为首选，并且同位素排除设置为"打开"。

四、注释

1. 冰盒内仅放单个圆底管，匀浆器放在样品正上方，将匀浆器速度设置为"低/中"，探头浸没在样品中之后才打开匀浆器，以防止样品在匀浆过程中起泡。保持恒定的"低/中速"也有助于防止样品在匀浆过程中过热。完全裂解肺组织可能需要 30 秒到 1 分钟的匀浆。因此，建议每匀浆 5～10 秒后，将样品管放入冰盒中 20 秒以冷却样品，然后进行下一次匀浆。

2. 根据说明书，用于微孔板程序时微量 BCA 测定范围为 2～40μg/ml 的蛋白质。BSA 储备溶液的浓度为 2 mg/ml，稀释后作为标准品。

3. 样品与微量 BCA 混合物以 1 : 1 的比例混合。所有样品设两个复孔平行测量。如果样品量较多且 96 孔板上有剩余的孔，对每个样品进行连续稀释是一种不错的做法（这是为了确认缓冲液对稀释倍数没有影响）。单独的缓冲液也可以模拟样品进行相同的稀释。如果对样品进行连续稀释，取 5μl 样品和 195μl ddH$_2$O 制备储备液，然后在微孔板中按 1 : 2 的比例连续稀释，记得需要从最后一个孔中取走 100μl，以保持每个孔的总体积相等。

4. 体积可根据所用凝胶孔中可上样的最大体积进行调整。

5. 注射器柱塞可用于推动样品/溶剂通过色谱柱。如果需要处理多个样品，也可以使用真空泵系统。

6. 各种 LC-MS 仪器均可以使用标准数据依赖的 LC-MS/MS 分析达到相似的目的。

7. 当进行这类大包装存储液分装操作时，需要预先考虑"分装损耗效应"，即根据 60 个实验孔算出来和配出来的混合反应液，分加结束时发现并不够满足 60 个实验孔的需要。操作者需要根据自己的实验习惯和熟练程度以及液体的此时可能需要额外准备一定比例（比如 10%）的操作误差空间，比如为 60 个反应孔，按照 66 个孔配制所需要的试剂量（此条注释为译者根据经验添加）。

参考文献

[1] Mahood TH, Pascoe CD, Karakach TK, Jha A, Basu S, Ezzati P, Spicer V, Mookherjee N, Halayko AJ(2021)Integrating proteomes for lung tissues and lavage reveals pathways that link responses in allergen-challenged mice. ACS Omega 6(2):1171-1189. https://doi.org/10. 1021/acsomega.0c04269

[2] Tang W, Dong M, Teng F, Cui J, Zhu X, Wang W, Wuniqiemu T, Qin J, Yi L, Wang S, Dong J, Wei Y(2021)TMT-based quantitative proteomics reveals suppression of SLC3A2 and ATP1A3 expression contributes to the inhibitory role of acupuncture on airway inflammation in an OVA-induced mouse asthma model. Biomed Pharmacother 134:111001. https:// doi.org/10.1016/j.biopha.2020.111001

[3] Guan Q, Ezzati P, Spicer V, Krokhin O, Wall D, Wilkins JA(2017)Interferon γ induced compositional changes in human bone marrow derived mesenchymal stem/stromal cells. Clin Proteomics 14:26. https://doi.org/10.1186/s12014- 017-9161-1

[4] Spicer V, Ezzati P, Neustaeter H, Beavis RC, Wilkins JA, Krokhin OV(2016)3D HPLC-MS with reversed-phase separation functionality in all three dimensions for large-scale bottom-up proteomics and peptide retention data collection. Anal Chem 88(5):2847-2855. https:// doi.org/10.1021/acs.analchem.5b04567

第五章

用于细菌蛋白质组学分析的蛋白质纯化和消化方法

Nicole Hansmeier, Samrachana Sharma, and Tzu-Chiao Chao

> 可重现的蛋白质提取对于细菌蛋白质组的定量分析至关重要。虽然存在多种技术,但没有一种适用于所有应用场景的万能解决方案。本章介绍一套标准的提取方法,该方法广泛适用于细菌蛋白质组的分析。

一、引言

基于质谱(MS)的定量蛋白质组分析已成为细菌生理学分析的标准技术。分析前最关键的考虑因素之一是可重现的蛋白质提取和消化的工作流程,以确保获得高质量的数据。

高效的细胞裂解是获取可重现的细菌蛋白质组数据的第一步。通常,需要表面活性剂来促进细胞完全裂解和蛋白质释放。十二烷基硫酸钠(SDS)是最常用的表面活性剂,但由于它会干扰质谱分析,因此需要使用透析或过滤等技术将其去除。酸不稳定的表面活性剂,如脱氧胆酸钠(SDC)是一种具有吸引力的替代品,因为它们可以通过沉淀去除[1]。

细胞裂解后,需要从裂解液中浓缩蛋白质。一种常用的方法是使用酸或有机溶剂进行沉淀,这种方法易于放大,是一种单次提取即能获得高浓度蛋白质的有效方法。一种相关的方法包括使用苯酚,在蛋白质沉淀之前去除核酸和其他水溶性成分的干扰。特别是异硫氰酸胍-苯酚溶液(如 TRIzol),可从同一份样本中分离出 RNA 和蛋白质,用于多组学研究[2]。此外,在 RNA 含量较高的细菌样本(例如对数生长培养物)中,可能还需要额外的分离步骤[3]。然而,分离得到的蛋白质颗粒通常难以溶解,需要表面活性剂的帮助。一种蛋白质沉淀方法的替代策略是使用过滤设备直接浓缩、洗涤和消化蛋白质。虽然这种方法非常灵活,但它不太适合量极少的蛋白质,而且也不像其他浓缩方法那样可放大制备规模[4,5]。从根本上说,重要的是要认识到没有绝对完美的细菌蛋白质组分析方法。每种方法在成本、时间要求、难度和蛋白质组覆盖率方面都具有各自的优劣势[6,7]。

此外,MS 仪器的分析类型和能力会影响选用何种方法可以获得更好的结果。如高灵敏度的仪器需要更少量的样本,并且清洗过程造成的样本损失影响较小。本章,作者描述了一种改进的提取和消化方法,这些方法已经在一系列细菌培养的分析中得到了验证,不同组合适应于特定的细菌和分析工作流程。

二、材料

所有溶液均使用超纯水（25℃条件下 18MΩ cm）和分析级或 MS 级试剂制备。含尿素的溶液应新鲜配制并且温度不超过 37℃。

（一）细菌细胞裂解

1. 磷酸盐缓冲溶液（PBS）：137mmol/L NaCl，2.7mmol/L KCl，10mmol/L Na_2HPO_4，1.8mmol/L KH_2PO_4。无须调整，pH 约为 7.4。使用前进行高压灭菌。

2. 碳酸氢铵（ABC）缓冲液 10× 储备液（500mmol/L）：称取 1.6g 碳酸氢铵，加水至 40ml 总体积。无须调整，pH 约为 8。使用 0.2 μm 注射过滤器（硝酸纤维素或聚四氟乙烯 PTFE）过滤溶液。分装并储存于 4℃（约 2 个月内稳定）。

3. 裂解缓冲液：50mmol/L ABC 缓冲液，其中最多含 4%（w/v）SDS 或 4%（w/v）SDC（见注释 1）。每个样品准备 1ml。

4. 研磨珠套管和均质仪系统（见注释 2）。

5. 冷冻离心机。

（二）蛋白质纯化和溶解

1. 丙酮沉淀

（1）丙酮，使用前保存于 –20℃。

（2）增溶缓冲液：2%（w/v）SDS 或 4%（w/v）SDC 溶解于 50mmol/L ABC 缓冲液中。

（3）冷冻离心机。

（4）分光光度计和蛋白质定量分析试剂。

2. 基于 TRIzol 的蛋白质提取

（1）胍类洗涤液：0.3mol/L 盐酸胍溶于 95% 乙醇。

（2）SDS 增溶缓冲液：2%（w/v）SDS 溶于 50mmol/L ABC 缓冲液中。

（3）TRIzol 试剂和氯仿。

（4）乙醇和异丙醇。

（5）冷冻离心机。

（6）分光光度计和蛋白质定量分析试剂。

（三）蛋白质还原、烷基化和消化

1. 溶液内（in-solution）消化

（1）DTT 储备液：1mol/L 二硫苏糖醇（DTT）水溶液。使用 50mmol/L ABC 缓冲液稀释至工作浓度。分装并储存于 –20℃。

（2）IAA 储备液：0.5mol/L 碘乙酰胺（IAA）水溶液。使用 50mmol/L ABC 缓冲液稀释至工作浓度。

（3）MS 级胰蛋白酶。

（4）甲酸。

（5）水浴。

（6）冷冻离心机。

（7）真空浓缩仪。

2. 滤片上（on-filter）消化

（1）离心过滤装置：使用适合蛋白质浓缩的过滤材料（例如，再生纤维素，10～30kDa 分子量截留尺寸）。此实验方案中使用的是小体积（0.5ml）部件。

（2）尿素洗涤液：8mol/L 尿素溶解于 50mmol/L ABC 缓冲液中。使用前新鲜配制。

（3）IAA 缓冲液：50mmol/L IAA 溶解于尿素洗涤液中。

（4）MS 级胰蛋白酶。

（5）甲酸。

（6）冷冻离心机。

（7）热混合器。

（8）水浴。

（9）真空浓缩仪。

三、方法

（一）细胞收集、裂解和丙酮沉淀和溶解（SDS 或 SDC）

1. 使用离心机（5000×g，5 分钟）收集细胞（见注释 3），弃去培养基，使用 PBS 重悬细胞。细胞悬液再次离心（5000×g，5 分钟）后，弃除上清液。重复 PBS 洗涤步骤。再将细胞重悬于 750μl 裂解缓冲液（SDS 或 SDC）后，转移至裂解管中。

2. 使用仪器适当的参数设置匀质样品，以确保细胞完全裂解（例如，1 分钟最大参数设置）。以 14 000×g 的速度离心 10 分钟，以去除研磨珠和细胞残渣。将上清液转移至干净的小管中。考虑到后面需用 3 倍体积丙酮沉淀蛋白质，此处可将上清液平均分至 1.5ml 微量离心管，每管最多 0.3ml。

3. 加入 3 倍体积的冰冷丙酮（1∶4 v/v，见注释 4），并在 −20℃下孵育样本至少 6 小时或过夜。

4. 离心（14 000×g，4℃）20 分钟后，收集蛋白沉淀。

5. 小心弃除丙酮，不要搅动蛋白质沉淀。

6. 风干蛋白沉淀。不要过度干燥，否则会导致其溶解效率低。

7. 在最高含有 2% SDS 或 4% SDC 的增溶缓冲液中重悬蛋白沉淀（见注释 5）。总体积应根据蛋白质的含量和所需的浓度适当调整。

8. 室温条件下，以 14 000×g 的速度离心 20 分钟，并将上清液转移至新的小管中。

9. 使用二喹啉甲酸（BCA）或其他表面活性剂兼容的蛋白质测定法，确定蛋白质浓度。含 SDC 的下文样品可直接用于溶液内消化［见下文步骤（三）］。SDS 试剂可以使用过滤器脱盐的步骤有效去除［见下文步骤（四）］。

（二）细胞收集、裂解和基于 TRIzol 的提取和使用 SDS 的溶解

1. 使用离心机（5000×g，5 分钟）收集细胞，弃去培养基，使用 PBS 重悬细胞。细胞悬液再次离心（5000×g，5 分钟）后，弃除上清液。重复 PBS 洗涤步骤。再将细胞重悬于 750μl TRIzol 溶液后，转移至裂解管中。

2. 使用仪器适当的参数设置匀质样品，以确保细胞完全裂解（例如，1 分钟最大参数设置）。12 000×g，4℃条件下，离心 10 分钟，以去除研磨珠和细胞残渣。将粉色上清液（约 500μl）转移至干净的微量小管中。

3. 加入 100μl 氯仿，轻轻涡旋 15 秒。在室温条件下孵育 3 分钟。

4. 4℃条件下以 12 000×g 的速度离心 15 分钟后，形成一个双层溶液系统，包括含有核酸的透明水相和含有蛋白质的粉红色有机相。

5. 小心地吸出透明的上层水层，不要干扰界面。如果需要，可以保存水相用于 RNA 提取。

6. 向剩余的有机相中加入 150μl 100% 乙醇。通过反复倒置混合样品，并在室温条件下孵育 3 分钟。

7. 4℃条件下，以 2000×g 的速度离心 5 分钟以沉淀 DNA。

8. 将上清液转移至新的小管中。

9. 向上清液中加入 750μl 100% 异丙醇，并在 -20℃条件下孵育至少 6 小时或过夜。

10. 4℃条件下，以 12 000×g 的速度离心 10 分钟，沉淀蛋白质。

11. 用移液枪小心吸取上清液，弃掉。

12. 使用 1ml 胍类洗涤液，重悬蛋白沉淀。

13. 4℃条件下，孵育 20 分钟。

14. 离心（7500×g，4℃）5 分钟。

15. 用移液枪小心吸取上清液，弃掉。

16. 重复步骤 12～15，2 次。

17. 加入 1ml 100% 乙醇，涡旋混匀。

18. 4℃条件下，孵育 20 分钟。

19. 离心（7500×g，4℃）5 分钟。

20. 用移液枪小心吸取上清液，弃掉。

21. 室温风干蛋白质沉淀。不要过度干燥蛋白沉淀。

22. 使用 1% SDS（w/v）溶液重悬沉淀。可将样品加热至 60℃，以促进蛋白质的溶解。

23. 在室温下，以 14 000×g 的速度离心样品 10 分钟，并将含有蛋白质的上清液转移至新的小管中。

24. 使用 BCA 或其他表面活性剂相容的蛋白质测定法，确定蛋白质浓度。将样品储存在 -20℃，或直接进行步骤（四）。

（三）溶液内（in-solution）消化（SDC）

1. 将 50～100μg 蛋白溶液转移至干净的小管中。

2. 加入 DTT 溶液，至终浓度为 10mmol/L，并在 60℃条件下孵育 60 分钟。如必要，可以用 50mmol/L ABC 溶液进行稀释。

3. 加入 IAA 溶液，至终浓度为 20mmol/L，避光孵育 20 分钟。

4. 加入 DTT 储备溶液，至终浓度为 20mmol/L，以淬灭 IAA 反应。

5. 以胰蛋白酶和蛋白质最终比例 1∶50～1∶100 加入胰蛋白酶。通过上下吹打一次，小心混合。

6. 在 37℃水浴条件下，孵育样品至少 4 小时或过夜。

7. 加入甲酸，至终浓度为 2%（v/v），以停止消化过程，并沉淀 SDC。

8. 以 14 000×g 的速度离心 10 分钟，收集 SDC 沉淀。

9. 小心地将含有多肽的上清液放入新管中。不要扰动 SDC 沉淀。

10. 使用真空浓缩仪干燥多肽样品（见注释 6）。多肽样品可以使用后续液相色谱（LC）MS 分析中的缓冲液进行重悬。

（四）过滤器辅助的脱盐和消化

1. 将 50～100μg 蛋白溶液，转移至干净的小管中。

2. 加入 DTT 溶液，至终浓度为 10mmol/L，并在 60℃条件下孵育 60 分钟。

3. 预冲洗过滤器：向过滤器中加入 450μl 超纯水，并以 10 000～14 000×g 的速度离心 10～30 分钟（见注释 7）。

4. 将还原的蛋白溶液转移至过滤器，并加入 200μl 尿素洗涤缓冲液。

5. 以 10 000～14 000×g 的速度离心，直至留在过滤器上的溶液< 20μl。弃去滤过液。

6. 向过滤器中加入 200μl 尿素洗涤液，并以 10 000～14 000×g 的速度离心 10～30 分钟。弃去滤过液（见注释 8）。

7. 向过滤器中加入 100μl IAA 缓冲液，在恒温混合器上混合振荡 1 分钟，以及不混合孵育 5 分钟。

8. 以 10 000～14 000×g 的速度离心 10～30 分钟，并弃去滤过液。

9. 向过滤器中加入 100μl 尿素洗涤液。

10. 以 10 000～14 000×g 的速度离心 10～30 分钟，并弃去滤过液。重复以上步骤 9 和 10 两次。

11. 向过滤器中加入 100μl 50mmol/L ABC 溶液。

12. 以 10 000～14 000g 的速度离心 10～30 分钟，并弃去滤过液。重复以上步骤 11 和 12 两次（见注释 9）。

13. 加入 40μl 含胰蛋白酶的 50mmol/L ABC 溶液（pH 8.0）[胰蛋白酶与蛋白质的比例为 1∶（50～100）]，并在恒温混合器中混合振荡 1 分钟。在 37℃条件下孵育整个过滤器 4 小时或过夜。

14. 将过滤器转移置于新的收集管中。

15. 以 10 000～14 000×g 的速度离心 10～30 分钟。勿丢弃含多肽的滤液。

16. 向过滤器加入 50μl 50mmol/L ABC 溶液（pH 8.0），并以 10 000～14 000×g 的速度再次离心 10～30 分钟（见注释 10）。

17. 向滤过液中加入 1μl 甲酸，酸化样品。使用真空浓缩仪干燥多肽样品。随后，将多肽样品可以重悬于 LC-MS 分析所用的缓冲液中。

四、注释

1. 使用 SDC 用于溶液内消化的方法。对于 TRIzol 样品或过滤器上的消化产物，使用 SDS。其他常用的裂解缓冲液包含 Tris-HCl 或磷酸盐缓冲液。ABC 溶液具有易挥发的优点，可以在进行 MS 分析前挥发掉。也可以添加蛋白酶抑制剂，但必须与 MS 兼容，即不应该不可逆地修饰蛋白质。通常地，如果样品处理过程不产生明显的延迟，则不需要加入蛋白酶抑制剂。

2. 在常用的细菌裂解方法中，如法式压碎法、超声法或化学裂解法，研磨珠方法是适用于一系列细菌和细菌群落最一致的方法。其主要缺点是规模扩展性不如更法式压碎系统（大型压爆系统）。适合于大多数细菌的研磨裂解基质是 0.1mm 大小的二氧化硅微珠或锆珠。

3. 对于大多数细菌样品，约 5×10^9 个细胞即足以进行多次消化实验。

4. 已知丙酮溶剂会在室温条件下修饰蛋白质[8]。因此，应尽量减少高温下的处理时间。低温下处理和室温下短时干燥（< 10 分钟），通常可以避免修饰多肽的生成。

5. 通常，用最高 2% 浓度的 SDS 可以高效溶解蛋白，而 SDC 可能需要达到 4% 的浓度。在 SDC 浓度高达 10% 的条件下，胰蛋白酶保留约 77% 的活性。实验证明，SDC 的存在可以改善消化的整体效率。如果蛋白质沉淀不能有效地溶解，可以将样本在 60℃下加热 30 分钟。

6. 干燥后，通常会形成半透明的沉淀，若是白色沉淀则表明存在 ABC 溶剂或其他盐。沉淀可以重悬于 2% 甲酸（v/v）中。如果沉淀持续存在，则可能是 SDC 残留，可以通过离心去除。残留的 ABC 可经第二次干燥后蒸发。多肽样品可以在 MS 分析前，使用 C18 柱进一步脱盐。然而，作者发现脱盐步骤总是会造成多肽的显著损失，因此应当避免，以确保数据的可重复性。

7. 虽然大多数制造商建议以 14 000×g 的速度进行离心，但过滤器有时会破裂。以约 10 000×g 的速度离心，可以降低这种可能性。通常先离心约 10 分钟，并检查有多少体积样本流过，以评估过滤膜的完整性，再进一步处理样品。精确的离心时间因样品而异，需要根据经验确定。

8. 在两次洗涤步骤中，洗涤液中的尿素对于去除 SDS 至关重要。在没有尿素的情况下，除非将洗涤循环增加，否则会残留大量 SDS。为了避免 SDS 形成沉淀，所有步骤都应在室温下进行。

9. 如果担心过滤过程和（或）多肽洗脱过程中蛋白质丢失，可选择在过滤器上加载更多的蛋白质，并收集未消化的蛋白质。通过测量回收蛋白质的含量，可在另外的小管中再次消化精确量的蛋白质，这样可以提高定量分析的可重复性。

10. 在原始的方法中，没有第 16 步，但是发现这会导致多肽产量降低。在更新的版本中，最后的过滤步骤使用 NaCl 溶液，多肽样品再进一步使用 C18 柱脱盐。然而，这种额外的清洗步骤通常会导致样品的显著损失。为了避免这些问题，在这一步骤中可常规使用 ABC 溶剂。

参考文献

[1] Lin Y, Zhou J, Bi D et al(2008)Sodiumdeoxycholate-assisted tryptic digestion and identification of proteolytically resistant proteins. Anal Biochem 377:259-266

[2] Rio DC, Ares M, Hannon GJ et al(2010)Purification of RNA using TRIzol(TRI Reagent). Cold Spring Harb Protoc 2010:pdb.prot5439

[3] Noster J, Persicke M, Chao T-C et al(2019)Impact of ROS-induced damage of TCA cycle enzymes on metabolism and virulence of Salmonella enterica serovar Typhimurium. Front Microbiol 10:762

[4] Manza LL, Stamer SL, Ham A-JL et al(2005)Sample preparation and digestion for proteomic analyses using spin filters. Proteomics 5:1742-1745

[5] Wiśniewski JR, Zougman A, Nagaraj N et al(2009)Universal sample preparation method for proteome analysis. Nat Methods 6:359-362

[6] Scheerlinck E, Dhaenens M, Van Soom A et al(2015)Minimizing technical variation during sample preparation prior to label-free quantitative mass spectrometry. Anal Biochem 490:14-19

[7] León IR, Schwämmle V, Jensen ON et al(2013)Quantitative assessment of in-solution digestion efficiency identifies optimal protocols for unbiased protein analysis. Mol Cell Proteomics 12:2992-3005

[8] Güray MZ, Zheng S, Doucette AA(2017)Mass spectrometry of intact proteins reveals +98 u chemical artifacts following precipitation in acetone. J Proteome Res 16:889-897

第六章

利用靶向胞膜的 Subtiligase 绘制细胞表面蛋白水解图谱

Aspasia A. Amiridis and Amy M. Weeks

> N 末端组学方法将蛋白质 N 端肽的选择性分离与基于质谱（MS）的蛋白质组学相结合，用于蛋白质水解裂解位点的整体分析。然而，传统的 N 末端组学需要在 N 端富集之前进行细胞裂解，并且难以覆盖细胞表面蛋白的 N 端。本章将描述枯草肽连接酶（subtiligase）-TM 的应用，这是一种靶向细胞质膜的肽连接酶，用于对细胞表面的 N 末端进行选择性生物素化，使蛋白能够富集并通过液相色谱-串联质谱（LC-MS/MS）分析。该方法增加了对细胞表面 N 末端的覆盖范围和特异性，并与现有的定量 LC-MS/MS 工作流程兼容。

一、引言

蛋白质水解是一种重要的翻译后修饰，可调节大多数蛋白质的功能、亚细胞定位和寿命[1, 2]。在细胞表面，蛋白质水解修饰广泛存在，调节细胞间通信和细胞对环境信号的反应[3]。基于质谱（MS）的蛋白质组学方法已成为蛋白酶底物鉴定的强大工具，具有单氨基酸分辨率，能够对生物刺激下的蛋白质水解反应进行整体分析[4-11]。然而，这些技术统称为"N 末端组学"方法，提供的关于细胞表面蛋白裂解事件的信息有限，因为与细胞内蛋白相比，细胞表面蛋白的丰度较低，因此常检测不到[12-13]。本章详述了使用带有细胞表面靶向和拴接能力的枯草肽连接酶（subtiligase）变异体，用于对展示在细胞外表面的蛋白 N 末端进行特异性生物素化（图 6-1）[14]；随后，生物素化修饰的细胞表面衍生的 N 端肽便可以通过液相色谱-串联质谱（LC-MS/MS）进行测序和定量。

蛋白质水解裂解的普遍特征是在裂解位点产生新的 N 末端和新的 C 末端。蛋白质 N 端与赖氨酸 ε-胺相比，具有独特的结构和（或）活性特点，N 末端组学方法正是利用这些特点分离出 N 端肽并使用 LC-MS/MS 进行单氨基酸测序，因此是研究蛋白质水解信号的有价值的工具。其中一类 N 末端组学技术依赖于 N 端生物素化后对 N 端肽的阳性选择性富集[10, 11]，而另一类技术则利用从样品中消除内部消化肽的策略[4-9]。这两种方法通常依赖于细胞裂解后对 N 端肽的分离，自然地排除了细胞表面的蛋白。虽然 N 末端组学方法可以与亚细胞分离方法相结合来弥补这个"先天缺陷"，但这些技术通常特异性较低且导致样品损失。

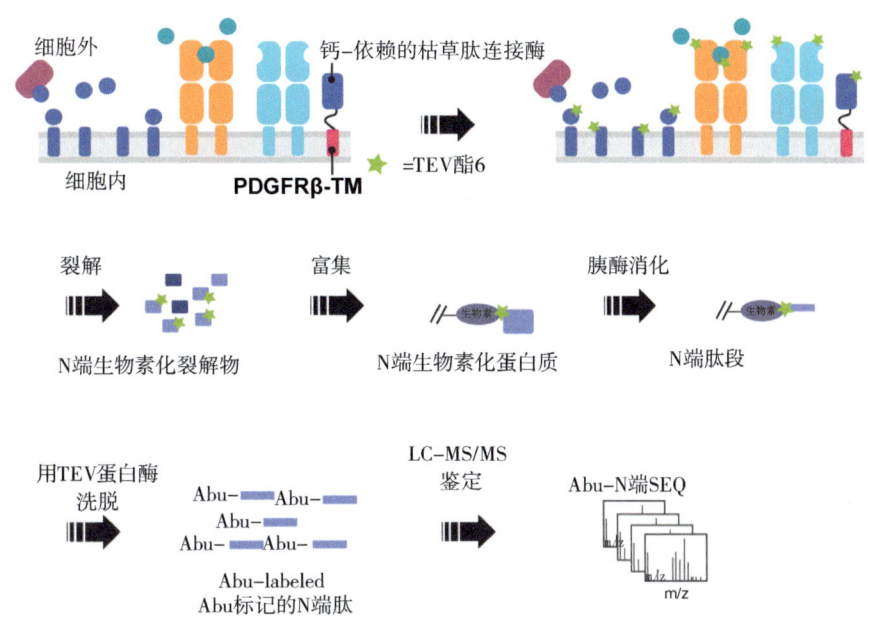

图 6-1 枯草肽连接酶（subtiligase）-TM 工作流程

一株稳定表达 subtiligase-TM 的细胞系用生物素化的 subtiligase 底物（TEV Ester 6）处理，以启动细胞表面 N 末端的生物素化。标记后，细胞被裂解，生物素化蛋白用中性蛋白（neutravidin）树脂富集，用胰蛋白酶消化以去除蛋白的内部多肽。然后，通过切割枯草肽连接酶底物中的 TEV 蛋白酶位点选择性地洗脱 N 端肽，并通过 LC-MS/MS 进行分析

subtiligase-TM N 末端组学是最近开发的一种方法，它利用 subtiligase 对细胞表面 N 端的遗传靶向性对后者进行选择性生物素化[14]。subtiligase 是一种人工设计的肽连接酶，已广泛用于细胞裂解物的 N 末端组学研究，可提供细胞 N 端组的高覆盖率[15, 16]。subtiligase-TM 是将 subtiligase 与血小板衍生生长因子受体 β 链（PDGFRβ）的跨膜域（TransMembrane domain，其中 TM 即 "-TM" 的由来）而产生的。通过在细胞中表达 subtiligase-TM，可以将酶的活性限制在细胞表面，以便在裂解前对 N 端进行有效和选择性的生物素化，同时细胞质膜和空间关系保持完整。标记是通过添加细胞不渗透的生物基化肽酯底物 TEV Ester6（图 6-2）开始的，TEV 酯含有一个用于选择性洗脱的 TEV 蛋白酶裂解位点和一个用于阳性鉴定的氨基丁酸（Abu）标签。标记后，生物素化的 N 端可以通过 LC-MS/MS 分离和分析。在构建了含有 subtiligase-TM 的稳定细胞系后，细胞表面 N 末端组学的整个流程可以在 2 天内完成。一个典型的实验能够从一个 500cm² 的培养皿细胞鉴定 300～500 种来自细胞表面的 N 端肽。

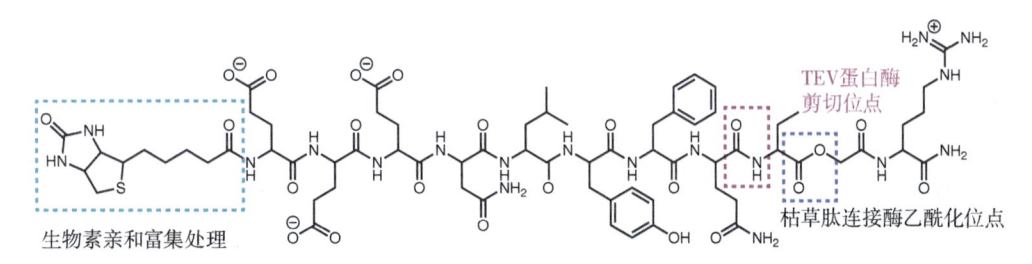

图 6-2　TEV Ester 6（TE6）结构

TE6 是一种肽酯，其序列为生物素 - EEENLYFQ-α- 氨基 - 丁酸 - 乙醇酸酯 -R。该肽通常以 C 端酰胺的形式合成

二、材料

所有缓冲液都必须用超纯水配制。

（一）细胞培养和细胞系建立

1. HEK293T 细胞系（ATCC CRL-11268）。
2. 5% CO_2 37℃组织培养箱。
3. 6孔无菌组织培养板。
4. 完全 DMEM：Dulbecco's Modified Eagle Medium（DMEM）中添加 100U/ml 青霉素 G、100μg/ml 链霉素和 10% 胎牛血清。
5. 无血清 DMEM。
6. FuGENE HD 转染试剂（Promega）（见注释1）。
7. pCMV-ΔR8.91（Creative Biogene）和 pMD2.G（Addgene #12259）第二代慢病毒包装质粒（见注释2）。
8. pLX302-subtiligase-TM（可向加州大学旧金山分校 James A. Wells 博士索取）。
9. 0.45μm PVDF 针头过滤器。
10. Polybrene 聚苯乙烯（聚凝胺，4mg/ml）。
11. 嘌呤霉素（2mg/ml）。

（二）Subtiligase 细胞标记

1. 磷酸盐缓冲液（PBS）。
2. 标记缓冲液：100mmol/L 两性离子缓冲剂，pH 8.0，150mmol/L NaCl。
3. 枯草酶底物 TEV 酯6（TE6）：一种合成肽，序列为生物素-EEENLYFQ-α-氨基-丁酸-乙醇酸酯-R-酰胺（见注释3）。
4. 冷冻微型离心机。

（三）荧光成像

1. 35mm 聚 D-赖氨酸包被玻璃底培养皿。
2. PBS 含有 3% 牛血清白蛋白（BSA）。
3. 1% 多聚甲醛。
4. 荧光显微镜。
5. AlexaFluor 647 偶联抗 DYKDDDK 标签抗体（BioLegend）。
6. AlexaFluor 488 偶联链亲和素（BioLegend）。

（四）细胞收获与裂解

1. 500cm^2 无菌组织培养皿。
2. Versene：含 0.53mmol/L EDTA（二胺四乙酸）的 PBS 溶液（见注释4）。
3. RIPA 裂解缓冲液：50mmol/L Tris-HCl，pH 7.4，1mol/L NaCl，1% NP-40，0.5% 脱氧胆酸钠，0.1% 十二烷基硫酸钠（SDS）。
4. 蛋白酶抑制剂（Thermo Scientific）。
5. 装有微针尖的探头超声仪。

（五）N 端肽富集

1. 高容量中性琼脂糖树脂（Thermo Fisher）。
2. 适用于真空歧管（见注释5）的 1ml 弹扣盖离心柱。
3. 含有 1mol/L NaCl 的 PBS。
4. 100mmol/L 碳酸氢铵（见注释6）。
5. 含 2mol/L 尿素的 100mmol/L 碳酸氢铵（见注释6和注释7）。
6. 1mol/L Tris（2-羧基乙基）磷化氢（TCEP）（见注释8）。
7. 500mmol/L 碘乙酰胺（见注释9）。

8. 测序级改良型胰蛋白酶。

9. 盐酸胍 4mol/L。

10. 1mol/L 二硫苏糖醇（DTT）。

11. 烟草蚀纹病毒（tobacco etch virus，TEV）蛋白酶（见注释 10）。

12. 5% 三氟乙酸（TFA）。

（六）肽脱盐

1. C18 脱盐离心吸头式离心柱（见注释 11）。

2. 条件缓冲液：80% 乙腈，20% 水，0.1% TFA。

3. 洗涤缓冲液：0.1% TFA。

4. 洗脱缓冲液：0.1% 甲酸，50% 乙腈。

5. 真空浓缩器。

（七）LC-MS/MS 分析

1. 质谱缓冲液 A：LC-MS 级水配制 0.1% 甲酸。

2. 质谱缓冲液 B：0.1% 甲酸，80% LC-MS 级乙腈，20% LC-MS 级水。

3. Accliam PepMap RSLC 色谱柱（柱尺寸为 75 μm×15cm，填料为 2 μm 粒径、100Å 孔径）（见注释 12）。

4. Thermo Dionex UltiMate 3000 RSLCnano 液相系统串联 Thermo Q Exactive Plus 混合四极 –Orbitrap 质谱仪（见注释 13）。

三、方法

（一）慢病毒包装

1. 转染前一天，将（6～9）×10^5 个 HEK293T 细胞接种在 6 孔板的每孔中，培养液为 2.6ml 完全 DMEM。37℃，5% CO_2 下孵育 24 小时。

2. 临转染前，将 300μl 无血清 DMEM 与 7.5μl FuGENE HD 转染试剂混合。室温孵育 5 分钟（见注释 1）。

3. 在装有 FuGENE HD 混合液的管帽中，将 1.35μg pCMV-ΔR8.91、0.165μg pMD2.G、1.5μg pLX302-subtiligase-TM 混合。将管盖上，混匀。室温孵育 30 分钟（见注释 2）。

4. 将质粒混合物转移到含有 HEK293T 细胞的孔中。37℃，5% CO_2 孵育 72 小时，使病毒产生。

（二）慢病毒感染 HEK293T 细胞

1. 转染前一天，将（6～9）×10^5 个 HEK293T 细胞接种在 6 孔板的每孔中，培养液为 2.6ml 完全 DMEM。37℃，5% CO_2 下孵育 24 小时。

2. 取 HEK293T 细胞含病毒上清液，用 0.45 μm PVDF 过滤器过滤至 50ml 锥形管中。

3. 从待感染的 HEK293T 细胞中吸走培养基。加入 2ml 新鲜完整的 DMEM，然后加入 6μl 4 mg/ml 的 Polybrene。轻轻摇动培养板以均匀。

4. 加入 1ml 过滤后的病毒。37℃，5% CO_2 孵育 24 小时。

5. 吸走培养基。加入 3ml 完全 DMEM 培养，37℃，5% CO_2 孵育 48 小时。

6. 加入嘌呤霉素至终浓度 2μg/ml，选择慢病毒转染细胞（见注释 12）。

（三）荧光成像验证 subtiligase-TM 的表达和活性

1. 成像实验前 1 天，将（6～9）×10^5 subtiligase- TM 转导的 HEK293T 细胞播种于 35mm 聚 D- 赖氨酸包被的玻璃底培养皿中，加入 3ml 完全 DMEM。

2. 在实验当天，从细胞中吸走培养基。用 PBS 洗涤细胞 3 次，注意不要吹打细胞。

3. 加入 1ml 2.5mmol/L TE6（溶于标记缓冲液中）（见注释 3）。室温孵育 20 分钟。

4. 吸走标记溶液。用 PBS 洗涤细胞 3 次，注意不要吹打细胞。

5. 加入 1% 多聚甲醛(溶于 PBS)以固定细胞。在室温下孵育 10 分钟。另外，也可以在固定溶液中加入 0.5% Triton X-100 来提高细胞通透性。

6. 用含有 3% BSA 的 PBS 洗涤并封闭细胞。

7. 在含 3% BSA 的 PBS 中加入 Alexa Fluor 647 偶联的抗 DYKDDDK 标签抗体和 AlexaFluor 488 偶联的链霉亲和素均至 0.5μg/ml，取 2ml 加至细胞中，室温下避光孵育 30 分钟。

8. 吸走染色液。用含有 3% BSA 的 PBS 洗涤细胞 3 次。

9. 在细胞中加入 PBS，用荧光显微镜成像。典型的荧光图像如图 6-3 所示。

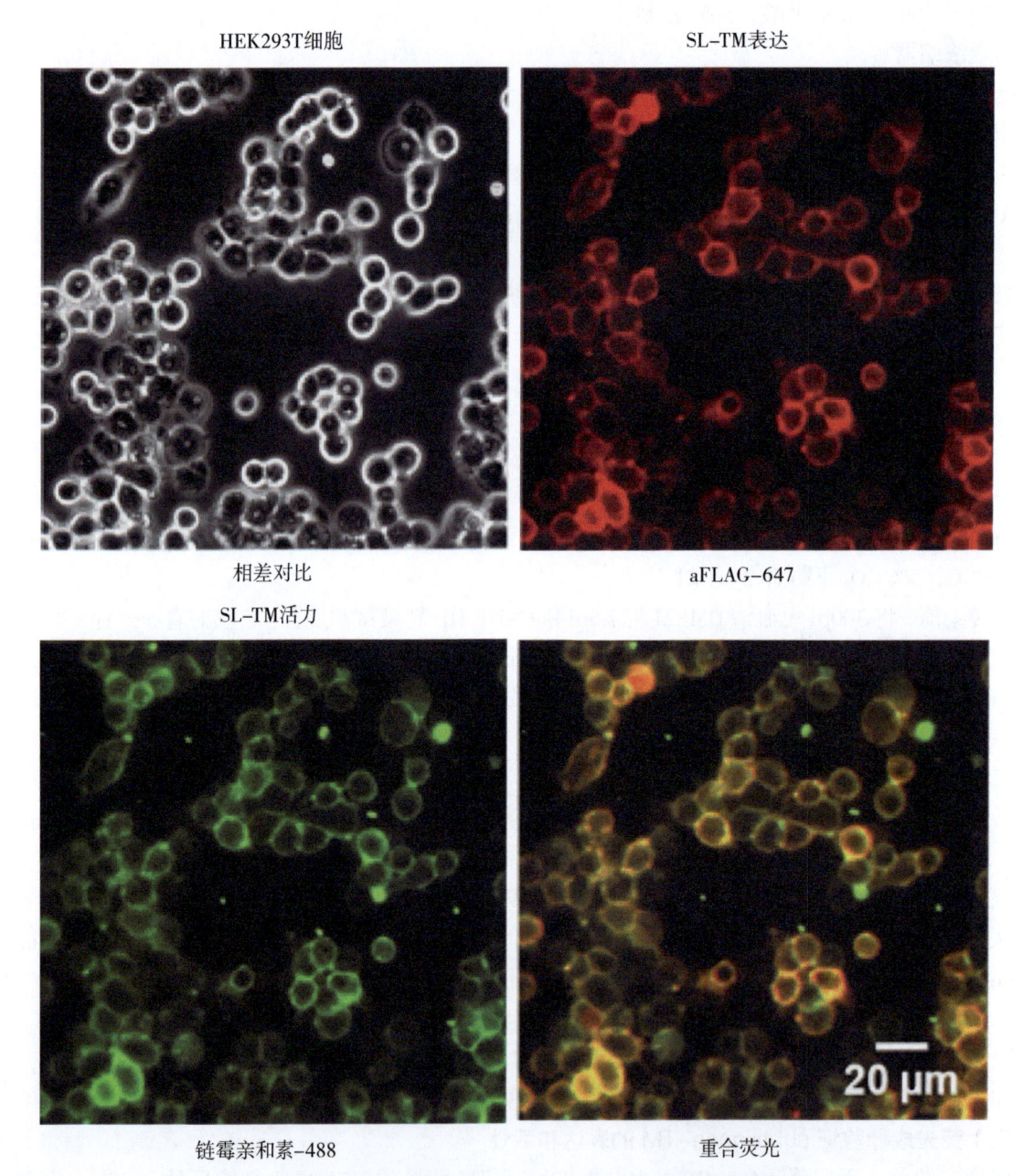

图 6-3　稳定表达 subtiligase-TM 的 HEK293T 细胞的荧光图像

用与 Alexa Fluor 647 偶联的抗 DYKDDDK 标签抗体检测 subtiligase-TM（SL-TM）的表达，用与 Alexa Fluor 488 偶联的链霉亲和素检测生物素化活性

（四）收获细胞

此处的例子是从单只 500cm^2 的培养皿培养 – 转染表达 subtiligase- TM 的 HEK293 细胞，培养到约 80% 长满。

1. 从细胞中吸走培养基。

2. 用 25ml PBS 洗涤细胞 2 次，注意不要使细胞从培养皿脱离。

3. 在培养皿中加入 25ml Versene 或其他等组分含 EDTA 缓冲液，轻晃旋转使其完全覆盖细胞。37℃孵育 5～10 分钟，使细胞分离。每隔几分钟轻拍培养皿的侧面，以进一步促进分离（见注释 4）。

4. 细胞分离后，适度吹吸液体制成单细胞悬液，并转移到 50ml 的锥形管中。

5. 以 300×g 的速度离心 5 分钟，吸弃上清液。

6. 用 50ml 冰 PBS 中洗涤细胞。以 300×g 的速度离心，吸弃上清液。

7. 将细胞重悬于 1ml 冷冻 PBS 中，转移到 1.5ml 低吸附微量离心管中。以 300×g 的速度离心，吸弃上清液。

（五）枯草连接肽酶 –TM 标记

1. 用 1ml 冷冻的 subtiligase- TM 标记缓冲液中洗涤细胞两次。以 300×g 的速度离心，吸弃上清液。

2. 用 1ml 冷冻 PBS 重悬细胞。将 50μl 细胞悬液转移到另外的微离心管中作为标记前样品用于 Western blot 分析。将两个试管以 300×g 的速度离心 5 分钟。吸弃上清液。将 50μl 样品管中的细胞在 -80℃冷冻，剩余的细胞按下一步进行标记。

3. 加入 1ml 溶于标记缓冲液中的 2.5mmol/L TE6（见注释 13）。

4. 将试管放在 4℃的旋转混合器上标记 1 小时。

5. 从管中取出 50μl 细胞悬液至另一离心管，以 300×g 的速度离心 5 分钟，吸弃上清液，将细胞冷冻于 -80℃，将作为标记样品用于 Western blot 分析。

6. 其余标记细胞在 4℃下以 300×g 的速度离心 5 分钟，吸弃上清液。

7. 将细胞重悬于 1ml 冰 PBS 中。4℃离心 5 分钟，吸弃上清液。重复 2 次，以洗去多余的 TE6。

（六）细胞裂解

1. 为每个样品准备 1ml RIPA 裂解缓冲液。临使用前，加入 10μl 0.5mol/L EDTA 和 10μl Halt Protease Inhibitor 或其他类似品牌蛋白酶抑制剂。

2. 将细胞分别重悬于该裂解缓冲液中。

3. 使用带有微型探头的超声仪对细胞悬液进行超声处理，采用 5 秒开 /5 秒关、振幅为 20% 的循环，共 10 个循环。

4. 用冷冻离心机在 4℃下以 13 000×g 的速度离心 10 分钟。

5. 将上清液转移到新的 1.5ml 管中。

（七）生物素化蛋白富集

1. 将 High-Capacity NeutrAvidin Agarose 树脂混成均匀的 50% 悬液，根据样本数量将 500μl 悬液转移到 1.5ml 低吸附微量离心管。

2. 在室温下以 500g 离心树脂。吸弃上清液。

3. 将树脂重悬于 1ml RIPA 缓冲液中。室温下以 500×g 的速度离心 2 分钟，吸弃上清液。再重复 2 次。

4. 将细胞裂解液样本加入树脂中，在室温下在旋转器或混合器上孵育 1 小时。

5. 以 500×g 的速度在室温下将树脂离心 2 分钟，取出上清液单独保存，稍后用于 Western blot 分析。

6. 用 500μl 的 RIPA 缓冲液重悬树脂。转移到 1ml snap-cap 柱，并连接到真空歧管底座（vacuum manifold）上。

7. 用 800μl RIPA 缓冲液清洗树脂，共 10 次。

8. 用 800μl PBS（含 1m NaCl）洗涤树脂，共 10 次。

9. 用800μl 100mmol/L碳酸氢铵清洗树脂，共10次。

10. 用800μl含2mol/L尿素的100mmol/L碳酸氢铵清洗树脂10次。

（八）还原，烷基化和胰蛋白酶消化

1. 从真空歧管上拆下树脂柱，盖上底部。重悬树脂于1ml含2mol/L尿素的碳酸氢铵缓冲液中，转移到1.5ml低吸附管。

2. 加入1mol/L TCEP至终浓度为5mmol/L。在旋转混合器上孵育样品30分钟。

3. 入500mmol/L碘乙酰胺至终浓度为10mmol/L，在旋转混合器上室温避光孵育1小时（见注释9和注14）。

4. 室温下以500×g的速度离心2分钟，吸弃上清液。

5. 将树脂用1ml含2mol/L尿素的碳酸氢铵缓冲液重悬。室温下以500×g的速度离心2分钟，吸弃上清液。再重复2次。

6. 用1ml含2mol/L尿素的100mmol/L碳酸氢铵和重悬树脂。加入20μg测序级修饰胰蛋白酶，混匀后于室温下在旋转混合器上孵育12～16小时。

7. 在室温下以500×g的速度离心树脂2分钟。吸弃上清液。

8. 将树脂用800μl含2mol/L尿素的100mmol/L碳酸氢铵重悬，转移到一个新的弹扣盖离心柱上。将色谱柱置于真空歧管上。

9. 用800μl含2mol/L尿素的100mmol/L碳酸氢铵清洗树脂10次。

10. 用800μl 100mmol/L碳酸氢铵清洗树脂10次。

11. 用800μl 4mol/L盐酸胍清洗树脂10次。

12. 用800μl 100mmol/L碳酸氢铵清洗树脂10次。

（九）TEV蛋白酶洗脱N端肽段

1. 从真空歧管上拆下树脂柱，盖上底部。将树脂用500μl的100mmol/L碳酸氢铵重悬，转移到1.5ml的低吸附管中。

2. 加入2μl的1mol/L DTT（见注释15）。

3. 加入10μg TEV蛋白酶。在旋转混合器上孵育2～6小时或过夜。

4. 室温下以500×g的速度离心2分钟。将另一干净的弹扣盖离心柱放入1.5ml低吸附管中。将树脂重新悬浮在上清液中，并将其转移到色谱柱中。

5. 室温下以500×g的速度离心2分钟。保留流出液，其中含有洗脱下来的N端肽。

6. 用250μl的100mmol/L碳酸氢铵洗涤树脂，将洗涤液转移至步骤4中的柱子经步骤5离心，与步骤5的洗脱液混合。

7. 在真空浓缩器中干燥洗脱液。

8. 将干燥后的样品用50μl 5% TFA重悬，并沉淀TEV蛋白酶。在冰上孵育10分钟。

9. 在4℃下以20 000×g的速度离心10分钟，弃去沉淀，上清液用于下一步。

（十）样品除盐

以Pierce C18吸头式离心柱为例（见注释11）。

1. 加入20μl条件缓冲液以预调整离心柱。以1000×g的速度离心1分钟。

2. 加入20μl洗涤缓冲液以平衡离心柱。以1000×g的速度离心1分钟。

3. 加入20μl来自上文（三）步骤9中的上清液。以1000×g的速度离心1分钟。重复该步骤多次直至加载全部样本。目视检查离心柱，以确保样品均已透过离心柱；如果离心柱中仍有样品存留，继续以1000×g的速度离心，直到样本完全流过。

4. 用20μl洗涤缓冲液洗涤离心柱。以1000×g的速度离心1分钟。重复1次。

5. 将离心柱放入干净的管子中。加入 20μl 洗脱缓冲液以洗脱样品。以 1000×g 的速度离心 1 分钟。再重复 1 次。

6. 将洗脱样品在真空浓缩器中蒸发至接近干燥状态。

（十一）LC-MS/MS 与数据处理

示例使用 Acclaim PepMap RSLC 色谱柱（柱尺寸 75 μm×15cm，填料为 2 μm 粒径、100Å 孔径）和串联到 Thermo Q Exactive Plus 混合四极－轨道阱质谱仪上的 Thermo Dionex UltiMate 3000 RSLCnano LC 系统。

1. 将肽溶解于 10μl 含 2% 乙腈的 0.1% 甲酸中，预备进行质谱分析（见注释 16）。

2. 将 5μl 样品以 0.5μl/min MS buffer A 的流速在 15 分钟内加载到柱上。然后在 125 分钟内，以 0.3μl/min 的线性梯度（从 MS buffer A 到 40% MS buffer B）洗脱多肽。使用 Thermo Xcalibur 软件、在 300～1500 m/z 的扫描质量范围内以数据依赖方式采集数据。

3. 使用 Thermo Scientific Proteome Discoverer 与 SEQUEST HT 在 human SwissProt 数据库中搜索数据（见注释 17）。在系统中将 Enzyme 设置为 Trypsin（Semi），以便识别内源性蛋白酶产生的蛋白水解新 N 端。将静态修饰（Static Modification）设置为 carbamidomethylation（半胱氨酸脲基甲基化，+57.021 Da），动态修饰（Dynamic Modification）设置如下：肽 N 端氨基丁酸（Abu，+85.053 Da），蛋白 N 端乙酰化（+42.011 Da）、蛋氨酸丢失（−131.040 Da），或蛋氨酸丢失联合乙酰化（−89.030 Da），以及蛋氨酸氧化（+15.995 Da）。

四、注释

1. 虽然作者通常使用 FuGENE HD 进行转染，但也可以使用其他转染方法。

2. 其他二代慢病毒包装系统，如 pMD2.g 和 psPAX2（可从 Addgene 公司获得）也可以使用。

3. TE6 可以采用基于 Fmoc 的固相肽合成方法合成（可能需要经过一些修饰以形成酯键）。合成 subtiligase 肽酯底物的详细方案最近已在其他平台发表[17]。

4. 使用 Versene 进行细胞收获，因为用胰蛋白酶消化细胞会引入蛋白水解活性、切割细胞表面蛋白；如果不完全去除，还可能会耗尽 subtiligase 的底物（译者注：Versene 是 ThermoFisher 的商标产品，其他品牌或自制的相同成分的 EDTA 溶液可以作为替代）。

5. 通常使用 Thermo Fisher 目录编号 69725 的产品。其他柱子可能也适用，但研究者发现某些柱子会导致对样品的聚合物污染，从而干扰后续 LC-MS/MS 分析。真空歧管不是必需的；洗涤也可在微离心机中以 500×g 的速度离心 2 分钟完成。

6. 含碳酸氢铵缓冲液应新鲜配制（当日使用）。

7. 含尿素缓冲液应新鲜配制（当日使用）。

8. 应将 TCEP 原液调至中性 pH，以避免加入样品时造成蛋白沉淀。

9. 碘乙酰胺原液在临使用前新鲜配制。

10. TEV 蛋白酶可以从商业来源购买或自己纯化制备。

11. 采用 Pierce C18 离心柱、Thermo saeatfic 的 SOLA HRP 柱，和自制的 Stage Tip[18]都取得了成功。

12. 所需的嘌呤霉素浓度取决于细胞类型和培养条件。对于此处描述的细胞类型和培养条件以外的细胞类型和培养条件，可通过存活曲线来确定能杀死未转导成功的细胞所需的最低嘌呤霉素浓度。

13. 将标记溶液中 DMSO 的浓度限制在 1% 以下，将 TE6 在 DMSO 中的储存液配制为 DMSO 250mmol/L 稀释。为了减少稀释时 TE6 的沉淀，在 2ml 微离心管底部加入 10μl TE6 储存液，然后强力快速地将 1ml 标记缓冲液冲入管中。如果进行多个样本实验，重复此步骤，每次制备 1ml 标记溶液，而不是一次制备大体积的 TE6，因为这可能导致沉淀。稀释后，用 pH 纸确认溶液的 pH 为 8.0 左右。

14. 可以将这些管子用铝箔包裹起来，或者在旋转混合器上倒扣一个纸板箱，就可以实现避光。

15. 添加 DTT 对维持 TEV 蛋白酶活性至关重要。

16. 肽浓度通常很低，难以通过吸光度或标准的蛋白质浓度测定法（如 BCA）进行定量。

17. 其他的质谱 – 序列匹配软件包，如 Protein Prospector 和 MaxQuant，也可用于搜索数据。

参考文献

[1] Puente XS, Sánchez LM, Overall CM, LópezOtín C(2003)Human and mouse proteases:a comparative genomic approach. Nat Rev Genet 4:544-558. https://doi.org/10.1038/ nrg1111

[2] Rawlings ND, Barrett AJ, Thomas PD et al(2017)The MEROPS database of proteolytic enzymes, their substrates and inhibitors in 2017 and a comparison with peptidases in the PANTHER database. Nucleic Acids Res 46:gkx1134. https://doi.org/10.1093/nar/ gkx1134

[3] Lichtenthaler SF, Lemberg MK, Fluhrer R(2018)Proteolytic ectodomain shedding of membrane proteins in mammals—hardware, concepts, and recent developments. EMBO J 37. https://do i.org/10.15252/embj. 201899456

[4] Gevaert K, Goethals M, Martens L et al(2003)Exploring proteomes and analyzing protein processing by mass spectrometric identification of sorted N-terminal peptides. Nat Biotechnol 21:566-569. https://doi.org/10.1038/ nbt810

[5] Van Damme P, Martens L, Damme JV et al(2005) Caspase-specific and nonspecific in vivo protein processing during Fas-induced apoptosis. Nat Methods 2:771-777. https:// doi.org/10.1038/nmeth792

[6] Venne AS, Vögtle F-N, Meisinger C et al(2013)Novel highly sensitive, specific, and straightforward strategy for comprehensive N-terminal proteomics reveals unknown substrates of the mitochondrial peptidase Icp55. J Proteome Res 12:3823-3830. https://doi. org/10.1021/pr400435d

[7] Shema G, Nguyen MTN, Solari FA et al(2018)Simple, scalable, and ultrasensitive tip-based identification of protease substrates. Mol Cell Proteomics 17:826-834. https://doi.org/10. 1074/mcp.tir117.000302

[8] Kleifeld O, Doucet A, Keller U. auf dem, et al(2010)Isotopic labeling of terminal amines in complex samples identifies protein N-termini and protease cleavage products. Nat Biotechnol 28:281-288. https://doi.org/10.1038/ nbt.1611

[9] Weng SSH, Demir F, Ergin EK et al(2019)Sensitive determination of proteolytic proteoforms in limited microscale proteome samples. Mol Cell Proteomics 18:2335-2347. https:// doi.org/10.1074/mcp.tir119.001560

[10] Mahrus S, Trinidad JC, Barkan DT et al(2008)Global sequencing of proteolytic cleavage sites in apoptosis by specific labeling of protein N termini. Cell 134:866-876. https://doi.org/ 10.1016/j.cell.2008.08.012

[11] Griswold AR, Cifani P, Rao SD et al(2019)A chemical strategy for protease substrate profiling. Cell Chem Biol 26:901-907.e6. https://doi.org/10.1016/ j.chembiol.2019. 03.007

[12] Wollscheid B, Bausch-Fluck D, Henderson C et al(2009)Mass-spectrometric identification and relative quantification of N-linked cell surface glycoproteins. Nat Biotechnol 27:378- 386. https://doi.org/10.1038/nbt.1532

[13] Bausch-Fluck D, Hofmann A, Bock T et al(2015)A mass spectrometric-derived cell surface protein atlas. PLoS One 10:e0121314. https://doi.org/10.1371/ journal.pone. 0121314

[14] Weeks AM, Byrnes JR, Lui I, Wells JA(2021)Mapping proteolytic neo-N termini at the surface of living cells. Proc Natl Acad Sci USA 118:e2018809118. https://doi.org/10. 1073/pnas.2018809118

[15] Weeks AM, Wells JA(2019)Subtiligasecatalyzed peptide ligation. Chem Rev 120:3127-3160. https://doi.org/10.1021/acs. chemrev.9b00372

[16] Weeks AM, Wells JA(2018)Engineering peptide ligase specificity by proteomic identification of ligation sites. Nat Chem Biol 14:50-57. https://doi.org/10.1038/nchembio.2521

[17] Weeks AM, Wells JA(2020)N-terminal modification of proteins with subtiligase specificity variants. Curr Protoc Chem Biol 12:e79. https://doi.org/10.1002/ cpch.79

[18] Rappsilber J, Mann M, Ishihama Y(2007)Protocol for micro-purification, enrichment, pre-fractionation and storage of peptides for proteomics using StageTips. Nat Protoc 2:1896-1906. https://doi.org/10.1038/nprot. 2007.261

第七章

组织和液体活检样本的 N 末端组学

Anthonia Anowai, Sameeksha Chopra, Barbara Mainoli, Daniel Young, and Antoine Dufour

---

> 底物末端胺基同位素标记法（terminal amine isotopic labeling of substrates，TAILS）是 N 末端组学方法的一种，通过使用液相色谱和串联质谱法（LC-MS/MS）对蛋白质原本的或酶消化后新生成的 N 末端进行鉴定和定量。该方法已被用于研究蛋白酶的功能以及鉴定细胞培养体系和动物疾病模型中的蛋白酶底物。最近还将这种方法应用于临床样本分析。本章介绍 TAILS 在组织和液体活检中的应用。

一、引言

早期的蛋白质组学主要涉及二维凝胶电泳和质谱等方法。这些技术在鉴定和定量肽段的分辨率方面存在限制，并且缺乏精确确定切割位点的能力[1]。本章介绍使用一种升级版的 N 末端组学/TAILS 的实验方案对临床样本进行蛋白酶切割位点鉴定和定量的过程。该方法最初是由 Christopher Overall 实验室所开发[2-3]。简言之，N 末端组学是一种表征蛋白水解的技术，可以根据蛋白质 N 末端片段鉴定蛋白质并在样品之间进行定量比较。而在 TAILS 方法中，首先用同位素标记原始样品中蛋白质的成熟和新形成的 N 末端，然后使用胰蛋白酶将蛋白质消化成肽段。通过阴性筛选，TAILS 聚醛聚合物可以去除蛋白质的内部酶切肽段，从而分离出 N 末端肽段，进一步通过串联质谱进行分析，即可获得样本的 N 末端组。这项技术在鉴定新型蛋白酶底物和表征蛋白酶生物学功能方面具有重要的应用价值。

二、操作过程概述

（一）活检样本的制备和裂解

见图 7-1。

1. 在裂解缓冲液中使用匀浆球珠或"打浆"的方式将组织均质化。
2. 超声破碎。
3. 离心并回收上清液。

（二）N 末端组学/TAILS

见图 7-2。

1. 封闭伯胺基团（即对 N 末端和赖氨酸的胺基团进行二甲基化修饰）。
2. 二甲基化重、轻同位素标记［其他标记方法：串联质量标签（TMT）或 iTRAQ 标记］。
3. 胰蛋白酶消化。

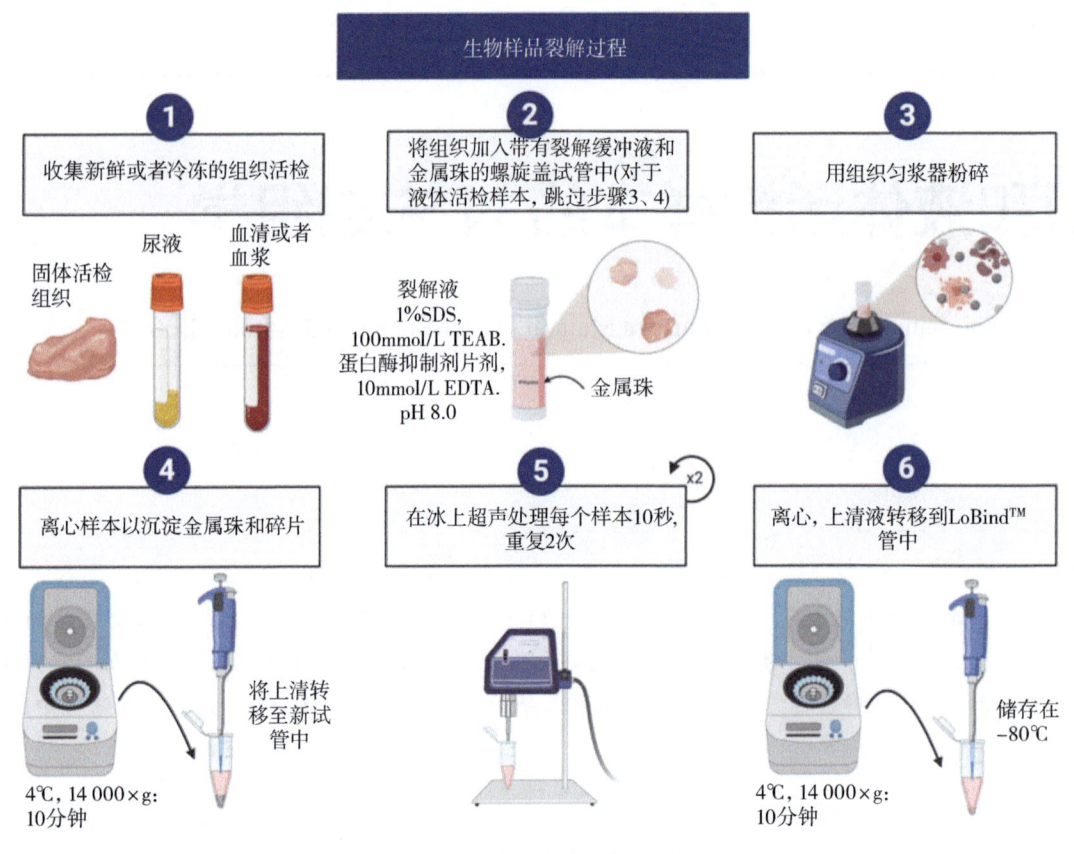

图 7-1　活检样本的制备和裂解

组织在裂解缓冲液中使用匀浆球珠或"打浆"的方式均质化，然后通过超声和离心回收上清液并进行下一步处理

4. 使用一种高分子树枝状聚甘油醛聚合物去除胰蛋白酶酶切产生的 N 末端肽段。这种聚合物与胰蛋白酶消化产生的 N 末端胺基共价结合，而自然封闭或标记过的成熟和新生 N 末端则因为不能结合而被保留下来（阴性选择）。

5. 通过尺寸排阻过滤回收 TAILS 肽段，并利用液相色谱和串联质谱法进行分析。

三、材料

所有试剂溶液均使用高效液相色谱（HPLC）级别的水制备。为了优化肽段捕获效率，实验过程中一律使用 Eppendorf 品牌的 LoBind™ 低蛋白吸附管（除非另有说明）。

1. 裂解缓冲液：终体积20ml，含 1% 十二烷基硫酸钠（SDS），100mmol/L HEPES（由 1mol/L 存储液配制），1× 蛋白酶抑制剂片剂，如果要做磷酸化蛋白质组学还要加入 1× 磷酸酶抑制剂，10mmol/L EDTA（由 40μl 0.5mol/L 储备液配制），用 HPLC 水将总体积补齐至 20ml，调节 pH 至 8.0。切勿使用含有伯胺的缓冲液，例如三羟甲基氨基甲烷盐酸盐（TRIS-HCl），这一点非常重要。

2. 匀浆管（若组织活检样本为固体组织），如货号为 15-340-162 的 Fisher Scientific 公司产品。

3. 2.4 mm 不锈钢匀浆球珠（VWR 公司货号为 19-640-3 的产品或同类产品）。

4. Qiagen 公司 TissueLyser Ⅱ（或同类产品）。

5. 台式离心机。

6. 探头超声仪（如 Microson 的超声波细胞破碎仪）。

7. 1.5ml LoBind™ 低蛋白吸附管。

第七章 组织和液体活检样本的 N 末端组学

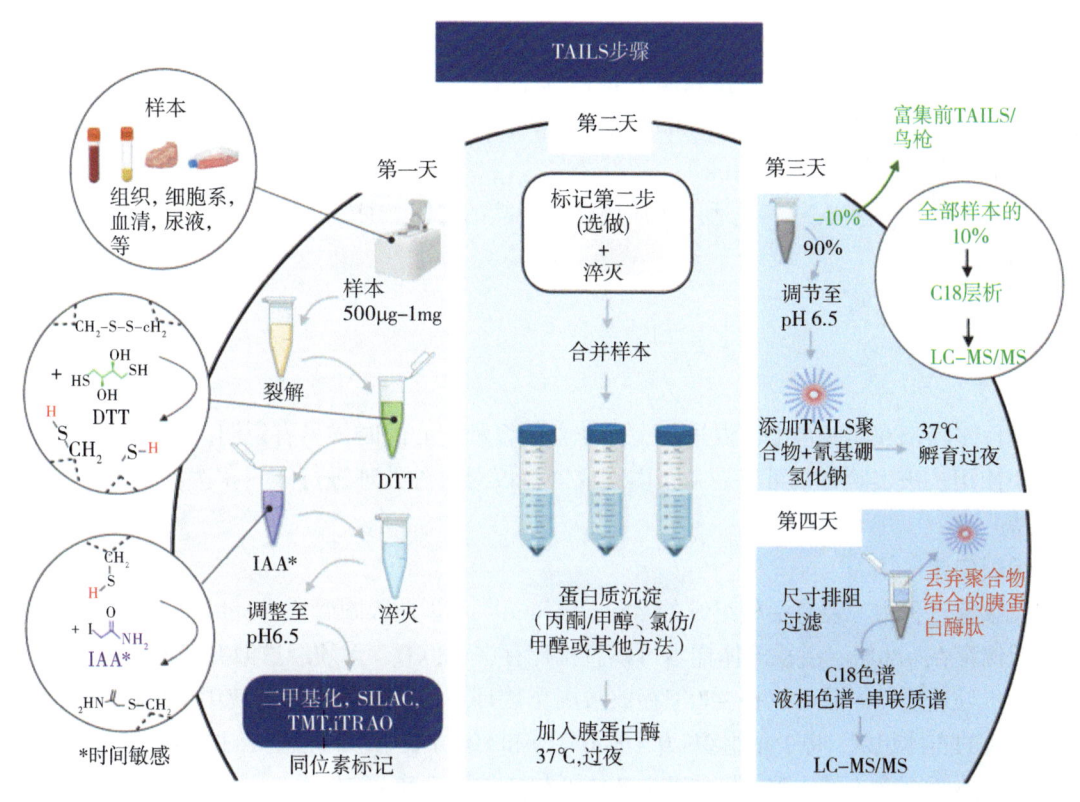

图 7-2 N 末端组学/TAILS 概览

通过二甲基化修饰封闭 N 末端和赖氨酸的伯胺基团，后用二甲基化重、轻同位素标记进行定量。其他可用于定量的方法包括串联质量标签（TMT）或同位素标记相对和绝对定量（iTRAQ）。胰蛋白酶消化样品后，使用高分子树枝状聚甘油醛聚合物去除胰蛋白酶酶切 N 末端肽段。该聚合物与胰蛋白酶消化产生的 N 末端 α 胺共价结合，而自然封闭或标记的成熟和新形成的 N 末端则通过阴性选择保留下来。最后通过尺寸排阻过滤回收 TAILS 肽段，并利用液相色谱和串联质谱法进行分析

8. 使用 HPLC 水新鲜配制的 1mol/L 二硫苏糖醇（DTT）。

9. 用 HPLC 水新鲜配制的 37% 轻标甲醛（CH_2O；+28 Da）。如果有 4 个样品，则将 26μl 轻标甲醛加入 134μl HPLC 水中。如果有 10 个样品，则将 65μl 轻标甲醛加入 335μl HPLC 水中（见注释 1）。使用 1mol/L 盐酸存储液调节 pH 至 6.5（在孵育过程中完成）。

10. 用 HPLC 水配制新鲜的 20% 重标甲醛（CD_2O；$^{13}CD_2$ 溶液；+34 Da）。如果有 4 个样品，则将 48μl 重标甲醛加入 152μl HPLC 水中。如果有 10 个样品，则将 120μl 重标甲醛加入 380μl HPLC 水中（见注释 1）。使用 1mol/L 盐酸存储液调节 pH 至 6.5（在 3 孵育过程中完成）。

11. 0.5mol/L 碘乙酰胺（IAA）：用 HPLC 水新鲜配制。避光保存。

12. 丙酮：甲醇混合溶液（体积比 8：1）。可以存放在 -80℃ 冰箱中。

13. 200mmol/L HEPES 缓冲液。用约 10μl 的 1mol/L 盐酸调节 pH 至 8.5。

14. 乙醇。

15. 甲醇。

16. 6mol/L 盐酸胍（GuHCl）。

17. 尿素。

18. 1mol/L 氰基硼氢化钠（$NaBH_3CN$）溶液：在通风橱中使用 HPLC 水新鲜配制。

19. 1mol/L Tris 缓冲液，pH 6.8。

20. 200mmol/L 氢氧化钠。

21. 胰蛋白酶溶液：20μg 规格胰蛋白酶包装瓶中加入 40μl 的 10mmol/L 盐酸，或者 100μg 规格胰蛋白

酶包装瓶中加入 200μl 10mmol/L 盐酸（见注释 2）。

22. TAILS 聚合物（高分子量树枝状聚甘油醛聚合物，100～600kD）[2, 3]。相关链接：https：//ubc.flintbox.com/#technologies/888fc51c-3 6c0-40 dc-a5c9-0f176ba68293。

23. Amicon™ 滤器（截留分子量 10k）。

24. C18 Pierce™ Stage 吸头或其他适用于质谱样品脱盐的 C18 树脂。

25. 50ml Falcon 管。

四、方法

所有的操作步骤都在实验台上常温进行，除非在孵育和离心的时候另有说明。所有的挥发性试剂都应只在通风橱中使用。该实验方案可以在 4 天内完成。建议对每种处理进行 3～4 次重复，且每种处理的重复次数要保持一致。

（一）组织匀浆

1. 在样品收集过程中，装有活检组织的 1.5ml LoBind™ 低蛋白吸附管或 50ml Falcon 管应尽快放入液氮中速冻，随后储存在 -80℃。活检液体样本可以直接储存在 -80℃，无须经过液氮速冻（见注释 3）。

2. 在进一步处理前，样品可以在 -80℃存放数周至数月。若需要运输，则使用干冰。

3. 对于活检的实体组织，将少量组织（0.5～1cm³）和 500μl 裂解缓冲液（见注释 4）放入珠磨均质管中，每管含 3～4 个不锈钢珠（见注释 5）。对于液体活检，请跳至步骤 10。

4. 使用均质管适配器，将均质管放入均质器中。

5. 以 30 Hz 频率条件匀浆组织 2 分钟。

6. 使用离心机以最大速度（约 14 000×g）离心均质管以减少匀浆中形成的泡沫。

7. 检查是否有肉眼可见的组织团块（见注释 6）。

8. 组织匀浆完成后，将样品转移到新的 1.5ml LoBind™ 低蛋白吸附管中，并置于冰上。

9. 使用探头型超声仪在冰上以低至中等功率对样品进行超声 5～10 秒。每个样品重复操作 2 次。进入下一个样品前用 70% 乙醇充分清洗探头，避免样品交叉污染（见注释 7）。

10. 4℃条件下以 14 000×g 的速度离心 10 分钟（见注释 8）。

11. 将上清液收集到新的 1.5ml LoBind™ 低蛋白吸附管中，并在液氮中快速冷冻。样品可以在 -80℃条件下储存数周或数月。

（二）富集前 TAILS 和 TAILS

1. 蛋白质制备、变性、烷基化和伯胺标记

（1）使用自己或熟悉的方法测量每个样品的蛋白质浓度（见注释 9）。

（2）按照 500μg 到 1mg 的量分装样品。这样做是为了避免在聚合物拉出内部胰蛋白酶酶切肽段时的大量肽段损失。在做好标记的 LoBind™ 低蛋白吸附管中用裂解液将样本调整为 500μl。接着向每管中加入 500μl 的 6mol/L 的 GuHCl。每管的终体积为 1ml（见注释 10）。

（3）加入 20μl 的 1mol/L DTT 存储液，在 37℃条件下孵育 1 小时。再加入 30μl 的 0.5mol/L IAA 存储液（终浓度 15mmol/L），并在室温下避光孵育 25 分钟。加入 10μl 的 1mol/L DTT 存储液终止反应，室温下将样品在实验台上放置 30 分钟。

（4）在通风橱里向各组的样品管（如患者活检样品，见注释 12）中依次加入 22μl 重标甲醛和 22μl NaBH₃CN 溶液。轻轻翻转样品管。

（5）在通风橱里向其他组每个重复的样品管（如正常对照活检样品，见注释 13）中依次加入 22μl 轻标甲醛和 22μl NaBH₃CN 溶液。轻轻翻转样品管。

（6）37℃下过夜孵育（约18小时）。

2. 蛋白质沉淀和胰蛋白酶消化

（1）选做：在通风橱里向每个重复的样品管（如患者活检样品）中先加入11μl重标甲醛，再立即加入11μl NaBH$_3$CN。向每个重复的样品管（如正常对照活检样品）中先加入11μl轻标甲醛，再立即加入11μl NaBH$_3$CN溶液（见注释9）。轻轻翻转所有样品管。37℃孵育1小时。

（2）加入1mol/L Tris（pH 6.8）至终浓度100mmol/L，以终止反应。

（3）将一个重标样品（如患者的）和一个轻标样品（如正常对照的）混在一个50ml Falcon管中。加入30～40ml丙酮－甲醇（8：1）混合溶液。

（4）对于每对重标和轻标样品进行以上操作。将样品在-80℃下放置至少4小时（见注释14）。

（5）用固定转子离心机在4℃以18 000×g的速度离心Falcon管15分钟，以沉淀样品中的蛋白质。倒掉上清液，需要小心操作，以免丢失沉淀。然后将样品管放置于冰上。

（6）用40ml用冰预冷的甲醇重悬沉淀。

（7）在4℃以18 000×g的速度离心15分钟，弃掉上清液。再用40ml用冰预冷的甲醇重悬沉淀。再重复2次。

（8）最后一次离心后，尽量去除残留的甲醇。当剩余甲醇体积小于200～500μl时，可以让残留甲醇在空气中蒸发至管底几乎干燥，但不能完全干燥。

（9）用200μl的200mmol/L氢氧化钠将沉淀重新溶解并移至LoBind™低蛋白吸附管中。轻轻吹打，避免产生气泡。加入300μl的200mmol/L HEPES缓冲液。用约10μl的1mol/L盐酸调节pH至8.5。

（10）按照1mg起始蛋白样品需要40～50μg胰蛋白酶的比例对样品进行胰蛋白酶消化。

（11）37℃下过夜孵育（约18小时）。

3. TAILS前分组及多聚体筛选

（1）将每管样品的10%转移到另一个对应做好标记的LoBind™低蛋白吸附管中，进行富集前TAILS/鸟枪法液相色谱串联质谱分析。用酸将样品pH调至低于3.0，然后通过C18色谱进行纯化。

（2）每个样品剩余的90%是TAILS组分。在通风橱中，向样品中加入500μl TAILS聚合物（https：//ubc.flintbox.com/#technologies/888fc51c-36c0-40dc-a5c9-0f176ba68293），然后立刻加入44μl的1mol/L NaBH$_3$CN溶液。轻轻翻转混合。37℃下过夜孵育（约18小时）。

4. TAILS组分和过滤

（1）将400μl的200mmol/L氢氧化钠溶液加入Amicon™过滤器（截留分子量10k）中。以5000×g的速度离心3分钟。重复操作1次。丢弃滤过液。

（2）加入400μl的HPLC水，以10 000×g的速度离心3分钟。丢弃滤过液。重复操作2次（见注释15）。

（3）将TAILS样品组分转移到每一个Amicon™过滤器中，每次转移400μl，并以10 000×g的速度离心5分钟。重复上样直至全部完成。

（4）将滤液收集到新的LoBind™低蛋白吸附管中，即为LC-MS/MS所需的TAILS组分。

（5）用200μl的1mol/L Tris缓冲液（pH 6.8）加至滤器终止反应，以10 000×g的速度离心5分钟。

（6）用乙酸将样品pH调至低于3.0，然后采用合适的C18色谱实验方案进行纯化（见注释16）。

（7）进行LC-MS/MS分析之前，将样品储存在4℃冰箱中。有多种方法可以分析TAILS数据。参考文献[2-6]包含了一些具体示例。

（三）串联质量标签（TMT）标记（或iTRAQ）

为了降低TMT或iTRAQ的成本，每个通道最少使用250μg（iTRAQ 4-plex）或200μg（TMT 6-plex和10-plex）。对于二甲基化标记实验，建议每个通道使用1mg。任何实验中所有通道所用总蛋白质的总和不少于 1mg。

第1天蛋白质制备、变性、烷基化和伯胺标记。

1. 在 1.5ml 微量离心管中用氯仿-甲醇沉淀法将每种条件的 200μg 蛋白质样品进行沉淀。

2. 用 30μl 的 8mol/L 尿素、50μl 的 HPLC 水和 20μl 的 1mol/L HEPES 缓冲液（pH 8.0）重溶沉淀，轻微涡旋振荡 5 秒。

3. 将 TMT 试剂盒中的三（2-羧乙基）膦（TCEP）按照 10mmol/L 的终浓度加入上一步骤得到的重悬溶液中。如果使用的是自己配制的 TCEP 储存液，加入后续检测 pH 并调整至 8.0。

4. 室温孵育 30 分钟。

5. 加入 0.5mol/L 的 IAA 存储液至 25mmol/L 终浓度，25℃下避光孵育 25 分钟。

6. 使用与总反应混合物体积（110～115μl）相同的无水乙腈溶解 TMT 标签（每通道 0.8 mg），从而保证标记过程中 DMSO（译者注：原文如此见注释 17）的体积比是 50%（v/v）。这样做非常重要，且不同于产品生产商建议的多肽标记操作方案。TAILS 实验方案在蛋白质水平上进行标记，而传统 TMT 标记则是在多肽水平上完成的。

7. 将 TMT 标签溶液加入适当的样品中，混合均匀并在 25℃下避光孵育 1 小时。

8. 加入 25μl 的 1mol/L 乙醇胺（新鲜制备）孵育 30 分钟，以终止未反应的 TMT 标签。将所有样品合并到一个样品管中。TMT-6 plex 样品适合放入 15ml Falcon 管，而 TMT-10 plex 样品适合放入 50ml Falcon 管。

9. 接二甲基化步骤：TMT 标签混合到一个管中后使用丙酮-甲醇进行沉淀。（译者注：原文如此见注释 17）。

五、注释

1. 如果使用市售甲醛，甲醛终浓度应该为 6%（v/v）。存储液浓度不同的情况下还要相应调节体积。

2. 如果制备了多瓶胰蛋白酶，应合并到一个管子里使用以确保样品中胰蛋白酶的活性是相同的。

3. 应尽量减少样品从采集到冷冻之间的放置时间（尽量少于 1 分钟）。放置更长的时间可能会导致蛋白质因水解而降解，这可能会影响结果。

4. 在制备蛋白质提取物的过程中，应加入蛋白酶抑制剂，以防止样品中自由的活性蛋白酶对蛋白质进行酶切。

5. 如果组织样本太大，则无法进行充分匀浆。如果确实需要使用大的样本，先用手术刀将样本切成小块（0.5～1cm³），然后逐个匀浆。

6. 如果存在肉眼可见的团块或任何固体组织残留，则重复步骤 5～6。可能还需要添加更多的裂解缓冲液。

7. 核酸会干扰所有的蛋白质组的制备。确保使用探头超声对 DNA 进行剪切和（或）使用 DNA 酶和 RNA 酶。核酸会使溶液变得黏稠且难以溶解。核酸还含有能干扰甲醛标记的伯胺，因此通过这些简单的方法除去核酸非常重要。

8. 有些管底的可见沉淀可能含有 DNA 片段。收集上清液后可以丢弃这些沉淀。

9. 采用偏好的方法（例如 BCA 法定量蛋白质）对每个样品的总蛋白质浓度进行定量。

10. 理想的蛋白质起始量是 1mg。500μg 的起始量也可以，但是蛋白质沉淀过程会造成样品中损失更多的蛋白质。蛋白质起始量多一些是为了避免聚合物拉出内部胰蛋白酶酶切肽段后的多肽大量损失。

11. 标记前要确保蛋白质沉淀完全溶解，因为样品若没有完全重悬，标记则不彻底。

12. 记录需要进行比较的每种条件及每次重复所对应的标签（重标或轻标）。通常情况下重标用于研究的条件（比如疾病或处理组）。

13. 记录需要进行比较的每种条件及每次重复所对应的标签（重标或轻标）。通常情况下轻标用于对照的条件。

14. 在 –80℃下样品可以放置长达 7 天。

15. 不要在不同样品之间混用 Amicon™ 过滤器。每个样品需要单独用一个 Amicon™ 过滤器。

16. 进行 C18 色谱时请遵循产品使用建议。市面上有多种商品可供选择，并且都适用于本实验方案。

17. 本小节给出的替代标记方法有两处存疑之处，若读者拟采用本方法，精确的步骤请联系本章原作者。

参考文献

[1] Luo SY, Araya LE, Julien O(2019)Protease substrate identification using N-terminomics. ACS Chem Biol 13:acschembio.9b00398

[2] Kleifeld O, Doucet A, Prudova A, auf dem Keller U, Gioia M, Kizhakkedathy JN, Overall CM(2011)Identifying and quantifying proteolytic events and the natural N terminome by terminal amine isotopic labeling of substrates. Nat Protoc 6(10):1578-1611

[3] Kleifeld O, Doucet A, auf dem Keller U, Prudova A, Schilling O, Kainthan RK, Starr AE, Foster LJ, Kizhakkedathy JN, Overall CM(2010)Isotopic labeling of terminal amines in complex samples identifies protein N-termini and protease cleavage products. Nat Biotechnol 28:281-288

[4] Anderson BM, de Almeida LGN, Young D, Dufour A, Edginton-Mitchell.(2019)N-Terminomics/TAILS profiling of macrophages after chemical inhibition of legumain. Biochemistry 59(3):329-340

[5] Gordon MH, Anowai A, Young D, Das N, Campden RI, Sekhon H, Myers Z, Mainoli B, Chopra S, Thuy-Boun PS, Kizhakkedathu J, Bindra G, Jijon HB, Heitman S, Yates R, Wolan DW, Edgington-Mitchell LE, MacNaughton WK, Dufour A(2019)N-terminomics/TAILS profiling of proteases and their substrates in ulcerative colitis. ACS Chem Biol 14(11):2471-2483

[6] Klein T, Fung S, Renner F, Blank M, Dufour A, Priatel J, Schweigler P, Melkko S, Viner R, Regnier C, Turvey S, Overall C(2015)The paracaspase MALT1 puts the brake on NF-κB signaling by cleaving HOIL1 and terminating linear ubiquitination. Nat Commun 6(8777):1-17

第八章

HUNTER：通过 N 端富集对微量样本蛋白水解系统进行表征的高灵敏自动方案

Anuli C. Uzozie, Janice Tsui, and Philipp F. Lange

> 蛋白质水解在细胞环境中发生频率较低，蛋白 N 端特征可以揭示与细胞功能相关的基本机制，也是追踪疾病中蛋白质和通路功能失调的有效指标。迄今为止，N 末端组学研究仍依赖于劳动密集型方法，需要相对较大的初始样本量，不适用于开展高通量系统生物学研究。本章中提出了第一个可用于对微量样本中 N 端进行高灵敏性地富集和识别的自动化方法，且可大规模应用。

一、引言

Proteofroms（可译作"蛋白质变体"或"蛋白质形态"）是由单个基因编码的所有蛋白质变异体组成的。蛋白质末端则可以独特地阐明由受限的蛋白水解过程、替代性翻译起始及翻译后末端修饰等情景所产生的蛋白质变体[1-4]。大多数蛋白水解过程在空间和时间上都是受限的，因此，需要选择性富集 N 端和 C 端肽以获得对位点特异性调控过程、蛋白酶底物及相关网络的全面客观表征[5, 6]。N 末端组（N terminome）分析为揭示 degradome（降解组）在生长发育、疾病发病和细胞凋亡等多种生物过程中的调节作用和地位提供方向[3, 7]。现有的用于 N 末端分析的质谱方法依赖于烦琐的富集步骤，且需要相对较多的初始样本（通常 > 100μg）[8]。这对于分析细胞类型 - 特异性过程、分选的细胞及有限的临床样本时尤为挑战。在此，介绍 Hign-efficiency Undecanal-based N Termini EnRichment（HUNTER，即基于十一醛的 N 末端高效富集方法）的具体做法和详细建议[8]（图 8-1）。HUNTER 是一种灵敏的、可重复的、自动化的方法，可基于质谱法对微量样品（包括细胞、组织和液体活检等）中的 N 末端进行鉴定和定量，还能够实现选择性富集 N 末端，并根据蛋白酶裂解位点来识别潜在的蛋白酶底物。

二、材料

所有试剂和溶液必须为 HPLC 和 MS 级。使用 Eppendorf 公司的 Protein LoBind 离心管可减少蛋白损失。

1. SDS 裂解液：10% 十二烷基硫酸钠（SDS），100 × Thermo Halt 蛋白酶抑制剂，1mol/L HEPES pH 8.0，超纯水［实验官方叫法：超纯水（下同）］。

2. 1 × 裂解液：用 10% SDS 配至终浓度 1%，100 × Thermo Halt 蛋白酶抑制剂至终浓度 2 ×，1mol/L HEPES pH 8.5 至终浓度 50mmol/L。

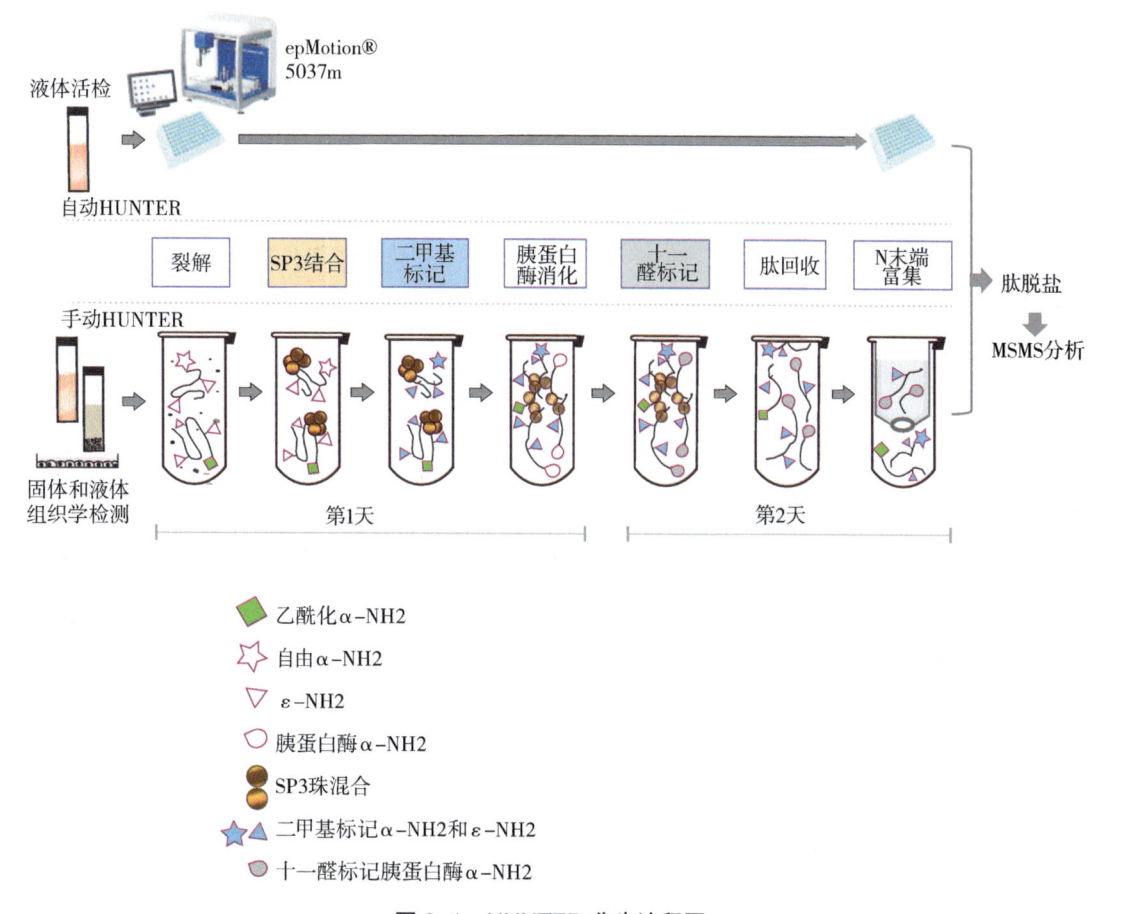

图 8-1　HUNTER 分步流程图

包括手动和自动两种选项。工作流程从液体或固体活检样品溶解开始，之后在第 1 天内进行 SP3 结合、二甲基标记和胰蛋白酶消化。第 2 天进行十一烷基化标记、多肽回收、N 末端富集、脱盐及质谱检测

3. 含 0.5mol/L 2- 氯乙酰胺（CAA）的 0.2mol/L HEPES，pH 8.0。

4. 含 1mol/L 二硫苏糖醇（DTT）的 0.2mol/L HEPES，pH 8.0。

5. 25U/μl Benzonase® 核酸酶。

6. 2mol/L 现配的甲醛。

7. 1mol/L 氰基硼氢化钠。

8. 3mol/L Tris 溶液，pH 6.8。

9. 90% 乙醇。

10. 100% 非变性乙醇。

11. HPLC 级别超纯水。

12. 50mmol/L HEPES，pH 7.0。

13. 含测序级修饰胰蛋白酶的 200mmol/L HEPES，pH 8.0。

14. 4.844mol/L 十一醛。

15. 甲醇。

16. 含 0.1% 三氟乙酸（TFA）的 40% 乙醇。

17. 含 0.1% TFA 的超纯水。

18. 100% 乙腈（ACN）。

19. 含 0.1% 甲酸（FA）的 40%ACN。

20. 含 0.1% FA 的超纯水（溶剂 A）。
21. 含 0.1% FA 的 5% ACN（溶剂 B）。
22. 10mmol/L 碳酸氢铵，pH 8.0（流动相 A）。
23. 适用于 1.5ml 微量离心管的磁力支架。
24. 适用于 96 孔板的磁力板。
25. SpeadBeads™ 羧酸修饰的亲水和疏水磁珠（50 mg/ml）（GE Life Sciences）。
26. 离心机。
27. SpeedVac 浓缩器。
28. NanoDrop 超微量分光光度计。
29. 超声波仪。
30. Empore™ 十八烷基 C18 萃取盘或 MicroSpin 柱或 MacroSpin 柱或 SepPak 柱。
31. Empore™ SPE C18 萃取盘或 MicroSpin 柱。
32. EpMotion® 5073 m 由 EasyCon 平板电脑控制的自动液体处理系统，配备 epBlue 40.4.0.38 版控制软件。
33. EpMotion® 分液工具，TS_1000。
34. EpMotion® 分液工具，TS_50。
35. EpMotion 夹具。
36. epT.I.P.S.® Motion 吸头，容量 40～1000μl。
37. epT.I.P.S.® Motion 吸头，容量 1～50μl。
38. Twin.tec 半裙边 96 孔 PCR 板。
39. 用于 96 孔 PCR 板的热适配器。
40. Magnum FLX 96 孔磁力盘架。
41. PrepRack 支架，可容纳 24 个 2ml Eppendorf Safe-Lock 离心管。
42. Reservoir Rack 储液槽层架。
43. 热封膜。
44. 安捷伦 1100 HPLC 系统，配备二极管阵列检测器（254nm、260nm、280nm）Kinetic EVO C18 色谱柱（尺寸为 2.1 mm × 150 mm，填料为 1.7 μm 核壳，100Å 孔径，Phenomenex）。
45. 预柱（Polymicro Technologies 毛细管，360 OD，100 ID）。
46. 35cm 长的分析柱（自装 Pico-Frit 柱，360 OD，75 ID，尖端 ID 15 μm），或商售同类型分析柱。
47. Dr. Maisch 珠（ReproSil-Pur 120 C18-AQ，3 μm）。
48. Q Exactive HF plus 质谱仪或兼容版。
49. Easy-nLC 1200 液相色谱或兼容版。
50. Thermo XcaliburInstrument Setup 软件或兼容版。
51. Indexed Retention Time（iRT）Kit（校准保留时间试剂盒）（Biognosys）。
52. MaxQuant 软件（版本 1.6.2.10）或兼容版。
53. Spectronaut Pulsar X 软件（版本 12.0.20491.0.21112）。
54. 下游处理软件：Perseus，R，R Studio，Top-FINDer，或兼容版。

三、方法

样本制备、SP3 磁珠结合和蛋白质纯化、蛋白质二甲基标记、蛋白质消化，基于十一醛标记的蛋白质 N 端富集、肽脱盐，质谱样品分析和处理步骤的操作程序在下面章节进行了详细说明。

自动 HUNTER 的方案也单独阐述。在所有步骤中采用随机分组设计,可以降低由实验或技术方面引入的影响和偏差[9, 10]。

(一)样品制备

新收集的细胞或先前冷冻的细胞应在裂解液中快速解冻(见注释1),解冻完成后,后续若计划采取手动 HUNTER 程序,则从样品裂解开始;若计划执行自动 HUNTER,则直接至下文(六)开始。

1. 样品裂解

(1)将裂解液加入装有样品的 1.5ml LoBind Eppendorf 管中。对于 1×10^6 个 HELA 细胞,50μl 较为合适。对于 5μl 的血浆样品,终体积 30μl 较为合适。

(2)在 95℃ 加热裂解 5 分钟,然后在冰上冷却 5 分钟。

(3)将样品快速离心(10 秒,$1000\times g$),确保没有液滴挂壁残留。

(4)每 500 000 个细胞加入 25U 的 Benzonase® 核酸酶以剪切染色质,在 37℃ 下孵育 30 分钟。

(5)以 $10\,000\times g$ 的速度于室温下离心 5 分钟,并小心地将上清液移至新的 LoBind 管中。

(6)使用二羧酸含量测定法(BCA)测定蛋白浓度[11]。

2. 蛋白质还原和烷基化

(1)使用上述(第 6 步)的蛋白质浓度测定确定后续步骤的样品体积(见注释2)。

(2)向样品中加入 1mol/L DTT 至终浓度为 10mmol/L,轻轻涡旋,并于 37℃ 恒温混匀器中以 800r/min 振荡孵育 30 分钟。

(3)室温下快速离心(10 秒,$1000\times g$)使所有样品汇聚于管底。

(4)向样品中加入 1mol/L CAA 至终浓度为 50mmol/L,涡旋混匀,瞬时离心,然后于室温下避光孵育 30 分钟(见注释3)。

(5)加入 1mol/L DTT 至终浓度为 50mmol/L 以终止烷基化,在室温下以 800r/min 振荡孵育 20 分钟。

(二)SP3 磁珠结合和蛋白质组清洗

1. 预处理 SP3 磁珠

(1)将 SpeedBeads™ 置于室温下复温,摇晃和涡旋,使其完全悬浮,建议在水浴中超声 5 分钟以分散可能聚团的磁珠,使溶液均质化。

(2)确定每个样品所需的磁珠数量,并在 1.5ml 管中准备等体积的亲水和疏水性 SpeedBeads™(见注释4)。

(3)将离心管放在磁力架上静置 2 分钟,移弃上清液。

(4)2 倍体积的超纯水清洗磁珠 2 次,并移弃上清液(见注释5)。

(5)在超纯水中重悬磁珠。处理过的磁珠可于 4℃ 保存 3 天(见注释6)。

2. 结合和清理

(1)将处理后的 SP3 磁珠加入约 50μl 的还原烷基化蛋白样品中(见注释7),计算总体积。

(2)加入四倍体积的纯乙醇至终浓度为 80%(v/v)以启动结合反应,并于室温下以 800r/min 振荡混匀 18 分钟(见注释8)。

(3)将离心管插入磁力架,使珠子沉降约 2 分钟,移弃上清液。

(4)用 90% 乙醇清洗磁珠 2 次,每次 400μl(见注释9)。

(5)风干珠子约 1 分钟,不要过度干燥样品——干燥的磁珠难以再在溶液中重悬。

(6)用 30μl 200mmol/L HEPES(pH 7.0)重悬磁珠。

(三)蛋白质二甲基标记

1. 启动标记反应

(1)在 30μl 重悬的磁珠中加入 2mol/L 现配的甲醛溶液至终浓度为 30mmol/L(见注释10)。

(2)加入 1mol/L 的氰基硼氢化钠至终浓度为 15mmol/L。

（3）轻敲离心管混合，离心，并在37℃下孵育1小时。

（4）再次加入2mol/L甲醛和1mol/L氰基硼氢化钠至终浓度分别为30mmol/L和15mmol/L。

（5）轻敲离心管混合，离心，并在37℃下孵育1小时。

2. 终止标记反应

（1）加入3mol/L Tris（pH 6.8）至终浓度为600mmol/L，轻敲离心管混合，瞬时离心使液体聚于管底，并在37℃下孵育3小时（见注释11）。

（2）为了除去多余的试剂，以1∶5的蛋白∶磁珠比加入10μl新的磁珠混合物。

（3）加入纯乙醇至终浓度为80%（v/v）使蛋白固定。

（4）室温下孵育18分钟。

（5）将离心管置于磁力架上使磁珠沉淀，移弃上清液，用90%乙醇清洗磁珠2次，每次400μl。

（6）风干离心管去除残留的乙醇，不要过度干燥，以免重悬磁珠时出现困难。

（四）蛋白质消解

1. 用30μl含胰蛋白酶的200mmol/L HEPES缓冲液（pH 8.0）重悬结合有蛋白的磁珠。胰蛋白酶与蛋白的质量比应在1∶50～1∶100，并应现配现用（见注释12）。

2. 超声5秒以完全重悬磁珠，然后在37℃下孵育样品16～18小时，可选择辅以800r/min振荡。

3. 将离心管离心几秒以汇聚磁珠和溶液，并将磁珠超声30秒。

4. 质量控制步骤：评估二甲基标记效率，并定量HUNTER前样品中的蛋白丰度。为了评估二甲基标记效率，将磁珠吸附到磁力架上，转移上清部分的约10%（见注释13）至新管内，用NanoDrop或标准荧光测定法测定肽丰度。剩余样本对多肽进行脱盐，并使用LC-MS/MS分析样品（此步可选做）。

（五）基于十一醛的蛋白质N末端富集

1. 十一烷基化标记

（1）在蛋白消解物中加入纯乙醇至终浓度为40%（v/v）。

（2）以十一醛∶蛋白质=20∶1（w/w）的质量比添加十一醛。

（3）加入1mol/L的氰基硼氢化钠至终浓度为30mmol/L，离心使样品沉淀在管底。不要涡旋，轻敲管子或超声使溶液混合，确保溶液的pH在7.0～8.0。

（4）37℃下孵育1小时。

（5）在超声水浴中超声15秒，并在磁力架上静置1分钟。

（6）将上清液移至新的LoBind管中。

（7）用含有0.1% TFA的40%乙醇将上清液酸化至pH为3.0～4.0。

2. 肽清洗/去除多余的十一醛

（1）准备Stage Tip或SpinColumn（见注释14）。

（2）用甲醇活化柱子（见注释15），不同类型柱子适用的溶剂体积和具体活化步骤见表8-1。

表8-1 用于多肽清洗的不同C18柱的准备和操作方法

步骤	溶液	Stage Tip（μl）	Microspin（μl）	Macrospin（μl）	SepPak（μl）
清洗/活化（1×）	甲醇	100	200	400	700
平衡（3×）	含0.1% TFA的超纯水	100	200	400	700
加样（>1×，依样品体积而异）	去除了十一醛的样品	80	200	400	500
清洗（3×）	含0.1% TFA的超纯水	100	200	400	700
洗脱（2×）	含0.1% TFA的40%乙醇	100	200	400	700
室温离心1分钟的转速（rcf）		手动	600	600	600

（3）用含有 0.1% TFA 的 40% 乙醇平衡柱子。

（4）加样后手推或离心使样本通过柱子。样品可根据体积 2 次上样。

（5）在 1.5ml LoBind 管中收集滤液，并通过真空旋干仪去除残留的乙醇。

3. 样品脱盐（二次 C18 清洗）　使用自制 C18 Stage Tip 或商用反相 C18 纯化柱（见注释 14）。

（1）用甲醇活化柱子，不同类型柱子适用的溶剂体积和具体活化步骤见表 8-1（见注释 15）。

（2）用含有 0.1% TFA 的超纯水平衡柱子。

（3）确保样品的 pH 为 3～4，否则用 0.1%TFA 进行酸化。样品（在 0.1% TFA 的超纯水中）上样于柱子（见注释 16）。

（4）用含 0.1% TFA 的超纯水清洗柱子 3 次。

（5）用含 0.1% FA 的 40% 乙醇洗脱多肽，并将其收集在干净的 1.5ml 管中。

（6）用真空旋干仪在室温下冻干已脱盐的洗脱液，样品可保存在 -80℃直至下一步。

（7）在质谱分析之前，将冻干样品用含 0.1% FA 的超纯水复溶。

（8）测定样品中的肽浓度。

（9）如不需要自动 HUNTER 方案，转至下文（七）。

（六）自动化 HUNTER（用于血浆样品）

自动 HUNTER 方案可应用 3 个应用程序，均在 epMotion® 5037 m 工作站上执行（图 8-2A）。PrepRack（C1）中试剂的排列方式如图 8-2B。本节将阐述每个应用程序所涉及的步骤，在本书的网络电子版（link.springer.com）对应章节的页面上也提供了应用程序文件可下载（分别为电子补充材料 A、B 和 C），可用于在任何 epMotion 5037 m® 系统上直接运行这些方案。

1. 样品的制备

（1）将 5μl 血浆样品加 10μl 裂解液（50mmol/L HEPES pH 8.5，1% SDS）至总 15μl，用核酸酶剪切 DNA、蛋白还原和烷基化后样品体积约 19μl（见注释 17）。

（2）开始 epMotion 程序前，将样品裂解物加至 96 孔板中（见注释 18）。

2. SP3 磁珠的处理

（1）按照（二）中第 1 步所述处理 SP3 磁珠。

（2）清洗后将磁珠重悬在所需体积的水中。为了减少反应体积，为每个样品，可将 20μl 磁珠（亲水性和疏水性磁珠各占一半体积）离心后重悬在 10μl 水中。可根据样品数量增加相应的体积。

3. 确定样品固定所需的乙醇用量　在计算样品中达到 80% 乙醇所需的纯乙醇体积时，需要考虑样品体积和磁珠体积。按照方法（二）第 2 条之步骤（2）（见注释 8）计算乙醇储存液用量。例如，19μl 样品和 11μl 磁珠需要 120μl 纯乙醇混合后得到 80% 乙醇终浓度。

4. 确定二甲基标记试剂的原液浓度　二甲基标记需要确保在每个样品中加入的甲醛溶液终浓度为 30mmol/L、氰基硼氢化钠终浓度为 15mmol/L（见注释 19 和注释 20），然后孵育 60 分钟。第一次孵育后，再次添加相同的试剂，并孵育 60 分钟以更新反应。

对于 30μl 样品，分别用水配制 0.45mol/L 甲醛和 0.25mol/L 氰基硼氢化钠，并在样品孔中分别加入 2μl。

5. 确定十一醛标记试剂的用量

（1）在一根储存管中准备十一醛 / 乙醇混合物（见注释 21）。在 40% 乙醇和 30mmol/L 氰基硼氢化钠的存在下，用十一烷基化标记多肽。蛋白质与十一醛的比例是 1∶20。

起始蛋白量为 200μg 时，4 mg 十一醛（800 mg/ml）即够。

（2）在计算终浓度为 40%（v/v）所需的纯乙醇量，以及终浓度为 30mmol/L 的氰基硼氢化钠所需的体积时，需要考虑消解后的样品体积和十一醛溶液体积。

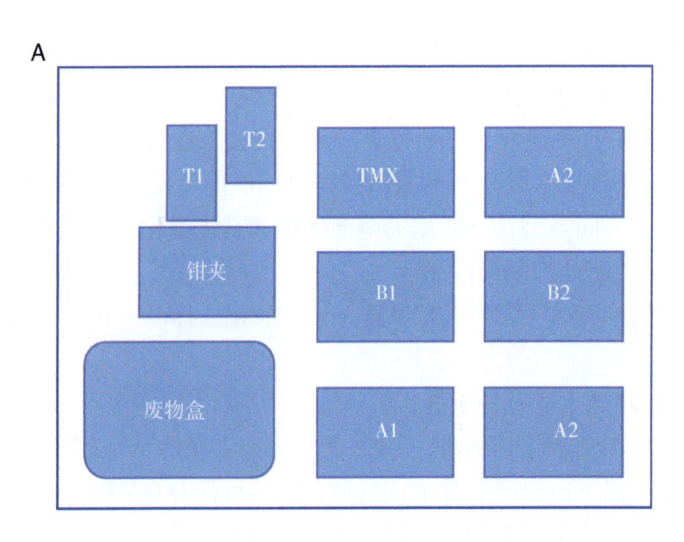

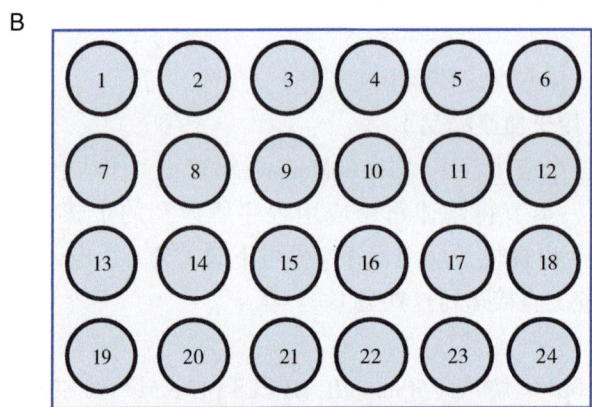

图 8-2　自动化 HUNTER 试剂的排列图
A.epMotion®5037 m 工作站的图示；B.PrepRack

例如，200μg 蛋白样品需要 5μl 十一醛。如消解后的样品体积为 35μl（含十一醛的体积），则标记需纯乙醇 26μl，0.5mol/L 氰基硼氢化钠 4μl，最终 65μl 样品中的乙醇浓度为 40%。

6. 设置应用流程　自动 HUNTER 工作流由 3 个独立的应用程序组成，可分别下载（应用程序文件 A、B 和 C）并在 epMotion® 5073 m 上运行。应用程序 A 和 B 在实验的第 1 天连续运行，程序 C 在第 2 天运行。用户还可以使用本小节提供的信息建立一个新的应用程序文件，本小节分别详细介绍了应用程序文件 A、B 和 C 的执行步骤。在设置应用程序之前，参考注释 22～26。

7. 应用 A（第 2 天第一部分）　设置 TS_50 移液器的取液速度为 8 mm/s，分配速度为 33 mm/s，吹扫速度为 44 mm/s，不进行预湿润。设置 TS_1000 的取液速度为 4 mm/s，分配速度为 4 mm/s，吹扫速度为 15.4 mm/s，不预润湿。对于所有步骤，从底部取液，在顶部分配，在室温下运行，除非有特殊说明。

epMotion® 5073 m 用于检测装置和移液器尖端的位置。因为已经选择了最小体积模式，体积将不再被测量。

（1）多肽固定

1）在多分配模式下，使用 TS_50 将 PrepRack（C1）上的 SP3 磁珠转移至 96 孔板的样品孔中。从 PrepRack 中取液前，以 15 mm/s 的速度和 20μl 的体积混合磁珠 3 个循环。

2）在多分配模式下，使用 TS_1000 从储液槽层架即 Reservoir Rack（C2）上将 100% 非变性乙醇转移至 96 孔板的样品孔中，样品中乙醇的终浓度应为 80%（v/v）。复位移液器。

3）结合 18 分钟。

4）将 96 孔板从恒温混匀仪转移至磁力架（B1）上，用夹具将 96 孔板放在磁力板架顶端，并使磁珠静置

1.5 分钟。

5）在移液模式下，使用 TS_50 将样品-乙醇混合物从 96 孔板中移至储液槽层架的废液池中，可根据需要重复多次，以尽可能多地去除液体（比如用 TS_50 从孔中去除 150μl 液体需要 3 次）。每个样品完成转移后，复位移液器并更换新的吸头。

（2）磁珠清洗（2次）

1）用夹具将 96 孔板从磁力架（B1）转移至恒温混匀仪中。

2）在多分配模式下，使用 TS_1000 从储液槽层架上将 90% 非变性乙醇转移至 96 孔板的样品孔中，复位移液器。

3）在恒温混匀仪中以 1500r/min（相当于 226×g）摇晃 96 孔板 1.5 分钟。

4）将 96 孔板从恒温混匀仪转移至磁力架（B1）上，用夹具将 96 孔板放在磁力架顶端，使磁珠静置 1 分钟。

5）在移液模式下，使用 TS_50 将洗液从 96 孔板中移至储液槽层架的废液池中，重复直至所有液体均被去除。每个样品完成转移后，复位移液器并更换新的吸头。

6）重复步骤 1）~5）两次，清洗结合有多肽的磁珠。

（3）二甲基标记

1）用夹具将 96 孔板从磁力架（B1）转移至恒温混匀仪中。

2）在多分配模式下，使用 TS_50 从 PrepRack 上将 200mmol/L HEPES（pH 7.0）转移至样品孔中以重悬磁珠。

3）以 1500r/min 在恒温混匀仪中摇晃 96 孔板 2 分钟。

4）将现配的甲醛和氰基硼氢化钠溶液放入 epMotion 5073 m 内部的 Prep-Rack 中。

5）用 TS_50 将两种标记试剂分别转移至 96 孔板的样品孔中，分配速度改为 66 mm/s，以补偿该类小体积分配方式。

6）以 1200r/min 在恒温混匀仪中摇晃 96 孔板 1.5 分钟以混匀标记溶液。

7）从 epMotion 5073 m 中去除两种标记试剂，并用密封胶带覆盖 96 孔板。

8）孵育 60 分钟。

9）重复步骤 4）~8），在第二个 60 分钟孵育结束时，可以选择插入用户干预程序，以便收集样本进行二甲基化效率的分析。

10）使用 TS_50 将 3mol/L Tris 从 PrepRack 中移至 96 孔板以终止标记反应（Tris 终浓度约为 600mmol/L）。

11）以 1200r/min 在恒温混匀仪中摇晃 96 孔板 2 分钟。

12）用户可以选择将 96 孔板封盖。

13）孵育 90 分钟。

14）以 1200r/min 在恒温混匀仪中摇晃 96 孔板 2 分钟。

15）再次孵育 90 分钟。

以上是应用程序 A 第 1 天第一部分的全部内容，接下来是应用程序 B 第 1 天第二部分。

8. 应用程序 B（第 1 天第二部分）　TS_50 和 TS_100 的默认设置与上述相同，除非特殊说明。

（1）磁珠的重新结合和清洗（3次）

1）使用 TS_50 向样品孔中加入 PrepRack 中的 SP3 磁珠原液 2μl。在取液前，以 15 mm/s 的速度、20ul 的体积将磁珠混合 3 个循环，之后将分配速度变为 66 mm/s。

2）使用 TS_1000 从储液槽层架上将 100% 乙醇转移至样品孔中至乙醇的终浓度为 80%。复位移液器。

注意：在计算纯乙醇的添加量时，需考虑之前试剂的体积，包括二甲基标记试剂、Tris、加入的磁珠。

3）结合18分钟。

4）将96孔板从恒温混匀仪转移至磁力架（B1）上，用夹具将96孔板放在磁力架顶端，使磁珠静置1分钟。

5）在移液模式下，使用TS_50将洗液从样品孔中移至废液池中，重复直至所有液体均被去除。每个样品完成转移后，复位移液器并更换新的吸头。只对后续步骤的第一步进行预湿。

6）用夹具将96孔板从磁力架（B1）转移至恒温混匀仪中。

7）在多分配模式下，使用TS_1000从储液槽层架上将90%乙醇转移至96孔板中，复位移液器。

8）以226×g（1500r/min）在恒温混匀仪中摇晃96孔板1.5分钟。

9）将96孔板从恒温混匀仪转移至磁力架（B1）上，用夹具将96孔板放在磁力架顶端，使磁珠静置1分钟。

10）在移液模式下，使用TS_50将洗液从96孔板移至储液槽层架的废液池中，重复直至所有液体均被去除。每个样品完成转移后，复位移液器并更换新的吸头。

11）重复步骤6）～10），清洗磁珠共3个循环。

（2）胰蛋白酶消解

1）将现配的胰蛋白酶消化液放入PrepRack中，并在消化前检查并清除样品孔中所有残留的洗涤液。

①胰蛋白酶与多肽的体积比可以在1∶50～1∶100，在此，使用1∶75的比例，缓冲液为200mmol/L HEPES（pH 8.0）。

②该混合体系只可在此步前现配。

2）在多分配模式下，使用TS_50将胰酶混合物转移至样品孔中。

3）以1500r/min摇晃96孔板2分钟以完全重悬磁珠。

移除96孔板并在37℃下孵育过夜（16～18小时）以进行胰酶消化。

9. 应用程序C（第2天）　十一烷基化标记

（1）将现配的十一醛/乙醇混合物和氰基硼氢化钠溶液放入PrepRack中。

（2）在多分配模式下，使用TS_50将十一醛/乙醇混合物从PrepRack移至96孔板的样品孔中。

（3）在多分配模式下，使用TS_50将氰基硼氢化钠从PrepRack移至96孔板的样品孔中。

（4）在恒温混匀仪上以1200r/min摇2分钟。

移除96孔板并在37℃下孵育60分钟，接着进行多肽酸化、脱盐/清理步骤。

（七）离线高pH分馏（可选做）

冻干的多肽消化物。从各个样品或样品组各取一部分混合后作为混合池，冻干后用含0.1% FA的超纯水重新溶解用于分馏。

1. 向预安装了Kinetic EVO C18色谱柱的安捷伦1100 HPLC系统中注入5ml流动相A，以清洗和平衡管线。

2. 设置自动上样系统，将100μl复溶的N末端消化物（溶剂为0.1% FA）注入进样环。

3. 以0.2ml/min的流速进样，并使B相在60分钟内从3%爬升到35%。

4. 设置洗脱窗口，在96孔板中收集48个馏分，从A1孔开始，到D12孔结束。收集馏分并将其整合成最终的12组，注意将不同洗脱梯度的馏分组合在一起。如，将馏分1、13、25、37作为12组中的第一组合并。

5. 在SpeedVac中干燥馏分，样品可以保存在-80℃。

6. 在含0.1% FA的水中重悬干燥的样品，并测定多肽浓度。

（八）DDA和DIA质谱分析

1. 连续样品　选做：按照（五）.2所述脱盐。

（1）在每个复溶样品中添加说明书推荐量的iRT。

（2）将样品转移至96孔板自动采样器中。

（3）为每个组分注入1μg蛋白（注意调整浓度使各样本体积相当），并按梯度参数和DDA参数分析样品。在1小时的LC梯度设置下完整运行12组馏分需要约14小时。表8-2提供了更长梯度时的参数设置。

表8-2 Nano LC-MS 梯度参数设置

\multicolumn{4}{c	}{1小时梯度}	\multicolumn{4}{c	}{2小时梯度}	\multicolumn{4}{c}{3小时梯度}
时间	持续时间	流速 (nl/min)	%B	时间	持续时间	流速 (nl/min)	%B	时间	持续时间	流速 (nl/min)	%B
0	0	300	3	0	0	300	3	0	0	300	3
3	3	300	8	6	6	300	8	9	9	300	8
40	37	300	27	80	74	300	27	120	111	300	27
52	12	300	42	104	24	300	42	156	36	300	42
53	1	300	100	106	2	300	100	159	3	300	100
65	15	300	100	130	24	300	100	210	51	300	100

2. 单个样品

（1）DDA分析：向LC-MS/MS系统注入1μg消解物（复溶于含0.1% FA的水中），并使用下文（九）第1步中详述的梯度参数和DDA参数分析样品。

（2）DIA分析：向LC-MS/MS系统注入1μg消解物（复溶于含0.1% FA的水中），并使用下文（九）第1条中详述的梯度参数和DIA参数分析样品。

3. 仪器设置

（1）LC-MS上样和分离梯度：建立一个方法文件，将样品在自制或商用Easy-Spray分析柱中以50℃的温度、300nl/min的流速洗脱65分钟，流动相A和B分别为0.1% FA和含0.1% FA的95% ACN。在Thermo Xcalibur Instrument软件中，打开一个新的方法文件，并导航到Thermo EASY-nLC。流动相B在Nano LC-MS中的1、2、3小时梯度设置详见表8-2。

（2）MS纳米喷雾电离设置：QE-HF的纳米喷雾电离设置如下，S-lens射频为70，毛细管温度为275℃，喷雾电压为2.5kV。

（3）Q Exactive HF方法：在同一个Thermo Xcalibur Instrument软件方法文件中，导航到Q Exactive HF—Orbitrap MS。Q Exactive HF上DDA和DIA的仪器设置如下所示（见注释27）。

1）数据依赖型分析（DDA）：导航到"Q exactive HF—Orbitrap MS"，并使用表8-3中的详细信息建立方法文件（见注释28）。设置仪器调谐文件。在"Experiments"的"General"的下拉选项中选择"Full MS／dd-MS2（TopN）"。若要选择，拖放选择的相应实验，在页面右上方的"Properties"部分填写表8-3中列出的所有MS和dd-MS2属性参数。

2）不依赖数据的分析（DIA）：导航到"Q exactive HF-Orbitrap MS"，使用表8-4、表8-5和表8-6中的详细信息建立方法文件（见注释29）。设置仪器调谐文件，在"Experiments"的"General"下拉选项中选择"Full MS-SIM"。选择、拖放相应的实验，请选择"DIA"，DIA实验的数量应与DIA窗口的数量相对应。在页面右上方的"Properties"部分，使用表8-4中提供的信息填写完整的MS和DIA属性。每个DIA实验都有类似的设置，但是"isolation window"不同，即表8-5中列出的质量峰宽。复制并粘贴表8-6中的详细信息到"Global Lists"的"Inclusion"中。Inclusion表中所列为每个DIA窗口的中心质量。

表 8-3 QE-HF 上的 DDA 方法

项目	参数	设定值
基本设置	运行时间	65min
	极性	正电离模式
	默认电荷	2
全扫描质谱	质谱分辨率	120 000
	自动增益控制目标	1.00E+06
	离子最大探测时间	246ms
	扫描范围	350～1600 m/z
dd-MS2	质谱分辨率	60 000
	自动增益控制目标	2.00E+05
	离子最大探测时间	118ms
	数据获取循环次数	12
	TopN	12
	隔离窗口	1.4 m/z
	固定起始质荷比值	110.0 m/z
	标准化碰撞能量	28
	质谱数据类型	质心化
dd settings	最小自动增益控制目标	1.20E+03
	电荷排除	无法识别, 1, 5～8
	肽段匹配	优先选择
	排除同位素峰	开
	动态排除	15s

表 8-4 QE-HF 上的 DIA 方法

项目	参数	设定值
一般模式	运行时间	0～65 分钟
	极性	正电离模式
	默认电荷	4
全扫描质谱	质谱分辨率	120 000
	自动增益控制目标	3.00E+06
	离子最大探测时间	60ms
	扫描范围	300～1650m/z
数据独力采集, 24 变量窗口	质谱分辨率	30 000
	自动增益控制目标	3.00E+06
	离子最大探测时间	自动
	数据获取循环次数	1
	MSX 计数	1
	MSX 等时分析	开
隔离窗口[1]	固定起始质荷比值	200.0m/z
	标准化碰撞能量/步进	25.5～27.0～30.0, 25% 开始, 后以 10% 的步进增加 (10%～25%)

注:[1]. 表 8-5 列出了每个 DIA 片段的质量峰宽

表 8-5　24 个可变 DIA 窗口的质量宽度

DIA 窗口	中心质量	质谱峰宽度
1	367.5	35
2	398	28
3	422.5	23
4	444	22
5	464	20
6	483.5	21
7	503	20
8	522.5	21
9	542.5	21
10	562	20
11	582	22
12	603	22
13	624.5	23
14	647	24
15	670.5	25
16	695.5	27
17	723	30
18	754	34
19	789	38
20	827.5	41
21	873	52
22	932	68
23	1016.5	103
24	1358.5	583

表 8-6　24 个可变 DIA 窗口的 Inclusion 表

质量 [m/z]	分子式 [M]	分子式类型	化学种类	CS [z]	极性	开始 [分钟]	结束 [分钟]	(N) CE	(N) CE 类型	备注
367.5					正离子					
398					正离子					
422.5					正离子					
444					正离子					
464					正离子					
483.5					正离子					

续表

质量 [m/z]	分子式 [M]	分子式类型	化学种类	CS [z]	极性	开始 [分钟]	结束 [分钟]	(N)CE	(N)CE 类型	备注
503					正离子					
522.5					正离子					
542.5					正离子					
562					正离子					
582					正离子					
603					正离子					
624.5					正离子					
647					正离子					
670.5					正离子					
695.5					正离子					
723					正离子					
754					正离子					
789					正离子					
827.5					正离子					
873					正离子					
932					正离子					
1016.5					正离子					
1358.5					正离子					

（九）数据处理和统计分析

1. 单个样品的 DDA 数据

（1）使用表 8-7 提供的搜索参数在 MaxQuant 中处理原始数据文件，也可参考文献[12, 13]。

（2）创建一个文件夹并从 MaxQuant 输出文件夹中复制所需的 DDA 多肽定量 txt 文件。

（3）按照样品的 DIA 数据进行有关数据的统计分析和解读。

2. 样品谱库（Spectral Library）生成　用 MaxQuant 或 Pulsar 搜索文件配合 Spectronaut 的 Library Generation 功能生成一个谱库。

（1）在 Spectronaut 的 Library Genration 功能中应 MaxQuant 输出文件生成谱库

1）使用表 8-7 中提供的搜索参数处理 MaxQuant 中分馏样品的 DDA 数据，请注意 MaxQuant 输出文件和 DDA 原始文件的文件夹位置。

2）在 Spectronaut Pulsar 中，选择"Generate Spectral Library from MaxQuant"选项，找到 MaxQuant 搜索输出文件和原始数据所在的文件夹并选择它。

3）按照 Spectronaut 说明书并使用表 8-8 中具体参数构建谱库。

4）保存谱库。

（2）在 Spectronaut Pulsar 中生成谱库

1）使用软件说明书中的方法通过 Pulsar 检索的数据创建谱库。简而言之，找到"Generate Library from Pulsar / Search Archives"，使用表 8-9 的详细设置搜索分馏样品的 DDA 数据和单个样品的 DIA 数据，同

第八章 HUNTER：通过 N 端富集对微量样本蛋白水解系统进行表征的高灵敏自动方案

时选用表 8-8 的设置以便生成谱库（见注释 30）。

表 8-7 MaxQuant 的数据搜索参数

项目	参数	设定值 [1]
特定实验组参数 [2]	类型	标准
	多重性	1
	标签	未标记的赖氨酸二甲基
		未标记的蛋白质 N 端二甲基修饰
	修饰	
	可变修饰	甲硫氨酸氧化（M）
		乙酰化（N 端）
		谷氨酰胺转变为吡哆酰谷氨酰胺
		谷氨酸转变为吡哆酰谷氨酸
	固定修饰	半胱氨酸碘乙酰胺化（C）
	每个肽段上的最大修饰数目	5
	仪器	高分辨率质谱分析仪
	初次搜索	
	初次搜索时采用的特定酶	启用
	消化模式	特异
	酶	梭菌蛋白酶（ArgC）
	最大漏切位点	2
	消化	
	消化模式	半特异性自由 N 端
	酶	梭菌蛋白酶（ArgC）
	无标签定量	无标签定量
	其他	
	重新定量	已启用
	匹配类型 [2]	从……匹配到……
全局参数	序列	
	FASTA 格式文件	定位生物文件例如包含人类基因或蛋白质序列的 FASTA 格式文件
	包含污染物	已启用
	肽段最小长度	6
	非特异性搜索的肽段最小长度	6
	非特异性搜索的肽段最小长度	35
	高级识别	
	二级肽段	已启用
	跨越运行匹配	已启用
	蛋白质定量	
	标记定量最小比率计数	2
	用于定量的肽段	特异性肽段 + 非特异性肽段
	仅使用被修饰的肽段	已启用
	用于蛋白定量的修饰	甲硫氨酸氧化（M）
		乙酰化（N 端）
	丢弃未修饰的对应肽段	已启用
	高级比率估计	已启用

注：[1]. 使用默认设置，除非特别说明；[2]. 有些参数设置取决于实验设计和实验组，相关参数详情请参阅 Tyanova et al.(2016)

表 8-8　Spectronaut 中谱库生成的参数

参数	设定值
误差范围	
容差参数	
Thermo 高分辨率质谱分析仪	默认设置
搜索	动态
修正因子	1
鉴定	默认设置
蛋白质推断	
执行蛋白质推断	已启用
酶解规则	梭菌蛋白酶（ArgC）
酶解类型	半特异性酶解（自由 N 端）
切换 N 端 M	已启用
质谱图库过滤器[1]	默认设置
iRT 校准	默认设置
工作流	默认设置

注：[1]. 使用默认设置，也可根据用户的具体要求进行调整，如，提高 Max of Best N Fragments per Peptide 的最大值以在库中捕获更多的片段

表 8-9　Spectronaut Pulsar 中数据查找的参数设置

项目	参数	设定值
肽	酶切规则	梭菌蛋白酶（ArgC）
	酶解类型	半特异性酶解（自由 N 端）
	最大肽段长度	52
	最小肽段长度	6
	漏切位点	2
	切换 N 端 M	启用
修饰	最大可变修饰数	5
	选择修饰	
	固定修饰	碘乙酰胺化（半胱氨酸）（C）
		赖氨酸二甲基修饰（DimethLys0）
	可变修饰	甲硫氨酸氧化（M）
		乙酰化（N 端）（N-term）
		谷氨酰胺转变为吡哆酰谷氨酰胺（Gln > pyro-Gln）
		谷氨酸转变为吡哆酰谷氨酸（Glu > pyro-Glu）
		未标记的蛋白质 N 端二甲基修饰（DimethNter0）
二级质谱（MS2）	离子类型	a
		b
	二级质谱解复用	自动

续表

2）保存谱库。

3. 样品的 DIA 数据

（1）使用软件说明书的方法在 Spectronaut Pulsar 中进行 DIA 搜索。保持 Spectronaut Pulsar 中 DIA 分析的默认设置或根据用户的特定要求进行调整。在"Quantification"中，"Minor（Peptide）Grouping"的选择必须是"by Modified Sequence"。

（2）选择 3 创建的样品库。

（3）保存 DIA 分析文件，并导出搜索结果。

4. DDA 和 DIA 数据分析

（1）筛选各报告的输出结果：只保留二甲基和乙酰基修饰的 N 末端肽，并满足所需的错误发现率（PSM，肽，蛋白质 FDR 为 1%）和由实验决定的变异系数（CV）阈值。

（2）Spectronaut 和 MaxQuant 均支持多肽位置标注。或者，使用 TopFINDer 工具[14, 15]将识别的 N 末端与其在蛋白中的位置相匹配。该数据库还能够标注已知蛋白酶在序列中的裂解位点。

（3）使用此数据文件在 R、python 或其他软件中进行进一步统计，以通过严格的统计阈值确定由多肽所反映的条件变化。

四、注释

1. 确定要处理的细胞数量。若为将来使用，则将离心收集的细胞团块快速冷冻，并立即存储在 -80℃ 备用。冷冻细胞前确认细胞活力和细胞数量，一个单位的细胞或液体活检中的蛋白含量是可以估计的——一个 HeLa 细胞约有 300 pg 蛋白质，而 5μl 血浆有 200～250μg 蛋白。

2. 所述方法适用于起始量为 10～50μg、总体积约为 50μl 的样品。样品灭活时，最大体积最好为 50μl 左右，例如，42.5μl 样品（相当于 50μg 蛋白）、4μl 核酸酶、0.5μl 1mol/L DTT、1.5μl CAA 和 1.5μl DTT。

3. CAA 对光敏感，所以应尽量减少在光线下的暴露，以防止失活。

4. 当蛋白浓度不超过 200μg 时，将 10μl 亲水磁珠与 10μl 疏水磁珠混合。每增加 100μg 蛋白，则增加 5μl 磁珠原液。

5. 清洗磁珠时，将离心管从磁力架上取出，用移液器轻轻吹打使磁珠重悬，然后将离心管插入磁力架，使磁珠沉淀并移弃上清液。磁珠必须在溶液中浸没和重悬，才能清洗彻底。

6. 制备储存液时，超纯水的体积是根据磁珠浓度和样品数量来计算的，例如，对一个样品，将来自 20μl 磁珠原液的磁珠悬于 10μl 的超纯水，以保持工作体积尽量小。

7. 准备足够的 SP3 磁珠混合液，以供本步骤和二甲基化步骤使用。

8. 若使用其他纯度乙醇，按以下公式计算所需乙醇体积：

$$乙醇体积 = \frac{（样品体积 + 磁珠体积）\times 80\%}{（乙醇储备液\% - 80\%）}$$

根据该公式，使用 100% 的乙醇时，1 体积的样本直接加 4 倍体积的乙醇即可。

9. SP3 磁珠加入后，样品中 DNA 含量较高可能会导致裂解液样品的严重聚集，使用所需量的核酸酶孵育样品以解决该问题。也可用超声等其他方法以有效地剪切 DNA。

10. 甲醛和氰基硼氢化钠是有毒的，因此应在通风柜中小心处理。

11. 不要使用强酸。确保 Tris 不是酸性的。如果呈酸性，则会产生氰化氢（HCN）。

12. 确保磁珠完全浸入溶液中。不要用移液器吹洗混合！用移液器吸头轻轻地将磁珠推入溶液中。

13. 约 10% 的样品体积或 10μg 蛋白（二者以较少者为准）足够。

14. Stage Tip 制备：按照 Rappsilber 及其同事的描述[16]，将四层圆形 Empore 十八烷基 C18 提取盘装入 P200 吸管端即可。根据蛋白起始量选择合适的 C18 柱。在方案中测试了以下几种柱子。

（1）1～5μg：自制的 4 层 C18 Stage Tip。

（2）5～20μg：Nest Group 微量离心（microspin）柱。

（3）20～100μg：Nest Group 大量离心（macrospin）柱。

（4）100～1000μg：Waters SepPak 柱。

15. 通过注射器将样品手动推入 Stage Tip。对于 SpinColumns，在室温下，以 600×g 的速度离心 1 分钟（表 8-1）。

16. 用含 0.1% TFA 的超纯水补充样品量，以保持表 8-1 中每种柱子所需的样品上样量。

17. 由于 96 孔 PCR 板容量有限，应用程序开始前每个孔的最大样本量应小于 20μl，且应考虑裂解体积、还原体积和烷基化体积。蛋白含量超过 200～250μg 的样品不建议用 PCR 板，因为它需要更多的磁珠，并且磁吸时会在孔内形成一个较厚的环，从而干扰 TS_50 移液器吸液，同时可能导致磁珠损失。

18. 在此应用中使用的 96 孔板的类型决定了裂解体积、使用的移液器类型、磁力架类型、充分但又要避免溢出的振荡速度，以及为实现完全分离而在磁铁上的结合时间等。或者，96 深孔板可实现更大的裂解体积或更高的结合，但这将需要不同的孔板配件。

19. 避免在 epMotion 5073 m 中分配少于 2μl 的试剂。可以用稀释的原液，或者在运行之前手动合并可兼容的试剂并将它们作为一个原液进行分配。

20. 甲醛和氰基硼氢化钠试剂应在通风柜中处理。为了最大限度地减少水解，氰基硼氢化钠稀释的原液应为每次分配时现配。

21. 十一醛与有机物相容，因此正确比例的十一烷/乙醇混合物可在一个离心管中配制待用。

22. 为了减少吸入过程中气泡的产生并确保均匀分配，本方案中使用的一些 epMotion 5073 m 程序已将默认设置进行了修改。例如，对储液器和离心管的底部容耐距离。

23. epMotion® 5073 m 会考虑到应用程序中所需的吸头数量，并在运行开始前扫描可用的吸头。该平台及其软件版本（40.4.0.38）不能堆叠移液头盒，也不能在运行期间重新扫描，因此可能需要单独的后续应用程序。吸头将被重复使用，直到设定的程序结束。

24. TS_1000 不能进入 250μl 96 孔板的孔中，因此只能从孔的顶部分配液体。若要从孔内吸液则必须用 TS_50 完成。

25. 吸液后孔中会有剩余的液体，确切的体积取决于孔底和移液器尖端之间的距离。为尽可能多地去除液体，可设置该应用程序的吸液量大于孔中实际液体量，或是改变移液管顶端进入孔的深度，但此方法有可能在吸头内产生压力和气泡。

26. 用户干预步骤的特点是暂停应用程序，以允许手动步骤的执行，例如，放置新配的试剂或封板。

27. 为 DDA 和 DIA 分析各自创建单独的方法文件。

28. 这些 DDA 设置是我们发表的数据中使用的方法，但任何质谱仪上的合适的方法文件都可以使用。

29. 这些 24 窗口变量格式的 DIA 设置详细方法是 Bruderer 等[17]首先提出的，之后优化并用于作者发布的数据[8]。但任何质谱仪上的合适的方法文件都可以使用。

30. 可根据使用说明书中描述的步骤在 Spectronaut Pulsar 软件中预先设置参数。

参考文献

[1] Huesgen PF, Lange PF, Overall CM(2014)Ensembles of protein termini and specific proteolytic signatures as candidate biomarkers of disease. Proteomics Clin Appl 8:338-350. https://doi.org/10.1002/prca.201300104

[2] Lange PF, Huesgen PF, Nguyen K, Overall CM(2014)Annotating N termini for the human proteome project:N termini and N-α-acetylation status differentiate stable cleaved protein species from degradation remnants in the human erythrocyte proteome. J Proteome Res 13:2028-2044. https://doi.org/10.1021/pr401191w

[3] Lange PF, Overall CM(2013)Protein TAILS:when termini tell tales of proteolysis and function. Curr Opin Chem Biol 17:73-82. https://doi.org/10.1016/j.cbpa.2012.11.025

[4] Uzozie AC, Ergin EK, Rolf N, Tsui J, Lorentzian A, Weng SSH, Nierves L, Smith TG, Lim CJ, Maxwell CA, Reid GSD, Lange PF(2021)PDX models reflect the proteome landscape of pediatric acute lymphoblastic leukemia but divert in select pathways. J Exp Clin Cancer Res 40:96. https://doi.org/10.1186/s13046-021-01835-8

[5] Huesgen PF, Overall CM(2012)N-and C-terminal degradomics:new approaches to reveal biological roles for plant proteases from substrate identification. Physiol Plant 145:5-17. https://doi.org/10.1111/j.1399-3054.2011.01536.x

[6] Savickas S, Kastl P, Auf dem Keller U(2020)Combinatorial degradomics:precision tools to unveil proteolytic processes in biological systems. Biochim Biophys Acta Proteins Proteom 1868:140392. https://doi.org/10.1016/j.bbapap.2020.140392

[7] Kleifeld O, Doucet A, Prudova A, auf dem Keller U, Gioia M, Kizhakkedathu JN, Overall CM(2011)Identifying and quantifying proteolytic events and the natural N terminome by terminal amine isotopic labeling of substrates. Nat Protoc 6:1578-1611. https://doi.org/10.1038/nprot.2011.382

[8] Weng SSH, Demir F, Ergin EK, Dirnberger S, Uzozie A, Tuscher D, Nierves L, Tsui J, Huesgen PF, Lange PF(2019)Sensitive determination of proteolytic proteoforms in limited microscale proteome samples. Mol Cell Proteomics 18:2335-2347. https://doi.org/10.1074/mcp.TIR119.001560

[9] Burger B, Vaudel M, Barsnes H(2021)Importance of block randomization when designing proteomics experiments. J Proteome Res 20:122-128. https://doi.org/10.1021/acs.jproteome.0c00536

[10] Oberg AL, Vitek O(2009)Statistical design of quantitative mass spectrometry-based proteomic experiments. J Proteome Res 8:2144-2156. https://doi.org/10.1021/pr8010099

[11] Smith PK, Krohn RI, Hermanson GT, Mallia AK, Gartner FH, Provenzano MD, Fujimoto EK, Goeke NM, Olson BJ, Klenk DC(1985)Measurement of protein using bicinchoninic acid. Anal Biochem 150:76-85. https://doi.org/10.1016/0003-2697(85)90442-7

[12] Cox J, Mann M(2008)MaxQuant enables high peptide identification rates, individualized p.p.b.-range mass accuracies and proteomewide protein quantification. Nat Biotechnol 26:1367-1372. https://doi.org/10.1038/nbt.1511

[13] Tyanova S, Temu T, Cox J(2016)The MaxQuant computational platform for mass spectrometry-based shotgun proteomics. Nat Protoc 11:2301-2319. https://doi.org/10.1038/nprot.2016.136

[14] Fortelny N, Yang S, Pavlidis P, Lange PF, Overall CM(2015)Proteome TopFIND 3.0 with TopFINDer and PathFINDer:database and analysis tools for the association of protein termini to pre-and post-translational events. Nucleic Acids Res 43:D290-D297. https://doi.org/10.1093/nar/gku1012

[15] Lange PF, Huesgen PF, Overall CM(2012)TopFIND 2.0—linking protein termini with proteolytic processing and modifications altering protein function. Nucleic Acids Res 40:D351-D361. https://doi.org/10.1093/nar/gkr1025

[16] Rappsilber J, Mann M, Ishihama Y(2007)Protocol for micro-purification, enrichment, pre-fractionation and storage of peptides for proteomics using StageTips. Nat Protoc 2:1896-1906. https://doi.org/10.1038/nprot.2007.261

[17] Bruderer R, Bernhardt OM, Gandhi T, Xuan Y, Sondermann J, Schmidt M, Gomez-Varela D, Reiter L(2017)Optimization of experimental parameters in data-independent mass spectrometry significantly increases depth and reproducibility of results. Mol Cell Proteomics 16:2296-2309. https://doi.org/10.1074/mcp.RA117.000314

第九章

胰岛的磷酸化蛋白质组学和细胞器蛋白质组学

Özüm Sehnaz Caliskan, Giorgia Massacci, Natalie Krahmer, and Francesca Sacco

> 近年来，基于质谱技术的蛋白质组学在样品制备、仪器设备和计算方法等方面取得了重大进展。本章详细描述一个通过基于质谱技术的蛋白质组学方法来定量测定胰腺胰岛中整体蛋白质磷酸化、并鉴定细胞内细胞器组成的工作流程。

一、引言

在健康和疾病状态下胰岛细胞内的磷酸化信号网络重构已成为糖尿病领域的关键问题，但由于从胰岛中可提取的材料极其有限，阻碍了实验研究的进展。最近，有团队开发了一种高灵敏度、先进的基于质谱技术（MS）的磷酸蛋白质组学工作流程，其结果具有非常高的重现性，并且只需要很少的起始物质（≤200μg 的蛋白质）[1, 2]。得益于这种高灵敏度的被称作 EasyPhos 的工作流程，笔者对来自糖尿病或健康小鼠及人体的胰岛细胞信号网络在体内时的变化进行了表征[3]。详细描述用以量化胰岛磷酸蛋白质组学变化实验和计算程序。因为蛋白质磷酸化还是蛋白质定位的重要决定因素，在本章还描述对一种先前建立的器官蛋白质组学工具即 protein correlation profiling（PCP，"蛋白质关联分析"）进行优化的方法[4]，以适用于胰岛等小量样品。亚细胞蛋白质组学与胰岛磷酸蛋白质组学的结合，为研究蛋白质重定位过程及其对信号通路的依赖性提供了强大的工具。

二、材料

除非另有说明，否则所有溶液均使用 MilliQ 水制备。

（一）胰岛的分离

1. G 液　Hanks 平衡盐溶液（HBSS）（含有钙和镁，可以加入酚红），1%（v/v）青霉素/链霉素（P/S），1%（w/v）牛血清白蛋白（BSA）。将 500mg 牛血清白蛋白溶解在 50ml HBSS 中，在细胞培养操作台过滤到新的 50ml Falcon 管中。牛血清白蛋白储备溶液可在 –20℃保存。G 液在最高 4℃下保存期 1 个月。

2. 细胞培养基　RPMI 1640 培养基，1%（v/v）青霉素/链霉素（P/S），10%（v/v）胎牛血清（FBS）。在 4℃下保存。

3. 40% Optiprep　溶于 10mmol/L HEPES：取 20ml 60% Optiprep（Sigma），加入 300μl 1mol/L HEPES［4-（2-羟乙基）-1-哌嗪乙磺酸］，加入 9.7ml Dulbecco 磷酸盐缓冲液（DPBS）至 30ml。最多存放 7 天，最佳保存温度为 4℃。

4. 10% RPMI　平衡盐溶液（HBSS），1%（v/v）青霉素/链霉素 P/S，1%（v/v）细胞培养基。将 5ml

细胞培养基加入45ml含1%（v/v）P/S的HBSS中。最多存放7天，最佳保存温度为4℃。

5. 15% Optiprep 渐变介质 将5ml 10% RPMI 培养基和3ml 40% Optiprep混合。最多存放7天，最佳保存温度为4℃。

6. 胶原酶P G液，0.1%（w/v）胶原酶P。将6mg胶原酶P（1.9 U/mg）溶解在6ml G液中。新鲜制备，不要存放超过2小时。冰上保存。

（二）全蛋白质组和磷酸化蛋白质组样品制备

所有的储备液可以在室温下保存超过1年：1mol/L 三（羟甲基）氨基甲烷盐酸盐（Tris-HCl）（pH 8.5）；5mol/L OH；100mmol/L H_3PO_4；2mmol/L $CaCl_2$；乙腈（ACN）；30% 甲醇（MeOH）+ 1% 三氟乙酸（TFA）：30%（v/v）甲醇（MeOH），1%（v/v）三氟乙酸（TFA），该缓冲液在室温下稳定时间超过6个月。

1. 4% SDC 裂解缓冲液：4% 脱氧胆酸钠（SDC）（w/v），100mmol/L Tris-HCl（pH 8.5）。对于50ml，称量2g的SDC并加入45ml MilliQ水中。涡旋混合，直至SDC完全溶解。此溶液可在室温下稳定保存超过3个月。在使用当天，加入5ml的1mol/L Tris-HCl（pH 8.5）。为避免SDC结晶，现配现用（见注释1）。

2. 2.2% SDC（w/v）储存液：制备50ml，称量1.1g脱氧胆酸钠（SDC）和50ml的MilliQ水。涡旋混合，直至SDC完全溶解。SDC原液可以在室温下稳定保存超过3个月。

3. 2% SDC 裂解缓冲液：将2.2%脱氧胆酸钠（SDC）（w/v）储存液与1mol/L Tris-HCl（pH 8.5）以9∶1（v/v）的比例混合。对于50ml的缓冲液，取45ml的2.2% SDC（w/v）原液并加入5ml的1mol/L Tris-HCl（pH 8.5）。为避免SDC结晶，现配现用。

4. 还原/烷基化缓冲液：对于还原缓冲液，可以商购0.5mol/L Tris（2-羧乙基）磷酸氢氯盐（TCEP）储存液。对于烷基化缓冲液，在蒸馏水中准备400mmol/L氯乙酰胺（CAA）的10倍储存液。在通风橱中操作并戴手套。将pH调整至7.0~8.0。分装为50μl或200μl的小份，存储于-20℃。

5. 胰蛋白酶溶液：将1mg冻干的胰蛋白酶溶解于1ml的胰蛋白酶缓冲液[0.05%（v/v）醋酸（AcOH）和2mmol/L氯化钙（$CaCl_2$）]中。涡旋混合并在室温下以1000×g的速度离心1分钟。分装小份以避免反复冻融，并存储于-80℃，可保存6个月。

6. 重组赖氨酰内肽酶溶液：将10-AU的赖氨酰内肽酶溶解于3ml的MilliQ水中。涡旋混合并在室温下以1000×g的速度离心1分钟。分装成小份以避免多次冻融，并存储于-80℃，可保存至少6个月。

7. EP加载（上样）缓冲液：80%（v/v）乙腈（ACN），6%（v/v）三氟乙酸（TFA）。此缓冲液在室温下稳定保存超过3个月。注意事项见注释2。

8. EP富集缓冲液：36% TFA，3mmol/L磷酸二氢钾（KH_2PO_4）。此缓冲液在室温下稳定保存超过3个月。

9. EP洗涤缓冲液：60%（v/v）乙腈（ACN），1%（v/v）TFA。此缓冲液在室温下稳定保存超过3个月。

10. EP转移液：80%（v/v）乙腈（ACN），0.5%醋酸。此缓冲液在室温下稳定超过3个月。

11. EP洗脱液：向800μl的40%（v/v）乙腈（ACN）中加入200μl氢氧化铵（NH_4OH）。此缓冲液必须新鲜配制！

12. SDB-RPS 加载缓冲液：异丙醇中加入2%的TFA。此缓冲液在室温下稳定超过3个月。

13. SDB-RPS 洗涤缓冲液1：乙酸乙酯（EtOAc）中含有1%（v/v）TFA。此缓冲液必须新鲜配制！

14. SDB-RPS 洗涤缓冲液2：异丙醇中含有1%（v/v）TFA。此缓冲液在室温下稳定超过3个月。

15. SDB-RPS 洗涤缓冲液3：0.2% TFA。此缓冲液在室温下稳定超过3个月。

16. SDB-RPS 洗脱液：向4ml的60%（v/v）乙腈（ACN）中加入20μl氢氧化铵（NH_4OH）。此缓冲液必须新鲜配制！

17. 缓冲液A*：2%乙腈，0.1% TFA。此缓冲液在室温下稳定超过6个月。

18. 缓冲液A：0.1%（v/v）甲酸。

19. 缓冲液B：80%（v/v）乙腈（ACN），0.1%甲酸。此缓冲液在室温下稳定保存超过6个月。

（三）细胞器分离

除非另有说明，否则所有溶液均保持室温。所有储备溶液可在室温下储存超过 1 年：① 1mol/L Tris-HCl（pH 7.4）；② 0.5mol/L EDTA（pH 8.0）；③ 1mol/L KCl；④ 1mol/L MgCl$_2$；⑤ 杜氏磷酸缓冲盐溶液（DPBS）。

1. 20% 蔗糖溶液：20% 蔗糖（w/v），20mmol/L 三羟甲基氨基甲烷盐酸盐（Tris-HCl）（pH 7.4），0.5mmol/L EDTA（pH 8.0），5mmol/L 氯化钾（KCl），3mmol/L 氯化镁（MgCl$_2$）。为制备 500ml 20% 蔗糖溶液，称量 100g 蔗糖，并加入 350ml 预温的 MilliQ 水。在磁力搅拌器中溶解蔗糖，加入 10ml 1mol/L Tris-HCl（pH 7.4），0.5ml 0.5mol/L EDTA（pH 8.0），2.5ml 1mol/L KCl，1.5ml 1mol/L MgCl$_2$。用 MilliQ 水补足总体积至 500ml。通过真空泵配合 0.22μm 滤器过滤缓冲液。

2. 50% 蔗糖溶液：50% 蔗糖（w/v），20mmol/L Tris-HCl（pH 7.4），0.5mmol/L EDTA（pH = 8.0），5mmol/L 氯化钾（KCl），3mmol/L 氯化镁（MgCl$_2$）。为制备 500ml 50% 蔗糖溶液，称量 250g 蔗糖，并加入 350ml 预温的 MilliQ 水。在磁力搅拌器中溶解蔗糖，加入 10ml 1mol/L Tris-HCl（pH 7.4），0.5ml 0.5mol/L EDTA（pH 8.0），2.5ml 1mol/L KCl，1.5ml 1mol/L MgCl$_2$。用 MilliQ 水补足总体积至 500ml。通过真空泵配合使用 0.22μm 滤器过滤缓冲液。

3. 裂解缓冲液：在 10ml 20% 蔗糖溶液中加入 1 片蛋白酶抑制剂、1 片磷酸酶抑制剂。现做现用，并在使用当天保存在冰上（见注释 3）。

4. 乙醇沉淀缓冲液：乙醇中加入 50mmol/L 醋酸钠。在 MilliQ 水中制备 2.5mol/L 醋酸钠储备溶液，添加 TFA 调节 pH 至 5.0。将 10ml 储备溶液加入 500ml 乙醇中。

（四）设备

1. 96 孔深孔板。
2. 用于 2ml 深孔板的硅胶密封垫。
3. 温控高速轨道式摇床。
4. 用于轨道式摇床的 2ml 管适配器。
5. 用于轨道式摇床的深孔板适配器。
6. 用于制备 SDB-RPS StageTips 滤器的固相萃取膜片。使用钝头 14 号针管切割两层 SDB-RPS 材料，插入到 200μl 移液管的末端。
7. 用于制备 C8 Stage Tip 滤器的固相萃取膜片。使用钝头 14 号针管切割三层 C8 材料，插入到 200μl 移液管的末端。
8. 二氧化钛（TiO$_2$）珠子。
9. 自制 96 孔 Stage Tip 滤器离心装置。
10. 电子位移移液器或 8 通道电子移液器和移液器头。
11. 多通道 200μl 移液器。
12. PCR 管带。
13. PCR 管用密封垫。
14. 真空吸液管路和一次性硼硅酸玻璃巴斯德移液管。
15. 带有 96 孔板转子的蒸发浓缩器。
16. 用于在线超高效液相色谱（UHPLC）-质谱分析（MS/MS）的纳米喷雾（Nanospray）分离柱。
17. 用于在线超高效液相色谱-质谱（LC-MS/MS）分析的 UHPLC 系统。
18. 能将纳米喷雾柱加热至 50℃的恒温箱。
19. 15ml 和 50ml 的 Falcon 管。
20. 5ml 和 10ml 移液管。
21. 移液器支架。

22. 70μl 细胞过滤器。
23. 恒温振荡器。
24. 离心机。
25. 5cm 悬浮细胞培养皿。
26. 超速离心机 – Beckman Optima L-70。
27. SW41 超速离心机转子。
28. 超速离心管 – 14mm × 89mm。
29. BioComp Instruments 公司的 Gradient master108。
30. 0.22μl 过滤瓶。
31. 1.0ml 和 0.1ml 研钵。
32. 21、24、26 号针头。

三、方法

（一）胰岛的分离

全过程在冰上进行。

1. 为每只小鼠准备一支 15ml 的 Falcon 离心管，加入 8ml 的 15% Optiprep。放在冰上保存。

2. 为每只小鼠准备 6ml 的 G 溶液。

3. 在注射器中抽入 3ml 胶原酶 P 溶液，另在 50ml Falcon 离心管中放入 3ml 胶原酶 P 溶液，放在冰上。保存不要超过 2 小时。

4. 用适当方法排空动物的血液。

5. 预先熟悉关于小鼠的解剖学知识（比如阅读 *A Practical Guide to Rodent Islet Isolation and Assessment*），了解小鼠上腹腔、需要处理和注射部位的解剖学。在与小肠连接处夹住胆总管[5]。

6. 在十二指肠处向胆总管注入 2～3ml 的胶原酶 P 溶液（见注释 4）。

7. 将胰腺放入含 3ml 胶原酶 P 溶液的 50ml Falcon 离心管中。

8. 为每只小鼠重复以上步骤，然后继续下一步。

9. 在热振荡器中以中等摇动力于 37℃下孵育胰腺 7 分钟。在此期间将离心机设置为 4℃。

10. 取出离心管，用手剧烈甩动 5 秒。

11. 将离心管放回热振荡器中继续孵育 7～8 分钟（见注释 5）。

12. 取出离心管，甩动 10 秒（见注释 6）。

13. 将离心管放在冰上，并立即加入 15ml 冰冷的 G 溶液以减慢消化过程。

14. 在 4℃下，以 560×g 的速度离心 2 分钟。

15. 将上清液倒入废液容器中，让沉淀物留在管子内。此步不要使用真空泵，以免吸力把握不准将沉淀物吸走造成样本丢失。

16. 将 Falcon 管放在冰上并加入 10～12ml G 溶液。

17. 用 10ml 移液管强力重选沉淀物（见注释 7）。

18. 在 4℃下以 560×g 的速度离心 2 分钟。

19. 倒掉上清液，注意应一步倒掉上清液并将管口朝下放在纸巾上 2 秒，尽量除去培养基，但不要使沉淀物过于干燥。

20. 调整移液器到最低速度。在室温下轻轻地向每个管子中加入 5.5ml 15% Optiprep。

21. 从添加了 15% Optiprep 的第一个管开始，轻轻振荡混合物。避免气泡形成。

22. 为了制作梯度，缓慢将该 5.5ml 液体沿管壁加入装有 2.5ml 15% Optiprep 的 Falcon 管中。关键点：尽量缓慢，避免扰动层间边界！

23. 用 6ml G 溶液复收步骤 20 的 Falcon 管中的剩余细胞。缓慢吹打 2～3 次并轻轻转移至 Falcon 管中作为第三层（最上层）。此时，应该能很容易看到总共 3 层。

24. 将 Falcon 管放置在室温下 10 分钟，以使大的组织块靠重力在底部相沉淀。

25. 将离心机的加速度设置为 3，将刹车（减速器）设置为 0，在室温下以 475×g 的速度离心 10 分钟。以最大化产量。

26. 使用 G 溶液预润 70μm 细胞过滤网，并将其放置在新的 50ml Falcon 管的顶部。

27. 从离心机中取出 Falcon 管。胰岛细胞位于上相和中相之间的蓬松层中。

28. 使用 1ml 移液管去除上相（约 5ml）。

29. 使用 1ml 移液管吸取界面（带有胰岛细胞）并放入预润湿的 70μm 细胞过滤网中。

30. 用 5ml G 溶液洗涤留滞在细胞过滤器中的胰岛。

31. 重复步骤 30。

32. 将细胞滤网倒置在悬浮培养皿中，用 5ml G 溶液将捕获的胰岛冲洗至皿中，重复 1 次。

33. 在显微镜下用 200μl 移液管吸走胰岛（棕色圆形细胞），并将其转移到一个新的 5cm 悬浮细胞培养皿中。每个培养皿中放入约 100 个胰岛。在分离后检查胰岛的形态。

（二）磷酸蛋白质组样品制备

1. 将恒温混匀仪预热至 95℃。

2. 向细胞中加入 4% 脱氧胆酸钠（SDC）裂解缓冲液，至蛋白质浓度 2～4 mg/ml（见注释 8）。

3. 立即在 95℃下煮沸 5 分钟，然后在冰上冷却。

4. 在 4℃ Bioruptor 中超声处理（采用高强度，10 个循环）。对于难以裂解的沉淀，再次煮沸和超声处理。

5. 进行蛋白定量，并将相等的蛋白质量（>750μg）在 4% 脱氧胆酸钠（SDC）缓冲液中稀释至最大体积 450μl（见注释 9）。

该阶段常见问题及解决办法：

（1）裂解后样品黏度高：黏度是由基因组 DNA 的释放引起的。在进行后续步骤之前，进行额外的超声处理。

（2）体积过大，导致蛋白质收率不佳：注意振荡速度不要太高，以免样品与盖子接触，导致样品丢失。

6. 以 1：10 体积比向样品中加入还原/烷基化缓冲液，并将其放在 ThermoMixer 中，在 45℃下加热 5 分钟。

7. 使样品冷却到室温。以 1：100（酶：蛋白质量）的比例加入赖氨酰内肽酶和胰蛋白酶溶液，并在 37℃下孵育过夜（见注释 3）。暂停点：消化后的样品可以在 -20℃存储数周，或在 -80℃存储数月。取 25μg 蛋白质进行全蛋白质组分析。

8. 将二氧化钛（TiO_2）珠子以 12：1（wt/wt，珠子：蛋白质）浓度比重新悬浮，并按每毫克珠子 1.5μl 比例加入 EP 上样缓冲液。

9. 向每个样品中加入 750μl 乙腈（ACN），并混合 30 秒（见注释 10）。

10. 向样品中加入 250μl EP 富集缓冲液，并混合 30 秒（见注释 11）。

11. 最大速度离心 15 分钟（见注释 12）。

12. 将样品转移至 2ml Eppendorf 深孔板。避免接触沉淀物。

13. 向每个样品中加入二氧化钛（TiO_2）珠子，并在 40℃下孵育 5 分钟。

14. 在室温下以 2000×g 的速度离心 1 分钟，沉淀珠子并弃去上清液。

15. 用 EP 洗涤缓冲液 1 将珠子悬浮在 1ml 中，并混合 3 秒。以 2000×g 的速度离心珠子 1 分钟，并且弃去上清液。重复该步骤 4 次。

16. 每个孔加入 75μl EP 转移缓冲液以重悬珠子，并转移到 C8 Stage Tip 过滤器的顶部。用 75μl EP 转移缓冲液冲洗每个孔并转移到 C8 滤器中。

17. 在室温下以 1000×g 的速度离心 5 分钟，确保所有转移缓冲液流过滤纸。如果需要，可以多离心一段时间以保证干燥（见注释 13）。

18. 使用 30μl 的 EP 上样缓冲液，以 1000×g 的速度离心 3 分钟将磷酸化多肽洗脱到 PCR 管中，重复操作一次。

19. 立即将 PCR 管放入 SpeedVac 中，以 45℃加热 20 分钟（见注释 14）。

20. 在 SpeedVac 干燥空档中，平衡 SDB-RPS Stage 过滤器。

21. 加入 SDB-RPS 上样缓冲液，按"（三）细胞器分离"以下的 5~7 小节（即 Stage Tip 过滤器制备、Stager Tip 活化、样品装载和 Stage Tip 洗涤从 Stage Tip 膜上洗脱肽段进行操作）。

22. 为进行 MS 分析，将多肽加载到 50cm 长、内径为 75μm 的柱上。该柱用 1.9μm C18 ReproSil 颗粒（Dr. Maisch GmbH）自制而成并保存在 60℃下。使用 Q Exactive HF-X 质谱仪（Thermo Fisher）进行 LC-MS 分析，设置如表 9-1 和表 9-2 所述。

表 9-1　超高效液相色谱设置（见注释 15）

间隔时间（分钟）	梯度（缓冲液 B 比例 %）
0	5
95	30
100	60
105	95
110	95
120	5

表 9-2　质谱仪设置

项目	设定参数	设定值（Q Exactive HF-X）
仪器	极性	正极
	S-透镜/离子漏斗 RF 电平	45
	毛细管温度	300
全扫描模式	微扫描次数	1
	分辨率	60 000
	自动增益控制目标	3×10^6 ion counts（离子数）
dd-MS^2	微扫描次数	1
	分辨率	15 000
	自动增益控制目标	1×10^5 ion counts（离子数）
	最大离子时间	50ms
	循环次数	10
	隔离窗口	1.6 m/z
	隔离偏移	0
	固定起始质荷比	100 m/z
	归一化碰撞能量	27

续表

项目	设定参数	设定值（Q Exactive HF-X）
DD 设置	最小 AGC 目标	1×10^4 ion counts（离子数）
	顶点触发	2～4s
	电荷排除	Unassigned, 1, ≥5
	多肽匹配	优先
	排除同位素	打开
	动态排除	30s

23. 使用 MaxQuant 或兼容软件处理原始文件[6, 7]。

24. 软件在默认设置基础上，做以下微小更改：将甲硫氨酸氧化、蛋白质 N-末端乙酰化以及丝氨酸、苏氨酸和酪氨酸的磷酸化设置为可变修饰。

25. 将酶的特异性设置为胰蛋白酶（最多错失两次切割；最小多肽长度：7个氨基酸）。

26. 使用 Perseus 平台[8]或其他合适的软件进行下游生物信息学分析。

27. 将磷酸化残基（Ⅰ类磷酸酯化位点）定位的概率阈值设置为 0.75 以上[8, 9]。更深入讨论请参阅本章文献 8-9。

（三）细胞器分离

1. 梯度管的制备

（1）使用 BioComp Instruments, Gradient master 108 提供的金属架，在管子上标出填充线。

（2）在梯度管中加入 6～7ml 20% 蔗糖溶液［略高于步骤（1）中标记的线］。

（3）用注射器和注射针（15号针或等同针）吸取 50% 蔗糖溶液，排出气泡。缓冲液操作和保存均在室温下。

（4）小心地用注射器将 50% 蔗糖溶液加至 20% 蔗糖溶液下方，加到标记线的位置。

（5）使用 BioComp Instruments, Gradient master 108 提供的特殊盖子（加长型）将管子盖住。向与孔相反的一侧开始倾斜，让所有的空气逃出。

（6）用移液管和纸巾将盖子顶部的所有残留缓冲液去除。

（7）使用 BioComp Instruments, Gradient master 108，选择 SW41 和 "Long Sucr 20%～50% wv first" 程序 来准备制作梯度。

（8）在 4℃下存储梯度管，注意确保操作不扰乱形成的梯度。

2. 胰岛的裂解 所需最少的胰岛数量为 1000～1200。提供此数量胰岛的小鼠数量将取决于胰岛分离的成功率、动物的年龄、性别和品系。作为参考，1000个胰岛相当于 6 只 16 周大的雄性 C57BL/6 J 小鼠。可使用重型 SILAC 标记来增加每个分数的蛋白质组以提高总蛋白质组覆盖率。

（1）将收集的胰岛组织转入 Eppendorf 管中（见注释 16）。

（2）将胰岛组织以 500～1000×g 的速度离心约 1 分钟。

（3）使用 200μl 移液管弃去上清液。

（4）用冷磷酸盐缓冲液洗涤胰岛（磷酸盐缓冲液保持在 4℃）。再次离心并弃去上清液。

（5）在裂解缓冲液中溶解胰岛组织并将其转移到玻璃匀浆器中。使用溶解胰岛组织所需的一半体积的裂解缓冲液将其转移到匀浆器中，并使用另一半体积的裂解缓冲液洗涤 Eppendorf 管并回收其中的剩余胰岛组织（见注释 17）。

（6）在冰冷的 1.0ml 匀浆器中匀浆胰岛组织约 60 次（见注释 18）。

（7）匀浆的胰岛组织液直接转移到梯度管中，或若需要进行其他样本的操作，则将匀浆的胰岛组织液先在冰上冷藏。

3. 超速离心和收集梯度样品

（1）预冷超速离心机、转子和管座至4℃。

（2）小心地取下梯度管的盖子。

（3）从蔗糖梯度管的上层移走相当于制备的胰岛裂解液体积的溶液。

（4）小心地将胰岛裂解液缓慢地沿管壁加至管子上方，注意不要扰动梯度（见注释19）。

（5）在4℃下以100 000×g的速度离心3小时。

（6）从最上面取出0.5ml并将其放入5.0ml的Eppendorf管中，以此直至全部分装完毕。注意标注好样本和组分序号。

（7）可以将各组分在液氮中迅速冷冻后储存在-80℃中或直接进行蛋白质沉淀步骤。

4. 蛋白质沉淀和总蛋白质样品制备

（1）将第13～24份样品按1∶1（v/v）比例用MilliQ水稀释，即每份样品加入500μl MilliQ水，混匀，然后再进入下一步乙醇沉淀。

（2）向样本中加入4倍体积（v/v）的乙醇沉淀缓冲液。对于原500μl的样品，加入4ml的乙醇沉淀缓冲液，摇晃管子混匀。在-20℃保存过夜（见注释20）。

（3）以13 500～15 000×g的速度离心15分钟。

（4）倒掉上清液，并将样品放在通风橱下至少30分钟以蒸发剩余液体。

（5）使用50μl或100μl的2%脱氧胆酸钠（SDC）裂解缓冲液溶解沉淀，并立即在95℃下煮沸10分钟（见注释21）。

（6）在4℃下使用Bioruptor以"30秒开/30秒关"循环高强度超声15分钟。

（7）使用BCA蛋白定量测定蛋白质浓度（见注释22）。

（8）计算含25μg蛋白质的样品体积。

（9）如有必要，使用2%脱氧胆酸钠（SDC）缓冲液稀释样品（见注释23）。

（10）加入1/10（v/v）的10×氯乙酰胺（CAA）和1/50（v/v）的中性TCEP（样品中的CAA和TCEP终浓度分别为40mmol/L和10mmol/L）。详见表9-3的计算示例。

（11）避光条件下于45℃恒温混匀仪中以1000r/min孵育样品10分钟。

（12）以1∶40比例向样品中加入赖氨酰内肽酶和胰蛋白酶储备液（0.5μg/μl），即每40份蛋白质加入1份蛋白酶。例如25μg蛋白质消化使用1.25μl酶（见注释24）。在37℃、1000r/min下孵育17～20小时（过夜）。

表9-3 制备不同最终样品体积所需还原和烷基化试剂的体积

样品体积	100μl	500μl
稀释样品	88	440
10× 氯乙酰胺（CAA）	10	50
0.5mol/L 中性Tris（2-羧乙基）磷酸氢氯盐（TCEP）（可商购）	2	10

（13）在过夜消化后，加入相等于1×样品体积的SDB-RPS上样缓冲液使样品酸化。

（14）直接进行Stage Tip过滤操作，或将样品存储在-20℃。

5. Stage Tip过滤器制备　这是磷酸化蛋白质组和全蛋白质组及细胞器蛋白质组的常规步骤[10]。

（1）用3层SDB-RPS膜准备Stage Tip过滤器（见注释25）。

（2）将3张SDB-RPS膜叠放在一起。

（3）使用自制的 15 号平头针头穿孔，将膜塞入 200µl Eppendorf 吸头中。准备额外的 10% 的 Stage Tip。

（4）将 Stage Tip 过滤器转移到过滤器架上。

Stage Tip 活化除非另有说明，此处每个步骤都是在室温下以 1000×g 的速度离心，以去除液体至干燥，通常需要 3～5 分钟即可。

（5）用 100µl 乙腈（ACN）洗涤 Stage Tip。

（6）使用 100µl 30% 甲醇（MeOH）+ 1% TFA 活化。

（7）用 150µl 0.2% TFA 洗涤。在此步骤，检查 Stage Tip 是否密封。先以 500×g 的速度离心 1 分钟，检查 Stage Tip。如果有一些液体留下，则表示 Stage Tip 已经封装良好。如果液体体积显著超出其他 Stage Tip，也当丢弃不用。

（8）离心至干燥，约需 3 分钟。

6. 样品装载和 Stage Tip 洗涤

（1）将样品装载到平衡好并活化过的 Stage Tip 柱子上，离心 7 分钟。如果有液体残留在柱子中，再离心约 5 分钟。在某些情况下，柱子中可能会堵塞。如果出现这种情况，可以使用注射针将堵塞物取出。尽量不要损坏膜层。增加离心力至 1250×g 可能有帮助。

按照以下步骤洗涤样品，每次在室温下以 1000×g 的速度离心至干燥状态以排出液体。

（2）加入 100µl SDB-RPS 洗涤缓冲液 1（见注释 26）。

（3）加入 100µl SDB-RPS 洗涤缓冲液 2。

（4）加入 150µl SDB-RPS 洗涤缓冲液 3。

暂停点：对于磷酸化肽段，结合在 Stage Tip 材料的样本可以在洗脱之前在 4℃ 下保存数周。

7. 从 Stage Tip 膜上洗脱肽段

（1）用 60µl 洗脱缓冲液洗脱。

（2）用 SpeedVac 真空浓缩仪直至样品变干。SpeedVac 真空浓缩仪通常设置在 45℃、处理 45 分钟。

（3）在 6µl 缓冲液 A 中溶解样品，并沿着管壁吹吸 8～10 次以溶解所有肽段。

（4）用塑料盖覆盖管子，瞬时离心收集样本，在 Nanodrop 微量分光光度计上测量肽段浓度（见注释 27）。

暂停点：样品可以在 MS 上样缓冲液中于 4℃ 下保存数天，或在 -20℃ 下保存数周，或在 -80℃ 下保存数月。建议避免对磷酸化肽段样品进行反复冻融。若需长期保存，不要使用硅胶盖子（如下）以避免挥发（见注释 28）。

（5）放置硅胶盖并将样品转移至冷却至 4～8℃ 的 LC 自动进样器中。

（6）为后续 MS 分析，将肽段加载到 50cm 长、直径 75µm、柱填料为直径 1.9µm 的 C18 ReproSil 粒子（Dr. Maisch GmbH）的自制柱子中，并保持温度在 60℃。采用 Q Exactive HF-X 质谱仪（Thermofisher）进行 LC-MS 分析，具体设置见表 9-1 和表 9-2。采用二元缓冲液体系（缓冲液 A 和缓冲液 A*）对肽段进行反相色谱分离。

8. PCP 数据的生物信息学分析

（1）可区分的细胞区室和细胞器生物标志的鉴定：为通过蛋白质关联分析（PCP）方法识别可区分的细胞区室，可以应用 Perseus 计算软件、使用蛋白质或磷酸化多肽的谱图数据（若有生物重复则使用其中位数）、根据平均连接法进行欧氏层次聚类。这些分析将揭示对应于不同亚细胞区域的蛋白质或磷酸化多肽聚类，并根据 GO 注释资料和在其他各种实验条件下共用的聚类分配情况，确定出此处用于区分不同细胞器的标志基因。由数据库中存在重叠和未经验证的注释，仅基于 GO 注释选定生物标记选择则帮助不大。

（2）基于支持向量机（SVM）的主要细胞器分配：在 Perseus 软件中，可以对上一步定义的生物标志组合进行参数优化和基于支持向量机（SVM）的监督学习训练[11]。参数设置为 Sigma=0.2 和 C=4。采用 SVM 分类，为每种条件下或联合考虑的条件下鉴定出的每种蛋白指定一种主要的亚细胞定位。对于每个蛋白质，SVM 分类是在联合了所有生物重复的所有组分基础上进行的。对标记蛋白的预测准确度一般约为95%，对标记磷酸化多肽的预测准确度约为 90%。

（3）通过相关性分析分配次级细胞器定位：由于大多数蛋白质具有双（或更多）亚细胞定位，因此笔者在 Perseus 软件中植入一个关联性分析算法来估计第二个亚细胞区域的贡献[4]。该算法测算 PCP 实验所确定的蛋白质或磷酸化多肽谱系与通过计算生成的组合谱系（在综合考虑先前的 SVM 分析中确定的主要细胞器谱系与每个其他可能的细胞器标记谱系得出）之间的最高关联性。

四、注释

1. 不要在裂解缓冲液中加入磷酸酶或蛋白酶抑制剂，因为它们可能会干扰蛋白质的消化。一旦细胞裂解，立即进行热处理，以失活内源性蛋白酶和磷酸酶。

2. 确保 pH 为中性（7.0～8.0）。

3. 准备裂解缓冲液时，使用涡流器，然后使用滚动振荡器溶解蛋白酶和磷酸酶抑制剂片剂。片剂的溶解可能需要一些时间。裂解缓冲液中可能会有白色颗粒浮动，这是正常的。

4. 夹紧好并完全关闭。这是影响胰岛分离的关键点。注入胶原酶 P 溶液时要慢，不要着急。

5. 不同批次和 U/mg 值的胶原酶 P 可能需要不同的孵育时间。如果使用的胶原酶 P 的 U/mg 值与材料部分二（一）6 中提供的值不同，应重新计算胶原酶 P 的用量。

6. 如果胰腺完全膨胀，此时应该不含大块胰腺组织，应该像黏稠的豌豆汤一样。

7. 每次都把 10ml 液体都吸进移液器并吹到管壁上。总共重复 10 次。可能会出现气泡，但不会干扰过程。

8. 如果体积过大，在隔夜孵育期间应限制振荡混合速度，以避免样品接触盖子。

9. 在方案中为补偿可能造成的材料损失，应称取足够的磁珠毫克（mg）数。二氧化钛（TiO_2）磁珠很快沉淀，必须在分装前涡旋混匀，以确保向每个样品中加入数量相等的磁珠。

10. 充分混合乙腈（ACN）以避免沉淀物的形成。

11. 如果存在沉淀物，以 2000×g 的速度在室温下离心 15 分钟，并将上清液转移到 96 孔板的孔中，再加入二氧化钛（TiO_2）珠子。

12. 对于所有步骤，离心的持续时间仅供参考。可能需要更长或更短的离心时间使缓冲液完全通过 Stage Tip。

13. 如果没有所有缓冲液通过 Stage Tip，再离心 3～5 分钟。

14. 样品不应完全干燥。

15. LC 参数适用于 40cm 长度并装有 ReproSil-Pur 1.9μm C18 树脂的纳米喷雾柱，MS 参数适用于 Q Exactive HF 或 Q Exactive HF-X 质谱仪。

16. 在没有牛血清白蛋白（BSA）的情况下，胰岛组织在这种环境中极易黏附。为减少它们在 Eppendorf 管中的停留时间和黏附管壁的风险，将不同悬浮培养皿中的胰岛组织混合后，将它们转移到 Eppendorf 管中。在此步骤中建议使用 Eppendorf 低结合管。尽快将它们转移到玻璃匀质器中。

17. 对于裂解 1000 个胰岛组织，100μl 裂解缓冲液已足够。但也可扩大到 1ml。

18. 使用紧密的杵磨器均质化胰岛组织。快速研磨可能会产生气泡，从而可能会降低裂解效率。将匀浆的胰岛组织通过 24 号针头可以确保胰岛组织裂解完全。可以用一小部分裂解溶液加入 Trypan Blue 后在显微镜下观察到以检查裂解成功。

疑难解答：

（1）如果核膜也发生破裂，请减少匀浆步骤的数量，或使用更粗的针头（即 21 号针）。

（2）如果所有胰岛组织都没有被裂解，请增加匀浆次数并使用更细的针头（即 26 号针）。

19. 在加入梯度管之前，可以取出 1/10 的胰岛裂解物并将其保存在新的 Eppendorf 管中以获得全裂解蛋白质组。

20. 也可以在室温下存储，过夜或 4～6 小时。然而，存储在 –20℃ 下会增加在蛋白质组中检测到的蛋白质数量。样品也可以保存 2～3 天。甲醇/氯仿沉淀可作为一种替代方法考虑。

21. 沉淀物很少能被看到，仅出现在含大量物质的组分中。看不到沉淀物是正常的，继续处理即可。另一方面，如果有难以溶解的沉淀物，使用超声波将其溶解，并再次煮沸 5 分钟。

22. 由于分离的是胰岛组织细胞，因此样品数量大多数情况下是有限的。可以通过使用半面积板进行测量（例如，样品和标准体积可以为 5μl），来减少用于 BCA 蛋白定量的样品量。

23. 理想情况下，消化的最终体积应为 100μl 或更少（对于 100μl 的最终体积，在添加氯乙酰胺 CAA 和 TCEP 之前将样品稀释至 88μl）。一些胰岛细胞组分通常产生的蛋白质收率少于 25μg。对于这些组分，使用全部的样品体积继续进行处理。

24. 赖氨酰内肽酶和胰蛋白酶具有不同的工作 pH。因此，除非它们已经存在于样品体积中，否则不应将它们混合。

25. Eppendorf 吸头形状更有利于制备 Stage Tip[10]。

26. 如果要使用多通道移液器，使用玻璃容器。

27. 可在 nanodrop 微量分光光度计测量之前进行 3～5 分钟的超声波处理。不要测量磷酸化蛋白质组样品。使用 5μl 的磷酸化样品上样入柱进行质谱测量。

28. 如果样品在质谱测量之前有过冻融循环，需在将样品放入自动进样器托盘之前进行超声波处理。

参考文献

[1] Humphrey SJ, Karayel O, James DE, Mann M(2018)High-throughput and high-sensitivity phosphoproteomics with the EasyPhos platform. Nat Protoc 13:1897-1916

[2] Humphrey SJ, Azimifar SB, Mann M(2015)High-throughput phosphoproteomics reveals in vivo insulin signaling dynamics. Nat Biotechnol 33:990-995. https://doi.org/10. 1038/nbt.3327

[3] Sacco F, Seelig A, Humphrey SJ et al(2019)Phosphoproteomics reveals the GSK3-PDX1 axis as a key pathogenic Signaling node in diabetic islets resource phosphoproteomics reveals the GSK3-PDX1 Axis as a key pathogenic signaling node in diabetic islets. Cell Metab 29:1422-1432.e3. https://doi.org/10.1016/j. cmet.2019.02.012

[4] Krahmer N, Najafi B, Schueder F et al(2018)Organellar proteomics and phospho-proteomics reveal subcellular reorganization in diet-induced hepatic steatosis:205-221. https://doi.org/10.1016/ j.devcel.2018.09.017

[5] Carter JD, Dula SB, Corbin KL et al(2009)A practical guide to rodent islet isolation and assessment. Biol Proced Online 11:3-31. https://doi.org/10.1007/s12575-009- 9021-0

[6] Orsburn BC(2021)Proteome discoverer-a community enhanced data processing suite for protein informatics. Proteomes 9. https://doi. org/10.3390/proteomes9010015

[7] Koenig T, Menze BH, Kirchner M et al(2008)Robust prediction of the MASCOT score for an improved quality assessment in mass spectrometric proteomics. J Proteome Res 7:3708-3717. https://doi.org/10.1021/ pr700859x

[8] Tyanova S, Temu T, Sinitcyn P et al(2016)The Perseus computational platform for comprehensive analysis of(prote)omics data. 13. https://doi.org/10.1038/nmeth.3901

[9] Sharma K, D'Souza RCJ, Tyanova S et al(2014)Ultradeep human phosphoproteome reveals a distinct regulatory nature of Tyr and Ser/Thr-based signaling. Cell Rep 8:1583-1594. https://doi.org/10.1016/j.cel.2014.07.036

[10] Rappsilber J, Mann M, Ishihama Y(2007)Protocol for micro-purification, enrichment, pre-fractionation and storage of peptides for proteomics using StageTips. Nat Protoc 2:1896-1906. https://doi.org/10.1038/nprot.2007.261

[11] Deeb SJ, Tyanova S, Hummel M et al(2015)Machine learning-based classification of diffuse large B-cell lymphoma patients by their protein expression profiles. Mol Cell Proteomics 14:2947-2960. https://doi.org/10.1074/mcp. M115.050245

第十章

真菌病原体全磷酸化谱分析及磷酸化蛋白质组学样品制备

Brianna Ball, Jonathan R.Krieger, and Jennifer Geddes-McAlister

> 磷酸化是一种关键的蛋白质翻译后修饰,对于蛋白质的生物行为至关重要。这种可逆修饰特异性调节细胞信号机制,以控制细胞的生存和生长。此外,包括真菌和细菌在内的微生物病原体,在宿主内感染和扩散期间也依赖于这种修饰来协调蛋白质的产生和功能。随着质谱技术的进步,使了解蛋白磷酸化与效应蛋白功能及其参与的复杂网络的相关性成为可能。本章描述了一种针对引起真菌病的侵袭性病原体新生隐球菌(cryptococcus neoformans)的磷酸化多肽优化富集方法,并详细介绍了如何通过适当的样品制备确保实现高效的裂解和蛋白质提取,同时将磷酸化信息的损失最小化;本章还概述了样本富集、仪器处理和数据分析的步骤,以实现对全磷酸化蛋白质组的深度分析。自下而上的高通量多功能性蛋白质组学策略与样品制备方法相结合,为深入研究磷酸化图谱和揭示新的生物学发现提供了机会。

一、引言

蛋白质磷酸化是研究最深入的翻译后修饰,因对细胞过程具有普遍存在且至关重要的调控作用而备受关注。据估计,真核生物中约1/3的蛋白质含有磷酸化残基,这凸显了磷酸化修饰的时间和空间控制的广度。这种重要的翻译后修饰的影响涵盖从微小的蛋白质相互作用到整体的复杂级联反应。蛋白质的磷酸化和去磷酸化的广泛影响包括代谢、细胞生长、增殖和细胞信号传导[1]。更重要的,它是信号传导中的关键参与者,特别是在通过酶促反应将磷酸基可逆地加到底物上的激酶信号传导通路中[2]。这些事件的失调是决定一些复杂疾病的重要事件,而微生物病原体也通过操作这些磷酸化级联反应实现在宿主内发动感染和疾病进展。

近年来,基于质谱(MS)的蛋白质组学的广泛应用,促使了对真菌病原体中激酶信号网络研究的进步[3-6]。基于质谱的技术是首选方法,它克服了传统实验中因量小和动态修饰时间短等造成的难以检测等缺陷。质谱和高通量生物信息学工具的结合使将成千上万的磷酸化事件定位到蛋白质上的精确位点成为可能[7-8]。目前这些资源为磷酸化组学研究提供了各种平台,包括自制样品制备工作流程、仪器设备,以及统计学和数据可视化软件[9-11]。这些强大的工具帮助阐明了激酶与底物之间的复杂关系。

理解磷酸化的上游调节与下游事件的关系对于研究微生物病原体中促进微生物病原体毒力的翻译后修饰至关重要。如,人类真菌病原体隐球菌依靠复杂的信号传导途径来调节其关键的毒力因子,包括多糖荚膜、黑色素和耐热性[12]。如果没有适当的抗真菌治疗,隐球菌感染可引起隐球菌性脑膜炎或脑膜脑炎。

侵袭性真菌感染病使免疫功能受损的人每年感染超过 220 000 例，据报道会导致超过 15% 的艾滋病相关死亡[13]。临床抗真菌药物耐药株的增加，高死亡率和抗真菌治疗手段的极度有限，引起对这类疾病的全球性担忧[14, 15]。因此，开发新的方法来理解真菌毒力并发现克服抗真菌耐药性的机会至关重要。如，对隐球菌中关键毒力因子的信号网络进行做图，如环状腺苷酸（cAMP）与蛋白激酶 A（PKA）、蛋白激酶 C（PKC）与丝裂原激活蛋白激酶（MAPK）、钙与钙调蛋白等，都可提供在全球范围内开发克服真菌感染的新方法和新机会[16-18]。

本章介绍了全磷酸化蛋白质组分析的处理步骤，包括从采集野生型隐球菌和激酶缺失菌株的原始真菌培养物，到将样品转化为精细的蛋白质鉴定结果、磷酸位点定位和磷酸化肽段的定量（图 10-1）。这种自下而上的方法可以识别不稳定磷酸基团相关的细微差别，并通过在样品制备方案中控制 pH 温度和裂解条件，来应对各别独特场景。虽然这种磷酸化多肽富集方法是针对机会性真菌病原体隐球菌设计的，然而该技术可以通过适当的优化而应用于各种微生物物种、组织样本和细胞系。这种方法为在数据发现基础上研究翻译后修饰网络、激酶 - 底物互配以及寻找治疗和生物标记靶点提供了无限的机会。

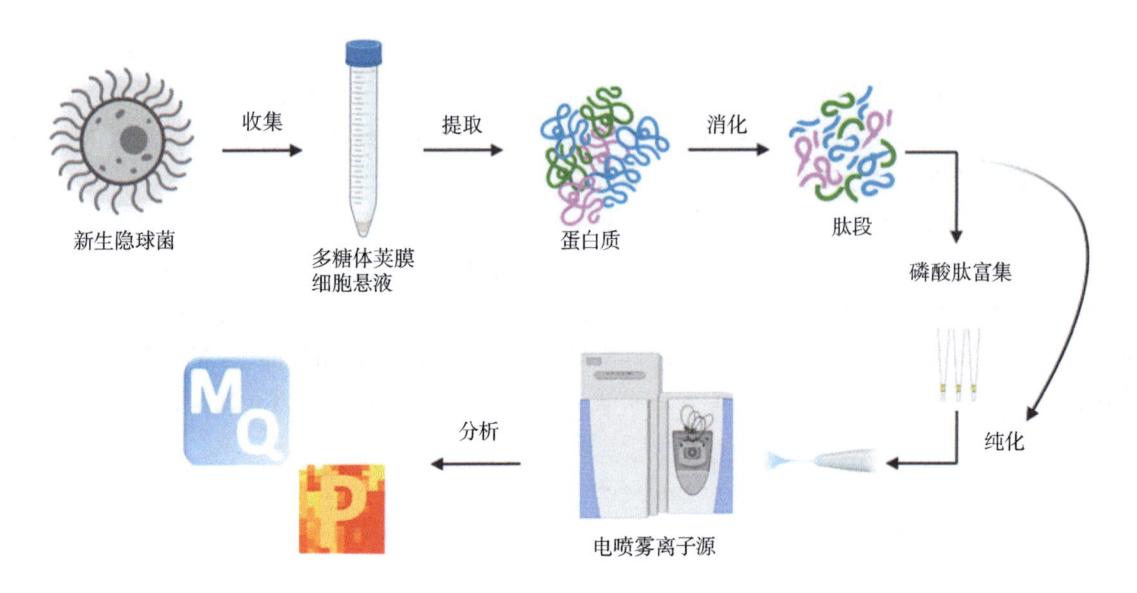

图 10-1 显示了从新生隐球菌中提取磷酸化蛋白质组的主要步骤

真菌培养物被收集并经过机械和化学破坏以分离蛋白质，随后将其完全消化成肽段。将生成的肽段分为总体和磷酸化蛋白质组小份样本，磷酸化蛋白质组样本将进一步富集以寻找磷酸化的肽段，随后与总体蛋白质组消化物一同纯化，并在质谱仪上进行测量。建议使用用户友好的公开平台如 MaxQuant 和 Perseus 进行生物信息学分析。该图使用 BioRender.com 创建

二、材料

所有溶液均需使用双蒸去离子水和高质量质谱级别试剂制备。除非另有说明，否则试剂应在室温下保存。

（一）新生隐球菌的培养

1. 新生隐球菌 H99 菌株。
2. 酵母浸出粉胨葡萄糖培养基［译者注：Yeast peptone dextrose（YPB）broth，无统一译名］。
3. 含氨基酸的酵母氮源基础培养基［译者注：Yeast nitrogen base（KNB）with amino acids，无统一译名］。
4. 琼脂。
5. 10ml 试管。
6. 150ml 烧瓶。

7. 15ml 圆锥管。

8. 灭菌磷酸盐缓冲液（PBS）。

9. 1.5ml Lo-Bind（低结合）微离心管。

10. 37℃摇床和静态培养箱。

11. 分光光度计。

12. 微离心机。

13. 液氮。

（二）蛋白质组分析

1. 重悬缓冲液：将一片磷酸酶抑制剂片溶解在 10ml 100mmol/L Tris-HCl（pH 8.5）中，新鲜制备并保存在 4℃（见注释 1）。

2. 探头超声仪。

3. 20% 十二烷基硫酸钠（SDS）。

4. 1mol/L 二硫基乙醇（DTT）（见注释 2）。

5. 0.55mol/L 碘乙酰胺（IAA）（见注释 2）。

6. 恒温振荡器。

7. 丙酮溶液：用水稀释丙酮以制备 80% 丙酮。100% 和 80% 的丙酮均储存于 –20℃。

8. 8mol/L 尿素。

9. 40mmol/L 4-（2- 羟乙基）-1- 哌嗪乙磺酸（HEPES）。

10. 水浴超声仪。

11. 50mmol/L 氨基甲酸盐（ABC）。

12. 胰蛋白酶 / 赖氨酰内肽酶混合物，质谱级别。

13. 终止溶液：20%（v/v）乙腈和 6%（v/v）三氟乙酸（TFA）稀释在水中。

14. 缓冲液 A：2%（v/v）乙腈，0.1%（v/v）三氟乙酸和 0.5%（v/v）乙酸稀释在水中。

15. 缓冲液 B：80%（v/v）乙腈和 0.5%（v/v）乙酸稀释在水中。

16. C18 树脂。

17. Stage Tip 离心管。

18. 离心真空浓缩器。

19. ThermoFisher™ 高选择性 Fe-NTA 磷酸化多肽富集试剂盒。

20. 高分辨率质谱仪（如 Oribtrap，QToF）。

21. 5%～60% 乙腈（溶于 0.5% 乙酸中）。

22. 50cm Easy-Spray 层析柱。

23. Easy-nLC 1200 系统。

24. 质谱数据分析软件（如 MaxQuant 和 Perseus）[7, 8]。

三、方法

（一）新生隐球菌培养

1. 将新生隐球菌 H99 菌株从甘油冻存物中用无菌接种环接种到 YPD 平板培养基上。

2. 在静态培养箱中，将接种好的平板在 37℃下孵育过夜。

3. 使用无菌接种环从单个新生隐球菌菌落中挑出菌株，接种到 4 个 10ml 试管中，每个试管内加入 5ml YPD 培养基，松松地盖上管盖，不要拧紧。

4. 在 200r/min、37℃的振荡培养箱中培养过夜。

5. 第 2 天，过夜的培养物以 1：100 的稀释度接种到含 15ml YNB 培养基的 150ml 三角瓶中（见注释 3）。

6. 在 200r/min、37℃的振荡培养箱中培养到对数生长期（见注释 4）。

7. 将 15ml 培养液转移到一个 15ml 锥形管中。

8. 在室温下，将真菌细胞离心 10 分钟，速度为 1500×g。

9. 弃去上清液（见注释 5）。

10. 用 5ml 无菌酸盐缓冲液（PBS）缓慢冲洗真菌细胞。

11. 在室温下，将真菌细胞离心 10 分钟，速度为 1500×g。

12. 重复步骤 8～11 两次，即共进行 3 次洗涤。

13. 弃去上清液。

14. 将细胞沉淀迅速冷冻在液氮中，并在 -80℃下保存，直到准备处理。

（二）从新生隐球菌中提取蛋白质

1. 用 300μl 含磷酸酶抑制剂的 100mmol/L Tris-HCl 缓冲液（见注释 1）重新悬浮采集在 15ml 锥形管中的真菌细胞沉淀，使其完全悬浮。

2. 将 15ml 管放在冰水浴中，使用探针超声波仪，在 30% 的振幅下以 30 秒开 /30 秒关的设置进行 5 个循环的细胞裂解（见注释 6）。

3. 简短离心以收集管壁上的液体，但不要离心沉淀细胞碎片，将样品转移到 2ml 低结合微离心管中。

4. 向每个样品中加入 1/9 体积的 20% 十二烷基硫酸钠，使最终浓度为 2% SDS。

5. 加入 1mol/L DTT，使最终浓度为 10mmol/L，用移液管混合（见注释 2）。

6. 在恒温振荡器中于 95℃加热同时以 800r/min 振荡 10 分钟。

7. 自然或在冰上冷却样品至室温。

8. 加入此时总体积的 1/9 的 0.55mol/L 的碘乙酰胺（IAA）溶液，使最终浓度达到 55mmol/L，应用移液管混合（见注释 2）。

9. 在室温下避光孵育样品 20 分钟。

10. 加入此时总体积的 4 倍体积的预冷 100% 丙酮，使丙酮最终浓度达到 80%，在 -20℃过夜储存（见注释 7）。

11. 在 4℃下，将样品以 10 000×g 的速度离心 10 分钟。

12. 丢弃上清液，用 500μl 的 80% 冰冷丙酮洗涤沉淀物。

13. 重复步骤 11 和 12。

14. 在室温下风干沉淀物。

15. 向样品中加入 100μl 的 8mol/L 尿素 /40mmol/L HEPES（见注释 8）。

16. 通过在水浴超声波处理器中交替振荡和超声处理 15 个循环（30 秒开 /30 秒关）以重新溶解沉淀物（见注释 9）。

17. 使用蛋白质浓度测定方法（如牛血清白蛋白色氨酸测定法或 BCA 蛋白质测定法）测定每个样品中的蛋白质含量。

18. 加入约 300μl 的 50mmol/L 碳酸氢铵（ABC）以将尿素稀释至最终浓度 2mol/L。

19. 向蛋白质中添加 2：50（酶蛋白质，V/W）的酶（包括胰蛋白酶 / 赖氨酰内肽酶混合物）。

20. 轻轻振动混合管，室温下孵育样品过夜。

21. 第 2 天，通过添加 1/10 体积的终止消化液停止消化。

22. 将样品于室温下以 10 000×g 的速度离心 10 分钟以沉淀任何细胞碎片。

23. 转移上清液至新的 1.5ml Lo-Bind 微离心管。

24. 将 100μg（总蛋白质组）和约 800μg（磷酸化蛋白质组）分装至新的 Lo-Bind 微离心管中（见注释 10）。剩余样品可以在液氮中快速冷冻并在 –20℃或 –80℃长期储存（见注释 11）。

（三）磷酸化富集的 MS 分析

1. 用真空浓缩器在 45℃下将消化后的磷酸化蛋白样品干燥至完全干燥。

2. 为了从干燥的样品中富集磷酸化肽段，按照 Thermo Fisher™ High-select Fe-NTA Phosphopeptide Enrichment kit 的说明书进行操作（见注释 12）。

3. 使用 45℃的真空浓缩器将富集、洗脱的磷酸化多肽干燥至完全干燥。

4. 在冰水浴中，使用 15 个循环（30 秒开启/30 秒关闭）的声波振荡器将富集的磷酸化多肽溶解在 200μl 的缓冲液 A 中。

（四）多肽纯化

1. 使用 100μl 100% 乙腈洗涤平衡 C18 Stage Tip，离心 1000×g，2 分钟。

2. 使用 50μl 缓冲液 B 平衡 C18 Stage Tip 吸头，离心 1000×g，2 分钟。

3. 使用 200μl 缓冲液 A 平衡 C18 Stage Tip 吸头，离心 1000×g，3～5 分钟。

4. 将 50μg 消化的全蛋白样品和全部的富集磷酸化样品分别装入各自的 Stage Tip 吸头，离心 1000×g，直到样品完全通过 Stage Tip 吸头。剩余的消化样品可以快速冷冻并长期存储在 –80℃（见注释 13）。

5. 使用 200μl 缓冲液 A 洗涤 C18 Stage Tip 吸头，离心 1000×g，3～5 分钟。

6. 使用 50μl 缓冲液 B 从 C18 Stage Tip 吸头中洗脱肽段，离心 500×g，收集在 0.2ml PCR 管中。

7. 使用真空浓缩器在 45℃下干燥洗脱的肽段，直到完全干燥，肽段在室温下稳定，或保存于 –20℃直至进一步处理。

（五）质谱和数据分析

1. 用移液管向干燥的肽段加入 10μl 的缓冲液 A 并测量样品浓度。

2. 将 1.5～3μg 的肽段注入高效液相色谱柱（见注释 14）。

3. 在 Easy-nLC 1200 系统上，使用 50cm Easy-Spray 柱（50℃），以 300nL/mm 的流速在 60 分钟梯度（5%～60% 乙腈在 0.5% 乙酸溶液中）下分离肽段，随后在 10 分钟内进行洗脱（见注释 15）。

4. 使用高分辨率 Orbitrap 质谱仪，在数据依赖式采集模式下进行全 MS 扫描（m/z 300～1500），使用 Orbitrap 分析器（分辨率 60 000，100m/z）。

5. 将质谱输出的原始数据文件加载到 MaxQuant 软件或类似的数据处理平台中。

6. 将总蛋白质组数据文件设置为一个参数组（比如组 0），将磷酸化蛋白质组数据文件设置为另一个参数组（比如组 1）。

7. 将每个样品文件按照实验标注，样品名称在全蛋白质组和磷酸化蛋白质组原始文件之间相同（例如 WT1、WT2、WT3）。

8. 对于总蛋白质参数组，将 PTM 设置为"False"，对于磷酸化蛋白质参数组，将其设置为"True"。

9. 在组特异参数中，选择磷酸化蛋白质参数组的可变修饰"Phospho（STY）"。

10. 为分析总蛋白质组和磷酸化蛋白质组设置一般参数：启用无标记定量和"跨批次匹配"，蛋白质鉴定设置为"至少两个肽段"，半胱氨酸的碘乙酰胺化作为"固定修饰"，蛋白质中甲硫氨酸的 N- 乙酰化和氧化作为"可变修饰"；胰蛋白酶消化允许最多两个未消化位点，与目标伪标过滤肽段谱匹配的假发现率为 1%。Andromeda 搜索引擎对 Uniprot 数据库中的新型隐球酵母 FASTA 文件进行蛋白质鉴定处理[19]。

11. 将输出文件"Phospho（STY）sites.txt"上传到 Perseus 软件或类似的生物信息学和统计处理平台[7]（见注释 16）。

12. 设置一般的统计处理：对行数据进行过滤以删除污染物、反向匹配和定位概率＞0.75 的数据。将 LFQ 强度转换为 log2 值，并将多重列整合到一个主列中。对样品进行分类注释，根据有效数值过滤重复值，并基于正态分布进行缺失值填充。统计分析和数据可视化可根据用户偏好和实验适用性。代表性数据如图10-2，参见文献[7]。

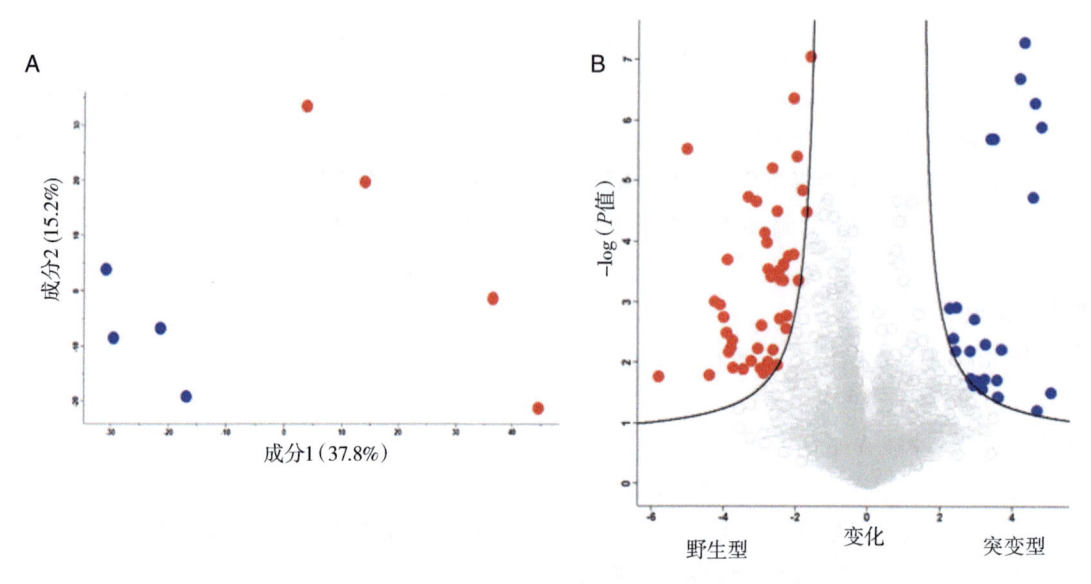

图 10-2　新型隐球酵母的磷酸化蛋白质组数据分析

A. 用主成分分析比较两个新型隐球酵母样品状态，即野生型（红色）和激酶突变株（blue）。基于菌株的生物学重复的聚类在第一成分（37.8%）上突出显示，重复样本的重复性在第二成分（15.2%）上突出显示。B. 用火山图比较野生型和激酶突变株，蛋白质丰度的变化用统计分析表示（Student's t 检验，$P=0.05$；$FDR=0.01$；$S0=1$）

四、注释

1. 将一片磷酸酶抑制剂溶于 10ml 100mmol/L 三（羟甲基）氨基甲烷盐酸盐（Tris-HCl）（pH 8.5）中，限当天加工现制，且仅限于单次使用。在样品制备期间，保持冷藏于冰上。

2. 1mol/L 二硫基乙醇（DTT）和 0.55mol/L 碘乙酰胺（IAA）的储备液可以批量制备并分装成单次使用量，快速冷冻并储存在 -20℃直到使用。此外，碘乙酰胺的储备液和分装单元应避免暴露于光线下。实验当天，任何未使用的 DTT 和 IAA 都应丢弃。

3. 测定磷酸化多肽需要大量起始物质，应对真菌菌株优化亚培养基体积，以获得 0.5～1.5 mg 提取蛋白。

4. 新型隐球酵母 H99 菌株在富集 YPD 培养基中培养 4～5 小时可达到中期对数生长阶段。根据不同的分光光度计，1.0～1.5 的 OD_{600nm} 读数最适合采集中期对数生长期菌落。

5. 新型隐球酵母 H99 菌株产生聚糖荚膜，确保将荚膜物质和细胞沉淀一起收集。在移除上清液时，要轻轻地移液，避免干扰细胞沉淀上方的胶囊"云状"层，以防止细胞物质的损失。重复洗涤步骤将荚膜层压缩到细胞沉淀中，从而更容易地提取多余的上清液。

6. 声波循环次数可以根据聚糖荚膜的存在而增加或减少。在某些情况下，可以通过可视化检查看到重新悬浮的样品从浑浊变为清晰来判定裂解充分。

7. 样品可以在温度为 -20℃的丙酮沉淀步骤中保持 2 周。

8. 将 8mol/L 尿素 /40mmol/L HEPES 的体积增加可以促进更大规模蛋白质提取物的重溶解。如果增加体积，则需要调整相应的 50mmol/L 氨基甲酸盐（ABC）的数量，以确保在步骤 18 中将 8mol/L 尿素最终稀释至 2mol/L。

9. 在重溶解时必须始终保持样品冷却。在冰上保存样品，并确保水浴超声波器预先冷却至 4℃。

10. 应准备一个总蛋白质组，与 PTM 富集的蛋白质组互补，以允许对磷酸化蛋白质组数据进行归一化处理。超量制备蛋白质提取物可以确保足够的蛋白质进行总蛋白质组分析（约 100μg），剩余的蛋白质则满足磷酸化蛋白富集要求（0.8～1.5 mg）。

11. 消化后的全蛋白质组可以按照方法的"第（四）多肽纯"化步骤立即处理，也可以在液氮中快速冷冻并储存在 –20℃，并与磷酸化多肽富集样品一起纯化。

12. 有许多易于使用且经过优化的磷酸富集试剂盒，研究人员可以根据其实验目标选择最合适的程序。无论使用哪种磷酸富集试剂盒，磷酸酯基的不稳定性要求在最佳温度和 pH 下仔细维护，以尽量减少去磷酸化。

13. 根据样品组成，可以增加离心速度和离心时间以促进样品在 C18 Stage Tip 吸头中的流动。推荐最大离心速度为 3500×g，含有残留脂质和多糖的高复杂样品可能需要 20 分钟以上[20]。

14. 注入所需样品量取决于仪器的选择性和反相柱，这些因素要求为每个质谱仪进行优化。

15. 梯度百分比和长度取决于样品的复杂性和仪器的灵敏度。对于富磷样品，复杂性相对较低，建议使用 60 分钟的渐变，而对于复杂的全蛋白质组样品，应延长梯度时间。

16. 在 PTM 数据处理后生成两个输出文件，"proteingroups.txt"对应于全蛋白质组，而"Phospho（STY）sites.txt"是 PTM 特异性的，并针对在全蛋白质组中鉴定的背景 PTM 占位率进行归一化。

参考文献

[1] Moorhead GBG, Trinkle-Mulcahy L, Ulke-Lemée A (2007) Emerging roles of nuclear protein phosphatases. Nat Rev Mol Cell Biol 8:234-244. https://doi.org/10.1038/nrm2126

[2] Cohen P(2002)The origins of protein phosphorylation. Nat Cell Biol 4:E127-E130. https://doi.org/10.1038/ncb0502-e127

[3] Retanal C, Ball B, Geddes-McAlister J(2021)Post-translational modifications drive success and failure of fungal-host interactions. J Fungi 7:124. https://doi.org/10.3390/jof7020124

[4] Ball B, Bermas A, Carruthers-Lay D, Geddes-McAlister J(2019)Mass spectrometry-based proteomics of fungal pathogenesis, host-fungal interactions, and antifungal development. J Fungi 5. https://doi.org/10.3390/jof5020052

[5] Selvan LDN, Renuse S, Kaviyil JE, Sharma J, Pinto SM, Yelamanchi SD, Puttamallesh VN, Ravikumar R, Pandey A, Prasad TSK, Harsha HC(2014) Phosphoproteome of Cryptococcus neoformans. J Proteome 97:287-295. https://doi.org/10.1016/j.jprot.2013.06.029

[6] Ball B, Langille M, Geddes-McAlister J(2020)Fun(gi)omics:advanced and diverse technologies to explore emerging fungal pathogens and define mechanisms of antifungal resistance. MBio 11. https://doi.org/10.1128/mBio.01020-20

[7] Tyanova S, Temu T, Sinitcyn P, Carlson A, Hein MY, Geiger T, Mann M, Cox J(2016)The Perseus computational platform for comprehensive analysis of (prote)omics data. Nat Methods 13:731-740. https://doi.org/10.1038/nmeth.3901

[8] Cox J, Mann M(2008)MaxQuant enables high peptide identification rates, individualized p.p.b.-range mass accuracies and proteomewide protein quantification. Nat Biotechnol 26:1367-1372. https://doi.org/10.1038/nbt.1511

[9] Needham EJ, Parker BL, Burykin T, James DE, Humphrey SJ(2019)Illuminating the dark phosphoproteome. Sci Signal 12:eaau8645. https://doi.org/10.1126/scisignal.aau8645

[10] Ball B, Geddes-McAlister J(2019)Quantitative proteomic profiling of Cryptococcus neoformans. Curr Protoc Microbiol 55:1-15. https://doi.org/10.1002/cpmc.94

[11] Ball B, Sukumaran A, Geddes-McAlister J(2020)Label-free quantitative proteomics workflow for discovery-driven host-pathogen interactions. J Vis Exp. https://doi.org/10.3791/61881

[12] Zaragoza O(2019)Basic principles of the virulence of Cryptococcus. Virulence 10:490-501. https://doi.org/10.1080/21505594.2019.1614383

[13] Rajasingham R, Smith RM, Park BJ, Jarvis JN, Govender NP, Chiller TM, Denning DW, Loyse A, Boulware DR(2017)Global burden of disease of HIV-associated cryptococcal meningitis:an updated analysis. Lancet Infect Dis 17:873-881. https://doi.org/10.1016/S1473-3099(17)30243-8

[14] Bermas A, Geddes-McAlister J(2020)Combatting the evolution of antifungal resistance in Cryptococcus neoformans. Mol Microbiol:mmi.14565. https://doi.org/10.1111/mmi.14565

[15] Geddes-McAlister J, Shapiro RS(2019)New pathogens, new tricks:emerging, drugresistant fungal pathogens and future prospects for antifungal therapeutics. Ann N Y Acad Sci 1435:57-78. https://doi.org/10.1111/nyas. 13739

[16] Geddes JMH, Caza M, Croll D, Stoynov N, Foster LJ, Kronstad JW(2016)Analysis of the protein kinase a-regulated proteome of Cryptococcus neoformans identifies a role for the ubiquitin-proteasome pathway in capsule formation. MBio 7:1-15. https://doi.org/10. 1128/mBio.01862-15

[17] Geddes JMH, Croll D, Caza M, Stoynov N, Foster LJ, Kronstad JW(2015)Secretome profiling of Cryptococcus neoformans reveals regulation of a subset of virulence-associated proteins and potential biomarkers by protein kinase a. BMC Microbiol 15:1-26. https:// doi.org/10.1186/s12866-015-0532-3

[18] Kozubowski L, Heitman J(2012)Profiling a killer, the development of Cryptococcus neoformans. FEMS Microbiol Rev 36:78-94. https://doi.org/10.1111/j.1574-6976.2011. 00286.x

[19] Cox J, Neuhauser N, Michalski A, Scheltema RA, Olsen JV, Mann M(2011)Andromeda:a peptide search engine integrated into the MaxQuant environment. J Proteome Res 10:1794- 1805. https://doi.org/10.1021/pr101065j

[20] Rappsilber J, Mann M, Ishihama Y(2007)Protocol for micro-purification, enrichment, pre-fractionation and storage of peptides for proteomics using StageTips. Nat Protoc 2:1896-1906. https://doi.org/10.1038/nprot. 2007.261

第十一章

以糖肽为中心的微生物糖蛋白质组表征方法

Nichollas E. Scott

> 蛋白质糖基化越来越被认为是微生物物种中的一类常见修饰,广泛影响着蛋白质功能及整个蛋白质组。因此对于可以高通量鉴定和表征微生物糖肽方法的需求越来越高。利用基于亲和力的富集(依据亲水性或基于抗体亲和的方式)可以轻松地将糖肽和非糖肽进行分离,然后再用质谱进行分析。通过多种质谱裂解方式和基于开放搜索的生物信息学技术,即使不能提前了解参与糖基化的聚糖信息,也能鉴定和表征糖肽。使用这些方法可以快速鉴定和定量样品中的糖肽,从而了解糖基化如何响应刺激而变化以及糖基化系统的变化如何影响糖蛋白质组。本章概述了一整套相关的实验方案,涉及定性和定量糖蛋白质组学研究中的微生物糖肽初始制备、富集和分析等过程。这些方法可以让研究人员轻松地鉴定糖基化修饰事件,而无须对蛋白质组数据集进行大量的手动分析。

一、引言

糖蛋白质组学是蛋白质组学中一个快速发展的亚领域,旨在蛋白质组规模上表征糖基化事件[1-3]。随着新仪器[1,4]、富集方法[5]和生物信息学工具[5]的出现,过去10年中该领域取得了巨大发展。现在无须大量的培训或繁杂实验就能开展糖蛋白质组学分析。尽管人们对糖蛋白质组学的兴趣及该学科的发展主要集中在哺乳动物系统,但值得注意的是在细菌[6,7]和真核寄生虫[8]中也发现了越来越多的糖基化修饰现象。在微生物中,这些曾经被忽视的修饰越来越受到重视,而且越来越多的研究工作凸显了微生物蛋白糖基化不仅发生在广泛的物种中,而且它对于生理功能和微生物致病机制也至关重要[6,7]。这些在微生物生理学和病理学中发挥重要作用的糖基化修饰还可以用来设计、制造潜在的下一代疫苗[9,10]。因此,当前微生物糖蛋白质组学研究比以往任何时候都更重要。

与哺乳动物糖基化研究相似,质谱已成为鉴定、表征和定量微生物糖基化多肽和糖基化蛋白的重要工具。但应注意的是,尽管可以用哺乳动物系统类似的富集和鉴定方法来鉴定微生物糖基化,但微生物糖基化研究中的糖类和氨基酸的多样性可能与真核系统截然不同。这种差异的存在意味着为真核生物糖蛋白质组学开发的方法很少能与所有的微生物糖基化研究体系兼容,研究方案的适用性取决于所关注的糖基化体系。这使得在表征微生物糖肽时需要采用以下任意一种方法:①采用靶向性较低、利用聚糖的一般性质(如糖肽的亲水性)的策略进行富集;②使用针对聚糖内表位的亲和试剂或者用化学生物学手段对聚糖进行标记,这种方法靶向性很高。

以上两种方法都被广泛用于研究微生物糖基化,并且在过去10年中发生了显著变化。21世纪10年代初期的研究倾向于使用靶向性较低的方法鉴定糖肽,如正相糖肽富集[11,12]、两性离子水相互作用液相色谱(ZIC-HILIC)糖肽富集[13-20]、基于石墨的糖肽富集[21,22]等技术。随着该领域的成熟发展,靶向性的方法受到更多青睐。这些方法利用生物化学的特定方面或微生物糖基化的保守性来富集微生物的糖基化修饰。如，靶向性研究使用了代谢标记来鉴定军团菌 O- 葡糖基转移酶 SetA，以及致病性大肠埃希菌精氨酸 – 乙酰葡糖胺转移酶 NleB1 的新靶点[23]。关于糖类利用的知识也为奈瑟菌属糖蛋白质组研究中的糖蛋白质组学分析提供了帮助，该研究发现多个菌种可以将带负电的糖结合到 O- 连接的聚糖上[24]。基于这一发现，最近有研究利用二氧化钛这一常用于富集含唾液酸糖肽的技术[25]，来富集奈瑟菌属中含唾液酸样糖修饰的糖肽[26]。最后，新型亲和试剂等新工具也促成了靶向性的研究。一个特别值得注意的例子是对精氨酸 – 乙酰葡糖胺修饰的研究[27-31]使用了商品化抗精氨酸 – 乙酰葡糖胺抗体[32]。尽管这些例子彰显了微生物靶向性方法促进了微生物糖蛋白质组的研究，但需要注意的是低靶向性技术仍然是进行发现型研究的有力工具。

本章介绍的方法涵盖了微生物糖基化分析的 3 个关键：①用于富集微生物糖肽的蛋白质组样品的制备；②基于质谱法获取微生物糖肽数据的一般指南；③鉴定和表征糖基化修饰的生物信息学方法。由于微生物糖基化的多样性，这里主要介绍两种广泛使用的糖肽富集方法，即 ZIC-HILIC 富集法和抗体富集法。但应注意的是这些方法的适用性将取决于所关注的微生物糖基化体系。

二、材料

所有的缓冲液都应该使用高效液相色谱（HPLC）级别的试剂或溶剂制备，除非另有说明。

（一）蛋白质组样品制备

1. 脱氧胆酸钠（SDC）裂解缓冲液：100mmol/L Tris 缓冲液（pH 8.5）配制的 4% SDC。新鲜制备，用前需冷藏。

2. 10× 还原/烷基化缓冲液：100mmol/L Tris 2- 羧乙基膦盐酸盐（TCEP）、400mmol/L 2- 氯乙酰胺（CAA）和 1mol/L Tris 缓冲液（pH 8.5）。新鲜制备（见注释 1）。

3. 胰蛋白酶/Lys-C（Promega）。

4. Milli-Q 水配制的 100mmol/L Tris 缓冲液（pH 8.5）。

5. 3M™ Empore™ SPE（SDB-RPS）固相萃取膜片（Merck）。

6. Kel-F 轮毂针头，钝型（point style 3）、外径 1.4 mm（Hamilton 公司）。

7. 异丙醇。

8. Milli-Q 水配制的 10% 三氟乙酸（TFA）。

9. 乙腈。

10. Milli-Q 水配制的 30% 甲醇（含 1% TFA）。

11. Milli-Q 水配制的 90% 异丙醇（含 1% TFA）。

12. Milli-Q 水配制的 1% TFA。

13. 80% 乙腈配制的 5% 氢氧化铵。

14. 真空离心浓缩仪。

15. 带 96 孔 PCR 板模块的恒温混合仪，用于过夜消化。

（二）基于亲水性的糖肽富集

1. ZIC-HILIC 上样/洗涤缓冲液：Milli-Q 水配制的 80% 乙腈（含 1% TFA）。

2. ZIC-HILIC 制备缓冲液：Milli-Q 水配制的 95% 乙腈。

3. ZIC-HILIC 洗脱缓冲液：Milli-Q 水配制的 0.1% TFA。

4. 5μm 尺寸、200 Å 孔径的 ZIC-HILIC 材料（Merck）。

5. 3M™ Empore™ 固相萃取 C8 筛板（Merck）。

6. 一台真空离心浓缩仪。

（三）基于抗体的糖肽富集

1. Protein A/G 琼脂糖凝胶珠（Santa Cruz）。

2. 免疫沉淀亲和缓冲液：10mmol/L Na$_2$HPO$_4$、50mmol/L NaCl、50mmol/L MOPS（pH 7.2）。使用当天新鲜配制。

3. 硼酸钠缓冲液：Milli-Q 水配制的 100mmol/L 四硼酸钠十水合物（pH 9.0）。使用当天新鲜配制。

4. 庚二酸二甲酯（DMP）交联缓冲液：100mmol/L HEPES 缓冲液配制的 20mmol/L DMP（pH 8.0）。使用前新鲜配制。

5. 乙醇胺缓冲液：200mmol/L 乙醇胺，pH 8.0。使用前新鲜配制。

6. Milli-Q 水配制的 1mol/L HEPES 缓冲液，pH 7.2。

7. TFA 肽洗脱缓冲液：Milli-Q 水配制的 0.2% TFA。

8. 3M™ Empore™ 固相萃取 C18 筛板（Merck）。

9. 一台真空离心浓缩仪。

（四）糖肽质谱分析

1. Nano flow HPLC 系统（见注释 2）。

2. Orbitrap Fusion Lumos Tribrid 质谱仪或同类仪器。

（五）微生物糖肽的生物信息学分析

用于分析蛋白质组数据的软件包，例如 MSfragger[33-34]、Metamorpheus[35]、Byonic[36] 或 MaxQuant[37]。

三、方法

所有分析都应至少进行 3 次生物重复，以便对检测到的糖基化修饰进行统计学解释，从而确认这些修饰事件能够代表所分析的生物样本。

（一）用于糖肽富集/分析的蛋白质组样品制备

1. 有多种样品制备方法可为进一步的下游分析提供蛋白质组样品。确定样品制备方法主要考虑的因素有：①样品制备方法与所关注糖蛋白的相容性；②获得的多肽混合物与下游富集手段的相容性；③获得的多肽用于下游分析的适用性。人们越来越多地倾向于采用步骤最少的方式处理样品，例如移液枪头（Stage Tip）内的样品制备方法[38]，因为这种方法可以制备 5～300μg 高度纯化的多肽用于直接分析或者基于富集的研究（见注释 3～5）。

2. 收集样品前，制备 SDC 裂解缓冲液，用前需在冰上储存（见注释 6）。

3. 如需制备细胞样品，裂解前先用冰的 PBS 缓冲液洗涤细胞，以去除从培养基中残留的蛋白质。

4. 将 SDC 裂解缓冲液加入样品中，对于 1ml OD$_{600nm}$ 值为 1.0 的细菌培养物，200μl SDC 就足够了。以 2000r/min 的振荡速度在 95℃下恒温混合仪中煮沸 10 分钟，确保样品完全溶解。如果需要，可以额外添加 SDC，并在 95℃下以 2000r/min 的振荡速度进行多轮煮沸（每轮 10 分钟）（见注释 7）。

5. 将样品储存在冰上，使用二喹啉甲酸（BCA）法对蛋白质产量进行定量。通常 20～300μg 蛋白质就足够用于非富集分析或基于富集的分析。

6. 将所需的蛋白质分装到 0.2ml PCR 管中。按照 1∶10 的体积比加入还原/烷基化缓冲液对样品进行还原和烷基化处理。在 45℃下以 1500r/min 的速度避光孵育 30 分钟。

7. 以 2000×g 的速度离心 1 分钟，然后在室温下冷却 10 分钟。

8. 加入 10μl 配制在 100mmol/L Tris 缓冲液（pH 8.5）中的胰蛋白酶/lys-C 溶液，蛋白酶∶蛋白质比例为 1∶100，37℃下以 1500r/min 的振荡速度过夜以消化样品（见注释 8）。

9. 向消化产物中加入 1.1 倍体积的异丙醇（比如消化产物为 80μl，则加入 88μl 的异丙醇），涡旋振荡

1分钟，确保样品充分混合，然后在 2000×g 的速度下离心 1 分钟（见注释 9）。

10. 向上述异丙醇 / 消化混合物中加入 1/9 体积的 10% TFA，使混合液中的 TFA 浓度为 1%（如异丙醇 / 消化混合物体积为 168μl，则加入 18.7μl 10% TFA）。涡旋振荡确保样品充分混合，并以 2000×g 的速度离心 1 分钟。

11. 有文献叙述，需要为每个样品准备一个 SDB-RPS Stage 吸头[39]。根据经验，使用 3 层 14G 的 SDB-RPS 固相萃取膜片可以结合 50μg 的多肽，并可根据多肽的量调整固相萃取膜片的数量（图 11-1A）。为了能处理多个样品，建议使用 3D 打印的吸头离心装置（图 11-1B，见注释 10）。

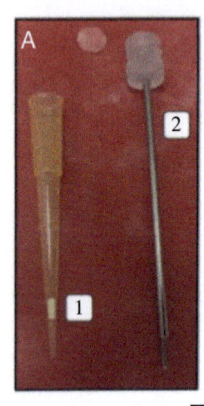

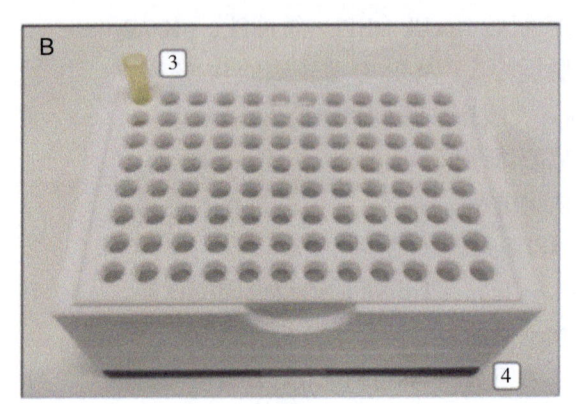

图 11-1 使用 SDB-RPS 柱制备样品

A. 预备适当数量的 P200 吸头中（1），使用 Kel-F 针管（2）将所需数量的 SDB-RPS 固相萃取膜片塞入 P200 吸头中；B. 将吸头放置于吸头离心装置（3）中，并使用 96 孔板（4）收集洗涤液。清洗后的样品可以通过手动洗脱的方式收集到样品管中，或者使用吸头离心装置洗脱到 PCR 管或孔板中

12. 用 150μl 乙腈润湿 SDB-RPS 柱，并在吸头离心装置中以 1000×g 的速度离心 3 分钟。

13. 用 150μl 30% 甲醇（含 1% TFA）清洗 SDB-RPS 柱，在吸头离心装置中以 1000×g 的速度离心 3 分钟。

14. 用 150μl 90% 异丙醇（含 1% TFA）在吸头离心装置中以 1000×g 的速度离心 3 分钟，以平衡 SDB-RPS 柱。

15. 将样品转移到 SDB-RPS 柱上方，在吸头离心装置中以 1000×g 的速度离心 5 分钟，从而将样品装载到 SDB-RPS 柱中。

16. 用 150μl 90% 异丙醇（含 1% TFA）清洗 SDB-RPS 柱，在吸头离心装置中以 1000×g 的速度离心 5 分钟。

17. 用 150μl 1% TFA 在吸头离心装置中以 1000×g 的速度离心 5 分钟，以清洗 SDB-RPS 柱。

18. 此时务必注意更换离心装置下的 96 孔 PCR 板或 PCR 管以便收集样本，并做好对应样本的标号！用 150μl 含 5% 氢氧化铵的 80% 乙腈溶液洗脱 SDB-RPS 柱，在吸头离心装置中以 1000×g 的速度离心 5 分钟，样本即收集到 96 孔 PCR 板或单独的 PCR 管中。

19. 通过真空离心干燥多肽洗脱液。干燥 150μl 的洗脱液需要 30～40 分钟。

（二）基于亲水性的糖肽富集

1. 基于亲水性的糖肽富集方法，例如正相富集[11, 12]和 ZIC-HILIC 富集[13-20]，已被微生物糖蛋白质组学界广泛使用。尽管这些技术甚至可以在不确定聚糖组成的情况下分离糖肽，但需要注意的是若要使用这些方法需要确保糖肽上的聚糖必须是中等大小（＞3 个糖类）。因此这些富集方法并不总是适用于所有微生物糖肽，而未能分离出糖肽可能并不表示不存在糖基化，只是不存在适用于这些富集方法的糖肽（见注释 11）。在作者的实验室中，ZIC-HILIC 富集由于其易用性和多功能性，通常用作表征微生物糖蛋白质组和聚糖多样性的初始方法[40]。

2. 在富集糖肽之前需准备用于 ZIC-HILIC 上样 / 洗涤、ZIC-HILIC 制备及 ZIC-HILIC 洗脱的缓冲液（见注释 12）。

3. 按文献所述方法[39, 41]，使用 C_8 Empore 材料制成一个筛板，再装载厚度为 0.5cm 的 ZIC-HILIC 材料，从而构成 ZIC-HILIC Stage Tip 柱子。

4. 顺序使用如下 3 种缓冲液通过离心将柱子平衡（活化）：20 柱床体积（200μl）的 ZIC-HILIC 洗脱缓冲液，离心至液体全部通过柱子；然后使用 20 柱床体积（200μl）的 ZIC-HILIC 制备缓冲液，离心；最后用 20 柱床体积（200μl）的 ZIC-HILIC 上样/洗涤缓冲液（见注释 13）。离心至干燥。

5. 用 ZIC-HILIC 上样/洗涤缓冲液重悬干燥的蛋白质组样品至终浓度为 4μg/μl。涡旋振荡 1 分钟以确保样品重新悬浮，并在 2000×g 的速度下离心 1 分钟以将样本汇聚于管底。

6. 将重悬的多肽样品通过离心装载到活化后的 ZIC-HILIC 柱上，并用 20～50 柱床体积（200～500μl）的 ZIC-HILIC 上样/洗涤缓冲液洗涤（见注释 14）。

7. 注意更换 Stage Tip 下方的液体回收管！用 20 柱床体积（200μl）ZIC-HILIC 洗脱缓冲液将糖肽洗脱到 1.5ml 样品管中，并通过真空离心干燥洗脱液。干燥 200μl 的洗脱液约需要 120 分钟。

（三）基于抗体的糖肽富集

基于抗体的富集方法传统上仅限于对泛素化或磷酸化修饰的研究[42, 43]，但也越来越多地应用于探索糖基化[28, 30, 44]。由于开发抗聚糖抗体的新平台快速增长，例如七鳃鳗的可变淋巴细胞受体 B（VLRB）技术[45]，使得这种方法成为富集糖肽越来越有吸引力的选择。我们的实验室大量使用抗精氨酸-乙酰葡糖胺（Arginine-GlcNAc）抗体（Abcam/ab195033）从细菌样品[28, 30]及体外[29-31]和体内感染模型[31]中富集精氨酸-乙酰葡糖胺修饰的糖肽。即使样本有限，抗体介导的糖肽富集效果也很稳定可靠。

1. 抗体与蛋白 A/G 珠的偶联

（1）在进行基于抗体的糖肽富集前，需制备免疫沉淀亲和缓冲液并在使用前冷藏。

（2）将 100μl 蛋白 A/G 琼脂糖珠分装到 1.5ml 微量离心管中，用冷藏的免疫沉淀亲和缓冲液洗涤 3 次。

（3）加入 10μg 抗聚糖抗体（例如抗精氨酸-乙酰葡糖胺）并在 4℃下翻滚过夜以进行偶联。

（4）制备 100mmol/L 硼酸钠，过夜溶解（见注释 15）。

2. 抗体与蛋白 A/G 珠的交联

（1）用 1ml 100mmol/L 硼酸钠洗涤琼脂糖珠 3 次，以去除未结合的蛋白质（此处为抗体）。

（2）将 1ml 用 100mmol/L HEPES 缓冲液（pH 8.0）新鲜制备的 20mmol/L DMP 加至抗体偶联的珠子中，室温下翻滚混合 30 分钟。

（3）去除 DMP 交联缓冲液并用乙醇胺缓冲液洗涤 3 次（每次 1ml，见注释 16）。

（4）在 4℃下将琼脂糖珠与 1ml 乙醇胺缓冲液翻滚混合 2 小时，以确保 DMP 交联剂完全淬灭（见注释 17）。

3. 基于抗体的糖肽亲和纯化

（1）用 1ml 免疫沉淀亲和缓冲液重悬多肽样品并检查 pH 是否为 7.2，以确保与亲和条件相容。如有需求，也可用 1mol/L HEPES 缓冲液将 pH 调节至 7.2。

（2）将重悬于免疫沉淀亲和缓冲液中的多肽加入抗聚糖抗体交联珠中，4℃下翻滚混合 3 小时。

（3）收集未结合的多肽溶液，用冰冷的免疫沉淀亲和缓冲液洗涤珠子 6 次，每次 1ml。

（4）向交联珠中加入 100μl 0.2% TFA 洗脱缓冲液，让珠子在室温下静置 10 分钟，每过 1 分钟轻轻手弹混匀一次。以 2000×g 的速度离心 1 分钟并收集上清液，确保不要收集珠子。重复洗脱 2 次并将所有的洗脱样品汇集在一起。

（5）使用 LC-MS 分析前，如前所述[39]利用 C18 Stage 吸头对样品进行脱盐处理。

（四）糖肽质谱分析

1. 有多种品牌的仪器可以用来获取糖肽数据，但在糖蛋白质组学领域，ThermoFisher 的仪器因其能够进行多种碎裂方法而广受欢迎，包括电子转移解离（ETD）和电子转移/高能碰撞解离（EThcD）。这些方法可以实现不稳定糖基化修饰的定位（见注释18）。这里所描述的仪器参数设置旨在作为获取高质量糖肽数据的起点。蛋白质组学分析需要设置合适的纳升流LC-MS参数，其中柱化学、柱长、流速和梯度条件应由用户自行确定。

2. 如图11-2所示，使用Orbitrap Fusion Lumos Tribrid质谱仪（或同类产品）进行糖肽分析。初始全质谱扫描在静电场轨道肼内进行，分辨率为60k，质量范围为400～2000 m/z（见注释19）。使用高能碰撞解离（HCD）二级质谱将带多电荷的离子进行碎裂。二级离子通过四级杆得到分离（宽度1.6 m/z），HCD二级质谱扫描时长为3秒。初始HCD扫描在静电场轨道肼内进行分析，分辨率为15k，归一化碰撞能量为32，自动增益控制（AGC）目标为 $1×10^5$ 或200% AGC，最大注射时间80毫秒。根据色谱性能表现，将动态排除时间在20～60秒之间进行调整。

3. 采用筛查的方式对糖肽进行HCD扫描（包含与聚糖结构相关的离子，表11-1），鉴定出额外的二级质谱信号（见下条），从而生成有关聚糖、多肽和修饰位点的信息。

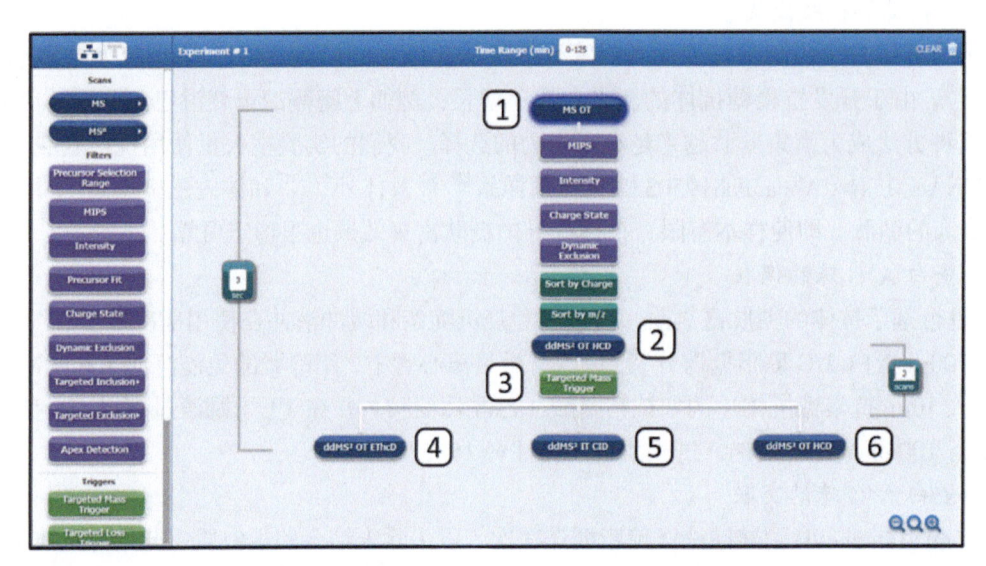

图11-2 赛默飞Xcalibur仪器方法编辑器（4.3.73.11版本）中用于糖肽筛查分析的质谱方法设置概述
（1）修改MS1设置，以观察到大分子糖肽的信号；（2）用于鉴定潜在糖肽的HCD筛查扫描；（3）潜在的糖类碎片离子列表，这些离子将触发对感兴趣离子的额外扫描；（4）EThcD扫描（提供聚糖信息）；（5）CID扫描（提供糖类信息），以及（6）HCD扫描（提供多肽和聚糖片段信息）

表11-1 微生物聚糖中常见氧鎓离子

糖类相关离子（m/z）	糖类相关离子成分
366.1395	己糖-己糖胺
204.0865	己糖胺
186.0759	己糖胺减-分子水
168.0654	己糖胺减两分子水
229.1188	Bac[a]
211.1082	Bac[a]—H₂O

注：[a]. 杆菌胺（Bac），也称为2,4-二乙酰氨基-2,4,6-三脱氧吡喃葡萄糖及其衍生物，通常在细菌糖蛋白中能观察到[46]

4. 聚糖结构相关离子所触发的另外3种二级质谱信号

（1）电子转移/高能碰撞解离（EThcD）扫描，归一化碰撞能量为25，AGC目标为 $2.5×10^5$ 或500% AGC，最大注射时间为250毫秒。确保启用高质量范围Orbitrap选项，并且生成的扫描信息是在Orbitrap

内以 30k 的分辨率进行分析的。

（2）使用碰撞诱导解离（CID）碎片化方式进行 CID 扫描，归一化碰撞能量为 25，AGC 目标为 5×10^4 或 100% AGC，最大注射时间为 50 毫秒。生成的扫描信息可以在离子阱或 Orbitrap 静电场轨道肼进行分析。

（3）使用 HCD 碎片化方式进行的 HCD 扫描，归一化碰撞能量梯度设置为 28、33 和 38，AGC 目标为 2.5×10^5 或 500% AGC，最大注射时间为 250 毫秒，以 30k 的分辨率在 Orbitrap 内对生成的扫描进行分析。

（五）微生物糖肽的生物信息学分析

1. 一旦得到了糖肽的质谱数据，就可以使用一系列的软件进行分析，包括 MSfragger[33, 34]、Metamorpheus/O-Pair[35]、Byonic[36] 和 MaxQuant[37]。根据样品中预期的糖肽类型，这些程序对糖肽鉴定的适用性各不相同。MaxQuant 等数据库搜索工具适用于搜索已知在样本中仅存在一个或两个已知聚糖修饰的情况。使用可变修饰进行的搜索越来越多地被称为"封闭式"搜索方法，因为要考虑的修饰的类型和数量是固定的；而"开放式"搜索方法是指那些允许在给定的质量范围内进行一系列修饰的搜索方法[47]。对于预期有多种聚糖修饰的样品或者修饰未知的情况，MSfragger、O-Pair 或 Byonic 等开放式搜索工具非常有效。

2. 使用自己偏好的软件包对质谱数据文件进行糖肽搜索，例如使用 MSfragger 对从胎儿弯曲杆菌 NCTC10842 菌株经 ZIC-HILIC 富集的样品进行搜索，使用开放搜索设定，质量增量最高为 2000 Da。

3. 利用已被鉴定的独特肽谱匹配（peptide spectrum matches, PSMs）可以将观察到的质量差作图以便将常见的修饰可视化（图 11-3）。这些质量增量图允许研究人员通过特定的质量差来鉴定常见的修饰。这些 PSMs 可以通过鉴定评分进一步得到筛选，从而获得高置信度的鉴定假设，这在初始阶段发现以前未

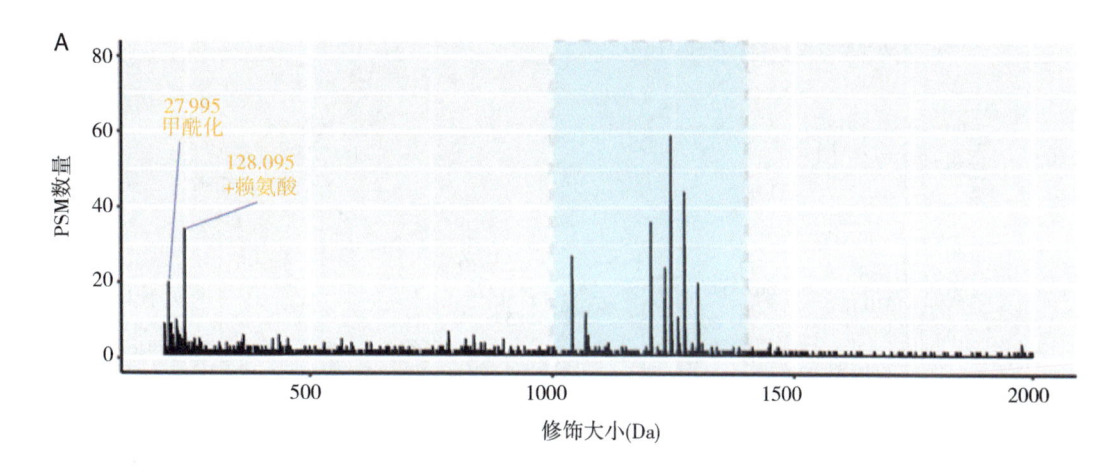

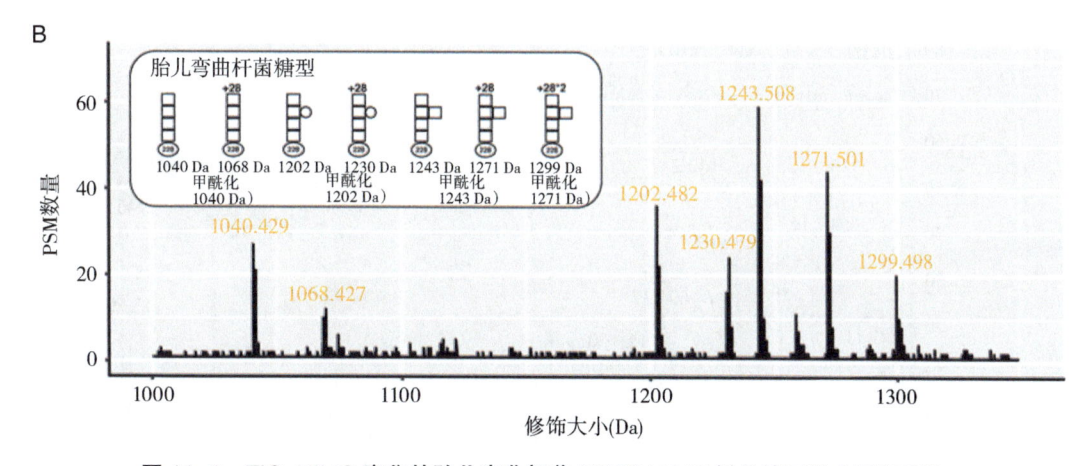

图 11-3　ZIC-HILIC 富集的胎儿弯曲杆菌 NCTC10842 样品的开放式搜索结果

A. 质量增量图可以识别已知修饰，例如甲酰化和赖氨酸添加，以及大分子量修饰（蓝色区域）；B. 大分子量修饰区域放大图，显示出多种糖型

知的聚糖时很有用。

4. 对于高置信度的多肽，可以手动检查 CID、EThcD 和 HCD 扫描结果，以便进一步表征感兴趣的糖肽（图 11-4，见注释 20）。

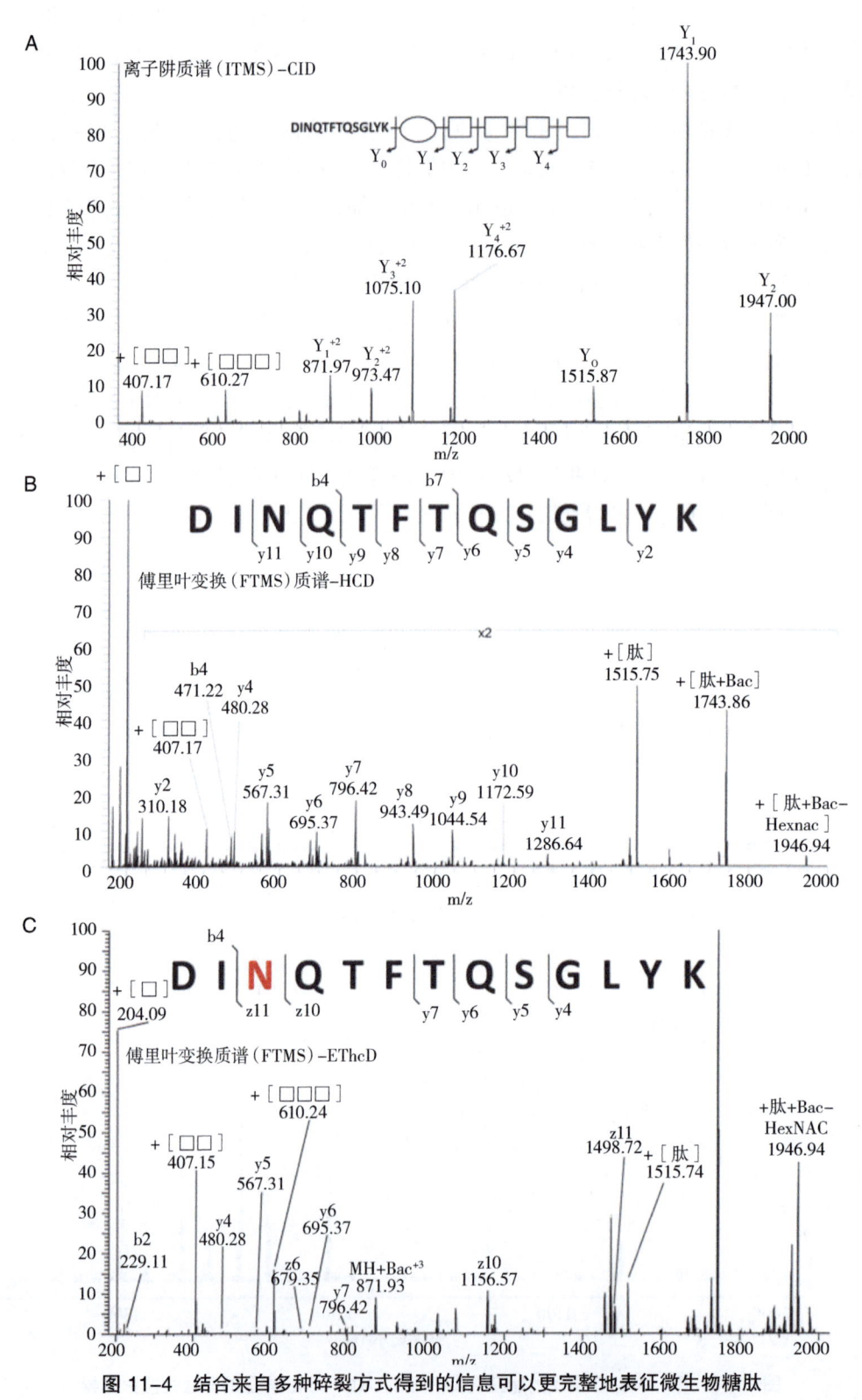

图 11-4　结合来自多种碎裂方式得到的信息可以更完整地表征微生物糖肽

所示为对糖肽 DINQTFTQSGLYK 进行以下的碎裂得到胎儿弯曲杆菌 NCTC10842 样品的 1040 Da 的糖型。A.CID 碎片化；B.HCD 碎片化；C.EThcD 碎片化。注：z11 离子对应的添加了 Bac 的肽段，并不是完整的 1040 Da 的糖型

5. 一旦在数据集中鉴定出糖型，就可将这些糖型纳入目标（封闭）数据库搜索中。结果发现这样可以改善特定类别糖肽的鉴定[40]。

6. 一旦确定了糖型，就可以使用 MaxQuant 或 Skyline[48] 等软件进行靶向分析，监测这些修饰以评价糖基化如何影响生物对条件的变化发生反应。

四、注释

1. 检查还原/烷基化缓冲液的 pH 是否约为 7，因为 TCEP 是酸性的，会降低缓冲液的 pH。

2. 可以使用多种纳升流 LC-MS 的设定，但要注意选择的参数设定、使用的色谱柱和流速等都会影响 LC-MS 分析的整体性能。分析前应该优化 LC-MS 方法，以确保最佳的效果。

3. 可以采用多种方式制备用于下游消化的蛋白质样品。如果要分析高度疏水的糖蛋白，可以在过滤辅助样品制备过程中使用强去垢剂[49]，例如 SDS。也可以使用其他方法，例如 SP3 方法[50, 51] 或 S-triaps[52]。

4. 如果要使用 ZIC-HILIC 富集，必须小心谨慎地去除哪怕只有痕量浓度的盐，因为这些盐会干扰糖肽富集[53]。同样，如果使用基于抗体的富集方法，则必须注意确保多肽混合物的最终 pH 为中性，从而实现有效的亲和纯化。

5. 选择用于制备糖肽的蛋白酶时要特别注意，糖肽的大小和组成会影响其被富集和被鉴定能力。如笔者在使用 ZIC-HILIC 富集方法时，短链脂肪族 O- 连接糖通常在富集产物中缺失[54]。

6. 如果要制备无法通过沉淀浓缩的稀释样品，例如分泌蛋白质组样品，则可以制备 2.5×SDC 缓冲液（250mmol/L Tris 配制的 10% SDC，pH 8.5）备用。

7. 为了简化所得消化产物的纯化过程，尽量制备浓度为 3～5μg/μl 的微生物裂解液，并且使用不超过 80μl 体积的裂解液进行消化。使用小于 80μl 体积，允许直接将异丙醇和 TFA 加到 PCR 管中，再使用 SDB-RPS 纯化样品。

8. 多种蛋白酶已用于微生物糖蛋白质组学，包括胃蛋白酶（Promega）、Thermolysin 即嗜热菌蛋白酶（Promega）和 Glu-C（Promega）[18, 19, 55]。根据感兴趣的蛋白质底物使用最合适的蛋白酶。

9. 异丙醇是一种极性质子溶剂，即使在酸性条件下也能防止 SDC 沉淀[56]。

10. 吸头离心装置的 CAD 设计可以在 Harney 等的补充材料[57] 中找到。吸头离心装置的使用简化了样品制备过程并提高了实验的重现性。

11. 也可利用其他的物理化学性质来富集微生物糖肽，例如利用糖上所带的负电荷进行基于二氧化钛的富集，该方法已用于表征奈瑟菌的糖肽。

12. 可以改变上样/洗涤缓冲液中的离子配对试剂盒有机溶剂，从而设置个性化的富集目标糖肽的方法[53, 58]。

13. ZIC-HILIC 富集要求树脂始终保持湿润，以保证富集糖肽所需的树脂表面的假水层的完整性。清洗树脂时要保证树脂上始终保留了约 10μl 的溶剂。

14. 根据样品的复杂程度，可以改变清洗的次数。对于从单一蛋白质中富集糖肽，20 柱床体积（200μl）的 ZIC-HILIC 上样/洗涤缓冲液就足够了。而对于总蛋白质组样品，可能需要 50 柱床体积（500μl）的 ZIC-HILIC 上样/洗涤缓冲液。

15. 100mmol/L 硼酸钠的 pH 应为 9.0，无须调节 pH。使用前检查 pH，如果 pH 不正确则需重新配制。

16. 乙醇胺缓冲液缓冲容量低，25℃下 pKa 高达 9.5，因此很难将 pH 调至 8.0。使用前需确保 pH 是正确的。

17. 琼脂糖珠可以储存在含叠氮化钠的储存缓冲液（含 0.02% 叠氮化钠的磷酸盐缓冲液，pH 7.4）中备用，或者立即使用。

18. 用于收集糖蛋白质组学数据的所有参数和采集方法的完整描述超出了本章方法的范围，但还是鼓励读者参考Riley等[4]的文章从而学习或掌握不同数据采集方法的异同和优劣。

19. 添加聚糖修饰可以显著改变所关注的糖肽的m/z值，使其超过标准蛋白质组学仪器方法中常用的350～1200m/z的范围。将m/z范围扩大至2000m/z可能有助于确保对糖肽的有效检测。

20. 推荐使用Interactive Peptide Annotator等注释工具来辅助对糖肽的注释（http：//www.interactivepeptidespectralannotator.com/PeptideAnnotator.html）[59, 60]。

参考文献

[1] Riley NM, Bertozzi CR, Pitteri SJ(2020a)A pragmatic guide to enrichment strategies for mass spectrometry-based glycoproteomics. Mol Cell Proteomics 20:100029. https://doi.org/10.1074/mcp.R120.002277

[2] Thaysen-Andersen M, Packer NH, Schulz BL(2016)Maturing glycoproteomics technologies provide unique structural insights into the N-glycoproteome and its regulation in health and disease. Mol Cell Proteomics 15(6):1773-1790. https://doi.org/10.1074/ mcp.O115.057638

[3] Thomas DR, Scott NE(2020)Glycoproteomics:growing up fast. Curr Opin Struct Biol 68:18-25. https://doi.org/10.1016/j.sbi. 2020.10.028

[4] Riley NM, Malaker SA, Driessen M, Bertozzi CR(2020b)Optimal dissociation methods differ for N-and O-glycopeptides. J Proteome Res 19(8):3286-3301. https://doi.org/10. 1021/acs.jproteome.0c00218

[5] Cioce A, Malaker SA, Schumann B(2021)Generating orthogonal glycosyltransferase and nucleotide sugar pairs as next-generation glycobiology tools. Curr Opin Chem Biol 60:66-78. https://doi.org/10.1016/j.cbpa.2020. 09.001

[6] Koomey M(2019)O-linked protein glycosylation in bacteria:snapshots and current perspectives. Curr Opin Struct Biol 56:198-203. https://doi.org/10.1016/j.sbi.2019.03.020

[7] Nothaft H, Szymanski CM(2019)New discoveries in bacterial N-glycosylation to expand the synthetic biology toolbox. Curr Opin Chem Biol 53:16-24. https://doi.org/10. 1016/j.cbpa.2019.05.032

[8] Bandini G, Albuquerque-Wendt A, Hegermann J, Samuelson J, Routier FH(2019)Protein O-and C-glycosylation pathways in toxoplasma gondii and plasmodium falciparum. Parasitology 146(14):1755-1766. https://doi.org/10.1017/S0031182019000040

[9] Goddard-Borger ED, Boddey JA(2018)Implications of plasmodium glycosylation on vaccine efficacy and design. Future Microbiol 13:609-612. https://doi.org/10.2217/fmb- 2017-0284

[10] Kightlinger W, Warfel KF, DeLisa MP, Jewett MC(2020)Synthetic glycobiology:parts, systems, and applications. ACS Synth Biol 9(7):1534-1562. https://doi.org/10.1021/ acssynbio.0c00210

[11] Ding W, Nothaft H, Szymanski CM, Kelly J(2009)Identification and quantification of glycoproteins using ion-pairing normal-phase liquid chromatography and mass spectrometry. Mol Cell Proteomics 8(9):2170-2185. https://doi.org/10.1074/mcp.M900088- MCP200

[12] Thomas RM, Twine SM, Fulton KM, Tessier L, Kilmury SL, Ding W et al(2011)Glycosylation of DsbA in Francisella tularensis subsp. tularensis. J Bacteriol 193(19):5498-5509. https://doi.org/10.1128/JB. 00438-11

[13] Elhenawy W, Scott NE, Tondo ML, Orellano EG, Foster LJ, Feldman MF(2016)Protein O-linked glycosylation in the plant pathogen Ralstonia solanacearum. Glycobiology 26(3):301-311. https://doi.org/10.1093/glycob/ cwv098

[14] Harding CM, Nasr MA, Kinsella RL, Scott NE, Foster LJ, Weber BS et al(2015)Acinetobacter strains carry two functional oligosaccharyltransferases, one devoted exclusively to type IV pilin, and the other one dedicated to O-glycosylation of multiple proteins. Mol Microbiol 96(5):1023-1041. https://doi.org/10.1111/mmi.12986

[15] Iwashkiw JA, Seper A, Weber BS, Scott NE, Vinogradov E, Stratilo C et al(2012)Identification of a general O-linked protein glycosylation system in Acinetobacter baumannii and its role in virulence and biofilm formation. PLoS Pathog 8(6):e1002758. https://doi.org/10. 1371/journal.ppat.1002758

[16] Lithgow KV, Scott NE, Iwashkiw JA, Thomson EL, Foster LJ, Feldman MF et al(2014)A general protein O-glycosylation system within the Burkholderia cepacia complex is involved in motility and virulence. Mol Microbiol 92(1):116-137. https://doi.org/10.1111/mmi. 12540

[17] Scott NE, Kinsella RL, Edwards AV, Larsen MR, Dutta S, Saba J et al(2014a)Diversity within the O-linked protein glycosylation systems of Acinetobacter species. Mol Cell Proteomics 13(9):2354-2370. https://doi.org/10. 1074/mcp.M114.038315

[18] Scott NE, Marzook NB, Cain JA, Solis N, Thaysen-Andersen M, Djordjevic SP et al(2014b)Comparative proteomics and glycoproteomics reveal increased N-linked glycosylation and relaxed sequon specificity in Campylobacter jejuni NCTC11168 O. J Proteome Res 13(11):5136-5150. https://doi.org/ 10.1021/ pr5005554

[19] Scott NE, Nothaft H, Edwards AV, Labbate M, Djordjevic SP, Larsen MR et al(2012)Modification of the Campylobacter jejuni N-linked glycan by EptC protein-mediated addition of phosphoethanolamine. J Biol Chem 287(35):29384-29396. https://doi.org/10.1074/jbc. M112.380212

[20] Scott NE, Parker BL, Connolly AM, Paulech J, Edwards AV, Crossett B, et al(2011)Simultaneous glycan-peptide characterization using hydrophilic interaction chromatography and parallel fragmentation by CID, higher energy collisional dissociation, and electron transfer dissociation MS applied to the N-linked glycoproteome of Campylobacter jejuni. Mol Cell Proteomics 10(2):M000031-MCP201. https://doi.org/10.1074/mcp.M000031- MCP201

[21] Posch G, Pabst M, Brecker L, Altmann F, Messner P, Schaffer C(2011)Characterization and scope of S-layer protein O-glycosylation in Tannerella forsythia. J Biol Chem 286(44):38714-38724. https://doi.org/10.1074/jbc. M111.284893

[22] Scott NE, Bogema DR, Connolly AM, Falconer L, Djordjevic SP, Cordwell SJ(2009)Mass spectrometric characterization of the surface-associated 42 kDa lipoprotein JlpA as a glycosylated antigen in strains of Campylobacter jejuni. J Proteome Res 8(10):4654-4664. https://doi.org/10.1021/ pr900544x

[23] Gao L, Song Q, Liang H, Zhu Y, Wei T, Dong N et al(2019)Legionella effector SetA as a general O-glucosyltransferase for eukaryotic proteins. Nat Chem Biol 15(3):213-216. https://doi.org/10.1038/s41589-018- 0189-y

[24] Anonsen JH, Vik A, Borud B, Viburiene R, Aas FE, Kidd SW et al(2016)Characterization of a unique tetrasaccharide and distinct glycoproteome in the O-linked protein glycosylation system of Neisseria elongata subsp. glycolytica. J Bacteriol 198(2):256-267. https://doi.org/ 10.1128/JB.00620-15

[25] Palmisano G, Lendal SE, Engholm-Keller K, Leth-Larsen R, Parker BL, Larsen MR(2010)Selective enrichment of sialic acid-containing glycopeptides using titanium dioxide chromatography with analysis by HILIC and mass spectrometry. Nat Protoc 5(12):1974-1982. https://doi.org/10.1038/nprot.2010.167

[26] Hadjineophytou C, Anonsen JH, Wang N, Ma KC, Viburiene R, Vik A et al(2019)Genetic determinants of genus-level glycan diversity in a bacterial protein glycosylation system. PLoS Genet 15(12):e1008532. https://doi.org/10. 1371/journal.pgen.1008532

[27] Araujo-Garrido JL, Bernal-Bayard J, RamosMorales F(2020)Type III secretion effectors with arginine N-glycosyltransferase activity. Microorganisms 8(3):357. https://doi.org/ 10.3390/microorganisms8030357

[28] El Qaidi S, Scott NE, Hays MP, Geisbrecht BV, Watkins S, Hardwidge PR(2020)An intrabacterial activity for a T3SS effector. Sci Rep 10(1):1073. https:// doi.org/10.1038/ s41598-020-58062-y

[29] Gan J, Scott NE, Newson JPM, Wibawa RR, Wong Fok Lung T, Pollock GL et al(2020)The Salmonella effector SseK3 targets small Rab GTPases. Front Cell Infect Microbiol 10:419. https://doi.org/10.3389/fcimb.2020. 00419

[30] Newson JP, Scott NE, Yeuk Wah Chung I, Wong Fok Lung T, Giogha C, Gan J et al(2019)Salmonella effectors SseK1 and SseK3 target death domain proteins in the TNF and TRAIL signaling pathways. Mol Cell Proteomics 18(6):1138-1156. https://doi.org/10. 1074/mcp.RA118.001093

[31] Scott NE, Giogha C, Pollock GL, Kennedy CL, Webb AI, Williamson NA et al(2017)The bacterial arginine glycosyltransferase effector NleB preferentially modifies Fas-associated death domain protein(FADD). J Biol Chem 292(42):17337-17350. https://doi.org/10. 1074/jbc.M117.805036

[32] Pan M, Li S, Li X, Shao F, Liu L, Hu HG(2014)Synthesis of and specific antibody generation for glycopeptides with arginine N-GlcNAcylation. Angew Chem Int Ed Engl 53(52):14517-14521. https://doi.org/10. 1002/anie.201407824

[33] Kong AT, Leprevost FV, Avtonomov DM, Mellacheruvu D, Nesvizhskii AI(2017)MSFragger:ultrafast and comprehensive peptide identification in mass spectrometry-based proteomics. Nat Methods 14(5):513-520. https://doi.org/10.1038/nmeth.4256

[34] Polasky DA, Yu F, Teo GC, Nesvizhskii AI(2020)Fast and comprehensive N-and O-glycoproteomics analysis with MSFraggerGlyco. Nat Methods 17(11):1125-1132. https://doi.org/10.1038/s41592-020- 0967-9

[35] Lu L, Riley NM, Shortreed MR, Bertozzi CR, Smith LM(2020)O-pair search with metamorpheus for O-glycopeptide characterization. Nat Methods 17(11):1133-1138. https://doi. org/10.1038/s41592-020-00985-5

[36] Bern M, Kil YJ, Becker C(2012)Byonic:advanced peptide and protein identification software. Curr Protoc Bioinform, Chapter 13, Unit 13 20. https://doi. org/10.1002/ 0471250953.bi1320s40

[37] Cox J, Mann M(2008)MaxQuant enables high peptide identification rates, individualized p.p.b.-range mass accuracies and proteomewide protein quantification. Nat Biotechnol 26(12):1367-1372. https://doi.org/10. 1038/nbt.1511

[38] Kulak NA, Pichler G, Paron I, Nagaraj N, Mann M(2014)Minimal, encapsulated proteomic-sample processing applied to copynumber estimation in eukaryotic cells. Nat Methods 11(3):319-324. https://doi.org/ 10.1038/nmeth.2834

[39] Rappsilber J, Mann M, Ishihama Y(2007)Protocol for micro-purification, enrichment, pre-fractionation and storage of peptides for proteomics using StageTips. Nat Protoc 2(8):1896-1906. https://doi.org/10.1038/nprot. 2007.261

[40] Izaham ARA, Scott NE(2020)Open database searching enables the identification and comparison of glycoproteomes without defining glycan compositions prior to searching. Mol Cell Proteomics 19(9):1561-1574. https:// doi.org/10.1074/mcp.TIR120.002100

[41] Scott NE(2017)Characterizing glycoproteins by mass spectrometry in Campylobacter jejuni. Methods Mol Biol 1512:211-232. https:// doi.org/10.1007/978-1-4939-6536-6_18

[42] Udeshi ND, Mertins P, Svinkina T, Carr SA(2013a)Large-scale identification of ubiquitination sites by mass spectrometry. Nat Protoc 8(10):1950-1960. https://doi.org/10.1038/ nprot.2013.120

[43] Udeshi ND, Svinkina T, Mertins P, Kuhn E, Mani DR, Qiao JW et al(2013b)Refined preparation and use of anti-diglycine remnant (K-epsilon-GG) antibody

enables routine quantification of 10, 000s of ubiquitination sites in single proteomics experiments. Mol Cell Proteomics 12(3):825-831. https://doi.org/10.1074/mcp.O112.027094

[44] Anonsen JH, Vik A, Egge-Jacobsen W, Koomey M(2012)An extended spectrum of target proteins and modification sites in the general O-linked protein glycosylation system in Neisseria gonorrhoeae. J Proteome Res 11(12):5781-5793. https://doi.org/10.1021/ pr300584x

[45] McKitrick TR, Goth CK, Rosenberg CS, Nakahara H, Heimburg-Molinaro J, McQuillan AM et al(2020)Development of smart anti-glycan reagents using immunized lampreys. Commun Biol 3(1):91. https://doi. org/10.1038/s42003-020-0819-2

[46] Imperiali B(2019)Bacterial carbohydrate diversity—a brave new world. Curr Opin Chem Biol 53:1-8. https://doi.org/10. 1016/j.cbpa.2019.04.026

[47] Chick JM, Kolippakkam D, Nusinow DP, Zhai B, Rad R, Huttlin EL et al(2015)A mass-tolerant database search identifies a large proportion of unassigned spectra in shotgun proteomics as modified peptides. Nat Biotechnol 33(7):743-749. https://doi.org/10. 1038/nbt.3267

[48] MacLean B, Tomazela DM, Shulman N, Chambers M, Finney GL, Frewen B et al(2010)Skyline:an open source document editor for creating and analyzing targeted proteomics experiments. Bioinformatics 26(7):966-968. https://doi.org/10.1093/bioinformatics/btq054

[49] Wisniewski JR, Zougman A, Nagaraj N, Mann M(2009)Universal sample preparation method for proteome analysis. Nat Methods 6(5):359-362. https://doi.org/10.1038/ nmeth.1322

[50] Batth TS, Tollenaere MAX, Ruther P, Gonzalez-Franquesa A, Prabhakar BS, BekkerJensen S et al(2019)Protein aggregation capture on microparticles enables multipurpose proteomics sample preparation. Mol Cell Proteomics 18(5):1027-1035. https://doi.org/ 10.1074/mcp.TIR118.001270

[51] Hughes CS, Moggridge S, Muller T, Sorensen PH, Morin GB, Krijgsveld J(2019)Single-pot, solid-phase-enhanced sample preparation for proteomics experiments. Nat Protoc 14(1):68-85. https://doi.org/10.1038/s41596- 018-0082-x

[52] HaileMariam M, Eguez RV, Singh H, Bekele S, Ameni G, Pieper R et al(2018)S-triap, an ultrafast sample-preparation approach for shotgun proteomics. J Proteome Res 17(9):2917-2924. https://doi.org/10.1021/acs. jproteome.8b00505

[53] Alagesan K, Khilji SK, Kolarich D(2017)It is all about the solvent:on the importance of the mobile phase for ZIC-HILIC glycopeptide enrichment. Anal Bioanal Chem 409(2):529-538. https://doi.org/10.1007/s00216- 016-0051-6

[54] Izaham ARA, Ang CS, Nie S, Bird LE, Williamson NA, Scott NE(2021)What are we missing by using hydrophilic enrichment? Improving bacterial glycoproteome coverage using total proteome and FAIMS analysis. J Proteome Res 20(1):599-612. https://doi.org/10. 1021/acs.jproteome.0c00565

[55] Khurana S, Coffey MJ, John A, Uboldi AD, Huynh MH, Stewart RJ et al(2019)Protein O-fucosyltransferase 2-mediated O-glycosylation of the adhesin MIC2 is dispensable for Toxoplasma gondii tachyzoite infection. J Biol Chem 294(5):1541-1553. https://doi.org/10.1074/jbc.RA118.005357

[56] Humphrey SJ, Karayel O, James DE, Mann M(2018)High-throughput and high-sensitivity phosphoproteomics with the EasyPhos platform. Nat Protoc 13(9):1897-1916. https:// doi.org/10.1038/s41596-018-0014-9

[57] Harney DJ, Hutchison AT, Hatchwell L, Humphrey SJ, James DE, Hocking S et al(2019)Proteomic analysis of human plasma during intermittent fasting. J Proteome Res 18(5):2228-2240. https://doi.org/10.1021/ acs.jproteome.9b00090

[58] Mysling S, Palmisano G, Hojrup P, ThaysenAndersen M(2010)Utilizing ion-pairing hydrophilic interaction chromatography solid phase extraction for efficient glycopeptide enrichment in glycoproteomics. Anal Chem 82(13):5598-5609. https://doi.org/10. 1021/ac100530w

[59] Brademan DR, Riley NM, Kwiecien NW, Coon JJ(2019)Interactive peptide spectral annotator:a versatile web-based tool for proteomic applications. Mol Cell Proteomics 18(8 suppl 1):S193-S201. https://doi.org/10.1074/ mcp.TIR118.001209

[60] Cao W, Liu M, Kong S, Wu M, Zhang Y, Yang P(2021)Recent advances in software tools for more generic and precise intact glycopeptide analysis. Mol Cell Proteomics 20:100060. https://doi.org/10.1074/mcp.R120.002090

第十二章

利用多蛋白质组学数据开展整合集成网络探究

Rafe Helwer and Vincent C. Chen

> 系统生物学的一个基本目标是如何更好地理解细胞活动的分子机制。研究人员常依赖还原论的方法来分离和分析独立的信号转导区块，包括亚细胞结构、细胞器及蛋白质间的相互作用。在系统生物学领域，整合多个数据集以解析复杂细胞网络的需求不断增长。本章阐述了在跨多个蛋白质组学数据上探索整合信号网络的过程，并且通过对人类胶质瘤细胞系LN229的细胞蛋白质组和细胞外（分泌组）的整合分析来展示这些过程。

一、引言

系统生物学的一个根本性目标是更好地理解细胞是如何被精准调控的。现代科学技术的发展对了解细胞信号转导机制做出了巨大贡献。这些方法通常需要分离和后续分析不同的信号转导区域。在蛋白质组学中，这些过程包括分离细胞器（细胞核、线粒体、内质网/高尔基体）、亚细胞分离、富集、蛋白质相互作用及翻译后修饰的分离。通过这些方法产生的亚细胞蛋白质组通常会经过消化（胰蛋白酶）以便利用高效液相色谱质谱（HPLC-MS）进行高通量鉴定。分析完成后，这些细胞信号传导网络通常会使用统计富集测试的方法进行"重建"[1]。尽管蛋白质组学分析已经相对成熟，但人们对整合多维数据的需求越来越高，以解决生物系统的复杂性问题，并通过其了解维持健康或发生疾病的潜在机制[2, 3]。为了满足这一需求，相关人员设计了一个能在多个蛋白质组学实验中进行功能融合的信号网络挖掘流程，即 Multi-P。在这种方法中，通过下面公式计算信号整合值（signal integration value, SIV）（公式1）：

$$\mathrm{SIV} = (P\text{-value}_1 \times P\text{-value}_2 \times \ldots P\text{-value}_n)^{1/n} \quad (1)$$

式中，n 代表给定的细胞或组织类型的实验数量。为了方便比较，进一步对这个乘积进行 n 次根运算。需要注意的是，一旦组合成 SIV，乘积 P 值将不再保留它们的统计特性。然而，作为一种探索工具，Multi-P 为鉴定分泌组和蛋白质间相互作用网络提供了一种多功能方法，正如在关于胶质瘤侵袭特性研究项目中所显示的[4, 5]。此处，从两个或多个蛋白质组学实验（即"信号区块"）开始，概述使用 Multi-P 进行信号整合探索所使用的软件（表12-1）和具体步骤（图12-1）。

二、Multi-P 概览

流程将从质谱（MS）蛋白质数据库搜索的结果开始。这些结果由识别出的蛋白质列表组成，例如 MaxQuant 的 ProteinGroup.txt[6]，识别出的蛋白质经过通路富集和 SIV 计算。虽然作为例子显示的是 MaxQuant 的数据文件，gProfiler、Excel（表12-1）和其他类似的软件也可以使用。补充程序和包含 LN229 人类胶质瘤细胞质蛋白质组和分泌蛋白质组的 MaxQuant 输出文件可以在 link.springer.com 上本书原著处获取，相关的质谱数据文件可以从 ProteomeXchange（www.proteomexchange.org，PXD024001）中获得。

表 12-1　Multi-P 所需的软件和资源

数据/软件/数据	输入/输出	资源或网站
质谱数据文件	样品/质谱数据	Proteome Core Facility
蛋白质鉴定		
MaxQuant	质谱文件（.raw，d）/Protein ID（UniProt，txt）	Maxquant.org
gProfiler	蛋白 IDs（.txt）/Network IDs（.txt）	Biit.es.ut.ee/gprofiler/gost
数据处理和呈现		
质谱列表	（.txt）/（.txt，graphs）	Microsoft

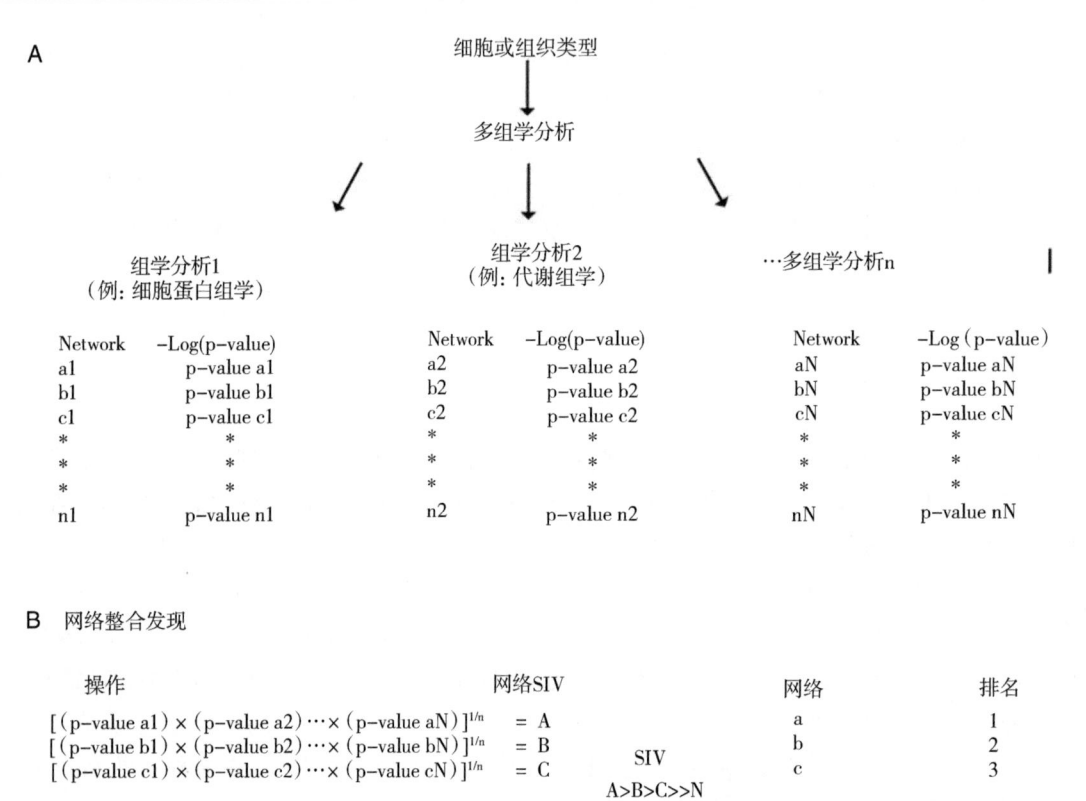

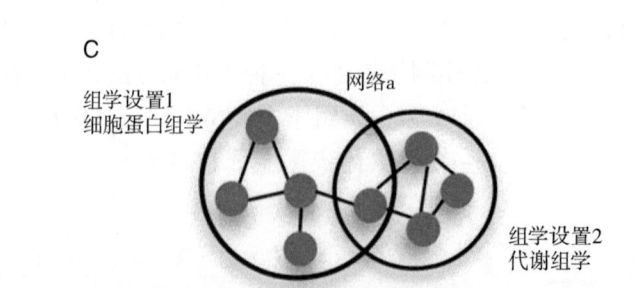

图 12-1　Multi-P 流程概览

A. 针对特定类型细胞或组织的多蛋白质组学分析。亚细胞蛋白质组代表独立的信号转导区块。蛋白质组接受网络富集。B. 结果中的 P 值被用于 SIV 计算/排名（公式 1）和集成网络探索。C. 为了获取进一步的生物学信息，可以对蛋白质网络和信号转导区域的分布进行功能性作图

三、方法

（一）蛋白质组文件的准备

此处从 MaxQuant 搜索中提取相关实验数据来开始程序。如前所述，LN229 分泌蛋白质组和细胞蛋白质组的 ProteinGroup 文件可提供下载（电子补充材料可在原书链接 link.springer.com 获取）。

1. 找到 proteinGroup.txt 文件　proteinGroup 文件包含了 MaxQuant 识别的蛋白质信息，位于"Combined"文件夹下的 – >"txt"文件夹 – > proteinGroup.txt。默认情况下，"Combined"文件夹位于与搜索的质谱文件相同的驱动器位置。对 proteinGroup 文件的汇总介绍可以在"Conbined" – >"txt" – >"tables.pdf"中找到。

2. 在 Excel 中打开 proteinGroup.txt 文件　选择 Excel 导入文本文件，选择"Delimited"（即分隔符）方式导入文件，点击"Next"。选择"Tab"，点击"Finish"。你将看到包含在 proteinGroups 中的表格化信息，此时应当将夹文件重新命名并保存为 Excel 文件。

3. 去除污染物和反向蛋白质　proteinGroups 数据中包含了污染序列（CON_[identifier]）和反向蛋白（REV_[identifier]）。这些蛋白质信息可能分别是样品处理的人为污染（例如角蛋白、胰蛋白酶），或 False Discovery Rate（%FDR，即伪发现率）设置带来的副产物。排除这些蛋白质 IDs 很重要。

4. 在"Majority Protein ID"列中找到标识符　蛋白质的唯一标识符通常采用 6 位或 10 位的代码形式。由于一个给定的肽段可能可以追溯到两个或更多的蛋白质，所以鉴定结果可能会报告多个 UniProt 标识符。由于该组标识符的规模及数量可能会引入偏差，可将这些标识符限制在具有最强证据的蛋白质上。幸运的是，拥有最强证据（即具有最大数量的 MS/MS 肽段谱匹配数）的蛋白质被列在最前面。在下面的示例中，可以看到"E7ETU9"和"O00469"两种蛋白，但只有 E7ETU9 将被使用："tr|E7ETU9|E7ETU9_HUMAN；sp|O00469| PLOD2_HUMAN"。

5. 将标识字符串复制到一个新的工作表中　在 Excel 工作簿中，点击位于页面底部的"+"按钮，生成一个新的工作表。先后使用"选择""复制"[Ctrl + C] 和"粘贴"[Ctrl + V] 功能，将含有蛋白 ID 标识符的整个列的内容复制到这个新的工作表上。

6. 解析 UniProt 标识符（第 1 个工作表）　如第 4 步中所述，蛋白质 ID 字符串被分隔符（此处为竖线 [|]）分隔。我们将使用此分隔符来解析信息。选择蛋白质组列。在"Data"菜单中，选择"Text to Columns"；在转换向导中，选择"Delimited"然后选择"Next"；选择"Other："后输入竖线（使用 [Shift + \]）（或其他适合的分隔符），然后按"Next"；在"Column data format"下选择"General"；点击"Finish"以继续后续操作。标识符现在将被分隔开。选择包含"第一个"UniProt/ID 代码的列。将此列转移到一个新的工作表并保存。

7. 依次为多蛋白质组数据集中的每个 proteinGroup.txt 文件重复上述步骤 1 ~ 6　已完成这些步骤的 Excel 工作簿示例可参见 LN229_cellular_proteome_proteinGroups.xlsx 和 LN229_secretome_proteinGroups.xlsx）。这些数据将用于网络富集分析。

（二）网络富集分析

g:Profiler 是一组用于进行生物网络计算分析的工具集，本章将使用 g:GOSt 来进行功能富集分析。可用的数据库包括基因本体分子功能（Gene Ontology Molecular Functions，GO:MF）、基因本体生物过程（Gene Ontology Biological Processes，GO:BP）、基因本体细胞组分（Gene Ontology Cellular Components，GO:CC）、京都基因与基因组百科全书（Kyoto Encyclopedia of Genes and Genomes，KEGG）、反应组（Reactome，REACT）、维基通路数据库（Wiki Pathways，WP）、转录因子（Transcription Factors，TF）、miRNA、人类蛋白质图谱（Human Protein Atlas，HPA）、哺乳动物蛋白质复合物综合资源（the comprehensive resource of mammalian protein complexes，CORUM）及人类表型本体（Human Phenotype Ontology，HP）。

1. 使用网站 https：//biit.cs.ut.ee/gprofiler/ 将蛋白质列表上传到 gProfiler。使用复制 / 粘贴方式将上一

节步骤7中生成的UniProt标识符复制过来。从gProfiler的下拉菜单中选择适当的生物品系。本示例中，将使用"Homo sapiens"来描述LN229的网络。将使用默认的"Advanced options"（高级选项）和"Data sources"（数据来源）设置（图12-2A～C）。点击"Run Query"（运行查询）进行分析。

2.下载gProfiler的结果。在"Results（结果）"和"Detailed Results（详细结果）"标签下，可以查看网络（图12-2D）。在"Detailed Results（详细结果）"下，可以选择全部或部分数据。下载CSV文件（图12-2E）并保存。

图12-2 应用g:Profiler进行数据分析示意图

A～C.将蛋白质ID提交至g:Profiler，选择生物品种和网络数据库（来源）选项。D. g:Profiler输出概要，突出显示功能性富集网络和P值。E.导出为CSV格式的数据输出文件以进行进一步处理

3.对于每个蛋白质组学数据集，重复步骤1～2。这些步骤输出的示例可参见gProfiler_LN229_cellular_proteome_hsapiens.xlsx 和 gProfiler_LN229_secretome_hsapiens.xlsx。这些数据将用于SIV计算和通过Multi-P探索生成集成网络。

（三）计算Multi-P和SIV

gProfiler的输出包含了有关数据库来源的信息（例如GO、KEGG、CORUM）、显著性（P值、调整后的P值）、网络的大小（term_size）及数据中蛋白质数量和身份识别的信息。借助这些信息，将使用Multi-P完成剩余的步骤，以发现协作网络。简言之，对于SIV计算，需要将网络ID和显著性水平进行合并。

1. 使用 Excel 打开 g:Profiler 的 CSV 文件。将 gProfiler 的结果复制粘贴到相邻的列中。我们已经提供一个编译了这些数据的示例 xlsx 文件 gProfiler_Combine_Secretome&CellularProteome.xlsx。一些用户可能会发现熟悉该文件的组织和操作方式会对自己未来工作很有帮助。

2. 使用 Excel 的 VLOOKUP 函数来关联多个蛋白质组学数据集之间的网络 P 值。需要确定在两个或多个信号区块之间唯一或共享的网络。为此将使用 VLOOKUP 函数。VLOOKUP 函数整合 4 个参数：①要查找的值；②由要搜索的列组成的数组；③将返回的值在数组中的列位置；④关于报告是否近似匹配（TRUE）或完全匹配（FALSE）（图 12-3）的指导。在这里，"=VLOOKUP（D3，L：M，2，FALSE）"将在 L 列和 M 列之间搜索 D3 的内容。一旦在 L 列中找到了"D3"，操作将报告数组的第二个位置（M 列）中单元格的内容。使用网络标识符"term_id"，我们将提取每个网络的 P 值。这个步骤将针对所有的实验 / 蛋白质组学数据集重复进行。最后将报告相应的网络 P 值，或者是"#N/A"，即"不适用 / 无法获得"。

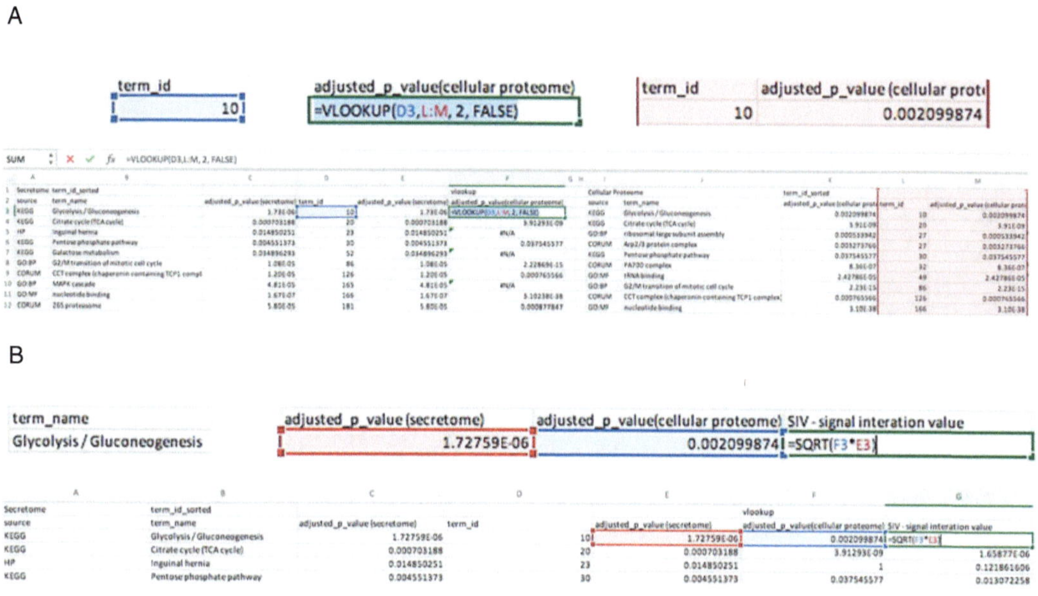

图 12-3 应用 Excel 及 VLOOKUP 功能进行数据分析的示意图
A. 使用 Excel 从多蛋白质组数据集中提取网络 p 值的操作。在此示例中，单元格内公式"=VLOOKUP（D3，L:M，2，FALSE）"引用的是"D3"（sectrtome term_id=10，以蓝色高亮显示）。本操作实例调整后 P=0.002 099 874。B. 跨多蛋白质组数据集进行 SIV 计算的操作

3. 将所有的"#N/A"值替换为 1。这样可以计算 SIVs。将上一步的工作表的内容复制到一个新的工作表中。具体做法是使用复制【Ctrl + C】，然后使用特殊粘贴（Paste Special）仅将数值（Values）转移到新工作表中。为了计算 SIVs，使用"查找"和"替换"功能将所有"#N/A"替换为"1"。在替换窗口中，"查找内容"中输入"#N/A"，并在"替换为"中输入"1"。点击"全部替换"完成这个任务。在提供的示例（gProfiler_Combine_Secretome&CellularProteome.xlsx）中，完成此任务的工作表标有"#NA->1"。

4. 生成 SIV。在上述工作表中，计算 SIV。对于每个蛋白质组学数据集，使用方程 1（图 12-3B）来组合网络富集分数（即 P 值）。比如对于两个不同网络，将使用函数 = sqrt（[P-value1]*[P-value2]）来计算 SIV。

5. 统一数据并删除重复项。通过合并列来统一网络数据，将在步骤 4 中生成的列复制到一个新的工作表中。在"Data"菜单下，使用"Remove Duplicates"来删除重复数据。此操作后，列出的 SIV 将会是唯一的。在 gProfiler_Combine_Secretome&CellularProteome.xlsx 示例中，该工作表被标记为"term id sorted duplicate remove"。

系统生物学中的蛋白质组学方法与实验指南

6. 按 SIV 对这些数据进行排序和整理。根据网络（如 GO：CC、GO：BP、CORUM 等）对工作表进行分类，按照 SIV 对这些网络进行排序。

7. 使用雷达图和其他网络可视化工具。这些图形能够很好地呈现数据。此处提供了在 GO 细胞组分（图 12-4）和涉及 VEGFA/VEGFR2 的整合信号（图 12-5）中的结果示例。在某些情况下，将整合网络复制到其他可视化工具（如 Wikipathways 和 Cytoscape）可能会很有用[7, 8]。

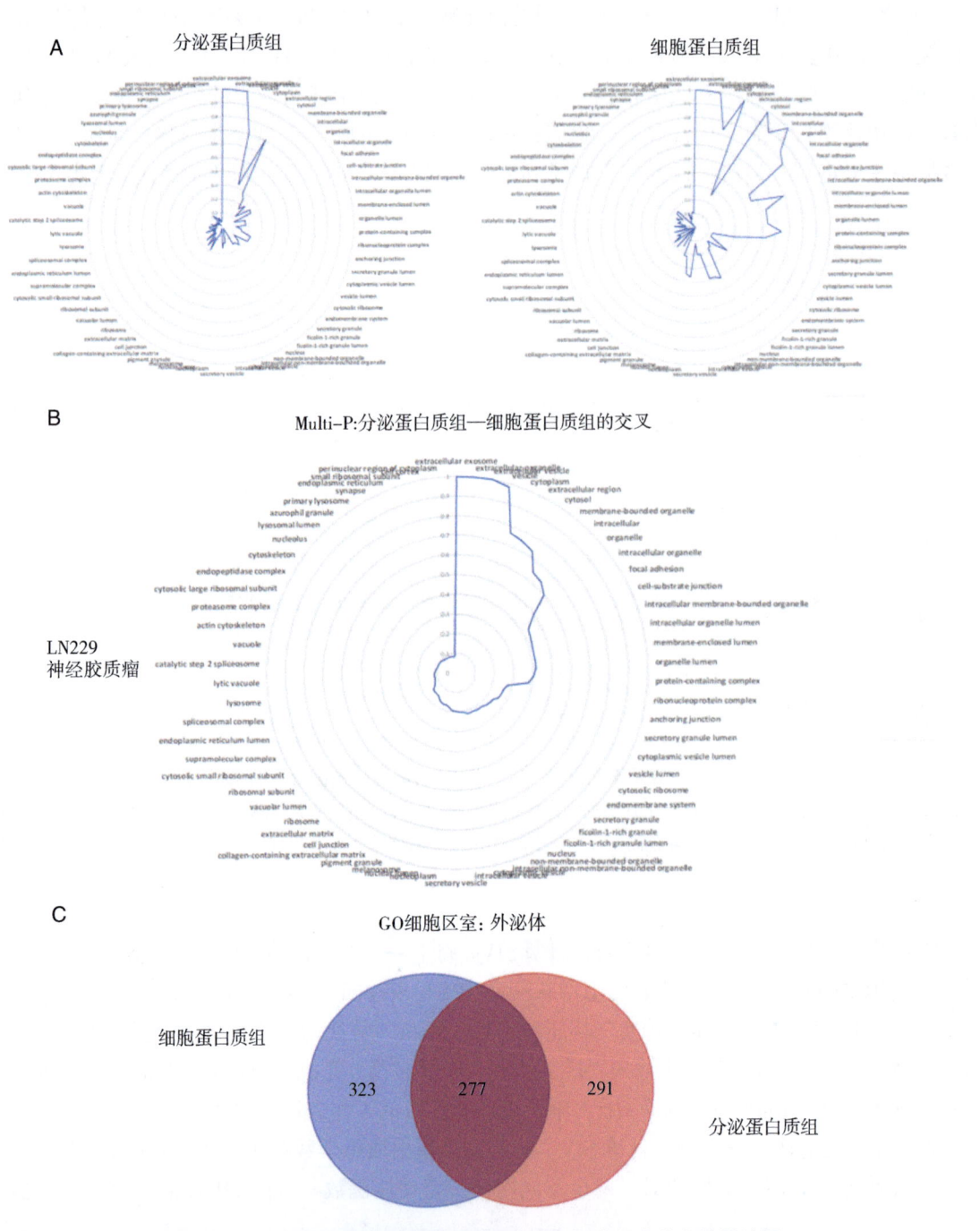

图 12-4　数据分析获得不同蛋白质组在 GO 细胞组分分布的雷达图

A. Multi-P 雷达图。单个雷达图展示的是 GO 细胞组分的分泌蛋白质组和细胞蛋白质组。B. 使用 Multi-P 细胞的联合分析提示分泌组和细胞蛋白质组交叉调控细胞外基质／环境（包括细胞外泌体、细胞外细胞器、细胞外囊泡）。C. "细胞外泌体"网络似乎贯穿 LN229 细胞蛋白质组和分泌蛋白质组区块。维恩图分别总结了在两个信号转导区块中单独存在或共享的蛋白质数量

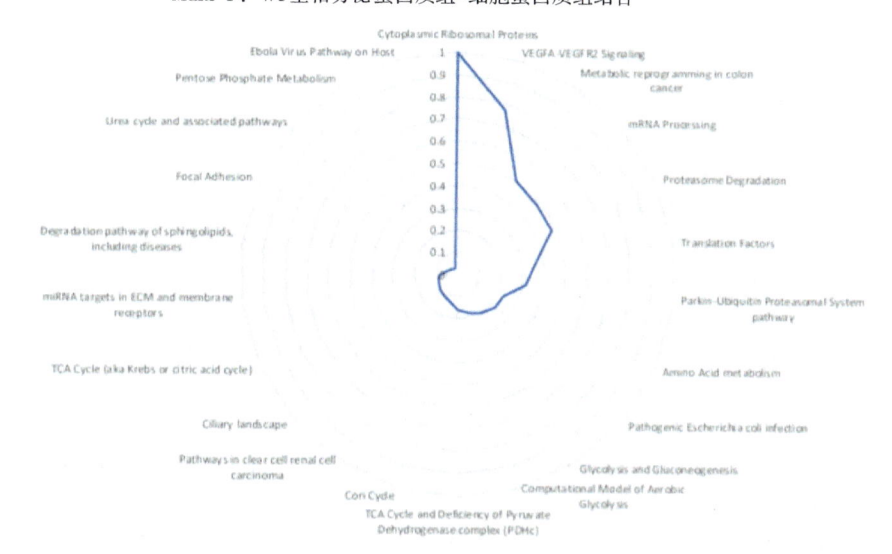

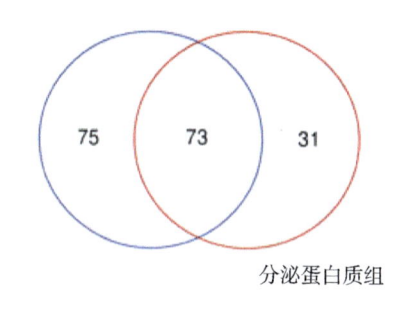

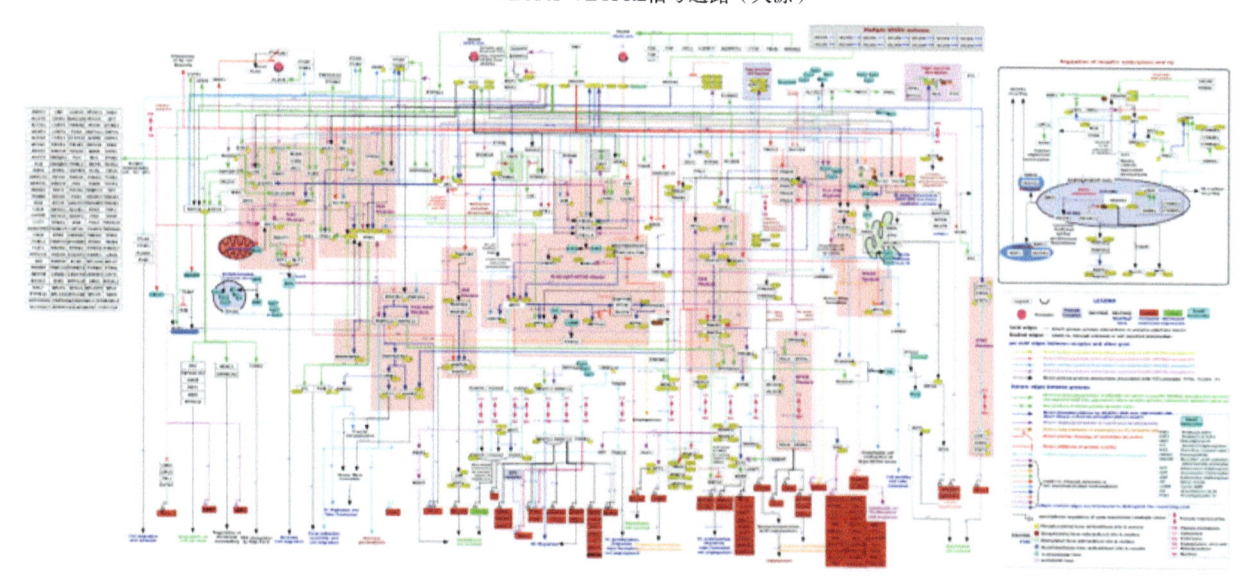

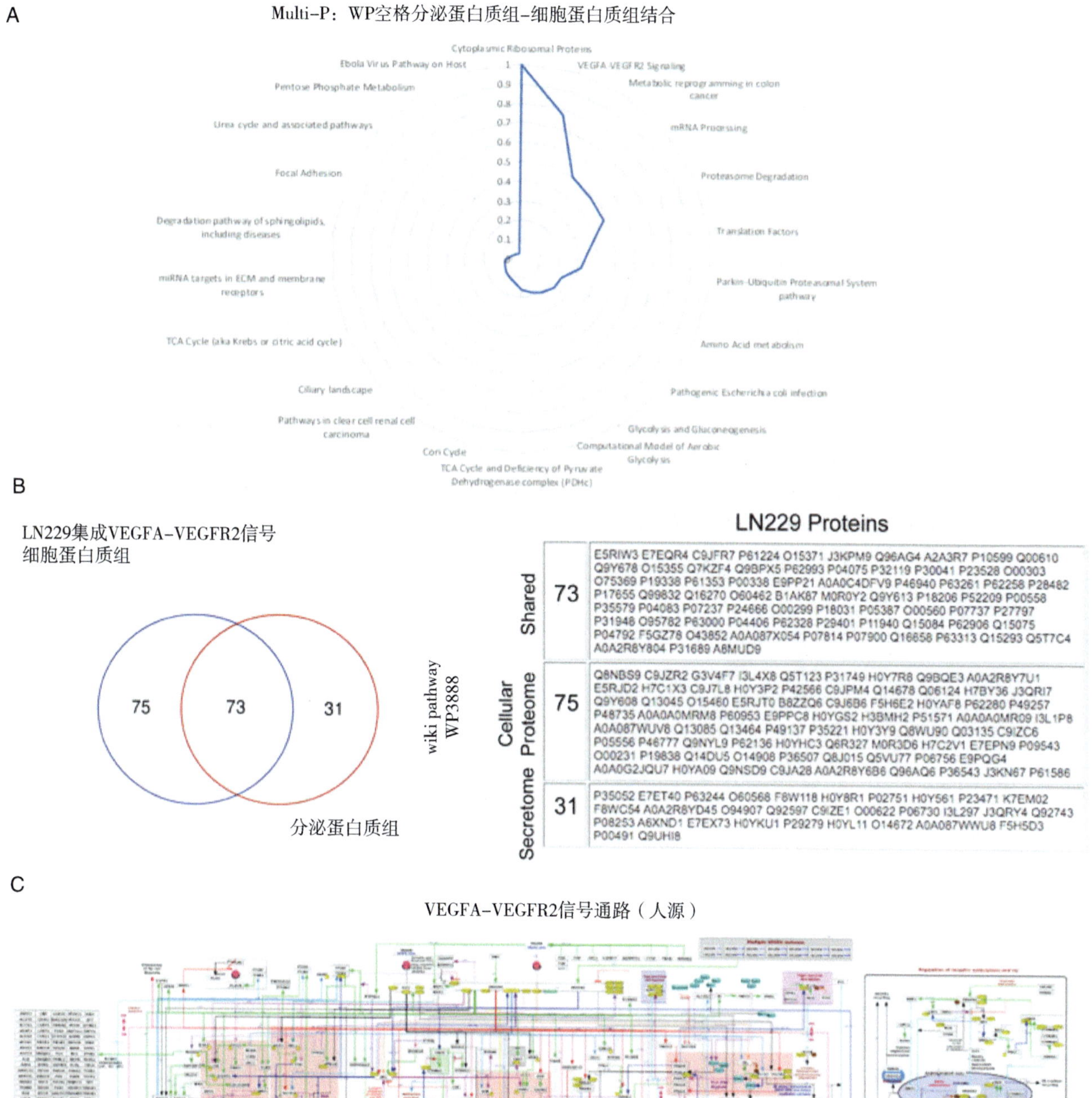

图 12-5　不同可视化程序展示 VEGFA/VEGFR2 整合信号通路

A. SIV 雷达图展示了细胞质核糖体（排名 1）和 VEGFA-VEGFR2（排名 2）的网络。B. VEGFA-VEGFR2 网络的维恩图展示了这些蛋白质的信息和分布。C. VEGFA-VEGFR2 网络地图（Wikipathway，WP3888）显示 LN229 细胞中分泌体和细胞组分中发现的蛋白质的系统性视图

参考文献

[1] Raudvere U, Kolberg L, Kuzmin I, Arak T, Adler P, Peterson H et al(2019)g:Profiler:a web server for functional enrichment analysis and conversions of gene lists(2019 update). Nucleic Acids Res 47(W1):W191-W1W8. https://doi.org/10.1093/nar/gkz369

[2] Yan J, Risacher SL, Shen L, Saykin AJ(2018)Network approaches to systems biology analysis of complex disease:integrative methods for multi-omics data. Brief Bioinform 19(6):1370-1381. https://doi.org/10.1093/bib/ bbx066

[3] Hasin Y, Seldin M, Lusis A(2017)Multi-omics approaches to disease. Genome Biol 18(1):83. https://doi.org/10.1186/s13059-017-1215-1

[4] Aftab Q, Mesnil M, Ojefua E, Poole A, Noordenbos J, Strale PO et al(2019)Cx43associated secretome and interactome reveal synergistic mechanisms for glioma migration and MMP3 activation. Front Neurosci 13:143. https://doi.org/10.3389/fnins.2019.00143

[5] Poole AT, Sitko CA, Le C, Naus CC, Hill BM, Bushnell EAC et al(2020)Examination of sulfonamide-based inhibitors of MMP3 using the conditioned media of invasive glioma cells. J Enzyme Inhib Med Chem 35(1):672-681. https://doi.org/10.1080/14756366.2020. 1715387

[6] Tyanova S, Temu T, Cox J(2016)The MaxQuant computational platform for mass spectrometry-based shotgun proteomics. Nat Protoc 11(12):2301-2319. https://doi.org/ 10.1038/nprot.2016.136

[7] Martens M, Ammar A, Riutta A, Waagmeester A, Slenter DN, Hanspers K et al(2021)WikiPathways:connecting communities. Nucleic Acids Res 49(D1):D613-D621. https://doi.org/10.1093/nar/gkaa1024

[8] Shannon P, Markiel A, Ozier O, Baliga NS, Wang JT, Ramage D et al(2003)Cytoscape:a software environment for integrated models of biomolecular interaction networks. Genome Res 13(11):2498-2504. https://doi.org/10.1101/ gr.1239303

第十三章

啤酒酵母分子复合体的单步亲和纯化方法及靶向交联质谱分析

Christian Trahan and Marlene Oeffinger

蛋白质交联质谱法（XL-MS）已逐步发展成为一种强大且稳定的常规实验技术，被越来越多的实验室所运用。虽然对复合物的批量交联检测提供了全部复合物的有效信息，但在对特定蛋白质的"邻域"或邻近相互作用组的探测方面颇受局限。如，在复合物的表面区域检测到的交联多肽对数量，相对于表面积会不成比例地增高，而在其他区域却很少甚至完全没有交联的发生。笔者在研究动态复合物的通路时，一些发生在邻近区域的交联可能在整个繁杂多样的复合物池中的丰度太低，以致无法通过标准的 XL-MS 进行有效鉴定。本章阐述了一种单步亲和纯化（ssAP）复合物的靶向 XL-MS 方法，该方法使用一个小的交联剂锚定标签（CH-标签），可以在酵母分子复合物中锚定特定蛋白的"邻域"。与一般检测交联的方法相比，该方法的优点是可以显著提高复合物内的局部锚定交联的富集作用，从而产生更高的灵敏度，以检测选定的诱饵蛋白在其通路上发生的"邻域"相互作用，否则这些蛋白质可能因处于动态变化中或含量很低而难以被捕捉到。此外，该方法还可以衍生出多种形式；ssAP-标签和 CH-标签可以融合到复合物中相同或不同的蛋白质上，同时 CH-标签可以与同一细胞系中的多种蛋白质成分融合，沿着一条通路动态地检测其成分与邻近位置的相互作用。

一、引言

化学交联质谱法（Chemical cross-linking mass spectrometry，XL-MS；CL-MS 或 CX-MS）已成为许多实验室采用的有力工具，通常与其他结构鉴定技术结合使用[1-5]，或单独用于简单确定蛋白质互作界面，蛋白质层次结构或定向定位以及探究分子复合物内的表面拓扑结构。XL-MS 技术可应用于任何蛋白质复合物，且目前已成功应用于研究染色质相关复合物[6-13]、转录机器[14-27]、核孔复合物和膜结合复合物[28-35]，核糖核蛋白如核糖体和线粒体核糖体[36-43]，或者全部由蛋白质组成的复合物如蛋白酶体，或纯化的单体或多聚体蛋白[44-48]，以及通过交联形成的全细胞蛋白质组混合物[49-62]，等等。形成复合物的蛋白质处在各自通路的特定阶段，因此复合物中的蛋白质-蛋白质相互作用是动态变化的。与大多数的结构鉴定技术相比，XL-MS 对待检物的均质性的要求更低，并且混合了不同化学性质的交联剂可以增加总体覆盖范围和灵敏度。但常见的一个问题是，在复合物表面鉴定出互作多肽对的机会出奇的高，而在其他区域却很少甚至根本鉴定不到。对于这类复合物内特定"邻域"缺乏交联的合理解释包括：可能缺乏介导相互作用的分子、缺乏彼此反应的氨基酸残基，或者那些在细胞网络中瞬时出现的复合物的丰度太低或对其检测的灵敏度有限，导致不能被检测到。

作者开发了一种靶向的交联方法，用于识别酵母中感兴趣的通路上稳定但高度动态或丰度很低的复合物（或亚复合物）中的邻域或邻近相互作用组。通过这种方法，作者曾确定了 Mex67/Mtr2 二聚体与 Nsp1 和 Nup159 以及 Gle1 中的（Fx）FG 重复序列之间的特异性相互作用，并展示了 Mex67/Mtr2 二聚体携带 mRNA 通过核孔的过程[63]。该方法将细胞冷冻研磨，与其他裂解方法相比，可以更好地保持复合物的完整性，并采用携带蛋白 A（PrA）标签的蛋白质分离纯化目标蛋白复合物，而 PrA 则与紧密偶联于磁珠表面的兔 IgG 抗体结合，从而实现"单步亲和纯化（ssAP）"[64, 65]。蛋白纯化完后还结合在树脂上时，用商品化的 SM（PEG）$_2$ 交联剂（图 13-1A）直接在树脂凝胶上通过两步反应进行交联：①通过交联剂的马来酰亚胺部分将交联剂锚着在目标复合物暴露于表面的巯基上；②通过简单改变 pH 以激活 N-羟基琥珀酰亚胺（NHS）的酯基，后者则可探测邻近赖氨酸（或者亲和力较弱的丝氨酸、苏氨酸和酪氨酸）并与之结合。作为锚定交联（anch cross-links，anchXL）的手段，作者开发了 CH-tag，它包含一个胰蛋白酶切割位点标签的精氨酸（R），与之相连的是一个半胱氨酸（C）（在第一步中交联剂通过其马来酰亚胺部分锚定的位置）、一个可促进该标签发生 MS 碎裂的天冬氨酸-脯氨酸（DP）二肽，以及 10 个 His 构成的 His10（用于高效 IMAC 富集交联后并胰蛋白酶切的肽段）（图 13-1B）。该锚定方法利用蛋白质中半胱氨酸的稀有性[66]在蛋白质表面更是如此。通过将交联剂锚定到一个可亲和纯化的复合物的特定位置，显著提高特定区域交联的检测灵敏度。

图 13-1 SM（PEG）$_2$ 交联剂的结构和可用于 ssAP-anchXL-MS 的 CH-tag 变体
A. SM（PEG）$_2$ 是一种异双功能交联剂，有 NHS 酯基和马来酰亚胺基团，由有两个聚乙二醇单位的规定长度的间隔臂连接。
B. CH-tag 可以融合在任何蛋白质（POI）末端。可以使用依赖/不依赖 POI 方案应用于单个蛋白质，也可以一次用于一个（子）复合物中的多个蛋白质，仅 POI 末端肽依赖性 CH-tag 方案可通过 POI 末端肽鉴定交联肽的来源

作者的方法也可以有各种变化。如，CH-tag 可以融合到任何蛋白质末端，只是标签的序列要根据被应用的 CH-tag 末端来改变（图 13-1B）。CH-tag 还可以与某种蛋白质上的亲和纯化表位标签（如 PrA）结合使用。虽然理论上可以构建在单个蛋白质上同时具有亲和力标签和锚定标签的细胞系，便于揭示其整

个细胞通路中的相互作用,但不推荐这种方法,因为以两步动力学折叠的蛋白质的两个末端都非常接近[67]。在一个蛋白质的同一个末端串联两个标签可能会导致由 PrA 对 CH-tag 的空间位阻,从而使蛋白质相互作用的检出量较低。因此,建议选择以非两步动力学折叠的蛋白质来使用此方法。此外,通过将标签融合到存在于复合物中或通路中的两种不同蛋白质时,只有这两种标记蛋白质在复合物中共存时发生的相互作用才会被检测到。还可以设计一种菌株,对某条重要但高度动态的通路上的多种蛋白质与 CH-tag 融合,研究其中复合物或亚复合物的时空变化,但要注意防止不同 CH-tag 的干扰。使用 CH-tag 标签标记来自同一个(亚)复合物的多个蛋白,需要在 CH-tag 中避免精氨酸,并将靶蛋白的天然 N 末端或 C 末端蛋白肽作为"条形码"融合在 CH-tag 中(图 13-1B)。目前笔者所在实验室正在使用 CRISPR 技术创建此类菌株[68]。

交联剂间隔臂的长度也可以变化。SM(PEG)n 交联剂系列提供不同长度的聚乙二醇(PEG)间隔臂,SM(PEG)2,4,6,8,12 和 24 的间隔臂长度分别为 17.6、26.4、32.5、39.25、53.4 和 92.5 Å。较短的交联剂会导致观察到的交联较少,但较短的间隔臂也对结构模型的建立增加了更严苛的距离限制。相反,较长的间隔臂会产生更多可观察到的交联,但除了相互作用之外几乎不能提供任何与结构相关的信息[69]。

用于 ssAP anchXL-MS 的起始材料的量至关重要,必须根据经验或参考文献或预实验确定。它依赖于多种因素,例如:①缓冲条件;②每个细胞的蛋白质拷贝数;③诱饵即兴趣蛋白的量与组装成复合物的诱饵池相对值;④在标签与不同蛋白质融合的情况下,CH-tag 蛋白与 PrA 标记的诱饵蛋白的比率;⑤诱饵蛋白通路上的 CH-tag 蛋白的锚定标签邻近相互作用体的相对丰度;⑥ssAP 和 CH 标签的可及性。所需冷冻细胞材料(细胞研磨物)的量和缓冲液优化的一般指南参见文献。此处,以酿酒酵母 Mex67-PrA/Mtr2-CH 内源性标记的异二聚体为例,描述 ssAP-anchXL-MS 的操作流程(图 13-2)。

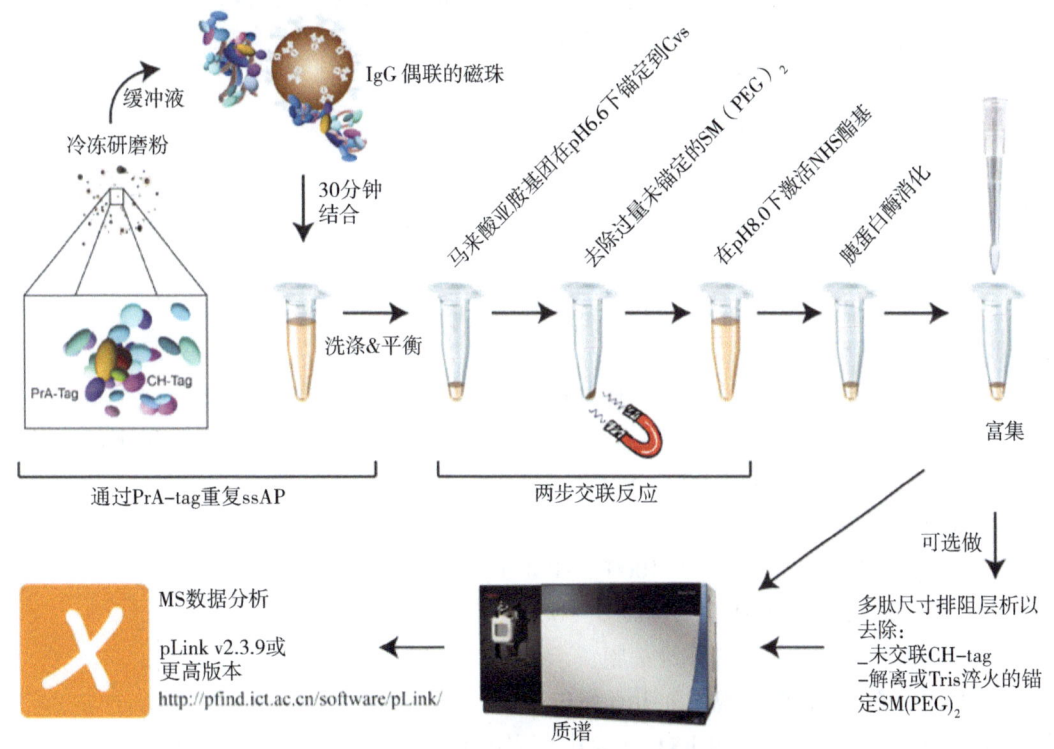

图 13-2 ssAP-anchXL-MS 方法的操作流程

冷冻研磨粉由细胞株制成,其中参与 ssAP 的蛋白质被蛋白质 A(PrA)分子标记,另有一个参与该相同通路的蛋白被 CH-tag 标记。将冷冻研磨物重新悬浮在选定的缓冲液中,使用 IgG 偶联的磁珠通过单步亲和纯化复合物,并以两步法进行交联反应(此时复合物仍附着在磁珠上)。马来酰亚胺基团首先通过其巯基在 pH 6.6 的条件下锚定到半胱氨酸上,随后去除过量未锚定的 SM(PEG)2,在 pH 8.0 的条件下激活 NHS 酯基,然后主要与附近赖氨酸的伯胺和蛋白质的 N 末端反应。随后,交联的复合物在磁珠上被蛋白酶降解,CH-tag 的肽段可使用 UptiTip(InterChim)镍包被的移液器吸头进行富集。将样品干燥并重悬,使用 MS 与 pLink2 进行分析。或者,可以加用一个多肽尺寸排阻层析步骤,以便从样品中去除过量的未交联 CH-tag 及解离或 Tris 淬火导致的游离交联剂所带的 CH-tag

二、材料

（一）SM（PEG）$_2$交联剂的滴定

1. 小试ssAP快速单步亲和纯化

（1）预先确定的ssAP缓冲液，含1mmol/L DTT、蛋白酶抑制剂、1∶5000消泡剂B乳液（Antifoad B Emulsion），注意不要使用含伯胺的缓冲液如Tris或甘氨酸的缓冲液。

（2）马来酰亚胺反应缓冲液（MRB）：含50mmol/L磷酸钠（pH 6.6）、150mmol/L NaCl、1mmol/L EDTA。

（3）Last Wash Buffer（LWB）：含0.1mol/L NH$_4$OAc、0.1mmol/L MgCl$_2$、0.02% Tween-20，用MS级水新鲜配制。

（4）洗脱液：含1.48mol/L（10%）NH$_4$OH、0.5mmol/L EDTA，新鲜配制。

（5）耗材、工具及小型仪器：涡旋仪；冰块和冰桶；金属抹刀；液氮；适合50ml管架的泡沫塑料盒；50ml管架；15ml或50ml锥形聚丙烯管；计时器；1.5ml LoBind管；2ml LoBind管。

（6）偶联IgG的磁珠[65]。

（7）DynaMag-2、-15和（或）-50磁铁（Life Technologies）。

（8）适用于15ml和50ml试管的普通低速台式离心机，至少离心力2600 rcf。

（9）任何提供温和混合的摇动/旋转的平台或转轮。

（10）与有机溶剂兼容的真空浓缩器（SpeedVac）。

（11）Polytron（Kinematica，PT 1200 E）手持匀浆仪，配备7 mm或12 mm EC标准浸入式匀浆探头（分散器），分别用于10ml或250ml以下的体积。或同类产品。

（12）冷藏室。

2. 两步法SM（PEG）$_2$交联滴定法

（1）SM（PEG）$_2$交联剂（Thermo Fishsher产品）。

（2）马来酰亚胺反应缓冲液（MRB）：50mmol/L磷酸钠（pH 6.6）、150mmol/L NaCl、1mmol/L EDTA。

（3）NHS酯反应缓冲液（NRB）：50mmol/L磷酸钠（pH 8.0）、150mmol/L NaCl、1mmol/L EDTA。

（4）1mol/L Tris（pH 8.0）。

（5）洗脱液：含1.48mol/L（10%）NH$_4$OH，新鲜配制。

（6）SDS-PAGE上样缓冲液：溶液A和溶液B按1∶1混合。溶液A：0.5mol/L Tris-HCl（pH 8.0）、5% SDS；溶液B：75%甘油、124.5mmol/L DTT、0.05%溴酚蓝。储存在4℃冰箱，使用前加入新鲜DTT溶液。

（7）SDS-PAGE系统和凝胶；Western印迹转移装置。

（8）小鼠Anti-His单克隆抗体，1∶1000（ABM good）。

（9）兔抗过氧化物酶抗体（PAP Ab），1∶5000。

（10）2ml LoBind管；0.2 μm硝酸纤维素膜。

（二）从分离的ssAP复合物估算CH-tag蛋白量

可以使用两种方法来估计ssAP-anchXL实验中获得的CH-tag标记的蛋白的含量，第一种方法还可用于估计蛋白间的交联与锚定有SM（PEG）$_2$ CH-tag但仍游离的蛋白的比率。这可使实验人员重新评估蛋白质间交联的效率并监测实验之间的一致性。第二种方法更快，但无法确定此类比率，只有在进行大规模ssAP-anchXL-MS实验之前通过SM（PEG）$_2$滴定才能确定该比率。

1. 方法一

（1）SDS-PAGE上样缓冲液：同上一条。即2步法SM（PEG）交联滴定法之（6）、（7）。

（2）纯化的带 His 标记的蛋白，已测定浓度。

（3）小鼠 Anti-His 单克隆抗体，1∶1000（ABM good）。

（4）Western 印迹转移装置；0.2μm 硝酸纤维素膜。

（5）ImageJ 软件（http：//wsr.imagej.net/distros/）。

2. 方法二

（1）50mmol/L 磷酸钠（pH 7.4），150mmol/L NaCl。

（2）0.2μm 硝酸纤维素膜。

（3）纯化的带 His 标记的蛋白，已测定浓度；或带 CH-tag 的合成多肽，浓度已知。

（4）小鼠 Anti-His 单克隆抗体，1∶1000（ABM good）。

（5）ImageJ 软件（http：//wsr.imagej.net/distros/）。

（三）大规模 ssAP-anchXL-MS

1. 大规模 ssAP 所需试剂、耗材、仪器等与"（一）SM（PEG）$_2$ 交联剂的滴定：1. 小试 SSAP 快速单步亲和纯化"部分相同。

2. SM（PEG）$_2$ 两步反应

（1）材料包括：SM（PEG）$_2$ 交联剂；马来酰亚胺反应缓冲液（MRB）；NHS 酯反应缓冲液（NRB）；洗脱液；SDS-PAGE 上样缓冲液；SDS-PAGE 系统和凝胶；Western 印迹转移装置；0.2 μm 硝酸纤维素膜。

（2）胰蛋白酶消化缓冲液：50mmol/L 磷酸钠（pH 8.0）。

（3）胰蛋白酶或胰蛋白酶/Lys-C 混合物（Promega）。

3. 固相金属亲和层析技术（Immobilized metal affinity chromatography，IMAC）富集 CH-tag 的交联肽

（1）镍包被（镀镍）UptiTip，10～200μl（Interchim 产品，或等效产品）。

（2）UptiTip 预洗（UPW）缓冲液：5% 乙腈（HPLC 级）、5% 乙酸，用 MS 级水配制。

（3）UptiTip 平衡（UEq）缓冲液：50mmol/L 磷酸钠缓冲液（pH 8.0）、250mmol/L NaCl 和 5mmol/L 高纯度咪唑，用 MS 级水配制。

（4）UptiTip 洗涤缓冲液（UWB）：50mmol/L 磷酸钠缓冲液（pH 6.0）、60% 乙腈，用 MS 级水配制。

（5）UptiTip 洗脱缓冲液（UEB）=0.5mol/L NH$_4$OH、5% 乙腈，用 MS 级水配制。

（6）2ml LoBind 管；MS 级水。

（7）与有机溶剂兼容的真空浓缩器（SpeedVac）。

（四）质谱方法与分析

1. MSB 缓冲液：1% 三氟乙酸（TFA）、15% 乙腈（ACN）、1mmol/L TCEP。

2. 溶剂 A：含有 0.2% 甲酸的 MS 级水溶液。

3. 溶剂 B：含有 0.2% 甲酸的 100% 乙腈（ACN）。

4. PicoFrit 熔融石英毛细管柱，长 15cm，内径 75 μm，New Objective 产品，或等效产品。

5. C18 反相介质：Jupiter 填料：5 μm 粒径，300 Å 孔径，Phenomenex 产品，或等效产品。

6. Easy-nLC Ⅱ系统，Thermo Fisher Scientific 产品。

7. Nanospray Flex Ion 离子源，Thermo Fisher Scientific 产品。

8. 质谱仪：Orbitrap Fusion 质谱仪，Thermo Fisher Scientific 产品。

9. pLink v2.3.9 软件或更高版本（译者注：由于软件已升级至 v2.3.11 版，该书原给出的网址已失效，新的网址为 http：//pfind.org/software/pLink/index.html）。

三、方法

（一）材料起始量和 ssAP 缓冲液优化

关于 Dynabeads epoxy M-270 IgG 结合、低温研磨（冷冻研磨）操作、细胞研磨产物重量、小试 ssAP 对研磨产物的需求量等，请参照参考文献[65]。

（二）SM（PEG）$_2$ 交联剂滴定

一旦确定最佳缓冲液条件和小试 ssAP 的研磨材料用量后，便可摸索 ssAP 材料欲达最佳交联所需的 SM（PEG）$_2$ 交联剂的量。由于半胱氨酸的丰度较低，因此在两步反应的第一步中，将 SM（PEG）$_2$ 的马来酰亚胺反应基团锚定至半胱氨酸所需的最佳 SM（PEG）$_2$ 浓度将会低于常用的 NHS 酯同型双功能交联剂常用的浓度。

1. 小试 ssAP

（1）将装有研磨产物的试管和架子浸在装有液氮的盒子中以保证其冷冻状态，称出足够所有 SM（PEG）$_2$ 滴定样品所需的研磨物量，加上相当于半个小试样品的量到 10ml 聚丙烯管中。这将保证除去移液误差和裂解样本澄清后每个条件下仍都有足够的材料。如，在 Mex67/Mtr2 系列研究中，每个小试 ssAP 需要 0.2 g 的 Mex67-PrA/Mtr2-CH，测试从 0 到 100 μmol/L 的 6 个交联浓度（图 13-3）将需要 1.3 g 研磨物（即 6+0.5 个反应）。将装有磨碎物的管子放在冰上，直到它呈现出冰淇淋般的外观。如果需要超过 1.5g 的磨碎物，需将磨碎物分成两个 15ml 管，或使用一个 50ml 管。

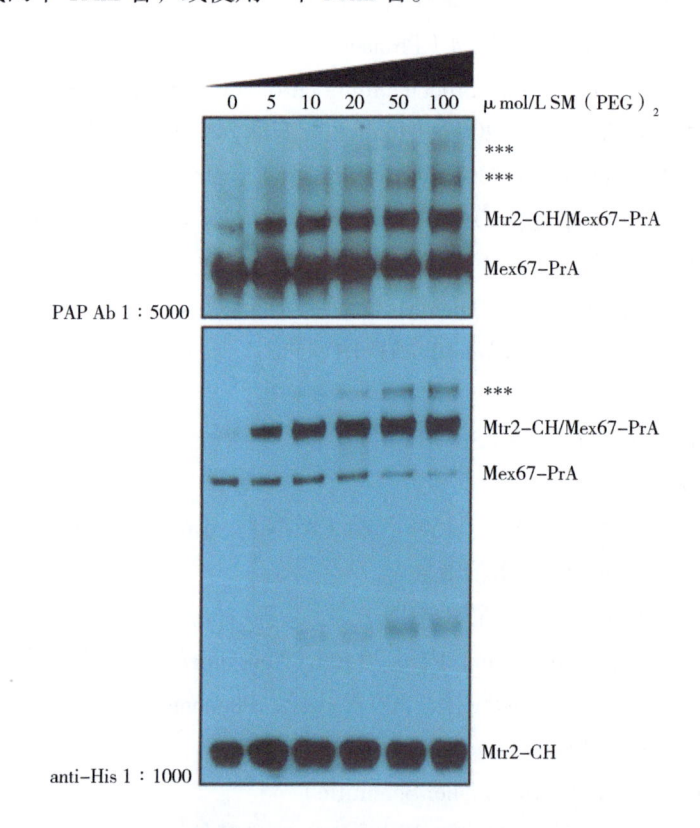

图 13-3 小试 ssAP 所需的 SM（PEG）$_2$ 的滴定

要确定用于 ssAP-anchXL-MS 的最佳 SM（PEG）$_2$ 浓度，最好先用小规模 ssAP 对所需交联剂进行滴定。此处所示是以 Mex67-PrA 分离复合物对 Mtr2-CH 的滴定。SM（PEG）$_2$ 反应以两步法进行，中间需去除未反应的交联剂。由于半胱氨酸丰度低，过度交联的可能性非常低。建议使用达到反应平台期所需浓度的 2 倍，在此处显示的示例中为 100 μmol/L。图中标出了 Mex67-Mtr2-CH 交联的位置，而未知成分的交联用星号标出

（2）加入预先确定的 ssAP 缓冲液（含有 1mmol/L DTT、1∶5000 消泡剂 B 和蛋白酶抑制剂），缓冲液与研磨液的比例为 9∶1，涡旋 30 秒至 1 分钟，涡旋后在冰上冷却样品。

（3）将该粗裂解物仍放在冰上，使用配套适当尺寸粉碎探头的匀浆机进一步匀浆样品 30 秒，钻头设置在其全速的 2/3。

（4）于 4℃、2900×g rcf 速度离心 10 分钟，以澄清裂解产物。

（5）离心等待期间，预洗所有 SM（PEG）$_2$ 浓度滴定所需的珠子数量，同样要额外加上相当于 0.5 个反应条件的量。要测试如图 13-3 中 0 和 100 μmol/L 之间的 6 个条件，使用（6+0.5）个 10μl 即共 65μl Dynabeads。在 1.5～2ml 微量离心管中加入 65μl 珠子，用 1ml 的 ssAP 缓冲液清洗。在洗涤过程中要么用移液器反复吹打，要么通过充分颠倒以保证珠子完全均匀悬浮。如果使用移液器吹打，注意需要预先用洗涤缓冲液湿润移液器吸头，以避免珠子和材料的损失。如果使用手工翻转混匀，最后一次需非常缓慢并将管子置于磁力架旁以确保回收可能滞留在微管盖下的珠子，并确保盖子下方没有残留缓冲液。

（6）重复步骤（5）两次，然后按最初每 10μl 珠子用 100μl ssAP 缓冲液中完全、均匀地重新悬浮珠子。将管子放在一边，远离磁铁。以上一步为例，洗好的珠子重新悬浮在 650μl 的 ssAP 缓冲液中，每 100μl 加至一个新的 2ml 圆底微量离心管中。圆底管最适合测试交联条件，因为与常见的 1.5ml V 形微量离心管的底部相比，U 形底允许较小的体积也能良好混合，使珠子保持悬浮状态。所需管的大小可能会根据特定诱饵所需的研磨物量和 ssAP 缓冲液体积而有所不同，而后者与目的蛋白在细胞总蛋白中的丰度 / 拷贝数有关[65]。

（7）当裂解物通过离心澄清（上述第 4 步）后，在冰上用移液器将上清液转移到新管中并测量其总体积，然后除以计划的交联反应条件数（在上面的例子中为 6.5 个样本）即为每个测试管的裂解物的体积。

（8）将第 6 步预洗好的磁珠离心管放在磁力架上并去除缓冲液。

（9）将管子从磁力架上取下，并在每个离心管中加入第 7 步计算好的透明裂解液。

（10）4℃条件下，在慢速振荡平台或转轮上孵育 30 分钟。

（11）室温下，用 ssAP 缓冲液清洗珠子 3 次。从这一步开始，所有步骤都在室温下进行。

（12）用 1ml LWB 清洗珠子 5 分钟，轻轻振荡搅拌保持磁珠混匀悬浮。注意：在进行两步交联反应之前有效去除铵盐至关重要，因为它可以与伯胺的 NHS 酯偶联竞争。

（13）用 MRB 清洗和平衡与珠子结合的纯化复合物 4 次，每次 1ml，以有效地去除从 ssAP 缓冲液中留下的 DTT。含巯基的 DTT 可在巯基偶联反应中与马来酰亚胺竞争。两步交联反应中容许（即不影响反应效率）的盐类及其浓度可能会有所不同，但请记住，这些盐可能会对蛋白质折叠和蛋白质 - 蛋白质相互作用产生影响。ssAP 中使用的盐可以继续用于两步交联反应，但建议使用 150mmol/L NaCl 以模拟生理条件。注意：不要使用任何含有伯胺的盐。如果之前使用的不是 LoBind 离心管中，请使用最后一次的平衡清洗机会将确保珠子转移至 2ml LoBind 管中。

2. 滴定 SM（PEG）$_2$ 交联剂

（1）将每个管中的珠子重悬在 20μl 的 MRB 中，其中含有各种浓度的 SM（PEG）$_2$。同时需要一个没有交联剂的阴性对照。

（2）在 25℃或室温下低速（350 r/min）涡旋 30 分钟。不时观察以确保涡旋过程中珠子没有沉在管底，而是保持悬浮状态。如果发现珠子沉淀，则增加涡旋速度直到沉淀消失。

（3）快速用 MRB 清洗珠子 3 次，每次 1ml，以去除任何未固定在半胱氨酸上的交联剂。

（4）将管子从磁性管架上取下，加入 1.35ml 的 NRB 以快速分散和稀释珠子，同时激活锚定交联剂的 NHS 酯基。

（5）在旋转轮或任何其他慢速搅拌平台上孵育 45～60 分钟。

（6）加入 150μl 1mol/L Tris（pH 8.0）以淬灭 NHS 酯基，继续孵育 15 分钟。将管子放在磁力架上，液体变清后即可吸走上清液。

（7）用 500μl 1.48mol/L NH$_4$OH 洗脱交联复合物，共 2 次，每次在缓慢搅拌平台或转轮上孵育 20 分钟。

（8）合并两个洗脱液，使用可兼容有机溶剂的 SpeedVac 过夜干燥所有样品，无须打开加热。

（9）将干燥的交联复合物重悬于 20μl SDS-PAGE 上样缓冲液中。

（10）取每个样本洗脱液的 1/10，加至 SDS-PAGE 孔中，电泳后将蛋白质转移到硝酸纤维素上，通过常规的蛋白印迹显色即可对上述滴定结果进行观察。显示 CH-tag 蛋白及其交联蛋白所需的二抗等可能需要根据 PrA 诱饵与 CH 标记蛋白量的比例等相应调整。

（11）对 CH-tag 及其交联蛋白的检测：在膜封闭后，使用 IgG2b 型小鼠单克隆 anti-His 抗体（1：1000 稀释）对膜进行孵育。该抗体与 ssAP PrA 标记的诱饵的结合力很弱，并且与酵母的内源性蛋白质没有任何交叉反应。也可使用针对 CH-tag 标记的靶蛋白的抗体对蛋白进行显示，此时，在蛋白质印迹上携带 CH-tag 标签的蛋白的分子量比未标记的该蛋白的分子量更高，也可用于确认 CH- 标签蛋白质信号的存在。对于 PrA- 诱饵蛋白复合体的检测，可使用 1：5000 稀释的过氧化物酶 - 抗过氧化物酶抗体。

（12）为确定大规模 anchXL-MS 实验所需的 SM（PEG）$_2$ 浓度，首先根据蛋白质印迹确定能达到交联蛋白信号平台的最低交联剂浓度后，将此浓度加倍即可。如，根据图 13-3，Mtr2-CH 在 50μmol/L 处达到平台期，因此后续的 Mex67-PrA/Mtr2-CH 实验将采用 100μmol/L 的 SM（PEG）$_2$。

（13）可选：为观察小试 ssAP-anchXL-MS 中的所有蛋白质，可以将每个样本洗脱液的 1/2 到 3/4 进行 SDS-PAGE 电泳，并对凝胶分离的蛋白质进行银染。

3. 从分离的小试 ssAP 复合物中估计 CH-tag 标记蛋白的量 可以使用两种方法粗略估计 PrA 诱饵 ssAP 在分离的复合物中存在的 CH-tag 标记的蛋白的量。虽然第一种方法更耗时，但它可以估计发生交联的 CH-tag 标记蛋白与带有 CH-tag 但因水解或 Tris 淬灭等导致游离的蛋白的比率，以确保实验间的一致性。

（1）方法一

1）使用确定的最佳 SM（PEG）$_2$ 浓度和未交联的阴性对照，重复方法（二）及（二）2 中的（1）~（9）步。

2）在 SDS-PAGE 样品上样缓冲液中对最佳交联和未交联的样品洗脱液进行系列稀释，同时对已知浓度的 His10-tag 标记蛋白进行系列稀释，二者一起在 15 孔 SDS-PAGE 中进行电泳。

3）蛋白质转移到硝酸纤维素膜上，封闭膜并使用 anti-His 抗体对 CH-tag 进行检测［参考方法（二）2 的步骤 11］。

4）使用蛋白质印迹成像的光密度法，并在减去阴性未交联样品对照的信号后，根据已知的 His10 标记蛋白的浓度制作标准曲线，并估计 CH-tag 蛋白的丰度。ImageJ 软件（http：//wsr.imagej.net/distros/）可以实现这些操作。使用这种方法可以很容易地估计游离和交联的 CH- 标记蛋白的数量和比例。注意要将质量单位转换为摩尔单位以进行正确的分子数比较。

或者，下述第二种方法更快，但无法估计 CH-tag 标记的蛋白中发生交联的分子与游离 CH-tag 蛋白及水解/Tris 淬灭但仍锚定有 SM（PEG）$_2$ 的 CH-tag 标记蛋白的比率。

（2）方法二

1）使用预先确定的最佳 SM（PEG）$_2$ 浓度和未交联的阴性对照，重复方法（二）及（二）2 中的（1）~（9）步，但将洗脱液重悬于 20μl 含 50mmol/L 磷酸钠和 150mmol/L 氯化钠（pH 7.4）的溶液中。

2）用同一缓冲液连续稀释洗脱液，并各取 1μl 在硝酸纤维素上进行斑点印迹，让洗脱液在膜上干燥后，再添加 1μl。为制作标准曲线，可使用纯的 His10 标记蛋白或合成 CH-tag 或 His10 多肽，进行系列稀释后同样在杂交膜上点样。

3）等膜干燥后，按照上述方法一对膜进行封闭后用 anti-His 抗体对其进行探测。

4）进行光密度分析，根据合成肽或 His10 标记蛋白制作标准曲线，并通过标准曲线来计算洗脱液中存在的 CH-tag 量（见注释 1）。

（三）大规模 ssAP-anchXL-MS

1. 大试 ssAP

（1）称重出来的冷冻研磨裂解物在冰上部分解冻，直到表现为冰淇淋样外观。粉末的数量取决于用 PrA 诱饵蛋白经 ssAP 分离出的 CH-tag 蛋白的量，以及游离 CH-tag 与交联的 CH- 蛋白的比率。在作者的 Mex67-PrA/Mtr2-CH 项目中使用 10 g 细胞研磨物，分装在两个 50ml 试管中。

（2）向裂解物溶液中以 9∶1 比例加入缓冲液。根据实际情况，该比率可以略微降低，以作者的 Mex67-PrA/Mtr2-CH 实验为例，为了方便将样品限定在两个 50ml 试管中，可使用 8∶1 的比率，结果仍接近最佳比率 9∶1 的比例。

（3）以最大速度涡旋 1 分钟，然后将重悬的裂解液放回冰上。

（4）使用配套适当尺寸标准的 Polytron 匀浆器，速度设置为最大速度的 2/3 匀浆样品 30 秒。对于 10ml 体积的样品，可使用 7 mm 匀浆探头，对于 10～50ml 体积的样品，使用 12 mm 探头。

（5）于 4℃以 2700×g 的速度离心 10 分钟，澄清样品。

（6）在离心的时段，取一定体积 ssAP-anchXL-MS 所需的珠子进行预洗，如方法（二）1（6）预洗珠子所示。参考 Mex67-PrA ssAP 案例中的珠子与细胞研磨物的比率，10 g Mex67-PrA/Mtr2-CH 细胞研磨物需要 500µl 珠子，即每克 Mex67-PrA 细胞研磨物需要 50µl 珠子。

（7）将裂解物的离心上清液转移到新的离心管中并将管放置在磁力架上。

（8）去除步骤（6）最后一次清洗珠子的洗涤液，用步骤（7）的澄清裂解液重悬珠子并将其全部转移到磁力支架上的裂解液管中。

（9）让珠子沉积在靠近磁铁的管壁上，重复此操作直到所有珠子都被转移，清洗移液管，以确保没有珠子损失。

（10）取下反应管，在旋转轮或任何提供温和振荡设备上于 4℃下孵育 30 分钟。

（11）将管子放回磁铁支架上，等待珠子吸附在管子的磁铁侧，然后使用长巴斯德移液器或连于负压真空的 1ml 移液器从管子的另一侧慢慢吸走上清液。

（12）从磁力支架上取下管子，在珠子上方加入 10ml 含有 DTT 和蛋白酶抑制剂的重悬缓冲液，将珠子从管壁上洗掉。然后以 45°角握住管子，轻轻旋转管子以确保珠子均匀分散，同时防止洗涤缓冲液和珠子接触管盖。重复此步骤两次，总共洗涤 3 次。

（13）同上一步操作，但换成 10ml 0.1mol/L NH$_4$OAc（pH 7.5）清洗珠子一次。

2. SM（PEG）$_2$ 两步反应

（1）用 20ml MRB 清洗珠子一次，再各用 10ml 清洗两次，注意加入缓冲液时清洗到试管的所有侧面，从试管吸走缓冲液时则去除尽可能多的 NH$_4$OAc，避免其残留到下一步。加入最后一次 MRB 缓冲液并将珠子均匀分散后，吸取 200µl 并转移到 1.5ml LoBind 离心管中，将该离心管放在磁性架上并去除上清液，并按照步骤（二）2 中（7）将复合物从珠子上洗脱下来，收集的该部分样本将作为未交联样品对照用于蛋白质印迹和 SDS-PAGE 银染验证。

（2）将上一步经 MRB 洗涤过的珠子重悬于含有 0.1mmol/L SM（PEG）$_2$ 的 1ml MRB 中，轻轻拍打和晃动试管以分散珠子。

（3）将试管直立固定在恒温振荡器上，在室温下轻轻振荡（约 160r/min）孵育 30 分钟。如果实验室只有高速旋涡振荡器，要实现如此低的旋转速度，可以将一个 50ml 的管支架粘贴到涡流振荡器适配器上，二者中间夹一个金属板块（如 PCR96 孔板槽）以增加重量和降低振荡速度。

（4）向其中加入 10ml MRB 以稀释未反应的 SM（PEG）$_2$，将管放在磁铁架上并弃去上清液。

（5）将试管从磁力架上取下，在珠子上方用力加入 10ml NRB 并用力甩动试管，然后再添加 35ml

NRB。在加入第一批 10ml NRB 时快速分散珠子非常重要！因为 NHS 酯部分在 pH 8.0 的条件下反应性很高，然后再使用大体积 NRB 进行 NHS 酯反应可使珠子进一步分开，从而最大限度地降低珠子之间发生交联的风险。

（6）将管直立，在室温下孵育 45～60 分钟，每隔几分钟慢慢翻转管。

（7）加入 5ml 1mol/L Tris（pH 8.0），进一步在室温下孵育 15 分钟以淬灭 NHS 酯反应，每隔几分钟翻转一次试管。将 50ml 中的 1ml 转移到 1.5ml LoBind 离心管中，并按照步骤(二)2 中的 7 洗脱交联样品——该样品将作为交联组用于蛋白质印迹和 SDS-PAGE 银染分析。

3. ssAP-anchXL 复合物的磁珠上胰蛋白酶消化

（1）上一步中其余的珠子及结合的交联复合物收集后用 10ml 50mmol/L 磷酸钠（pH 8.0）平衡一次，将管放回磁力架上并去除约 9ml 洗涤缓冲液。

（2）从磁铁上取下 50ml 管并使用剩余的 1ml 将珠子转移到放置在磁力架上的 1.5ml LoBind 管中。让珠子吸附在管靠近磁铁的一侧，并使用另一侧的上清液从 50ml 管中洗涤、回收剩余的珠子，直到从 50ml 管回收的缓冲液清澈为止。

（3）弃去 1.5ml 管中的上清液，用含 5μg 胰蛋白酶的 355μl 胰蛋白酶消化缓冲液重悬磁珠树脂。不要用移液器吸头混合（以免因吸附而损失样本），而是倒置管直到所有珠子都均匀分散。在缓慢旋转的转轮上于 37℃下孵育过夜。

（4）第 2 天，加入 2μg 胰蛋白酶，继续孵育 4 小时。

（5）以低速（600～800×g）瞬时旋转离心管以避免一些材料遗留在管盖中，然后将离心管放在磁力架上，并将含有胰蛋白酶消化多肽的上清液转移到新管中。

（6）向样品中加入 20μl 5mol/L NaCl 和 0.8μl 2.5mol/L 咪唑（pH 8.0）至终浓度分别为 250mmol/L 和 5mmol/L 的最终浓度。充分混合并将 400μl 胰蛋白酶消化物分成两个 LoBind 1.5ml 微管，每个管中 200μl。

4. chXL 多肽的 IMAC 富集

（1）每 200μl 胰蛋白酶消化物使用一个 UptiTip。使用 P200 移液器，用 200μl MS 级水润湿镀镍的 UptiTip，并将其排入废液容器。重复 4 次。

（2）用 200μl UPWB 预洗 UptiTip 吸头 3 次，将缓冲液排入废液容器。

（3）用 200μl UBB 清洗 UptiTip 5 次以平衡吸头，如上丢弃缓冲液。

（4）为每个 UptiTip 分配最多 200μl 样品，用移液器上下吸吹 UptiTip 100 次，使样本中 CH 标记的多肽与 UptiTip 结合。将移液器的体积设置为略低于样品体积可以避免产生气泡。

（5）每次用 20μl 平衡缓冲液清洗吸头，共 30 次，将缓冲液弃入废液容器内。

（6）用每次 20μl UWB 清洗吸头，共 3 次，如上丢弃缓冲液。

（7）为了洗脱富集的 CH-tag 标记肽，准备 3 个 LoBind 管，每个管中装入 10μl UEB。将 UptiTip 吸头在每个管的 10μl UEB 中上下吸吹 10 次，然后汇集所有 3 个洗脱液（共 30μl）。

（7）汇集使用的两个 UptiTip 的洗脱液（共 60μl）。

（9）室温下，在真空浓缩器（SpeedVac）中干燥样品，使管盖打开并指向转子的外部。将干燥的样品储存在 -80℃下或立即进行下一步。

5. 质谱分析

（1）将样品重悬于 12μl MS 缓冲液中。使用 TCEP 作为还原剂可防止半胱氨酸二硫键的形成，它同时是一种酸性 MS 兼容试剂。为避免过度稀释样品，最好先以最小体积（如 10～12μl）重新悬浮样品。样品可能过于浓缩，我们建议先从 1:5 稀释液中取样 1μl 或 2μl 进行一个快速 MS 梯度测试，以评估样品的质量和量，并确定达到接近 LC 和 MS 的饱和信号所需要注入的样品体积。

（2）可选操作：由于未反应的 CH-tag 多肽以及来自锚定 SM（PEG）$_2$ 的水解或 Tris 淬灭的 NHS 酯基

团可能在样品中冗余，因此可以对样品进行肽大小排阻以去除这些干扰物[70]。理想情况下，可以使用假定锚定 SM（PEG）$_2$ 的合成 CH-tag 肽然后水解所形成的产物大小作为截留分子量，并用一组不同的合成肽作为色谱校准。如果预期或担心蛋白质间交联与游离 CH-tag 多肽和 CH-tag 锚定的 SM（PEG）$_2$ 蛋白的比率非常低，作者建议执行此步骤，因为在这种情况下，游离 CH-tag 多肽和锚定的交联肽前体会使 LC-MS 仪器饱和，从而限制可注入 LC-MS 的样本体积，从而降低该方法的灵敏度。

（3）将样品直接加载到 PicoFrit 熔融石英毛细管柱（15cm×75μm 管径；New Objective，使用自行填充的 C18 反相介质），该色谱柱安装在 Easy-nLC Ⅱ 系统（Proxeon Biosystems）上并偶联于配备 Proxeon Nanospray Flex 离子源（Thermo Fisher Scientific）的 Fusion 质谱仪。

（4）将样品以 600nl/min 的速度加载到色谱柱上，并使用双斜率梯度模式以 250nl/min 的速度洗脱。梯度可能需要根据样品的复杂性和浓度进行调整。对于 Mex67-PrA/Mtr2-CH 案例，样品用 10% 的溶液 B 加载，然后在 40 分钟内将溶液 B 增加到 40%，再在 15 分钟内增加到 85% 进行洗脱。

（5）Orbitrap Fusion Tribrid 质谱仪方法设置：质谱仪使用 Top 3 秒循环方法以锁定质量（371.101233 Da）的数据依赖采集模式运行。MS1 全扫描范围为 360～1560m/z，以 120K Orbitrap 分辨率采集，自动增益控制（AGC）目标为 $1×10^6$，最大注入时间为 100 毫秒。最小离子强度阈值设置为 $1×10^4$。动态排除标准设置为 12 秒内扫描 4 次，排除时间为 40 秒。前体的质量公差设置为 ±10 ppm。四极杆前体隔离窗口保留为默认值（1.6m/z），只有 3～7 个电荷的前体离子被 HCD 以 30% 碰撞能量碎片化，用于 MS2 检测。Orbitrap 还以 30 000 的分辨率检测到 MS2 碎片离子。MS2 AGC 目标和最大注入时间分别设置为 $1×10^5$ 和 80 毫秒。MS2 最小离子强度阈值设置为 $1×10^4$。采用一个前体离子排除列表用于避免在未交联的 CH 标签多肽或半胱氨酸锚定的 SM（PEG）$_2$ 单端联结的多肽（由水解或 Tris 淬灭而产生的 NHS 酯基介导）上浪费 MS2 扫描时间（表 13-1；见注释 2）。

表 13-1 离子排斥表

m/z	Formula（分子式）	z	ID
852.8516	C（72），H（89），N（33），O（16）	2	CDPHHHHHHHHHH
568.9035	C（72），H（89），N（33），O（16）	3	CDPHHHHHHHHHH
426.9294	C（72），H（89），N（33），O（16）	4	CDPHHHHHHHHHH
1016.9151	C（86），H（109），N（35），O（23），S（1）	2	OH-SM（PEG）$_2$-CDPHHHHHHHHHH
678.2791	C（86），H（109），N（35），O（23），S（1）	3	OH-SM（PEG）$_2$-CDPHHHHHHHHHH
508.9612	C（86），H（109），N（35），O（23），S（1）	4	OH-SM（PEG）$_2$-CDPHHHHHHHHHH
407.3704	C（86），H（109），N（35），O（23），S（1）	5	OH-SM（PEG）$_2$-CDPHHHHHHHHHH
1068.4468	C（90），H（118），N（36），O（25），S（1）	2	Tris-SM（PEG）$_2$-CDPHHHHHHHHHH
712.6336	C（90），H（118），N（36），O（25），S（1）	3	Tris-SM（PEG）$_2$-CDPHHHHHHHHHH
534.7270	C（90），H（118），N（36），O（25），S（1）	4	Tris-SM（PEG）$_2$-CDPHHHHHHHHHH
427.9831	C（90），H（118），N（36），O（25），S（1）	5	Tris-SM（PEG）$_2$-CDPHHHHHHHHHH

6. 使用 pLink2 进行 ssAP-anchXL-MS 数据分析　感谢开发 pLink2 软件的 pFind Studio 团队，该软件的 2.3.9 版及更高版本可以有效识别锚定的 chXL 多肽。（译者注：目前该软件最新为 v2.3.11 版，官方网址为 http：//pfind.org/software/pLink/index.html）

（1）安装好软件后，首先打开 pConfig 文件。

1）添加自定义 FASTA 库，将正确的 CH-tag 序列添加到适当蛋白质的 FASTA 文件中（图 13-1B）。诱饵数据库将自动创建。

2）如果SM（PEG）$_2$未列出，则根据以下规范将SM（PEG）$_2$交联剂添加到交联接头列表中。作为一般原则，beta位点除不能设置为代表蛋白质N端的左中括号"["外，可以为Ser、Thr、Tyr氨基酸。对于SM（PEG）$_2$，则为：

Alphasites（α端）= C。

Betasites（β端）= K。

LinkerMass（交联剂和双肽反应后剩余质量）= 328.127。

MonoMass（交联剂只和一条肽反应后剩余质量）= 310.117。

LinkerComposition（元素组成）= C（18）O（9）H（23）N（3）。

MonoComposition（交联剂只和一条肽反应后剩余质量）= C（14）O（6）H（18）N（2）。

（2）保存好新的数据库和交联器后，打开pLink2，进行如下操作。

1）创建一个新任务并根据需要修改名称和文件位置。

2）从MS数据选项卡：直接导入原始（RAW）文件并将数据提取参数保留为默认值。如果使用其他供应商的质谱仪，应使用ProteoWizard的msconvert工具将输出文件转换为MGF文件格式[71]。

3）从识别选项卡：使用传统的交联流程并确定在分析过程中要使用的进程号（CPU线程）（请参阅您的计算机CPU规格）。通过从右侧框中的列表中选择SM（PEG）$_2$作为交联接头。如果未在上面的步骤将FASTA数据库添加到pLink2，也可以在此处添加。为此，请从数据库搜索部分选择自定义数据库（Customize Database），然后可以输入pLink2的数据库名称及FASTA文件的路径。对于Enzyme选项，无论使用胰蛋白酶还是胰蛋白酶/Lys-C生成用于MS的肽，此项都可以选择胰蛋白酶。胰蛋白酶和Trypsin_P酶的区别在于Trypsin_P不会考虑脯氨酸后的K/R裂解，只与胰蛋白酶相关，而与胰蛋白酶/Lys-C无关。虽然固定修饰（fixed modification）应留空，但强烈建议使用甲硫氨酸氧化（氧化[M]）作为可变修饰（variable modification）。在结果过滤器环节，肽谱匹配错误发现率（FDR）的阈值可以从独立的文件或跨实验中更改和计算。

4）在摘要（summary）选项卡中确认搜索设置，保存任务，然后开始处理。

（3）可选：可使用pFind3进行线性多肽搜索[72]，它可发现蛋白的意外修饰（译者注："意外修饰"指除用户常设的Cys之Carbamidomethyl修饰、甲硫氨酸之氧化、蛋白N端之乙酰化等外，pFind3可以考虑unimod的所有修饰，帮助用户发现先验知识外的意外修饰。pFind3与pLink配合应用，可以扩展应用范围，增加发现新型蛋白修饰的机会）。

（4）输出：搜索完成后，会产生一个名为general.html的网页并将自动打开、显示搜索结果，其中的链接指向"htmls"文件夹中生成的文件。还会生成一个名为reports的文件夹，其中包含csv文件格式的所有搜索结果，以便于对数据进行操作。

四、注释

1. 使用这种方法无法确定游离CH-tag蛋白与交联CH-tag蛋白的比率。若希望得到该比率，请参考SM（PEG）$_2$交联滴定的蛋白质印迹结果。

2. 这些值对应于位于C末端的POI非依赖的CH-tag（POI-RCDPH10）。如果使用N末端POI非依赖的CH-tag、POI末端肽依赖性CH-tag或不同长度的SM（PEG）$_n$［而非SM（PEG）$_2$］，则应重新计算这些值。

参考文献

[1] Piersimoni L, Sinz A(2020)Cross-linking/ mass spectrometry at the crossroads. Anal Bioanal Chem 412:5981-5987. https://doi.org/10.1007/s00216-020-02700-x

[2] Leitner A, Faini M, Stengel F, Aebersold R(2016)Crosslinking and mass spectrometry:an integrated technology to understand the structure and function of molecular machines. Trends Biochem Sci 41:20-32. https://doi.org/10.1016/j.tibs.2015.10.008

[3] Yu C, Huang L(2018)Cross-linking mass spectrometry(XL-MS):an emerging technology for interactomics and structural biology. Anal Chem 90:144-165. https://doi.org/10.1021/acs.analchem.7b04431

[4] O'Reilly FJ, Rappsilber J(2018)Cross-linking mass spectrometry:methods and applications in structural, molecular and systems biology. Nat Struct Mol Biol 25:1000-1008. https://doi.org/10.1038/s41594-018-0147-0

[5] Tang X, Wippel HH, Chavez JD, Bruce JE(2021)Crosslinking mass spectrometry:a link between structural biology and systems biology. Protein Sci 30:773-784. https://doi.org/10.1002/pro.4045

[6] Kim D, Setiaputra D, Jung T, Chung J, Leitner A, Yoon J, Aebersold R, Hebert H, Yip CK, Song J-J(2016)Molecular architecture of yeast chromatin assembly factor 1. Sci Rep 6:26702. https://doi.org/10.1038/srep26702

[7] Harrer N, Schindler CEM, Bruetzel LK, Forné I, Ludwigsen J, Imhof A, Zacharias M, Lipfert J, Mueller-Planitz F(2018)Structural architecture of the nucleosome remodeler ISWI determined from cross-linking, mass spectrometry, SAXS, and modeling. Structure 26:282-294.e6. https://doi.org/10.1016/j.str.2017.12.015

[8] Kang JJ, Faubert D, Boulais J, Francis NJ(2020)DNA binding reorganizes the intrinsically disordered C-terminal region of PSC in drosophila PRC1. J Mol Biol 432:4856-4871. https://doi.org/10.1016/j.jmb.2020.07.002

[9] Mashtalir N, Suzuki H, Farrell DP, Sankar A, Luo J, Filipovski M, D'Avino AR, St. Pierre R, Valencia AM, Onikubo T, Roeder RG, Han Y, He Y, Ranish JA, DiMaio F, Walz T, Kadoch C(2020)A structural model of the endogenous human BAF complex informs disease mechanisms. Cell 183:802-817.e24. https://doi.org/10.1016/j.cell.2020.09.051

[10] Structure and subunit topology of the INO80 chromatin remodeler and its nucleosome complex: cell. https://www.cell.com/fulltext/S00 92-8674(13)01010-6. Accessed 3 Jun 2021

[11] Nguyen VQ, Ranjan A, Stengel F, Wei D, Aebersold R, Wu C, Leschziner AE(2013)Molecular architecture of the ATP-dependent chromatin-remodeling complex SWR1. Cell 154:1220-1231. https://doi.org/10.1016/j.cell.2013.08.018

[12] Kloet SL, Baymaz HI, Makowski M, Groenewold V, Jansen PWTC, Berendsen M, Niazi H, Kops GJ, Vermeulen M(2015)Towards elucidating the stability, dynamics and architecture of the nucleosome remodeling and deacetylase complex by using quantitative interaction proteomics. FEBS J 282:1774-1785. https://doi.org/10.1111/febs.12972

[13] Fasci D, van Ingen H, Scheltema RA, Heck AJR(2018)Histone interaction landscapes visualized by crosslinking mass spectrometry in intact cell nuclei. Mol Cell Proteomics 17:2018-2033. https://doi.org/10.1074/mcp.RA118.000924

[14] Chen ZA, Jawhari A, Fischer L, Buchen C, Tahir S, Kamenski T, Rasmussen M, Lariviere L, Bukowski-Wills J-C, Nilges M, Cramer P, Rappsilber J(2010) Architecture of the RNA polymerase II-TFIIF complex revealed by cross-linking and mass spectrometry. EMBO J 29:717-726. https://doi.org/10.1038/emboj.2009.401

[15] Blattner C, Jennebach S, Herzog F, Mayer A, Cheung ACM, Witte G, Lorenzen K, Hopfner K-P, Heck AJR, Aebersold R, Cramer P(2011)Molecular basis of Rrn3-regulated RNA polymerase I initiation and cell growth. Genes Dev 25:2093-2105. https://doi.org/10.1101/gad.17363311

[16] Jennebach S, Herzog F, Aebersold R, Cramer P(2012)Crosslinking-MS analysis reveals RNA polymerase I domain architecture and basis of rRNA cleavage. Nucleic Acids Res 40:5591-5601. https://doi.org/10.1093/nar/gks220

[17] Luo J, Fishburn J, Hahn S, Ranish J(2012)An integrated chemical cross-linking and mass spectrometry approach to study protein complex architecture and function. Mol Cell Proteomics MCP 11:M111.008318. https://doi.org/10.1074/mcp.M111.008318

[18] Murakami K, Elmlund H, Kalisman N, Bushnell DA, Adams CM, Azubel M, Elmlund D, Levi-Kalisman Y, Liu X, Gibbons BJ, Levitt M, Kornberg RD(2013)Architecture of an RNA polymerase II transcription pre-initiation complex. Science 342:1238724. https://doi.org/10.1126/science.1238724

[19] Mühlbacher W, Sainsbury S, Hemann M, Hantsche M, Neyer S, Herzog F, Cramer P(2014)Conserved architecture of the core RNA polymerase II initiation complex. Nat Commun 5:4310. https://doi.org/10.1038/ncomms5310

[20] Martinez-Rucobo FW, Kohler R, van de Waterbeemd M, Heck AJR, Hemann M, Herzog F, Stark H, Cramer P(2015)Molecular basis of transcription-coupled pre-mRNA capping. Mol Cell 58:1079-1089. https://doi.org/10.1016/j.molcel.2015.04.004

[21] Robinson PJJ, Bushnell DA, Trnka MJ, Burlingame AL, Kornberg RD(2012)Structure of the mediator head module bound to the carboxy-terminal domain of RNA polymerase II. Proc Natl Acad Sci U S A 109:17931-17935. https://doi.org/10.1073/pnas.1215241109

[22] Plaschka C, Larivière L, Wenzeck L, Seizl M, Hemann M, Tegunov D, Petrotchenko EV, Borchers CH, Baumeister W, Herzog F, Villa E, Cramer P(2015)Architecture of the RNA polymerase II-mediator core initiation complex. Nature 518:376-380. https://doi.org/10.1038/nature14229

[23] Robinson PJ, Trnka MJ, Pellarin R, Greenberg CH, Bushnell DA, Davis R, Burlingame AL, Sali A, Kornberg RD(2015)Molecular architecture of the yeast mediator complex. eLife 4:e08719. https://doi.org/10.7554/eLife.08719

[24] Luo J, Cimermancic P, Viswanath S, Ebmeier CC, Kim B, Dehecq M, Raman V, Greenberg CH, Pellarin R, Sali A, Taatjes DJ, Hahn S, Ranish J(2015) Architecture of the human and yeast general transcription and DNA repair factor TFIIH. Mol Cell 59:794-806. https://doi.org/10.1016/j.molcel.2015.07.016

[25] Murakami K, Tsai K-L, Kalisman N, Bushnell DA, Asturias FJ, Kornberg RD(2015)Structure of an RNA polymerase II preinitiation complex. Proc Natl Acad Sci U S A 112:13543-13548. https://doi.org/10.1073/pnas.1518255112

[26] Sadian Y, Tafur L, Kosinski J, Jakobi AJ, Wetzel R, Buczak K, Hagen WJ, Beck M, Sachse C, Müller CW(2017)Structural insights into transcription initiation by yeast RNA polymerase I. EMBO J 36:2698-2709. https://doi.org/10.15252/embj.201796958

[27] Wu C-C, Herzog F, Jennebach S, Lin Y-C, Pai C-Y, Aebersold R, Cramer P, Chen H-T(2012)RNA polymerase III subunit architecture and implications for open promoter complex formation. Proc Natl Acad Sci U S A 109:19232-19237. https://doi.org/10.1073/pnas.1211665109

[28] Fernandez-Martinez J, Kim SJ, Shi Y, Upla P, Pellarin R, Gagnon M, Chemmama IE, Wang J, Nudelman I, Zhang W, Williams R, Rice WJ, Stokes DL, Zenklusen D, Chait BT, Sali A, Rout MP(2016)Structure and function of the nuclear pore complex cytoplasmic mRNA export platform. Cell 167:1215-1228.e25. https://doi.org/10.1016/j.cell.2016.10.028

[29] Zhong X, Wu X, Schweppe DK, Chavez JD, Mathay M, Eng JK, Keller A, Bruce JE(2020)In vivo cross-linking MS reveals conservation in OmpA linkage to different classes of β-lactamase enzymes. J Am Soc Mass Spectrom 31:190-195. https://doi.org/10.1021/jasms.9b00021

[30] Wittig S, Ganzella M, Barth M, Kostmann S, Riedel D, Pérez-Lara Á, Jahn R, Schmidt C(2021)Cross-linking mass spectrometry uncovers protein interactions and functional assemblies in synaptic vesicle membranes. Nat Commun 12:858. https://doi.org/10.1038/s41467-021-21102-w

[31] Kim SJ, Fernandez-Martinez J, Nudelman I, Shi Y, Zhang W, Raveh B, Herricks T, Slaughter BD, Hogan JA, Upla P, Chemmama IE, Pellarin R, Echeverria I, Shivaraju M, Chaudhury AS, Wang J, Williams R, Unruh JR, Greenberg CH, Jacobs EY, Yu Z, de la Cruz MJ, Mironska R, Stokes DL, Aitchison JD, Jarrold MF, Gerton JL, Ludtke SJ, Akey CW, Chait BT, Sali A, Rout MP(2018)Integrative structure and functional anatomy of a nuclear pore complex. Nature 555:475-482. https://doi.org/10.1038/nature26003

[32] Shi Y, Fernandez-Martinez J, Tjioe E, Pellarin R, Kim SJ, Williams R, SchneidmanDuhovny D, Sali A, Rout MP, Chait BT(2014)Structural characterization by cross-linking reveals the detailed architecture of a coatomer-related heptameric module from the nuclear pore complex. Mol Cell Proteomics MCP 13:2927-2943. https://doi.org/10.1074/mcp.M114.041673

[33] Thierbach K, von Appen A, Thoms M, Beck M, Flemming D, Hurt E(2013)Protein interfaces of the conserved Nup84 complex from Chaetomium thermophilum shown by crosslinking mass spectrometry and electron microscopy. Structure 21:1672-1682. https://doi.org/10.1016/j.str.2013.07.004

[34] Kim SJ, Fernandez-Martinez J, Sampathkumar P, Martel A, Matsui T, Tsuruta H, Weiss TM, Shi Y, MarkinaInarrairaegui A, Bonanno JB, Sauder JM, Burley SK, Chait BT, Almo SC, Rout MP, Sali A(2014)Integrative structure-function mapping of the nucleoporin Nup133 suggests a conserved mechanism for membrane anchoring of the nuclear pore complex. Mol Cell Proteomics MCP 13:2911-2926. https://doi.org/10.1074/mcp.M114.040915

[35] von Appen A, Kosinski J, Sparks L, Ori A, DiGuilio AL, Vollmer B, Mackmull M-T, Banterle N, Parca L, Kastritis P, Buczak K, Mosalaganti S, Hagen W, Andres-Pons A, Lemke EA, Bork P, Antonin W, Glavy JS, Bui KH, Beck M(2015)In situ structural analysis of the human nuclear pore complex. Nature 526:140-143. https://doi.org/10.1038/nature15381

[36] Erzberger JP, Stengel F, Pellarin R, Zhang S, Schaefer T, Aylett CHS, Cimermančič P, Boehringer D, Sali A, Aebersold R, Ban N(2014)Molecular architecture of the 40S eIF1. eIF3 translation initiation complex. Cell 158:1123-1135. https://doi.org/10.1016/j.cell.2014.07.044

[37] Lauber MA, Reilly JP(2011)Structural analysis of a prokaryotic ribosome using a novel amidinating cross-linker and mass spectrometry. J Proteome Res 10(8):3604-3616. https://pubs.acs.org/doi/10.1021/pr200260n. Accessed 3 Jun 2021

[38] Lauber MA, Rappsilber J, Reilly JP(2012)Dynamics of ribosomal protein S1 on a bacterial ribosome with cross-linking and mass spectrometry. Mol Cell Proteomics 11:1965-1976. https://doi.org/10.1074/mcp.M112.019562

[39] Greber BJ, Boehringer D, Leibundgut M, Bieri P, Leitner A, Schmitz N, Aebersold R, Ban N(2014)The complete structure of the large subunit of the mammalian mitochondrial ribosome. Nature 515:283-286. https://doi.org/10.1038/nature13895

[40] Greber BJ, Bieri P, Leibundgut M, Leitner A, Aebersold R, Boehringer D, Ban N(2015)Ribosome. The complete structure of the 55S mammalian mitochondrial ribosome. Science 348:303-308. https://doi.org/10.1126/science.aaa3872

[41] Kiosze-Becker K, Ori A, Gerovac M, Heuer A, Nürenberg-Goloub E, Rashid UJ, Becker T, Beckmann R, Beck M, Tampé R(2016)Structure of the ribosome post-recycling complex probed by chemical cross-linking and mass spectrometry. Nat Commun 7:13248. https://doi.org/10.1038/ncomms13248

[42] Tüting C, Iacobucci C, Ihling CH, Kastritis PL, Sinz A(2020)Structural analysis of 70S ribosomes by cross-linking/mass spectrometry reveals conformational plasticity. Sci Rep 10:12618. https://doi.org/10.1038/s41598-020-69313-3

[43] Götze M, Iacobucci C, Ihling CH, Sinz A(2019)A simple cross-linking/mass spectrometry workflow for studying system-wide protein interactions. Anal Chem 91:10236-10244. https://doi.org/10.1021/acs.analchem.9b02372

[44] de Oliveira LC, Volpon L, Rahardjo AK, Osborne MJ, Culjkovic-Kraljacic B, Trahan C, Oeffinger M, Kwok BH, Borden KLB(2019)Structural studies of the eIF4E-VPg complex reveal a direct competition for capped RNA:implications for translation. Proc Natl Acad Sci U S A 116:24056-24065. https://doi.org/10.1073/pnas.1904752116

[45] Sharon M, Taverner T, Ambroggio XI, Deshaies RJ, Robinson CV(2006)Structural organization of the 19S proteasome lid:insights from MS of intact complexes. PLoS Biol 4:e267. https://doi.org/10.1371/jour nal.pbio.0040267

[46] Bohn S, Beck F, Sakata E, Walzthoeni T, Beck M, Aebersold R, Förster F, Baumeister W, Nickell S(2010)Structure of the 26S proteasome from Schizosaccharomyces pombe at subnanometer resolution. Proc Natl Acad Sci U S A 107:20992-20997. https:// doi.org/10.1073/pnas.1015530107

[47] Lasker K, Förster F, Bohn S, Walzthoeni T, Villa E, Unverdorben P, Beck F, Aebersold R, Sali A, Baumeister W(2012)Molecular architecture of the 26S proteasome holocomplex determined by an integrative approach. Proc Natl Acad Sci U S A 109:1380-1387. https://doi.org/10.1073/pnas.1120559109

[48] Kao A, Randall A, Yang Y, Patel VR, Kandur W, Guan S, Rychnovsky SD, Baldi P, Huang L(2012)Mapping the structural topology of the yeast 19S proteasomal regulatory particle using chemical cross-linking and probabilistic modeling. Mol Cell Proteomics 11:1566-1577. https://doi.org/10.1074/mcp.M112.018374

[49] Yang B, Wu Y-J, Zhu M, Fan S-B, Lin J, Zhang K, Li S, Chi H, Li Y-X, Chen H-F, Luo S-K, Ding Y-H, Wang L-H, Hao Z, Xiu L-Y, Chen S, Ye K, He S-M, Dong M-Q(2012)Identification of cross-linked peptides from complex samples. Nat Methods 9:904- 906. https://doi.org/10.1038/nmeth.2099

[50] Pflieger D, Jünger MA, Müller M, Rinner O, Lee H, Gehrig PM, Gstaiger M, Aebersold R(2008)Quantitative proteomic analysis of protein complexes:concurrent identification of interactors and their state of phosphorylation. Mol Cell Proteomics 7:326-346. https://doi.org/10.1074/mcp.M700282-MCP200

[51] Xu H, Hsu P-H, Zhang L, Tsai M-D, Freitas MA(2010)Database search algorithm for identification of intact cross-links in proteins and peptides using tandem mass spectrometry. J Proteome Res 9:3384-3393. https://doi.org/10.1021/pr100369y

[52] Buncherd H, Roseboom W, de Koning LJ, de Koster CG, de Jong L(2014)A gas phase cleavage reaction of cross-linked peptides for protein complex topology studies by peptide fragment fingerprinting from large sequence database. J Proteome 108:65-77. https://doi.org/10.1016/j.jprot.2014.05.003

[53] Liu F, Rijkers DTS, Post H, Heck AJR(2015)Proteome-wide profiling of protein assemblies by cross-linking mass spectrometry. Nat Methods 12:1179-1184. https://doi.org/10.1038/nmeth.3603

[54] Liu F, Lössl P, Scheltema R, Viner R, Heck AJR(2017)Optimized fragmentation schemes and data analysis strategies for proteome-wide cross-link identification. Nat Commun 8:15473. https://doi.org/10.1038/ncomms15473

[55] Tan D, Li Q, Zhang M-J, Liu C, Ma C, Zhang P, Ding Y-H, Fan S-B, Tao L, Yang B, Li X, Ma S, Liu J, Feng B, Liu X, Wang H-W, He S-M, Gao N, Ye K, Dong M-Q, Lei X(2016)Trifunctional cross-linker for mapping protein-protein interaction networks and comparing protein conformational states. Elife 5:e12509. https://doi.org/10.7554/eLife.12509

[56] Zhang H, Tang X, Munske GR, Tolic N, Anderson GA, Bruce JE(2009)Identification of protein-protein interactions and topologies in living cells with chemical cross-linking and mass spectrometry. Mol Cell Proteomics 8:409-420. https://doi.org/10.1074/mcp.M800232-MCP200

[57] Navare AT, Chavez JD, Zheng C, Weisbrod CR, Eng JK, Siehnel R, Singh PK, Manoil C, Bruce JE(2015)probing the protein interaction network of Pseudomonas aeruginosa cells by chemical cross-linking mass spectrometry. Structure 23:762-773. https://doi.org/10.1016/j.str.2015.01.022

[58] Wu X, Chavez JD, Schweppe DK, Zheng C, Weisbrod CR, Eng JK, Murali A, Lee SA, Ramage E, Gallagher LA, Kulasekara HD, Edrozo ME, Kamischke CN, Brittnacher MJ, Miller SI, Singh PK, Manoil C, Bruce JE(2016)In vivo protein interaction network analysis reveals porin-localized antibiotic inactivation in Acinetobacter baumannii strain AB5075. Nat Commun 7:13414. https://doi.org/10.1038/ncomms13414

[59] Zhong X, Navare AT, Chavez JD, Eng JK, Schweppe DK, Bruce JE(2017)Large-scale and targeted quantitative cross-linking MS using isotope-labeled protein interaction reporter(PIR)cross-linkers. J Proteome Res 16:720-727. https://doi.org/10.1021/acs.jproteome.6b00752

[60] Chavez JD, Weisbrod CR, Zheng C, Eng JK, Bruce JE(2013)Protein interactions, posttranslational modifications and topologies in human cells. Mol Cell Proteomics 12:1451- 1467. https://doi.org/10.1074/mcp.M112.024497

[61] Schweppe DK, Chavez JD, Lee CF, Caudal A, Kruse SE, Stuppard R, Marcinek DJ, Shadel GS, Tian R, Bruce JE(2017)Mitochondrial protein interactome elucidated by chemical cross-linking mass spectrometry. Proc Natl Acad Sci U S A 114:1732-1737. https://doi.org/10.1073/pnas.1617220114

[62] de Jong L, de Koning EA, Roseboom W, Buncherd H, Wanner MJ, Dapic I, Jansen PJ, van Maarseveen JH, Corthals GL, Lewis PJ, Hamoen LW, de Koster CG (2017)In-culture cross-linking of bacterial cells reveals large-scale dynamic protein-protein interactions at the peptide level. J Proteome Res 16:2457-2471. https://doi.org/10.1021/acs.jproteome.7b00068

[63] Trahan C, Oeffinger M(2016)Targeted crosslinking-mass spectrometry determines vicinal interactomes within heterogeneous RNP complexes. Nucleic Acids Res 44:1354-1369. https://doi.org/10.1093/nar/gkv1366

[64] Oeffinger M, Wei KE, Rogers R, DeGrasse JA, Chait BT, Aitchison JD, Rout MP(2007)Comprehensive analysis of diverse ribonucleoprotein complexes. Nat Methods 4:951-956. https://doi.org/10.1038/nmeth1101

[65] Trahan C, Oeffinger M(2021)Single-step affinity purification(ssAP)and mass spectrometry of macromolecular complexes in the Yeast S. cerevisiae. Methods Mol Biol 1361:265-287

[66] Miseta A, Csutora P(2000)Relationship between the occurrence of cysteine in proteins and the complexity of organisms. Mol Biol Evol 17:1232-1239. https://doi.org/10.1093/oxfordjournals.molbev.a026406

[67] Krishna MMG, Englander SW(2005)The N-terminal to C-terminal motif in protein folding and function. Proc Natl Acad Sci U S A 102:1053-1058. https://doi.org/10.1073/ pnas.0409114102

[68] Laughery MF, Hunter T, Brown A, Hoopes J, Ostbye T, Shumaker T, Wyrick JJ(2015)New vectors for simple and strea mlined CRISPRCas9 genome editing in Saccharomyces cerevisiae. Yeast 32:711-720. https://doi.org/10. 1002/yea.3098

[69] Hofmann T, Fischer AW, Meiler J, Kalkhof S(2015)Protein structure prediction guided by crosslinking restraints—A systematic evaluation of the impact of the crosslinking spacer length. Methods 89:79-90. https://doi.org/ 10.1016/j.ymeth.2015.05.014

[70] Leitner A, Reischl R, Walzthoeni T, Herzog F, Bohn S, Förster F, Aebersold R (2012)Expanding the chemical cross-linking toolbox by the use of multiple proteases and enrichment by size exclusion chromatography. Mol Cell Proteomics 11:M111.014126. https:// doi.org/10.1074/mcp.M111.014126

[71] Kessner D, Chambers M, Burke R, Agus D, Mallick P(2008)ProteoWizard:open source software for rapid proteomics tools development. Bioinformatics 24:2534-2536. https:// doi.org/10.1093/bioinformatics/btn323

[72] Chi H, Liu C, Yang H, Zeng W-F, Wu L, Zhou W-J, Wang R-M, Niu X-N, Ding Y-H, Zhang Y, Wang Z-W, Chen Z-L, Sun R-X, Liu T, Tan G-M, Dong M-Q, Xu P, Zhang P-H, He S-M(2018)Comprehensive identification of peptides in tandem mass spectra using an efficient open search engine. Nat Biotechnol 36:1059-1061. https://doi.org/10.1038/ nbt.4236

第十四章

微管相关蛋白结构分析的交联质谱方法

Atefeh Rafiei and David C. Schriemer

> 微管相关蛋白（microtubule-associated proteins，MAPs）与微管（microtubule/microtubules，MT/MTs）结合，调节微管状态和各种细胞骨架功能。要全面了解MAPs的功能，需要对MAPs与其他蛋白质的物理接触进行结构表征，特别是当MAPs与微管晶格结合时。因为MAPs和MTs之间的相互作用多是异质性并以亚化学计量的，因此经典的结构测定技术常对它们束手无策。交联质谱（Crosslinking mass spectrometry，XL-MS）可以通过提供丰富的残基距离限制来帮助MAP-MT结构分析。本章所述方法提供了一个XL-MS工作流程，可以对稳定平衡的MAP-MT相互作用进行准确无偏倚采样，并对异双功能交联剂辅助的MAP-MT互作复合体的制备及验证程序进行了改进。通过该方法获得的距离限制参数和结果可以用于整合的结构建模方法而生成精确的模型。

一、引言

微管相关蛋白（microtubule-associated proteins，MAPs）是一组与微管（microtubule/microtubules，MT/MTs）相互作用以调节多种功能的蛋白质。MAPs可以微调微管结构及其动态不稳定性，后者正是细胞骨架的特征和标志；也可作为MTs和不同细胞组分之间互作的界面，包括细胞皮层、着丝点、中心体和各种各样可以沿着MTs运输的"货物"。数百种蛋白质被归类为MAPs，其中许多具有高度无序性，对传统技术的结构分析策略构成挑战。常见的例子包括微管稳定剂（stabilizer）如tau[1]、MAP2[2]、doublecortin（暂译"双皮质素"）[3]、非神经源性MAP4[4]、去稳定剂（destabilizer）如stathmin[5]、XKCM1[6]，以及集中在MT末端的"加帽（capping）"蛋白如EB1[7]、XMAP215[8]、CLIP-170[9, 10]及γ-TuRC[11]。许多运动蛋白（如Kinesins[12]和dyneins[13]）通过远端微弱的作用形成的二聚体、以定向的方式与MT晶格联结，MAP的功能在很大程度上是由这些更高的有序联接和无序结构域所决定的，通常涉及许多其他在更大复合体中的蛋白质，这些复合物是由MT晶格本身构成特定的核团。要研究、了解它们的功能，最好是在原位的结构分析，至少需要在一个能够重现所有与晶格互相作用的蛋白构成的完整调节体系统中研究。

冷冻电镜（cryogenic electron microscopy，cryo-EM）已经被用来解决几个MAP-MT的相互作用的结构[14-21]，但在许多情况下这些都只能达到部分地确定，因为这项技术在呈像异质性的结构，特别是存在一定程度无序性的结构时，有着内在的局限和困难；它还要面对部分晶格占位和非对称结构带来的挑战。因此，需要新的技术来补充cryo-EM，并充分利用结构确定的整合方法，即把所有可用的互补结构信息通过建模整合起来。整合结构建模是一种优化过程，包括对所有可能的元素组合进行抽样，以达到最适合输入信息的最终模型[22]。建模的成功取决于输入的结构数据和最终模型之间的一致性（图14-1），且不超过底层技术的精度范围,这与任何其他结构技术没有什么不同。在整合方法中,来源不同的输入结构数据被用于生成一个评分函数,来指导优化。该方法可以接受实验数据,也可以接受物理理论和统计分析,以揭示超大多功能蛋白复合物的构象、位置及结构朝向[23]。

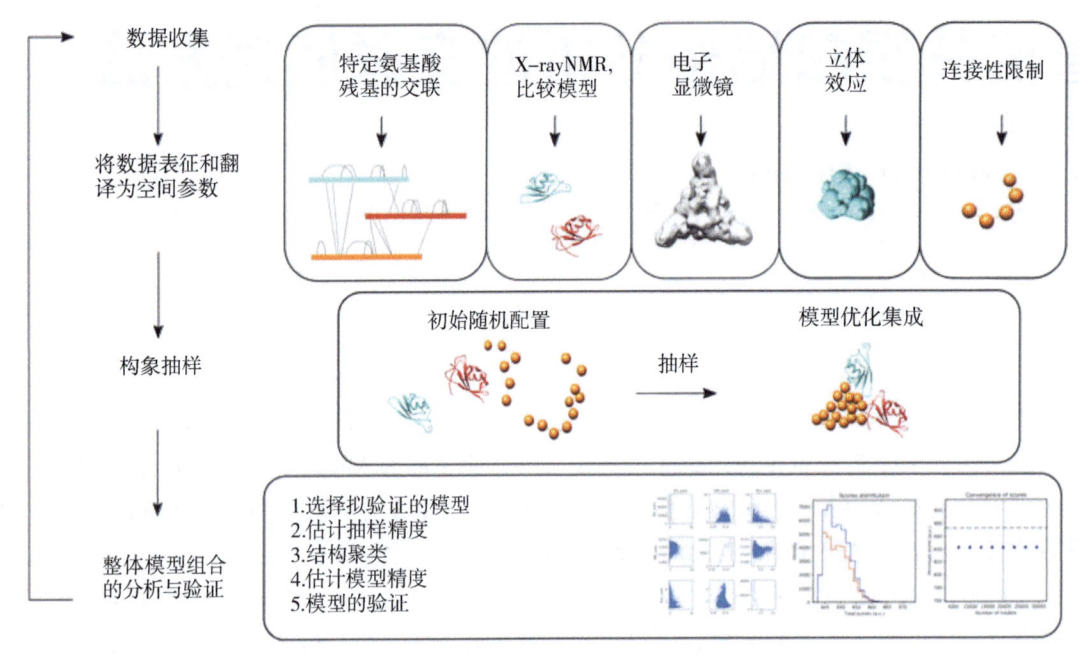

图 14-1 整合建模工作流程中单个循环的四个阶段

对于 MAP-MT 交互作用,该整合方法可以充分利用高分辨率的 MT 结构信息[24, 25]及许多不同 MAPs 中稳定结构域的原子结构信息。有时低分辨率的 MAP-MT 相互作用也可以使用。因此,该方法需要一个数据源,可以组合所有元素,并填补结构缺失的区域。化学交联质谱(XL-MS)是互补信息的理想来源,因为它可以从即使只是中等大小的系统中产生数百个距离限定参数[26]。特别有价值的地方还在于,它可以迁就动态性、可变动性和一定程度的异质性。在 XL-MS 中,双功能的化学试剂即交联接头,共价结合于在空间上彼此相近的蛋白表面的氨基酸的侧链上。在用蛋白酶消化蛋白质样本后,使用高分辨率串联质谱识别交叉连接位点,为整合建模提供距离限定数据。XL-MS 是一种相对简单的实验工作流程,可以应用于少量的蛋白质,这使得它更容易应用于几乎任何蛋白质复合体,不用考虑弹性或不确定性[27]、大小[28]和溶解度[29]。

XL-MS 目前只应用于少数基于 MT 的交互作用[30-35],部分原因是 MT 晶格本身的特别限制。晶格的外部负电荷很高,含有的暴露于表面的赖氨酸相对较少。这是一个值得关注的问题,因为大多数高效的交联物都是针对自由胺基(如赖氨酸所含)反应而设计的。此外,晶格的聚合性质使得对 MAPs 定位具有一定的挑战性。由于大多数交联剂寿命较长使非天然构象的干扰加剧[36, 37]。笔者已经解决了许多这样的问题,方法是对样本结构进行更快采集,并使用集成建模平台(integrative modeling platform,IMP)和管线,对 MT-MAP 互作进行集成建模[22, 38](图 14-2)。本章介绍优化的 XL-MS 实验工作流程,即使用光激活的 NHS-diazirine(NHS-二氮嗪。译者注:Diazirine 还被不同文献译作"重氮甲烷""双吖丙啶""二氮丙啶"等)交联方案进行 MAP-MT 分析,可用于为上述管线提供准确的交联数据进行建模。其中,NHS-酯与伯胺(主要存在于赖氨酸,以及少量丝氨酸、苏氨酸和酪氨酸)反应,而二氮嗪被光活化后则产生一个可以非特异性插入 20 个氨基酸中的双自由基碳烯。应用半衰期较短的光交联试剂对研究 MAP-MT 复合物的平衡构象时的采样十分必要,并减少 MAP-MT 相互作用研究中的取样偏差。

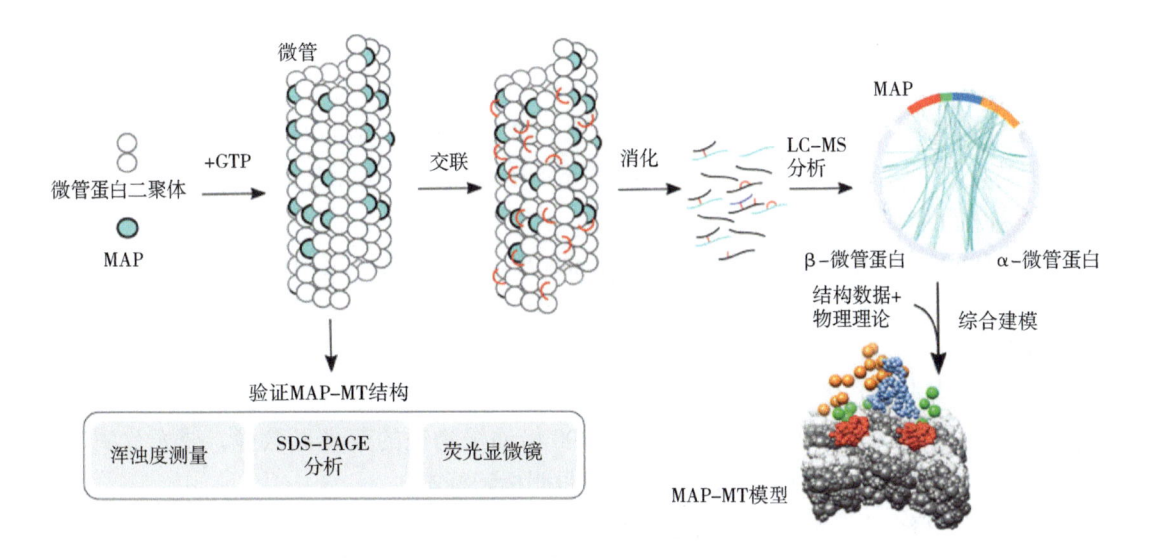

图 14-2 基于交联的 MAP-MT 相互作用结构分析

包括 MAP-MT 构建、生化验证和 XL-MS 步骤。图中所示的整合模型是基于该工作流程生成的双皮质素 - 微管相互作用模型

本章提供了使用这种个性化交联策略对任何 MAP-MT 相互作用进行分析的方法，包括用于重建和验证 MAP-MT 结构的改进方法，以及进行光交联、质谱数据采集和 XL-MS 数据分析以便为整合建模活动生成数据的方法。因为微管（即 MT）本质是一种不稳定的蛋白质结构，对缓冲液成分、温度和 pH 非常敏感，因此在实验中需要特别注意。

二、材料

（一）蛋白质制备

1. 从牛或猪脑中按照文献报道方法纯化 α/β- 微管蛋白[39]，或者，由于需求量不高，也可以从商业来源（如 Cytoskeleton Inc.）购买 α/β- 微管蛋白（见注释 1）。

2. 制备荧光素偶联的 α/β- 微管蛋白[40]，或者从商业来源（如 Cytoskeleton Inc.）购买标记的 α/β- 微管蛋白（见注释 1）。

3. 用冰冷 BRB80 缓冲液溶解制备的 α/β- 微管蛋白至 10～20 mg/ml，或经缓冲置换将商购蛋白原液用 BRB80 制备成 10～20 mg/ml。在冰上等分至单实验体积（5～10μl），快速冷冻并在 -80℃ 保存至使用。

4. 按照公认的蛋白表达、纯化方法，制备重组表达兴趣蛋白 MAPs。也可从市场购买商业化的 MAPs。在可能的情况下，将缓冲液置换成 BRB80。

（二）缓冲液与储存液

1. BRB80 缓冲液：80 mmol/L PIPES，1 mmol/L EGTA，1 mmol/L MgCl$_2$，pH6.8（含 KOH）。准备 5× 缓冲液，分装并保存在 4℃ 环境下。

2. 粒径排阻色谱（size exclusion chromatography，SEC）流动相：0.1% 甲酸，30% 乙腈，脱气处理。在室温下保存；1 周内使用。

3. 反相液相色谱流动相 A：0.1% 甲酸水溶液（均为 LC-MS 级），脱气处理。常温保存；1 周内使用。

4. 反相液相色谱流动相 B：0.1% 甲酸、80% 乙腈（均为 LC-MS 级）。常温保存；1 周内使用。

5. 多西紫杉醇（Taxotere，也有译为泰索帝、紫杉特尔等）：100 mmol/L 溶于 DMSO。分装并在 -20℃ 下保存。

6. 鸟苷 5′- 三磷酸二锂（GTP）：100 mmol，LC-MS 级水。分装并在 -20℃ 下保存。

7. 二硫苏糖醇（DTT）：100mmol/L，溶于 LC-MS 级水中。分装冷藏于 -20℃。

8. 氯乙酰胺（CAA）：50mmol/L，溶于 LC-MS 级水。使用前现备，用铝箔包好，避光。

9. 在无水 DMSO 中制备 NHS-diazirine 交联试剂（如 LC-SDA，见注释 2）。因最终 MT 制剂中的 DMSO 含量应保持在 5%（vol/vol）以下，因此将交联试剂原液制备到适当的浓度，理想情况下为 20mmol/L 或更高。使用前新鲜配制。

10. 碳酸氢铵（ABC）：用 LC-MS 级水配至 500mmol/L。常温保存，定期检查 pH。

11. 胰蛋白酶：用 LC-MS 级水配至 1mg/ml，在冰上配制。分装并在 -80℃保存。

（三）所需设备

1. 在工作流程的不同阶段，采用标准的冷冻和非冷冻台式离心机制备和分离聚合物化 α/β- 微管蛋白。

2. 荧光显微镜用于观察 MT 聚体。例如，配备 100 倍油浸物镜的荧光显微镜，滤光片的激发波长为 530～550 nm，发射波长为 580～600 nm（适用于罗丹明标记标本）。

3. 用于监测浊度（聚合程度和比例）的分光光度计。推荐配备 340 nm 滤光片的 384 孔板读板机。

4. 交联设备。需要一种设置，使交联反应的第二步可以快速完成——理想情况下在几秒或更短时间内完成。两个选项，分别是 Nd：YAG 激光仪，使用第三谐波（355nm）（型号为 YG980；Quantel，Les Ulis，法国）；或者高强度电弧灯配备近紫外滤片。

5. 粒径排阻色谱仪。安捷伦 1100 系列或类似的液相色谱系统，配置多肽分子排阻柱。

6. 液相色谱 - 质谱系统。需要一个纳米喷雾串联质谱仪和一个相连的纳米液相色谱系统。任何更新型的 Orbitrap 都是理想的。作者使用过 Orbitrap Velos 和 Orbitrap Fusion Lumos 型号。

三、方法

（一）MT-MAP 制备及初始检测

该程序包括重建平衡的 MT-MAP 相互作用（如果需要，需要用药物稳定 MT），并使用显微镜、SDS-PAGE 和浊度法来验证复合物的形成、晶格占位和复合物的生长速度。使用异双功能试剂将平衡后的复合物体系进行交联，随后消化并用 LC-MS/MS 鉴定交联多肽。

1. 将 α/β- 微管蛋白储存液在室温水中迅速解冻，随后立即置于冰上。用冷 BRB80 缓冲液溶解或调配微管蛋白至 4.0 mg/ml（见注释 3）。

2. 在 4℃下将样品在至少 16 800×g 速度下离心 10 分钟，以便去除任何严重聚集和变性的 α/β- 微管蛋白。如果存在聚集体，则在荧光显微镜下表现为星形结构。移出上清液至一新的离心管，用室温 BRB80 + GTP（1mmol/L）稀释至 10μmol/L（约 1.0 mg/ml）。这是在没有药物的情况下聚合的临界浓度。加入适当浓度的 MAP，一般在 0～20μmol/L（见注释 4）。

3. 将样品在 37℃水浴中孵育 30～60 分钟以诱导聚合。为了检测聚合，在冰上用不同浓度的 MAP 在 BRB80 + GTP（1mmol/L）中制备上述溶液，转移到 384 孔板上，并快速转移到分光光度计，温度保持在 37℃。避免产生气泡，确保每孔至少有 40μl，以保证足够的光路径长度。

4. 使用配备 340 nm 滤光片的分光光度计检测光散射。每隔 10 秒扫描 1 次，并保持适当的时间（例如，100 分钟）。将这些值标准化成路径长度为 1cm。

5. 在单独的 MAP-MT 配方中，使用 SDS-PAGE 来确定沉淀样品中的占用率（并估计化学计量学）。样品在 16 800×g 速度下室温离心 10 分钟，用凝胶上样吸头吸取上清液（用于 SDS-PAGE）。

6. 用温热（37℃）的 BRB80 清洗 MT 沉淀，在 6% 或 8% 的 SDS-PAGE 上分析上清液和沉淀。

（二）利用荧光显微镜对 MAP-MT 结构的评价

1. 使用罗丹明标记的与未标记的 α/β- 微管蛋白（二者以 1∶5 摩尔比混合）重建 MAP-MT 结构。需保证为荧光显微观察制备的 MAP-MT 样品避免光暴露。在转移到显微镜时，用铝箔包裹反应管或将玻璃载玻片放在避光盒中。

2. 在用荧光显微镜观察前，用温热的 BRB80 缓冲液（加入 10μmol/L Taxotere）将 MAP-MT 样品稀释 50～100 倍。为保存 MT 的结构，需使 MT 孵育室和稀释缓冲液的温度保持在 37℃（见注释 5）。

3. 将 3μl 稀释后的样品放在玻片上，盖上盖玻片，用封片剂密封。玻片应清洗干净并用 1mol/L HCl 酸蚀过夜，用水彻底冲洗，然后再用 95% 乙醇冲洗。

4. 使用配备油浸 100× 物镜和 CCD 相机的荧光显微镜对 MT 进行成像。使用适当的光源强度和曝光时间来捕捉 MT 图像。使用温度控制的显微镜对温度敏感的 MT 成像更为理想，但如果条件不允许并且能在 MT 沉淀滴片后 10～20 分钟完成观察，室温下成像也可以。

5. 如果需要，使用显微镜专用工具处理显微镜图像以调整对比度，并使用 ImageJ[41] 中的标准测量工具评估整体 MT 形态、长度和曲率。结果应与无 MAP 对照进行比较。如果使用了稳定剂，MT 可能会稍长，但若是在聚合过程中加入成核剂，MT 可能会较短。添加与罗丹明微管蛋白兼容的荧光标记的 MAP 则可以用于验证晶格占用位。

（三）MAP-MT 交联及 LC-MS 制备

1. 聚合 MAP-MT，并加入交联试剂至终浓度为 1mM（见注释 6）。在 37℃下孵育样品最多 10 分钟，随后在 355nm（50×100 mJ 激光脉冲）下进行 5 秒光解（见注释 7）。加入碳酸氢铵至终浓度为 50mmol/L 并在 37℃下孵育 20 分钟以淬灭反应。

2. 室温下以 16 800×g 的速度离心 10 分钟，将交联 MAP-MT 复合物与任何可能的游离微管蛋白和（或）MAP 分离。移除上清液，用温热的（37℃）BRB80 缓冲液洗涤微管沉淀一次，然后溶解于 50mmol/L 碳酸氢铵溶液中至终蛋白浓度为 1 mg/ml。

3. 向溶液中加入终浓度为 10mmol/L 的 DTT 溶液并加热至 90℃ 10 分钟，以减少半胱氨酸。将样品冷却至室温，并通过添加终浓度为 50mmol/L 氯乙酰胺并在 37℃下孵育 30 分钟以使半胱氨酸烷基化。尽量避免光照。

4. 按照酶与底物的比例为 1∶50（w/w）的量加入胰蛋白酶，并在 37℃下以 150r/min 速度振动或转动孵育过夜（见注释 8）。加入甲酸至终浓度为 2%（v/v）（pH 2.0～3.0）来淬灭消化反应，并以 80∶20 比例分成两份。将较小的部分脱盐后于 -80℃下保存，用于 LC-MS。

5. 将较大的部分冻干，并用 SEC 流动相重溶，以便富集交联肽（见注释 9）。在 LC 系统上，用多肽 SEC 柱、采用 100μl/min 的流速，分段收集。详见 Leitner 等的文献[42]。在真空离心机中干燥 SEC 馏分，干燥的样品可以立即用于分析或储存在 -80℃下。

（四）LC-MS 分析

1. 用 0.1% 甲酸中重溶 SEC 组分和未经富集的样品，向纳米 LC-MS 系统中注入约 1 pmol，采用高分辨率 LC-MS/MS 分析。样品量可根据每个 SEC 组分的紫外吸收痕迹估计。分离可以使用典型的蛋白质组学柱分离配置，如 50cm PepMap RSLC C18 柱（75 μm×50cm，2 μm 颗粒，100Å 孔径；Thermo Scientific），缓冲液梯度为 5%～28% 流动相 B 运行 60 分钟，28%～40% 流动相 B 运行 20 分钟，后面接 40%～95% 流动相 B 和 95% 流动相 B 各 10 分钟。

2. 在正离子模式下操作质谱仪，在高分辨率配置下进行 MS 和 MS/MS 联用。如，Orbitrap Lumos 上的 OT/OT 配置，MS 分辨率设置为 120 000（350～1300 m/z），MS2 分辨率设置为 15 000。仪器参数应针对每个系统进行适当优化（见注释 10）。

（五）XL-MS 数据分析

1. 从 www.msstudio.ca 下载最新版本的 CRIMP 用于交联数据分析，并通过在线教程和出版物（如文献[43]）熟悉该软件。

2. 将所有 LC-MS/MS 原始数据（包括 SEC 组分和未富集样品）导入 CRIMP，并与 MAP 和 α/β- 微管蛋白各亚型（TB-α-1A，TB-α-1B，TB-α-1C，TB-α-1D，TB-α-4A，TB-β，TB-β-2b，TB-β-4a，TB-β-4B，TB-β-3，TB-β-5）的 Fasta 文件一起进行处理（见注释 11）。

3. 使用适合于蛋白质体系和质谱配置的搜索标准鉴定交联肽。检测样本参数包括蛋氨酸氧化和半胱氨酸碘乙酰胺化分别作为可变修饰和固定修饰；质谱精度为 5 ppm，质谱/质谱精度为 10 ppm；酶指定为胰蛋白酶（Naive），多肽长度范围为 4～50 个残基。CRIMP 比较独特的是，E-阈值选择 50 或更高，FDR 设置为预估的 1%（见注释 12）。

4. 使用可用的数据聚合器导出基于 IMP 的建模结果，删除原始结果中的冗余并生成高质量唯一交联信息的最终列表。数据可以直接导出到集合建模平台（IMP）[22] 上，计算机上进行预配置，也可从 www.msstudio.ca 获得完整的部署包，或从 PDB-Dev（https://pdb-dev.wwpdb.org/）获得与 MT 相关的项目文件。

四、注释

1. 从足够的样本量开始，特别是计划进行交联肽富集。建议从每个生物重复样品准备至少 50μg 微管蛋白开始。荧光显微镜实验需要较少的起始材料（每个生物重复需 20μg）。

2. 不同的 NHS-二氮嗪交联剂都可用，只是它们具有不同的间隔臂长度和溶解度等。如 SDA 和 LC-SDA，间隔臂长度分别为 3.9Å 和 12.5Å，且具有膜渗透性。笔者观察到 LC-SDA 的交联效率比 SDA 更高（可能是由于更长的间隔长度）[36]。

3. 解冻后切勿再次冷冻剩余的 α/β-微管蛋白样品。解冻后多余的样品应丢弃。要避免 α/β-微管蛋白原液在冰上放置超过 20 分钟，否则会失去聚合能力。

4. 依据相互作用的性质不同，α/β-微管蛋白可以在 MAP 存在下聚合，因此可用较低浓度的 α/β-微管蛋白。稳定剂药物可用于降低所需的 α/β-微管蛋白浓度。在这方面，Taxotere 比 Taxol 可取得更好的效果。

5. 微管样品应小心处理，因为这些聚合蛋白质结构对移液产生的剪切应力非常敏感。应避免使用窄移液器吸头。建议从移液器枪头上切掉尖端再使用，如从 P20 吸头的 3 mm 高处切掉。

6. 应针对每个蛋白质复合物优化交联剂的浓度。如果交联的样品能与单体分开，可通过 SDS-PAGE 确定。一个好的经验法则是使用等于可用赖氨酸残基摩尔浓度的交联剂浓度。如，对于每个蛋白质复合物含有 100 个赖氨酸的 10μmol/L 蛋白质复合物，使用 1mmol/L 交联剂试剂。

7. 可使用较低流明能量的光源，但需要增加反应时间。如果选择这种延时的方法，建议在光解之前先淬灭第一个反应。

8. 这是蛋白水解消化的一般程序。然而，交联会使样品更难消化。该方法可以根据需要补充变性剂（例如尿素）和替代酶。

9. 另一种富集过程涉及强阳离子交换（strong cation exchanger，SCX）层析（参见 Fritzsche 等的文献[44]）。

10. 使用高能碰撞解离（high energy collisional dissociation，HCD）生成 MS2 谱图，将离子选择设置为 4+ 电荷状态或更高，使用至少 32% 的归一化碰撞能量和 1.2m/z 的隔离宽度。

11. 要在数据库中包括所有主要的 α/β-微管蛋白亚型，以减少丢失某亚型特异的交联多肽机会。样品中存在的微管蛋白亚型可通过未交联的 MT 样品的蛋白质组学分析来确认。

12. 对于此类较小规模的搜索，FDR 可能不是发现错误的可靠衡量标准，需要在截止点附近进行人工检查。

参考文献

[1] Baas PW, Pienkowski TP, Cimbalnik KA, Toyama K, Bakalis S, Ahmad FJ, Kosik KS(1994)Tau confers drug stability but not cold stability to microtubules in living cells. J Cell Sci 107(1):135-143

[2] Lewis SA, Wang D, Cowan NJ(1988)Microtubule-associated protein MAP 2 shares a microtubule binding motif with tau protein. Science 242(4880):936-939

[3] Horesh D, Sapir T, Francis F, Grayer Wolf S, Caspi M, Elbaum M, Chelly J, Reiner O(1999)Doublecortin, a stabilizer of microtubules. Hum Mol Genet 8(9):1599-1610

[4] Chapin SJ, Bulinski JC(1991)Non-neuronal 210×10(3)Mr microtubule-associated protein(MAP 4)contains a domain homologous to the microtubule-binding domains of neuronal MAP 2 and tau. J Cell Sci 98(1):27-36

[5] Andersen SS(2000)Spindle assembly and the art of regulating microtubule dynamics by MAPs and Stathmin/Op18. Trends Cell Biol 10(7):261-267

[6] Kline-Smith SL, Walczak CE(2002)The microtubule-destabilizing kinesin XKCM1 regulates microtubule dynamic instability in cells. Mol Biol Cell 13(8):2718-2731

[7] Mimori-Kiyosue Y, Shiina N, Tsukita S(2000)The dynamic behavior of the APC-binding protein EB1 on the distal ends of microtubules. Curr Biol 10(14):865-868

[8] Van Breugel M, Drechsel D, Hyman A(2003)Stu2p, the budding yeast member of the conserved Dis1/XMAP215 family of microtubuleassociated proteins is a plus end-binding microtubule destabilizer. J Cell Biol 161(2):359-369

[9] Pierre P, Scheel J, Rickard JE, Kreis TE(1992)CLIP-170 links endocytic vesicles to microtubules. Cell 70(6):887-900

[10] Perez F, Diamantopoulos GS, Stalder R, Kreis TE(1999)CLIP-170 highlights growing microtubule ends in vivo. Cell 96(4):517-527

[11] Zheng Y, Wong ML, Alberts B, Mitchison T(1995)Nucleation of microtubule assembly by a γ-tubulin-containing ring complex. Nature 378(6557):578-583

[12] Rice S, Lin AW, Safer D, Hart CL, Naber N, Carragher BO, Cain SM, Pechatnikova E, Wilson-Kubalek EM, Whittaker M(1999)A structural change in the kinesin motor protein that drives motility. Nature 402(6763):778-784

[13] Vallee RB, Williams JC, Varma D, Barnhart LE(2004)Dynein:an ancient motor protein involved in multiple modes of transport. J Neurobiol 58(2):189-200

[14] Maurer SP, Fourniol FJ, Bohner G, Moores CA, Surrey T(2012)EBs recognize a nucleotide-dependent structural cap at growing microtubule ends. Cell 149(2):371-382

[15] Kellogg EH, Howes S, Ti S-C, RamírezAportela E, Kapoor TM, Chacón P, Nogales E(2016)Near-atomic cryo-EM structure of PRC1 bound to the microtubule. Proc Natl Acad Sci 113(34):9430-9439. https://doi.org/10.1073/pnas.1609903113

[16] Gigant B, Wang W, Dreier B, Jiang Q, Pecqueur L, Plückthun A, Wang C, Knossow M(2013)Structure of a kinesin-tubulin complex and implications for kinesin motility. Nat Struct Mol Biol 20(8):1001

[17] Redwine WB, Hernández-López R, Zou S, Huang J, Reck-Peterson SL, Leschziner AE(2012)Structural basis for microtubule binding and release by dynein. Science 337(6101):1532-1536

[18] Kellogg EH, Hejab NM, Poepsel S, Downing KH, DiMaio F, Nogales E(2018)Near-atomic model of microtubule-tau interactions. Science 360(6394):1242-1246

[19] Fourniol FJ, Sindelar CV, Amigues B, Clare DK, Thomas G, Perderiset M, Francis F, Houdusse A, Moores CA(2010)Templatefree 13-protofilament microtubule-MAP assembly visualized at 8 Å resolution. J Cell Biol 191(3):463-470. https://doi.org/10.1083/jcb.201007081

[20] Tan D, Rice WJ, Sosa H(2008)Structure of the kinesin13-microtubule ring complex. Structure 16(11):1732-1739

[21] Sosa H, Dias DP, Hoenger A, Whittaker M, Wilson-Kubalek E, Sablin E, Fletterick RJ, Vale RD, Milligan RA(1997)A model for the microtubule-Ncd motor protein complex obtained by cryo-electron microscopy and image analysis. Cell 90(2):217-224

[22] Russel D, Lasker K, Webb B, VelázquezMuriel J, Tjioe E, Schneidman-Duhovny D, Peterson B, Sali A(2012)Putting the pieces together:integrative modeling platform software for structure determination of macromolecular assemblies. PLoS Biol 10(1):e1001244

[23] Ward AB, Sali A, Wilson IA(2013)Integrative structural biology. Science 339(6122):913-915

[24] Nogales E, Zhang R(2016)Visualizing microtubule structural transitions and interactions with associated proteins. Curr Opin Struct Biol 37:90-96

[25] Alushin GM, Lander GC, Kellogg EH, Zhang R, Baker D, Nogales E(2014)Highresolution microtubule structures reveal the structural transitions in αβ-tubulin upon GTP hydrolysis. Cell 157(5):1117-1129

[26] Liu F, Heck AJ(2015)Interrogating the architecture of protein assemblies and protein interaction networks by cross-linking mass spectrometry. Curr Opin Struct Biol 35:100-108

[27] Klykov O, van der Zwaan C, Heck AJ, Meijer AB, Scheltema RA(2020)Missing regions within the molecular architecture of human fibrin clots structurally resolved by XL-MS and integrative structural modeling. Proc Natl Acad Sci 117(4):1976-1987

[28] Kim SJ, Fernandez-Martinez J, Nudelman I, Shi Y, Zhang W, Raveh B, Herricks T, Slaughter BD, Hogan JA, Upla P(2018)Integrative structure and functional anatomy of a nuclear pore complex. Nature 555(7697):475-482

[29] Debelyy MO, Waridel P, Quadroni M, Schneiter R, Conzelmann A(2017)Chemical crosslinking and mass spectrometry to elucidate the topology of integral membrane proteins. PLoS One 12(10):e0186840

[30] Kadavath H, Hofele RV, Biernat J, Kumar S, Tepper K, Urlaub H, Mandelkow E, Zweckstetter M(2015)Tau stabilizes microtubules by binding at the interface between tubulin heterodimers. Proc Natl Acad Sci 2015:201504081. https://doi.org/10.1073/pnas. 1504081112

[31] Rafiei A, Schriemer DC(2019)A microtubule crosslinking protocol for integrative structural modeling activities. Anal Biochem 586:113416

[32] Legal T, Zou J, Sochaj A, Rappsilber J, Welburn JP(2016)Molecular architecture of the Dam1 complex-microtubule interaction. Open Biol 6(3):150237. https://doi.org/10. 1098/rsob.150237

[33] Zelter A, Bonomi M, Kim J, Umbreit NT, Hoopmann MR, Johnson R, Riffle M, Jaschob D, MJ MC, Moritz RL(2015)The molecular architecture of the Dam1 kinetochore complex is defined by cross-linking based structural modelling. Nat Commun 6:8673. https://doi.org/10 . 1 038 / ncomms9673

[34] Rafiei A(2021)Mass Spectrometry-based Integrative Structural Modeling of the Doublecortin-Microtubule Interaction. PhD Thesis.

[35] Abad MA, Medina B, Santamaria A, Zou J, Plasberg-Hill C, Madhumalar A, Jayachandran U, Redli PM, Rappsilber J, Nigg EA(2014)Structural basis for microtubule recognition by the human kinetochore Ska complex. Nat Commun 5:2964. https://doi.org/10.1038/ ncomms3964

[36] Ziemianowicz DS, Ng D, Schryvers AB, Schriemer DC(2018)Photo-Cross-Linking Mass Spectrometry and Integrative Modeling Enables Rapid Screening of Antigen Interactions Involving Bacterial Transferrin Receptors. J Proteome Res 18(3):934-946

[37] Belsom A, Rappsilber J(2020)Anatomy of a crosslinker. Curr Opin Chem Biol 60:39-46

[38] Rafiei A, Lee L, Crowder DA, Saltzberg DJ, Sali A, Brouhard GJ, Schriemer DC(2022)Doublecortin engages the microtubule lattice through a cooperative binding mode involving its C-terminal domain. ELife 11:e66975

[39] Gell C, Friel CT, Borgonovo B, Drechsel DN, Hyman AA, Howard J(2011)Purification of tubulin from porcine brain. In:Microtubule dynamics. Springer, pp 15-28

[40] Peloquin J, Komarova Y, Borisy G(2005)Conjugation of fluorophores to tubulin. Nat Methods 2(4):299-303

[41] Schindelin J, Arganda-Carreras I, Frise E, Kaynig V, Longair M, Pietzsch T, Preibisch S, Rueden C, Saalfeld S, Schmid B, Tinevez J-Y, White DJ, Hartenstein V, Eliceiri K, Tomancak P, Cardona A(2012)Fiji:an opensource platform for biological-image analysis. Nat Methods 9(7):676-682. https://doi.org/ 10.1038/nmeth.2019

[42] Leitner A, Walzthoeni T, Aebersold R(2014)Lysine-specific chemical cross-linking of protein complexes and identification of crosslinking sites using LC-MS/MS and the xQuest/xProphet software pipeline. Nat Protoc 9(1):120-137

[43] Sarpe V, Rafiei A, Hepburn M, Ostan N, Schryvers AB, Schriemer DC(2016)High sensitivity crosslink detection coupled with integrative structure modeling in the Mass Spec Studio. Mol Cell Proteomics 15(9):3071-3080. https://doi.org/10.1074/mcp.O116.058685

[44] Fritzsche R, Ihling CH, Götze M, Sinz A(2012)Optimizing the enrichment of crosslinked products for mass spectrometric protein analysis. Rapid Commun Mass Spectrom 26(6):653-658

第十五章

应用生物素邻近标记技术对核受体进行互作组学作图

Lynda Agbo, Sophie Anne Blanchet, Pata-Eting Kougnassoukou Tchara, Amélie Fradet-Turcotte, and Jean-Philippe Lambert

> 核受体（包括激素受体）通过调节其参与的蛋白-蛋白相互作用来执行细胞活动。它们与特定配体结合并转位到细胞核，进而与DNA结合并激活广泛的转录程序。为了全面了解蛋白-蛋白相互作用，需要在整个细胞中应用快速、高效、高重复性的检测方法。本章聚焦核受体家族的奠基性代表分子雌激素受体α（estrogen receptor alpha, ESR1），描述了一种新的慢病毒系统，该系统可在哺乳动物细胞中表达 TurboID-血凝素（HA）-2×链球菌标记蛋白，以快速执行邻近生物素化测定，并展示了对这些试剂的关键验证步骤及其在两种不同乳腺癌细胞系中进行蛋白相互作用组图谱实验的应用。实验方案能够对激素敏感或不敏感细胞表达的 ESR1 蛋白互作组（interactome）进行量化。

一、引言

第一个发现的核受体（nuclear receptor, NR）是雌激素受体α（estrogen receptor alpha, ESR1），于20世纪50年代被科学界所描述和发现[1]。此后，在人类基因组中一共发现了48个NR基因[2]，它们共享一个通用的结构，包括一个可变的N端结构域、一个DNA结合结构域、一个配体结合结构域和一个C端异二聚体结构域[3]。NR被脂溶性配体激活[4]，根据这些配体的特异性，NR可以分为3个亚型，即类固醇、甲状腺激素和孤儿受体[5]。它们参与调节细胞的多个基本过程，如细胞增殖、分化和代谢[6,7]。

对于蛋白质来讲，为了实现它们的细胞功能，大多数蛋白质会与其他蛋白质发生相互作用。因此，通过绘制蛋白-蛋白互作（PPI）组图谱可以了解到更多关于生物系统和细胞通路的信息。在过去的几十年里，许多规模不同的研究增加了对细胞生物学诸多方面的分子机制的理解。重要的是，蛋白互作组图谱的绘制有助于了解细胞生理学及许多疾病的病理过程[8,9]如癌症[10,11]、糖尿病[12]和神经退行性疾病[13,14]。

NR可以通过在多个细胞区域进行转位，进而与不同的分子伴侣相互作用而影响细胞功能。它们的PPI具有异质性，包括稳定和瞬时的复合物。这些相互作用的不同解离常数会影响它们的互作持续时间和功能。传统上，PPI是通过生化实验来鉴定的，最常见的是亲和纯化质谱（AP-MS），其中细胞采用温和的裂解缓冲液进行裂解，保证在整个过程中保留原有的PPI状态[15]。但是这种常规方法不适合NR，因为它们与膜和染色质的结合使其溶解度较差。

邻近依赖标记技术的引入则克服了采用传统AP-MS分析NR的许多局限[16]。当与其他定量方法结合使用时，这些方法已显现出特有的研究问题的能力[12]。在这项技术中，细胞表达"诱饵"蛋白和生物素化的酶组成的融合蛋白，通过在培养基中添加生物素或生物素苯酚，诱导与标记"诱饵"蛋白直接或间接互作的蛋白发生生物素化。生物素化的空间半径取决于所使用的方法、反应时间和所研究亚细胞结构的动力学，但现在仅限定于特异性的"诱饵"蛋白[17]。一旦"猎物"蛋白被生物素化，它们就可以利用生物素和链霉亲和素之间的强亲和力进行高效纯化[18]，并通过质谱进行定量。

目前使用的主要的邻近标记技术是由生物素连接酶和抗坏血酸过氧化物酶催化的两种系统。有许多基于生物素的（BioID、BioID2、BASU、split BioID、TurboID 和 miniTurbo）[19-21]和基于抗坏血酸过氧化物酶的（APEX、APEX2、split APEX）[22-24]标记技术，已在其他文献中详细阐述（表 15-1）。尽管技术上存在差异，但这些检测方法都能有效地绘制瞬时 PPI 组图谱，通过共价方式标记邻近蛋白避免了在纯化过程中需要持续保持原有的 PPI 状态。

表 15-1 常见邻近依赖性生物素化测定方法的特点概述

内容	BioID	TurboID	APEX2
酶	生物素连接酶（BirA*）	工程化的生物素连接酶（TurboID）	抗坏血酸过氧化物酶
底物	生物素	生物素	生物素苯酚
生物素化触发剂	酶 + 底物	酶 + 底物	酶 + 底物 + H_2O_2
生物素化淬灭剂	无	无	抗坏血酸钠 + 叠氮钠 +Trolox®
平均反应时间	24 小时	10～60 分钟	1 分钟
适宜温度	37℃	30℃	30℃
活化底物			
目标残基	赖氨酸		酪氨酸
产物			

邻近依赖性生物素化测定是可以被用来描述一系列细胞中 NR 特征的有效互作组绘图研究方法。本章

描述了一种新型慢病毒系统，能够在哺乳动物细胞系中进行简单的 TurboID 实验（图 15-1）。使用免疫荧光（图 15-2A、B）和蛋白质印迹（图 15-2C、D）方法，在两种乳腺癌细胞系中验证了这些试剂和方案。通过将 TurboID 与质谱分析相结合能够在 SAINTexpress 假阳性发现率（FDR）≤1% 的情况下，检测到 MCF-7 细胞中 81 个、MDA-MB-231 细胞中 56 个与 ESR1 互作的搭档蛋白（图 15-2E）。将这些结果与 BioGRID[25] 进行比较发现，其中，57%（MCF-7）和 70%（MDA-MB-231）是 ESR1 的新型互作搭档蛋白。此外，作者观察到细胞环境对 ESR1 的互作有很大影响，这说明了两种细胞系之间性激素应答的差异性（图 15-2F）。这些方法可被广泛用于研究感兴趣的哺乳动物蛋白，并且可以通过将它们与定量的质谱方法结合使用[26, 27]。TurboID 方法所需的时间尺度适用于研究 NR 激动剂和拮抗剂，并可用于描述其作用模式。

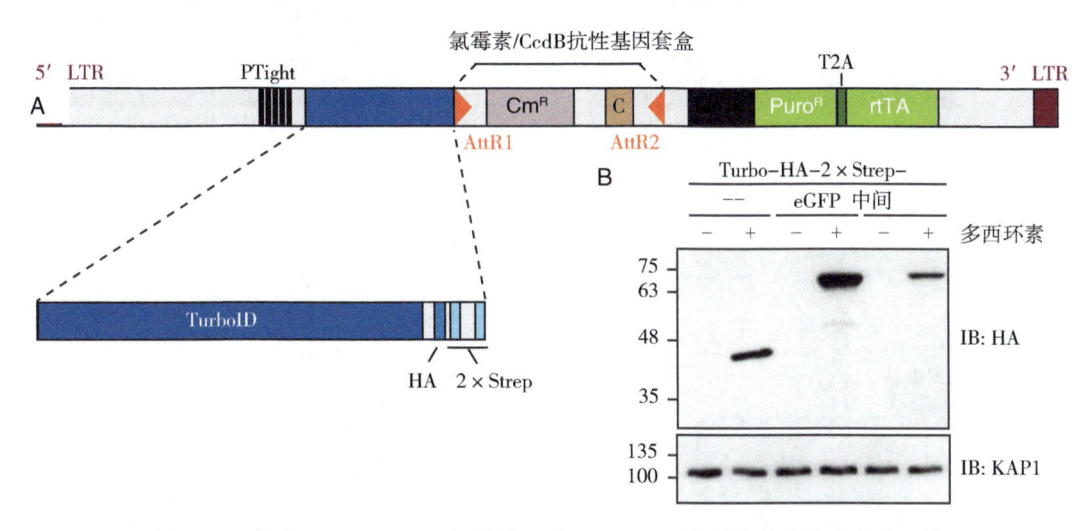

图 15-1 带有 HA-2×Strep 标签的 N 端 TurboID 诱饵蛋白的慢病毒表达系统

A. 产生 TurboID 标记的融合蛋白（pDEST-TurboID-HA-2×Strep）的 Gateway 技术兼容性慢病毒载体的示意图。LTR. 长末端重复序列；PTight. 紧密的四环素反应元件（TRE）启动子；HA. 血凝素标签；2×Strep:Strep（Ⅱ）标签；AttR. Gateway 技术重组序列；Cm^R. 氯霉素耐药基因；CcdB. CcdB 毒素基因；hPGK. 人磷酸甘油酸激酶启动子；Puro^R. 嘌呤霉素耐药基因；rtTA. 反向四环素控制的转录激动剂。B. 用 5μg/ml 多西环素诱导后 24 小时，HEK293T 细胞中瞬时表达 Turbo-HA-2×Strep 融合蛋白。全细胞提取物通过 SDS-PAGE 电泳分离并使用抗 HA 抗体进行免疫印迹分析。KAP1 作为加载对照

二、材料

（一）质粒和慢病毒的制备

1. Gateway 目录中的目的克隆，此处为 ESR1 pDONR223 基因克隆（HsCD00376961）和对照[融合于核定位序列的增强型绿色荧光蛋白（eGFP-NLS）]。

2. Gateway 目的载体 pCW57.1，含有 Turbo-HA-2×Strep-tag（构建的详细信息，见注释 1）。

3. Gateway LR Clonase Ⅱ 酶混合物。

4. MAX Efficiency Stbl2 感受态细胞。

5. HEK 293T 细胞系（ATCC）。

6. pCMV-VSV-G 包装载体（Bob Weinberg 惠赠，Addgene#8454）。

7. psPAX2 包装载体（Didier Trono 惠赠，Addgene#12260）。

8. Opti-MEM 减血清培养基。

9. 聚乙烯亚胺（PEI MAX；Polysciences Inc.）。

10. Dulbecco 改良 Eagle 的完全培养基（DMEM）：含 L-谷氨酰胺，丙酮酸钠和酚红（Wisent），10%

胎牛血清（FBS；Wisent）和1%青霉素-链霉素（P/S，10 000 U/ml；Gibco）。热灭活的FBS是将50ml FBS在水浴锅中加热到56℃灭活30分钟。

11. 1mol/L HEPES pH 7.4。

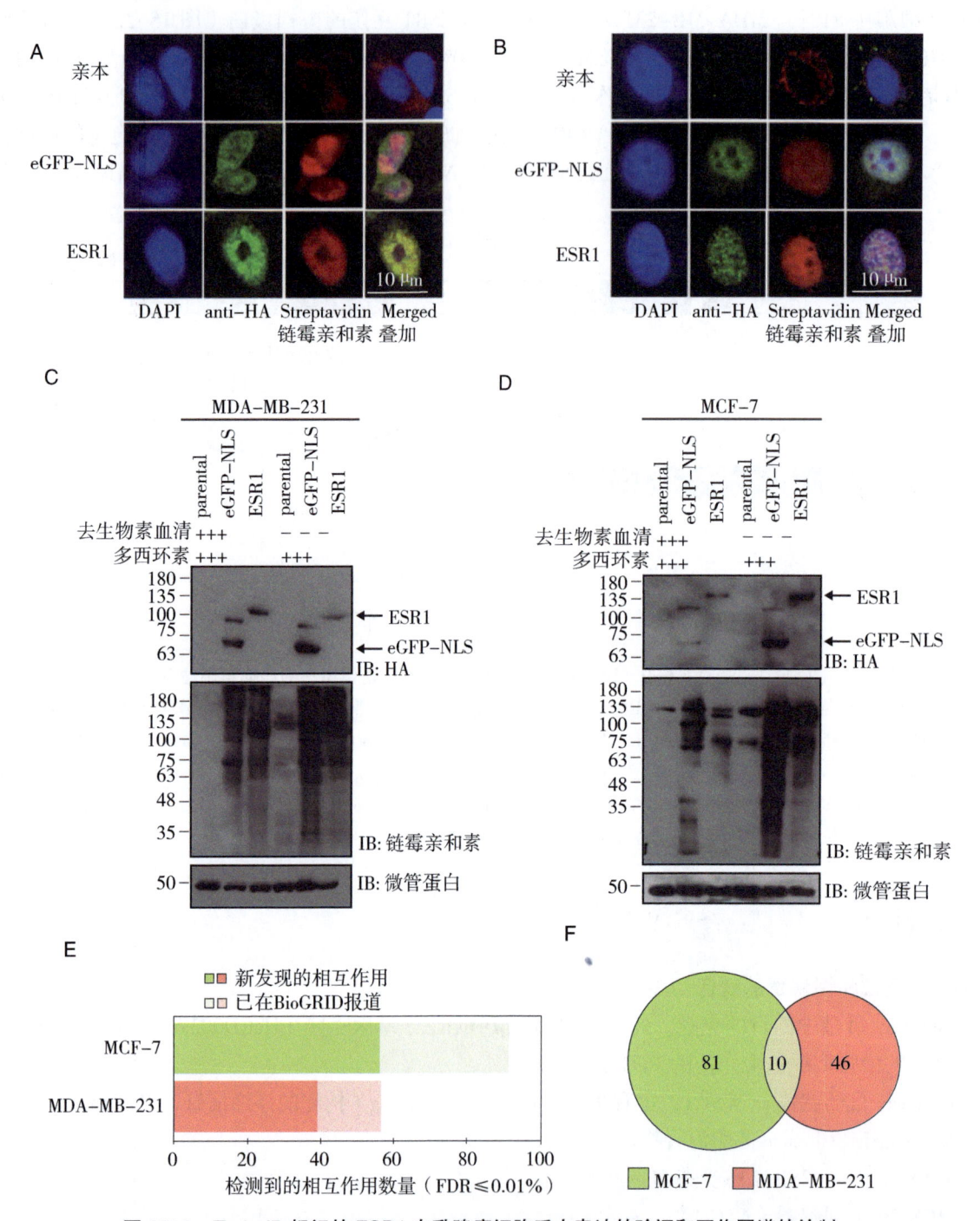

图15-2 TurboID标记的ESR1在乳腺癌细胞系中表达的验证和互作图谱的绘制

A和B：MDA-MB-231和MCF-7细胞用1μg/ml多西环素诱导24小时再经500μmol/L生物素处理1小时后，用HA抗体进行免疫染色并用链霉亲和素和DAPI染色，显示细胞中TurboID-HA-2×Strep-ESR1融合蛋白的免疫荧光。C和D. MDA-MB-231和MCF-7细胞的免疫印迹分析显示TurboID-HA-2 Strep标记的ESR1诱饵和生物素化的蛋白，以Tubulin作为对照。E. 所示为由TurboID在MCF-7（绿色）和MDA-MB-231（红色）细胞中鉴定出ESR1互作搭档（SAINTexpress FDR ≤ 1%）的条形图，本研究检测到的新型PPI以深红色和深绿色显示，而BioGRID资源库中记录的PPI以浅红色和浅绿色显示。F. 显示了MCF-7（绿色）和MDA-MB-231（红色）细胞中ESR1 TurboID结果的重叠部分

12. 0.45 μm 过滤器。

（二）慢病毒转染

1. MDA-MB-231 细胞系（ATCC）。

2. MCF-7 细胞系（ATCC）。

3. 去生物素的培养基：DMEM，10%FBS 和 1%P/S（见注释 2）。

4. Polybrene，8 mg/ml。

5. 1× 磷酸盐缓冲液（PBS）pH 7.4，不含钙和镁。

6. 嘌呤霉素（Puromycin），1 mg/ml。

（三）多克隆验证和单克隆分离

1. 盖玻片。

2. 1×PBS 中含 4% 甲醛。

3. 封闭缓冲液：1×PBS，0.3%Triton X-100，5% 山羊血清。

4. 稀释缓冲液：1×PBS，1% 牛血清白蛋白（BSA），0.3%Triton X-100。

5. 抗 HA（6E2）的鼠多克隆抗体（Cell Signaling Technologies）。

6. 抗 KAP1 的兔多克隆抗体（Bethyl）。

7. Alexa Fluor 488 偶联的山羊抗鼠抗体。

8. Alexa Fluor 555 偶联的链霉亲和素。

9. 含 4′，6- 二脒基 -2- 苯基吲哚（DAPI）的 ProLong Gold 抗淬灭封片剂。

10. 显微载玻片。

11. 辣根过氧化物酶（HRP）偶联山羊抗鼠和抗兔抗体。

12. 超声波破碎仪（Diagenode Bioruptor plus UCD-300），强度为 300 W，4℃下工作 30 秒，间隔 30 秒，重复 5 个循环。其他超声波破碎仪的参数应根据经验确定。

13. 自制 1× 三羟甲基氨基甲烷缓冲液（含 0.1%Tween），即 TBST 缓冲液。6.06g Tris（Bioshop）和 8.76g 氯化钠（Biobasic）溶解在蒸馏水（ddH$_2$O）中。1mol/L HCl 调节 pH 至 7.4，使体积达到 1 L，最后加入 1ml，Tween（Biobasic）轻轻混匀。

（四）TurboID 的细胞诱导

1. 多西环素：1 mg/ml 水溶液（v/v）。

2. D-Biotin 储存液（20mmol/L）：溶解于 30%（v/v）氨水中，用 1mol/L HCl 中和至 pH 7.4 并过滤灭菌。

3. 不含酚红的 DMEM 培养基（含 L- 谷氨酰胺和丙酮酸钠）。

4. 7.5% 碳酸氢钠。

5. 100μmol/L E2：首先将 136 mg E2 溶解在 10ml 100% 乙醇中制备成 50mmol/L 溶液，然后取 100μl 此溶液并将其稀释在 50ml 100% 乙醇中，即获得 100μmol/L 储存液（-20℃保存）。

（五）TurboID

1. 放射性免疫沉淀（RIPA）裂解缓冲液：1%（v/v）NP-40，0.1%（v/v）十二烷基硫酸钠（SDS），50mmol/L Tris-HCl（pH 7.4），150mmol/L NaCl，0.5%（w/v）脱氧胆酸钠，1mmol/L 乙二胺四乙酸（EDTA）。临使用前再补充 1× 蛋白酶抑制剂混合物，10mmol/L 二硫苏糖醇（DTT）和 100mmol/L 苯甲磺酰氟（PMSF）。

2. Fisher F60 超声波破碎仪。

3. 核酸酶，≥250U/μl。

4. 链霉亲和素偶联琼脂糖凝胶珠。

5. 胰蛋白酶。

6. 碳酸氢铵（ABC）pH 8.5。

（六）多肽脱盐
1. 脱盐缓冲液 A：含有 0.5% 甲酸的水溶液（见注释 3）。
2. 脱盐缓冲液 B：80% 乙腈和 20%H$_2$O，含 0.5% 甲酸。
3. 使用 Empore 固体膜片按照 Rappsilber 等的方法自制 C$_{18}$ Stage Tip[28]，或可从市场购买。
4. 甲醇。
5. CentriVap 真空浓缩器（Speedvac）。

三、方法

（一）质粒慢病毒的制备
1. 在 Stbl2 感受态细胞中扩增慢病毒质粒（见注释 4）。
2. 第 0 天，1.2×10^5 个 HEK293T 细胞接种于含有完全 DMEM 培养基的 10cm 的平板上，以期第 2 天达到约 70% 的汇合度（见注释 5）。
3. 第 1 天，加入 0.8μg VSV-G 质粒，7.4μg PAX2 质粒，7.8μg 目的载体和 32μl PEIMAX（1mg/ml 储存液）至 700μl 温热的 Opti-MEM 中并混合。
4. 室温下（21~23℃）孵育 20 分钟，小心地将混合物滴加到培养基中。
5. 细胞置于 37℃，5% CO$_2$ 下孵育 24 小时。
6. 第 2 天，将细胞培养基更换成含有 10% 热灭活 FBS 的 DMEM 培养基，加入 HEPES（pH 7.4）至最终浓度为 10~15mmol/L，5~7.5ml 1mol/L 储存液+500ml DMEM 的溶液，37℃和 5%CO$_2$ 下孵育过夜。
7. 第 3 天，收集含有慢病毒颗粒的上清液，通过 0.45μm 过滤器过滤。将上清液储存于 4℃环境下，最多储存 14 天（见注释 6）。

（二）慢病毒转染
1. 第 0 天，2×10^5 个 MDA-MB-231 或 MCF7 细胞种植于含 2ml DMEM 完全培养基的 6 孔板中，使细胞密度达到约 25%。向每个孔中加入 2μl 的 8mg/ml Polybrene 原液，使最终浓度为 8μg/ml，并加入 20μl 的 1mol/L HEPES（pH 7.4）至终浓度为 10mmol/L。
2. 第 1 天，向每个孔中加入 1ml 含有适当慢病毒颗粒的上清液。可优化感染率（multiplicity of infection，MOI）范围，进而尽量减少每次转染所使用的含慢病毒颗粒的上清液体积。
3. 第 2 天，去除培养基并用 1×PBS 洗涤以去除所有剩余的慢病毒颗粒，加入 2ml 新鲜的 DMEM 完全培养基。
4. 第 4 天，加入 4μl 1mg/ml 嘌呤霉素原液，使最终浓度为 2μg/ml，持续至少 48 小时。
5. 48 小时之后，去除含有嘌呤霉素的培养基并加入新鲜的 DMEM 完全培养基。
6. 扩增细胞并进行多克隆验证和单克隆分离。

（三）构建多克隆细胞验证和单克隆细胞的分离
1. 第 0 天，1×10^6 个 MDA-MB-231-Turbo-HA-2×Strep-X 细胞或 MCF7-Turbo-HA-2×Strep-X 细胞种植于 6 孔板中的盖玻片上（其中"X"表示目的载体表达的"诱饵"蛋白）。
2. 第 1 天，用 1μg/ml 的多西环素诱导"诱饵"蛋白表达 24 小时。
3. 第 2 天，在培养中添加 500 μmol/L 生物素作用 1 小时。
4. 吸去培养基，并快速用 1ml 的 1×PBS 洗涤细胞，每孔 3 次。
5. 于通风橱中在室温下用 4% 甲醛固定细胞 15 分钟。
6. 1ml 的 1×PBS 洗涤每孔 3 次，每次 5 分钟。

7. 室温下用封闭缓冲液封闭和渗透细胞 1 小时。

8. 去除封闭缓冲液，并用一抗（抗-HA 抗体在抗体稀释缓冲液中稀释 1∶1000）孵育细胞，4℃过夜。

9. 第 3 天，1ml 的 1×PBS 洗涤每孔 3 次，每次 5 分钟。

10. 用抗体稀释缓冲液中以 1∶1000 的比例稀释二抗（Alexa Fluor 488 标记的山羊抗小鼠和 Alexa Fluor 555 标记的链霉亲和素）、于室温下孵育细胞 1 小时。从这时开始，玻片要注意避光。

11. 1ml 的 1×PBS 洗涤每孔 3 次，每次 5 分钟。

12. 用含 DAPI 的 Prolong Gold 抗淬灭封片剂进行封片。

13. 用共聚焦显微镜拍摄样本图像。

14. 为节省时间，在进行上述多克隆细胞免疫荧光验证的同时，进行单克隆细胞分离、扩增（见注释 7）。

15. 通过在 96 孔板中进行有限稀释，将稳定表达转染基因的多克隆细胞进行胰蛋白酶解并分离单克隆细胞。

16. 扩增单个细胞，直至用显微镜可见 1 个细胞群落，同时丢弃最初含有多个起始细胞的孔。

17. 当克隆在 96 孔板中达到约 50% 的密度时，将其分成两个等份，种植于 24 孔板中。一个等份在去除生物素的 DMEM 培养基中培养以进行 Western blot 验证；另一个等份在 DMEM 完全培养基中培养以扩增细胞数量（在后面使用）。

18. 当细胞达到约 60% 的密度时，将其转移到去生物素 DMEM 培养基的 6 孔板中。

19. 当细胞达到约 80% 的密度时，更换新鲜的去生物素 DMEM 培养基。

20. 第 2 天，用 1μg/ml 的多西环素处理 24 小时诱导标记蛋白的表达。

21. 24 小时后，在培养基中添加 500μmol/L 生物素处理 1 小时。

22. 去除培养基，用冷的 1×PBS 缓慢洗涤细胞孔。

23. 加入 1ml 冷的 1×PBS，用干净的硅胶刮取细胞收集到 1.5ml Eppendorf 管中，以 1500×g 的速度离心 5 分钟后，将沉淀迅速冷冻保存在 –80℃，可保存几个月等待后续裂解。

24. 将细胞沉淀重悬于 200μl 含蛋白酶抑制剂的 RIPA 裂解液中，反复吹洗以完全重悬，置于冰上 5 分钟。

25. 使用 Bioruptor UCD-300 超声破碎仪于 4℃对裂解物进行超声破碎处理，强度为 300 W，以工作 30 秒、间隔 30 秒为 1 个循环，重复 5 个循环。

26. 4℃下以 13 000×g 的速度离心 15 分钟以清除裂解液中的细胞碎片。

27. 将上清转移到新离心管中，并立即冷冻保存在 –80℃，可达数月，以备后续实验。

28. 用二喹啉甲酸（bicinchoninic acid assay，BCA）法或类似的蛋白质定量试剂测定每个样品的蛋白浓度。

29. 取适当裂解液，加入 4×Laemmli 上样缓冲液，上样液∶裂解液为 1∶3。

30. 在 95℃下加热 5 分钟。

31. 10～50μg 蛋白在聚丙烯酰胺凝胶上进行上样，并在合适的条件下进行电泳分离（见注释 8）。

32. 将蛋白转移到硝酸纤维素膜上后置于封闭液中（TBST 配制的 5% 脱脂牛奶），于室温条件下水平摇床轻柔振荡 1 小时。为了评估生物素化，建议用含 5%BSA 的 TBST 缓冲液进行封闭，因为脱脂牛奶会显著降低从链霉蛋白-HRP 试剂中获得的信号。

33. 用含 5% 脱脂牛奶的 TBST 以 1∶1000 的比例稀释一抗（小鼠抗 HA 抗体），将膜置于其中，于室温条件下水平摇床轻柔振荡孵育过夜。

34. 第 2 天，用 TBST 缓冲液洗涤膜 4 次，每次 5 分钟，然后加入适当的用 5% 脱脂奶-TBST 稀释的二抗，室温孵育 1 小时。为了观察生物素化作用，使用 HRP 偶联的链霉亲和素，因此不需要二抗。

35. 用TBST缓冲液洗涤膜4次，每次5分钟，然后用电化学发光（ECL）试剂孵育5分钟，检测在胶片上产生的化学发光信号。使用KAP1或Tubulin作为加载对照。

36. 根据Western blot分析，选择一个"诱饵"蛋白表达水平与对照（TurboI–DHA–2×Strep–eGFP–NLS）相似的克隆。

（四）MDA-MB-231细胞诱导表达TurboID

1. 将细胞从6孔板转移到10cm培养皿中，使用去生物素DMEM培养基进行培养。

2. 当细胞接近完全汇合时，将它们分装到两个15cm的培养皿中，使用去生物素DMEM培养基培养。

3. 当细胞达到约60%的密度时，更换新鲜的去生物素DMEM培养基。

4. 当细胞达到约80%的密度时，用1μg/ml多西环素处理24小时诱导"诱饵"蛋白表达。

5. 为促进近端蛋白的生物素化，将生物素（500μmol/L）添加到培养液中孵育1小时。

6. 在收集细胞之前弃掉培养基，用冷的1×PBS洗涤细胞。加入1ml冷的1×PBS后，使用刮刀或硅胶刮收集细胞并通过轻柔离心沉淀细胞，将细胞沉淀在干冰上快速冷冻。细胞沉淀物在分析前可在-80℃下保存1年，而不会对结果产生明显影响。

（五）MCF-7细胞的TurboID诱导

1. 将细胞从6孔板转移到10cm培养表达，使用去生物素DMEM培养基进行培养。

2. 当细胞接近完全汇合时，传代到两个15cm培养皿中（约1：4传代），使用去生物素DMEM培养基培养。

3. 当细胞达到约60%的密度时，用1×PBS轻柔洗涤细胞，接着用不含酚红的去生物素DMEM培养基洗涤，再加入新鲜的不含酚红的去生物素DMEM培养基。

4. 当细胞达到约80%的密度时，用1μg/ml多西环素处理24小时诱导"诱饵"蛋白的表达。

5. 更换为不含酚红的去生物素DMEM培养基，并加入10nmol/L E2（50μl 100μmol/L E2工作液加入到500ml DMEM培养基中）激活ESR1。

6. 孵育5小时后，在培养基中添加500μmol/L生物素处理1小时。

7. 按照三（四）中步骤6中所述的方法去除培养基并收集细胞沉淀物。

（六）TurboID

1. 将细胞沉淀置于冰上直到部分解冻。

2. 用1.5ml含有蛋白酶抑制剂的RIPA裂解缓冲液重悬沉淀，用移液器吹打以确保细胞完全分散，在冰上裂解约5分钟。

3. 使用超声波破碎仪剪切染色质以生成约500 bp的片段。每个超声波破碎器的工作条件应当根据实际情况进行优化。使用Fisher F60超声波破碎仪时，振幅设置为4，超声处理30秒。

4. 加入约250U（1μl）的Turbonuclease酶，样品在4℃下轻轻旋转孵育1小时，以进一步将染色质消化成约150 bp的片段。

5. 于4℃以13 000×g的速度离心20分钟，将上清液转移到新管中进行TurboID检测。可取小部分样品进行免疫印迹分析，并在-20℃下保存。

6. 在样品离心的同时，按照每样本60μl链霉亲和素-琼脂糖凝胶珠混悬液（50/50，v/v）的比例，将混悬液转移到新管中，并用1ml RIPA裂解缓冲液洗涤珠子3次。

7. 将澄清的蛋白样品加入洗涤过的链霉亲和素-琼脂糖凝胶珠中，4℃下旋转孵育3小时。

8. 以300×g的速度离心2分钟，弃去上清液。可以取每个样品少量的上清液作为未结合部分用于后续分析。

9. 用1ml RIPA裂解缓冲液洗涤珠子，共2次，并弃去上清液。此时也可再次洗涤，以进一步去除与生物素化蛋白的非特异性或弱相互作用蛋白（见注释9）。

10. 用 50mmol/L ABC 溶液（pH 8.5）洗涤珠子 3 次，每次 1ml。

11. 用 100μl 50mmol/L ABC 溶液（pH 8.0）重悬珠子，加入 1μg 胰蛋白酶（储存液为 0.1μg/μl，用 20mmol/L Tris-HCl 缓冲液 pH 8.0 配制）。

12. 37℃下轻轻摇晃孵育过夜。

13. 第 2 天，再加入 1μg 胰蛋白酶并在 37℃下轻轻摇晃孵育 3～4 小时，以确保样品完全消化。

14. 以 300×g 的速度离心 2 分钟沉淀珠子，每次洗涤后将消化的多肽收集到新管中（小心避免吸到珠子）。

15. 再用 200μl 乙腈洗涤珠子 2 次，并将肽收集到同一管中（小心避免吸到珠子）。

16. 加入 25μl 50% 甲酸使样品酸化。

17. 低温条件下加速样品干燥。

（七）多肽脱盐

1. 按照 Rappsilber 等的方法制备 C_{18} Stage Tip，或从市场购买 Stage Tip。

2. 添加 20μl 的 100% 甲醇将 C_{18} 填料润湿，以 1500×g 的速度离心 1 分钟。

3. 向 Stage Tip 中加入 20μl 的脱盐缓冲液 B，以 1500×g 的速度离心 1 分钟。

4. 向 Stage Tip 中加入 20μl 的脱盐缓冲液 A，以 1500×g 的速度离心 4 分钟。

5. 将三（六）中步骤 17 中的干燥多肽样品溶解在 20μl 的脱盐缓冲液 A 中。

6. 将多肽混合物加入 Stage Tip 中，以 1500×g 的速度离心 4 分钟。

7. 重新将通过 Stage Tip 的多肽混合物加入 Stage Tip 中，进而充分捕获多肽，并再次以 1500×g 的速度离心 4 分钟。

8. 用 20μl 的脱盐缓冲液 A 洗涤 Stage Tip 2 次，每次以 1500×g 的速度离心 4 分钟。

9. 将 Stage Tip 转移到新管中。

10. 加入 20μl 的脱盐缓冲液 B，以 1500×g 的速度离心 1 分钟，3 次洗脱多肽。

11. 用冷冻离心法将样品干燥，并储存在 -80℃下，直到进行液相色谱串联质谱分析 LC-MS/MS 分析。

（八）质谱数据采集

下面介绍的是作者目前用来分析邻近生物素化蛋白样本的质谱方法，当然也可以根据读者自己可用的设施开发有效的采集方法。简而言之，多肽样品通过毛细管反相液相色谱分离，并通过电喷雾串联质谱 MS/MS 进行分析。实验采用 Dionex UltiMate 3000 nanoRSLC 液相色谱系统，与配备的纳米电喷雾离子阱质谱仪（Orbitrap FusionTM）相连。多肽在上样溶剂（2% 的乙腈，0.05% 的 TFA）中以 20μl/min 的速度通过一个 5mm×300μm 的 C_{18} pepmap 柱中，通过时间为 5 分钟。然后在线切换到自制的 50cm×75μm 内径的分离柱（填充物为 ReproSil-Pur C_{18}-AQ 3μm 树脂，Dr. Maisch HPLC），用 5%～40% 的溶剂 B（A：0.1% 甲酸，B：80% 乙腈，0.1% 甲酸）在 90 分钟内以 300nl/min 的速度线性梯度洗脱多肽。使用 Thermo XCalibur 软件 3.0.63 版以数据依赖性获取方式获取质谱图。在 Orbitrap 中使用自动增益控制（ACG）目标设置为 4e5，最大进样时间为 50 毫秒，分辨率为 120 000，获取全扫描质谱图（350～1800m/z）。使用 m/z 445.12003 硅氧烷离子作为锁定质量进行内部校准。每个 MS 扫描后，从最强的离子中采集碎片谱图，总循环时间为 3 秒（顶峰速度模式）。选择的离子被隔离到 1.6m/z 窗口，经高能碰撞诱导解离（higher energy collision-induced dissociation，HCD）在 35% 的碰撞能量下进行碎片化。产生的碎片由线性离子阱在快速扫描模式下检测，AGC 目标设置为 1e4，最大进样时间为 50 毫秒。动态排除之前被碎片化的肽段，排除时间为 20 秒，容差为 10 ppm。

（九）质谱数据分析

质谱数据使用 ProHits 实验室信息管理系统进行存储、搜索和分析[29]。利用 ProteoWizard（3.0.4468；[30]）将 Thermo Fisher Scientific RAW 质谱文件转换为 mzML 和 mzXML 格式的文件。使用 Mascot（v2.3.02）

和Comet（v2012.02 rev.0）进行搜索。肽段序列在NCBI的RefSeq数据库（译者注：2013年1月30日使用的版本57，2023年11月13日版本已更新至221版）中进行搜索，该数据库包含72 482个人类和腺病毒序列，并补充了来自Max Planck研究所（http://lotus1.gwdg.de/mpg/mmbc/maxquant_input.nsf/7994124a4298328fc125748d0048fee2/$FILE/contaminants.fasta）和全蛋白质组机器（Global Proteome Machine，http://www.thegpm.org/crap/index.html）的常见污染。允许+2，+3和+4的电荷状态，前体离子质量容差设置为12 ppm，碎片离子质量容差设置为0.6 amu。可变修饰包括天冬氨酸和谷氨酰胺脱氨基化及甲硫氨酸的氧化。每个搜索引擎的结果进一步使用Trans-Proteomic Pipeline（v4.6 OCCUPY rev 3）[31]进行分析。使用SAINTexpress 3.6.1版本[32]作为统计工具，通过默认参数计算每个潜在蛋白相互作用与背景杂质比较的概率值。在进行SAINTexpress之前，需要使用两个独特的肽片段和最小的iProphet概率为0.95来进行蛋白鉴定。参见一下条。

（十）质谱数据存档

所有的质谱数据文件已经提交MassIVE（译者注：原书给出的网址为http://massive.ucsd.edu，现已更新为：https://massive.ucsd.edu/ProteoSAFe/static/massive.jsp）和ProteomeXchange（http://www.proteomexchange.org/）。本文报道的质谱数据文件分别被分配了MassIVE MSV000087446和PXD026061的标识符，可以通过doi：https://doi.org/10.25345/C5BV6H和ftp://massive.ucsd.edu/MSV000087446/进行访问（译者注：登录和使用该二数据库可能需要注册）。

四、注释

1. TurboID-HA-2×Strep慢病毒表达载体是采用重叠PCR方法构建的，该载体包括工程化的TurboID生物素连接酶、富含G-S的连接头及HA-2×Strep标签。TurboID从V5-TurboID-NES_pCDNA3（Alice Ting惠赠，Addgene #107169）[33]中经PCR扩增而来，10个氨基酸长的富含G-S的连接头从pSTV2 N-BioID2 Flag pDEST（多伦多大学Anne-Claude Gingras惠赠）[34]中进行PCR扩增，在从pAAVS1.V2_neo_PGK1-3×Flag_Twin_Strep（Laval大学Yannick Doyon惠赠）[35]中扩增带有双Strep标签序列期间，使用了一个带有HA标签的引物，在PCR过程中将其引入扩增产物中。pENTRY-TurboID-HA-2×Strep是通过使用Invitrogen™ Gateway™重组克隆技术（Invitrogen，美国加利福尼亚州）将退火的PCR产物导入pDONR221载体而生成的。为了构建pDEST-pCW57.1-TurboID-HA-2×Strep载体，先要从pENTRY-TurboID-HA-2×Strep中通过PCR扩增TurboID-HA-2×Strep序列，并使用NheI限制性位点克隆到pCW57.1载体（David Root惠赠，Addgene #41393）中。通过Gateway™重组技术将pENTRY-eGFP和pENTRY-eGFPnls导入pDEST-pCW57.1-TurboID-HA-2 Strep载体中，最终得到pCW57.1-TurboID-HA-2 Strep-eGFP和pCW57.1-TurboID-HA-2 Strep-eGFPnls载体。所有构建的质粒均通过测序验证。

2. 由于TurboID的高效性，为减少背景效应，在诱导融合蛋白表达之前，应使用不含生物素的培养基。通常，在生长过程中培养基和FBS都可能含有生物素。如，最常用的RPMI（roswell park memorial institute）培养基含有200μg/L的生物素，而DMEM培养基则不含生物素。因此，在进行TurboID标记实验之前会使用DMEM培养基至少培养细胞三代，以降低细胞内生物素水平。如果被研究的细胞不能耐受其他培养基，可使用无生物素RPMI培养基（如MyBioSource）。为了去除血清中的生物素，可预先清洗过的Streptavidin Sepharose珠子与胎牛血清FBS（1/100，v/v）中混合，在4℃条件下旋转孵育24小时。将去除生物素的FBS经过滤灭菌后加入DMEM培养基中。

3. 用于多肽制备的所有缓冲液都需要选择LC-MS级别或者更高级别的，以减少质谱数据采集时的干扰。

4. Stbl2感受态细胞适用于克隆不稳定的插入物，在实验中，Stbl2感受态细胞可以提高含病毒序列的载体的克隆效率。笔者发现，在30℃下培养Stbl2感受态细胞也能提高产量，但是这样做可能会出现

Feldman 等所描述的两种类型的菌落[36]。如果出现这种情况，首先应选用较小的菌落，因为较大的菌落通常会携带突变的质粒。

5. HEK293T 细胞的密度是影响慢病毒制备的关键因素，在高密度下会显著降低产量。用于制备慢病毒的 HEK293T 细胞密度应该始终保持在 90% 以下。

6. 如需要大量的慢病毒颗粒，可进行两次收集。在第 3 天收集慢病毒后，可添加新培养基，并在第 4 天进行第二次收集。所有上清液在使用前应混合以减少批次间因处理而产生的差异效应。含有慢病毒的上清液可立即使用，也可在 4℃下保存约 2 周，或快速冷冻在 −80℃下以备后用。为了保持慢病毒的质量，应该尽量避免反复冻融。

7. 慢病毒转染会产生异质性的细胞群。为了避免随时间的推移而失去转基因表达能力，可以选择克隆群来维持多个实验中基因表达的稳定性。如果在转染后使用细胞群，则感兴趣基因的表达水平应与 eGFP-NLS 对照的表达水平相似，以确保正确模拟 TurboID 背景。

8. 当进行 Western blot 检测时，TurboID-HA-2×Strep 标签会使"诱饵"蛋白的分子量增加约 30kDa。

9. 在进行质谱分析之前，可以使用额外的洗涤步骤来去除生物素化蛋白的可能互作蛋白分子，降低样品复杂度。生物素–链霉亲和素之间的相互作用非常强，可以抵抗非常严苛的洗涤条件，包括 2%SDS[34]。

参考文献

[1] Gustafsson J-A(2016)Historical overview of nuclear receptors. J Steroid Biochem Mol Biol 157:3-6. https://doi.org/10.1016/j.jsbmb. 2015.03.004

[2] Mangelsdorf DJ, Thummel C, Beato M et al(1995)The nuclear receptor superfamily: the second decade. Cell 83(6):835-839. https://doi.org/10.1016/0092-8674(95)90199-x

[3] Huang P, Chandra V, Rastinejad F(2010)Structural overview of the nuclear receptor superfamily: insights into physiology and therapeutics. Annu Rev Physiol 72(1):247-272. https://doi.org/10.1146/annurev-physiol- 021909-135917

[4] McEwan Iain JI(2016)The nuclear receptor superfamily at thirty. Methods Mol Biol(Clifton, NJ)1443:3-9

[5] Weikum ER, Liu X, Ortlund EA(2018)The nuclear receptor superfamily: a structural perspective. Protein Sci 27(11):1876-1892. https://doi.org/10.1002/pro.3496

[6] Berrabah W, Aumercier P, Lefebvre P et al(2011)Control of nuclear receptor activities in metabolism by post-translational modifications. FEBS Lett 585(11):1640-1650. https://doi.org/10.1016/j.febslet.2011. 03.066

[7] Sever R, Glass CK(2013)Signaling by nuclear receptors. Cold Spring Harb Perspect Biol 5(3):a016709-a016709. https://doi.org/10. 1101/cshperspect.a016709

[8] Huttlin EL, Bruckner RJ, Paulo JA et al(2017)Architecture of the human interactome defines protein communities and disease networks. Nature 545(7655):505-509. https://doi. org/10.1038/nature22366

[9] Vidal M, Cusick ME, Barabási A-L (2011)Interactome networks and human disease. Cell 144(6):986-998. https://doi.org/10. 1016/j.cell.2011.02.016

[10] Li Y, Sahni N, Yi S(2016)Comparative analysis of protein interactome networks prioritizes candidate genes with cancer signatures. Oncotarget 7(48):78841-78849. https://doi.org/ 10.18632/oncotarget.12879

[11] Gulfidan G, Turanli B, Beklen H et al(2020)Pan-cancer mapping of differential proteinprotein interactions. Sci Rep 10(1):3272. https://doi.org/10.1038/s41598-020- 60127-x

[12] Li J-W, Lee H-M, Wang Y et al(2016)Interactome-transcriptome analysis discovers signatures complementary to GWAS loci of type 2 diabetes. Sci Rep 6(1):35228. https:// doi.org/10.1038/srep35228

[13] Haenig C, Atias N, Taylor AK et al(2020)Interactome mapping provides a network of neurodegenerative disease proteins and uncovers widespread protein aggregation in affected brains. Cell Rep 32(7):108050. https://doi.org/10.1016/j.celrep.2020. 108050

[14] Ganapathiraju MK, Thahir M, Handen A et al(2016)Schizophrenia interactome with novel protein-protein interactions. NPJ Schizophr 2(1):16012. https://doi.org/10. 1038/npjschz.2016.12

[15] Agbo L, Lambert J-P(2019)Proteomics contribution to the elucidation of the steroid hormone receptors functions. J Steroid Biochem Mol Biol 192:105387

[16] Vélot L, Lessard F, Bérubé-Simard F-A et al(2021)Proximity-dependent mapping of the androgen receptor identifies kruppel-like factor 4 as a functional partner. Mol Cell Proteomics 20:100064. https://doi.org/10.1016/j. mcpro.2021.100064

[17] Gingras A-C, Abe KT, Raught B(2019)Getting to know the neighborhood: using proximity-dependent biotinylation to characterize protein complexes and map organelles. Curr Opin Chem Biol 48:44-54. https://doi. org/10.1016/j.cbpa.2018.10.017

[18] De Boer E, Rodriguez P, Bonte E et al(2003)Efficient biotinylation and single-step purification of tagged transcription factors in mammalian cells and transgenic mice. Proc Natl Acad Sci 100(13):7480-7485. https://doi.org/10. 1073/pnas.1332608100

[19] Roux KJ, Kim DI, Raida M et al(2012)A promiscuous biotin ligase fusion protein identifies proximal and interacting proteins in mammalian cells. J Cell Biol 196(6):801-810. https://doi.org/10.1083/jcb.201112098

[20] Kim DI, Jensen SC, Noble KA et al(2016)An improved smaller biotin ligase for BioID proximity labeling. Mol Biol Cell 27(8):1188-1196. https://doi. org/10.1091/mbc. e15-12-0844

[21] Kim DI, Kc B, Zhu W et al(2014)Probing nuclear pore complex architecture with proximity-dependent biotinylation. Proc Natl Acad Sci 111(24):E2453-E2461. https://doi. org/10.1073/pnas.1406459111

[22] Lobingier BT, Hüttenhain R, Eichel K et al(2017)An approach to spatiotemporally resolve protein interaction networks in living cells. Cell 169(2):350-360.e312. https://doi. org/10.1016/j.cell.2017.03.022

[23] Lam SS, Martell JD, Kamer KJ et al(2015)Directed evolution of APEX2 for electron microscopy and proximity labeling. Nat Methods 12(1):51-54. https://doi.org/10.1038/ nmeth.3179

[24] Han Y, Branon TC, Martell JD et al(2019)Directed evolution of split APEX2 peroxidase. ACS Chem Biol 14(4):619-635. https://doi. org/10.1021/acschembio.8b00919

[25] Oughtred R, Stark C, Breitkreutz B-J et al(2019)The BioGRID interaction database:2019 update. Nucleic Acids Res 47(D1):D529-D541. https://doi. org/10.1093/nar/ gky1079

[26] Lambert J-P, Ivosev G, Couzens AL et al(2013)Mapping differential interactomes by affinity purification coupled with dataindependent mass spectrometry acquisition. Nat Methods 10(12):1239-1245. https:// doi.org/10.1038/nmeth.2702

[27] Lambert J-P, Picaud S, Fujisawa T et al(2019)Interactome rewiring following pharmacological targeting of BET bromodomains. Mol Cell 73(3):621-638. e617. https://doi.org/10.1016/j.molcel.2018. 11.006

[28] Rappsilber Juri J(2007)Protocol for micropurification, enrichment, pre-fractionation and storage of peptides for proteomics using StageTips. Nat Protoc 2(8):1896-1906

[29] Liu G, Knight JD, Zhang JP et al(2016)Data independent acquisition analysis in ProHits4.0. J Proteome 149:64-68. https://doi.org/ 10.1016/j.jprot.2016.04.042

[30] Kessner D, Chambers M, Burke R et al(2008)ProteoWizard: open source software for rapid proteomics tools development. Bioinformatics 24(21):2534-2536. https://doi.org/10. 1093/bioinformatics/btn323

[31] Deutsch EW, Mendoza L, Shteynberg D et al(2015)Trans-proteomic pipeline, a standardized data processing pipeline for large-scale reproducible proteomics informatics. Proteomics Clin Appl 9(7-8):745-754. https://doi. org/10.1002/prca.201400164

[32] Teo G, Liu G, Zhang J et al(2014)SAINTexpress:improvements and additional features in significance analysis of INTeractome software. J Proteome 100:37-43. https://doi.org/10. 1016/j.jprot.2013.10.023

[33] Branon TC, Bosch JA, Sanchez AD et al(2018)Efficient proximity labeling in living cells and organisms with TurboID. Nat Biotechnol 36(9):880-887. https://doi.org/10. 1038/nbt.4201

[34] Samavarchi-Tehrani P, Abdouni H, Samson R et al(2018)A versatile lentiviral delivery toolkit for proximity-dependent biotinylation in diverse cell types. Mol Cell Proteomics 17(11):2256-2269. https://doi.org/10. 1074/mcp.TIR118.000902

[35] Dalvai M, Loehr J, Jacquet K et al(2015)A scalable genome-editing-based approach for mapping multiprotein complexes in human cells. Cell Rep 13(3):621-633. https://doi. org/10.1016/j.celrep.2015.09.009

[36] Feldman DH, Lossin C(2014)The Nav channel bench series:plasmid preparation. MethodsX 1:6-11. https://doi.org/10.1016/j. mex.2014.01.002

第十六章

通过蛋白质组学数据库挖掘揭示功能性假基因

Anna Meller and François–Michel Boisvert

> 通过蛋白质组学结合人类基因测序分析，可优化基因注释并证实哪些基因真实地表达了蛋白质，包括以往被认为的假基因、可变阅读框和其他蛋白异构体。不但基因组测序本身存在诸多挑战，对所有编码蛋白质的基因进行注释则是一个更大的挑战。本章描述了一种通过计算模拟来鉴定假基因表达的方法，以及验证假基因编码的蛋白质的实验方法，包括定量这些蛋白质所必需的步骤。这项技术全面分析了一些所谓的"假基因"其实表达了曾被认定并不存在的蛋白质。

一、引言

假基因是基因组中推测不表达的基因拷贝区域[1]，它们以不同的形式存在，根据起源机制不同可分为3类[2]：加工型（processed）假基因来源于加工过的mRNA的逆转录转座，通常缺乏启动子区域并存在poly A 尾[3]；未加工型（unprocessed）的假基因通过复制产生，是由最终生成突变的基因重组产生的[4]；单一（unitary）假基因是曾经表达和具有功能的基因突变失活的结果[5]。尽管这些假基因通常被认为缺乏功能，但研究发现一些假基因在 RNA 或蛋白质水平上发挥着重要的生物学作用，且不排除一些基因实际上被错误地划分为假基因的可能性[6]。由于这种最初的分类错误，它们经常被忽略或排除在基因组分析之外。随着大规模鉴定基因表达和蛋白质翻译技术的出现，使得我们有能力鉴定某些被表达的"假基因"[7]。在此，提出了一种新方法来评估这些基因组元素是否真实被表达出来并发挥着重要的生物学功能。

二、材料

（一）样本制备

所有溶液和稀释液均在实验当天使用质谱级纯水制备。1mol/L 浓度的碘乙酰胺（IAA）和碳酸氢铵（NH_4HCO_3）可作为储存液分装后在 –20℃储存。其他溶液不建议储存。

1. 质谱级纯水。
2. LoBind Eppendorf 管。
3. 蛋白裂解缓冲液：8mol/L 尿素，10mmol/L HEPES。
4. BCA 或其他蛋白定量试剂盒。
5. 1mol/L 浓度二硫苏糖醇（DTT）的质谱级水溶液（分装后 –20℃保存）。

6. 1mol/L 浓度碘乙酰胺（IAA）或 2- 氯乙酰胺（光敏）的质谱级水溶液（分装后 -20℃保存），避免冻融！
7. 100% 乙腈（ACN）。
8. 100% 三氟乙酸（TFA）。
9. 100% 乙酸。
10. 1mol/L 浓度碳酸氢铵（NH_4HCO_3）质谱水溶液（分装后 -20℃保存）。
11. 1μg/μl 质谱级胰蛋白酶或其他蛋白消化酶溶于 50mmol/L 的醋酸质谱级水溶液中，分装于 LoBind Eppendorf 管后 -80℃冻存。
12. 100% 甲酸（FA）。
13. 洗脱缓冲液：1% FA，50% ACN。
14. C-18 质谱吸头或色谱柱。
15. 9mm 尺寸、350μl 体积质谱上样瓶。
16. 金属恒温浴。
17. 台式离心机。
18. 涡旋振荡仪。
19. 紫外分光光度计。
20. 真空浓缩仪。
21. NanoDrop 分光光度计。

（二）平行反应监测 / 多重反应监测分析
1. 感兴趣蛋白质的对应的重标肽段。
2. Skyline 分析软件。

三、方法

（一）假基因鉴定

1. 假基因数据库搜索　针对人类或小鼠等物种基因，假基因的鉴定可以直接通过搜索现成的数据库进行，如 GENECODE v.10 数据库（https：//www.gencodegenes.org/）[2] 及 PseudoPipe 数据库（http：//pseudogene.org/）[8]。然而，对于其他物种可用的信息较少，因此首先进行生物信息学分析来生成起始数据库（图 16-1）。

（1）上述两个数据库都提供了一个包含所有已鉴别出的假基因、以 .txt 格式输出和下载的列表。该文件可以在 Excel 中打开，通过筛选感兴趣的亲本基因的名称来检索特定的假基因。由于不同数据库定义假基因的方法和标准不同，导致它们之间很可能存在重叠，需交叉检索参考数据库并删除所有重复的条目（见注释 1）。

（2）通过在 NCBI 数据库（https：//www.ncbi.nlm.nih.gov/）或 Ensembl 数据库（https：//useast.ensembl.org/index.html）中的基因搜索框中输入假基因的名称，分析选定的假基因的基因组背景。在此，找到基因组序列看看它们是否包含内含子或 poly A 重复序列。同时，寻找潜在的启动子区域，例如基因序列 5'端上游的 TATA box 序列。这些都会指明该基因具有能够被转录的潜力。

2. 转录证据搜索　由于大多数假基因不能编码功能蛋白，因此研究给定的假基因是否可被转录非常重要，这可以指明其是否具有翻译成蛋白质的潜力，并可通过查看 RNA-seq 和 CHIP-seq 相关数据库来进一步验证。

在 GEO 数据库（https：//www.ncbi.nlm.nih.gov/geo/）[9] 或 ENA 数据库（https：//www.ebi.ac.uk/ena/browser/home）[10] 中搜索假基因名称，检索包含已鉴定候选 RNA 的高通量大规模研究列表。这将显示某假基因是否被活跃地转录，或可能产生有功能的蛋白质（见注释 2）。转录组学和蛋白质组学的证据也可在

Expression Atlas 数据库（https：//www.ebi.ac.uk/gxa/home）[11]中查找到，通过交互式操作可以找到来自不同研究的实验数据库中表达的每个基因。

3. **翻译确认** 要确定假基因是否能被翻译成蛋白质，重要的是看是否存在核糖体与其 mRNA 结合的证据。

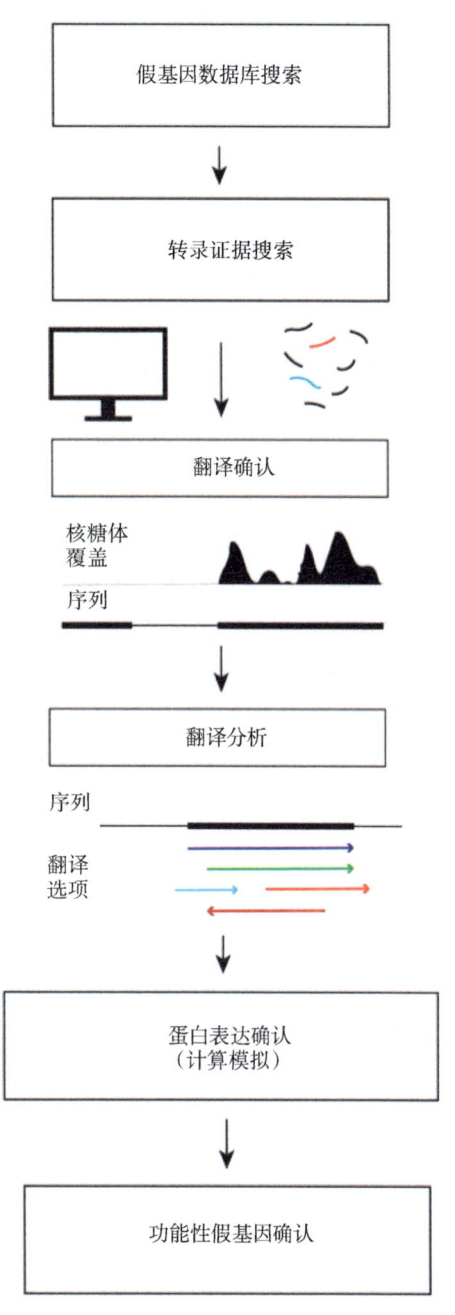

图 16-1 假基因数据库挖掘与分析流程图

从基因数据库中挖掘候选假基因，为进一步分析它们的转录和翻译潜力提供了一个基础数据库。搜索和重新分析蛋白质组学数据库则可以进一步缩小潜在的兴趣候选假基因范围

使用核糖体图谱数据库如 GWIPS-viz（https：//gwips.ucc.ie/）[12]验证每个假基因激活翻译的潜力。通过在搜索栏中输入假基因的名称，图形界面将显示其 mRNA 某些位置的峰值，这些位置反映了与核糖体结合的情况。

4. **翻译分析** 虽然某些假基因可能存在被翻译成蛋白质的证据，但这并不一定意味着翻译后的蛋白质具有功能或与原始基因相似。

利用计算模拟翻译在线工具 Expasy（https：//web.expasy.org/translate/）[13] 分析序列的翻译潜力。将 mRNA 序列粘贴在搜索区域，并查看提供的结果中的每个阅读框，以查看翻译后的假基因与亲本基因的相似程度。可能存在不同的阅读框架，提供不同的翻译模板（见注释3）。

5. **蛋白表达** 为了收集某个蛋白质来源于假基因的支持证据，搜索蛋白质组学数据库是一个很好的出发点。与假基因相关的特异多肽的鉴定为假基因编码蛋白质的存在提供了进一步的证据。

在 OpenProt 数据库（https：//www.openprot.org/）[14] 的搜索框中输入假基因的名称，检索得到具有实验或预测证据的研究列表。它不仅提供假基因的信息，而且还提供潜在的替代翻译信息（见注释4）。查看详细信息并在质谱标签中找到识别的特异肽段及其在每个研究中的质谱匹配情况。

6. **互作数据库** 为了进一步鉴别假基因潜在的功能表达，也可对相互作用数据库如 BioPlex Interactome（https：//bioplex.hms.harvard.edu/）[15] 进行重新分析。这将有助于识别给定的假基因是否在已知的复合物中起作用，或已知的关联是否是被判定为与无关蛋白的随机相互作用。

（二）对功能性假基因的验证

至于实验鉴定，最直接的方法是进行质谱分析，因为质谱可将肽段特异性搜索与定量分析相结合（图 16-2）。通常使用平行反应监测（parallel reaction monitoring，PRM）或多重反应监测（multiple reaction monitoring，MRM）；也称为选择性反应监测（selective reaction monitoring，SRM）方法结合重标肽段（非放射性稳定同位素）作为定量参考，通过 MS/MS 分析来定量野生型和假基因来源的蛋白。

在定量蛋白质时需要对标准的数据依赖式采集（data dependent acquisition，DDA）分析进行变通，以提高灵敏度和特异性。在 DDA 中，选择的是每个周期中最丰富的前体用于分析，这意味着低表达的蛋白甚至可能根本就没有被检测。另一方面，在 PRM 或 MRM 设置中，质谱仪只在预先选定的前体列表中循环，这意味着仪器只会搜索到已在列表中被定义的多肽。PRM 和 MRM 方法的区别在于 MRM 只测量给定前体肽的选定片段离子，而 PRM 测量所有的片段离子。一般来说，PRM 比 MRM 需要更少的优化步骤，因此更常被选用。

1. **蛋白特异性重标肽段设计**

（1）使用质谱证据数据库结果为待定量的蛋白质选择和设计特异的重标肽段（理想情况下为每个蛋白设计两个肽段）。也可通过瞬时表达体系表达出目标蛋白并通过免疫沉淀、表位标签进行纯化，消化后的蛋白质通过质谱分析，以找到可用于内源性鉴定和定量的最佳特异肽段。选择那些易于检测且质谱研究实验中已经被发现的肽段。

（2）选择计划进行重标记的氨基酸。多肽的 N 端和 C 端都可以进行标记（见注释5）。只使用一种重标氨基酸也是一种选择，但需要注意的是，在这种情况下只有 y 或 b 离子（取决于标记的哪一端）可以用于定量。

2. **MS 质谱检测肽段的优化**

（1）作为质控检查，建议使用标准的 DDA 方法在质谱仪上对重标肽段进行测试，以了解它们的行为特征，并收集每个重标肽段精确的单同位素前体荷质比。也可根据轻肽（即未标记者）的荷质比值进行计算，并手动或使用 Skyline 软件（https：//skyline.ms/project/home/begin.view）[16] 将重标本身的质量添加到其中。

（2）生成包含需要测量的所有多肽（均为重标肽段）荷质比的包含列表（见注释6）。

（3）在质谱仪上设置 PRM 或 MRM 方法（设置界面取决于仪器，但 Orbitrap 和 Tims-TOF 质谱仪上都有可用模板），先单独运行重标肽段，以便观察是否需要进一步调整。

图 16-2　蛋白质定量工作流程

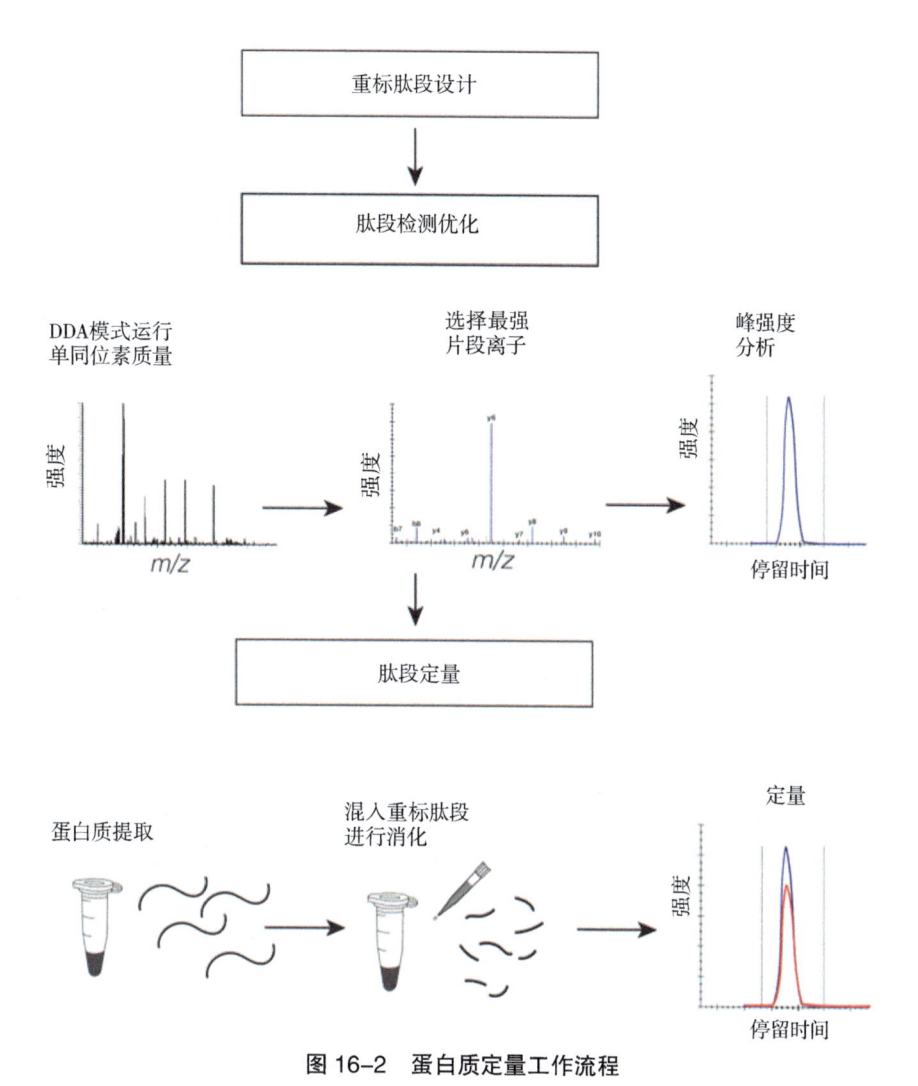

假基因在翻译水平的实验证据可以通过质谱分析结合绝对定量进一步验证

（4）使用 Skyline 软件分析数据。验证峰值质量（见注释7）和所带的不同电荷（见注释8）。查看产物的离子强度（见注释7），并选择用于定量的离子（选择3个最高的）（见注释9）。基于获得的结果，可根据需要对 PRM/MRM 方法进行修订（见注释10）。

3. 样品制备

（1）变性：用蛋白质裂解缓冲液制备蛋白提取物。使用 BCA 定量法或类似方法测量蛋白浓度。从每个样品中取出所需浓度的蛋白提取物，放入 LoBind 管中（见注释11）。

（2）二硫键还原：在样品中加入终浓度为 5mmol/L 的 DTT，95℃煮 2 分钟。

（3）烷基化：室温冷却样品 30 分钟，加入 IAA 至终浓度为 7.5mmol/L。室温下避光孵育 20 分钟。加入 50mmol/L 浓度的 NH_4HCO_3 溶液，将尿素浓度降低到 2mol/L（见注释12）。

（4）消化：在样品中加入胰蛋白酶（1μg/100μg 蛋白），30℃孵育过夜。首先，通过将不同浓度的重标肽段加入到对照样品中生成标准曲线（见注释13）。按照预定浓度（基于标准曲线获得浓度）向每个样本中掺入重标肽段（见注释14）。将样品冷却至室温，加入 TFA 至终浓度 0.2% 终止胰蛋白酶消化。

（5）脱盐：用 C-18 上样吸头清洗样品。在平衡步骤中，用适量（取决于 C-18 吸头规格，与结合能力有关）的 100% CAN 洗涤柱子 3 次，然后用 0.1% TFA 重复 3 次以平衡色谱柱。为了使肽段与肽段更好地结合，在单独的 LoBind 管中，用移液器紧联 C18 柱子抽吸样品 10 次，然后弃去废液。重复结合步骤，直到全部样品处理完毕。用适量 0.1% TFA 洗涤柱子 3 次。以结合步骤类似的方式使用洗脱缓冲液从柱子上洗脱肽段（缓冲液的量是 C-18 吸头可吸取量的 3 倍，例如 100μl 的吸头使用 300μl 洗脱液）（见注释 15）。在真空离心泵中干燥肽段。

（6）浓度测定：用 1% FA 重悬干燥肽，涡旋振荡混匀。用 NanoDrop 在 205nm 的吸光度下测量每个样品中的多肽浓度。将样品转移到质谱上样瓶后装入质谱分析仪。

（三）对鉴定出的假基因进行功能分析的策略选择

为了进一步研究鉴定的假基因并确定其细胞功能，可进行过表达并研究与野生型蛋白相比其行为、定位及影响。可通过免疫共沉淀实验，纯化表位标记的假基因，然后进行 Western blot 或质谱分析以识别新的相互作用因子。同样，基因敲除也有助于研究假基因来源的蛋白之缺失时的细胞变化。

四、注释

1. 不同的数据库对某个假基因的命名可能不同，因此比较假基因的基因组位置有助于去除重复信息。此外，如果有一个明显缺失的条目，如没有假基因 3，但有假基因 4 和假基因 5，那么在 NCBI（https://www.ncbi.nlm.nih.gov/）或 Ensembl（https://useast.ensembl.org/index.html）上进行基因搜索可能有助于确认。

2. 通过重新分析 ChIP-Atlas 数据库（https://chip-atlas.org/）[17]的原始数据，可能发现某些转录因子与假基因有关联，从而可能为假基因的功能调控提供更多信息。

3. 在某些情况下，观察翻译后的假基因是否具有与亲本基因相似的功能也很重要。建议检查功能域是否有重大突变，或与野生型相比翻译蛋白是否有较大的缺失。例如，对泛素蛋白基因来讲，C 端的 Gly-Gly 序列对与底物偶联至关重要。

4. 证据的缺失并不意味着就不存在假基因翻译的蛋白质。在某些情况下，需要特异性酶进行消化，如糜蛋白酶、谷氨酰蛋白内切酶 Glu-C 或赖氨酰内切酶 Lys-C 可识别与野生型蛋白不同的特定肽段。

5. 不一定非要选择 N 或 C 末端的最后一个氨基酸，倒数第二个氨基酸也可以重标代替。在两端的最后两个氨基酸之间选择重标还可以降低成本，因为一些重标记的氨基酸难以生产成，导致生产成本较高。

6. 某些多肽可能以不同的带电荷状态存在，因此在列表时建议列出包括"替代性"带电多肽。

7. 理想情况下，峰值应该是相对尖锐的、没有拖尾，在时间轴上仅占约 10 个数据点。

8. 没有发现信号的电荷状态可从 PRM 包含列表中删除。

9. 如果肽段只有一端是重标记的，一定要选择重标记端对应的产物离子。

10. 可根据遇到的问题更改某些参数。如，通过改变流量压力和上样柱尺寸来缩小较宽的峰值。对于不对称的拖峰，增加 Ramp 梯度可能有帮助。

11. 多肽可以很容易粘在塑料表面，因此使用 LoBind 管可增加样品回收率。

12. 最终的尿素浓度和酶消化条件取决于酶的选择。

13. 理想情况下，重标肽段在酶消化前先加入到样品中。如果无法实现，也可以在后期进行，但这将因重标肽段没有经历与内源性肽相同的加工损失而降低准确性。

14. 理想情况下，重标肽段和内源性肽应以相似的浓度存在于样品中，使峰比率计算更加可靠。

15. 当上样柱接触到溶液时，洗脱就已开始，所以要确保所有的洗脱缓冲液都被收集。

参考文献

[1] Harrison PM, Zheng D, Zhang Z et al(2005)Transcribed processed pseudogenes in the human genome:an intermediate form of expressed retrosequence lacking proteincoding ability. Nucleic Acids Res 33:2374-2383

[2] Frankish A, Diekhans M, Ferreira AM et al(2019)GENCODE reference annotation for the human and mouse genomes. Nucleic Acids Res 47:D766-D773

[3] Vanin EF(1985)Processed pseudogenes:characteristics and evolution. Annu Rev Genet 19:253-272

[4] Mighell AJ, Smith NR, Robinson PA et al(2000)Vertebrate pseudogenes. FEBS Lett 468:109-114

[5] Zhang ZD, Frankish A, Hunt T et al(2010)Identification and analysis of unitary pseudogenes:historic and contemporary gene losses in humans and other primates. Genome Biol 11:R26

[6] Xu J, Zhang J(2016)Are human translated pseudogenes functional? Mol Biol Evol 33:755-760

[7] Sisu C, Pei B, Leng J et al(2014)Comparative analysis of pseudogenes across three phyla. Proc Natl Acad Sci U S A 111:13361-13366

[8] Zhang Z, Carriero N, Zheng D et al(2006)PseudoPipe:an automated pseudogene identification pipeline. Bioinformatics 22:1437-1439

[9] Edgar R, Domrachev M, Lash AE(2002)Gene expression omnibus:NCBI gene expression and hybridization array data repository. Nucleic Acids Res 30:207-210

[10] Amid C, Alako BTF, Balavenkataraman Kadhirvelu V et al(2020)The European Nucleotide Archive in 2019. Nucleic Acids Res 48:D70-D76

[11] Papatheodorou I, Fonseca NA, Keays M et al(2018)Expression Atlas:gene and protein expression across multiple studies and organisms. Nucleic Acids Res 46:D246-D251

[12] Michel AM, Fox G, Kiran AM et al(2014)GWIPS-viz:development of a ribo-seq genome browser. Nucleic Acids Res 42:D859-D864

[13] Gasteiger E, Gattiker A, Hoogland C et al(2003)ExPASy:the proteomics server for in-depth protein knowledge and analysis. Nucleic Acids Res 31:3784-3788

[14] Brunet MA, Brunelle M, Lucier JF et al(2019)OpenProt:a more comprehensive guide to explore eukaryotic coding potential and proteomes. Nucleic Acids Res 47:D403-D410

[15] Huttlin EL, Ting L, Bruckner RJ et al(2015)The BioPlex network:a systematic exploration of the human interactome. Cell 162:425-440

[16] MacLean B, Tomazela DM, Shulman N et al(2010)Skyline:an open source document editor for creating and analyzing targeted proteomics experiments. Bioinformatics 26:966-968

[17] Oki S, Ohta T, Shioi G, et al(2018)ChIPAtlas:a data-mining suite powered by full integration of public ChIP-seq data. EMBO Rep 19

第十七章

细菌病原体－宿主互作蛋白质组学分析揭示新型抗菌策略

Arjun Sukumaran and Jennifer Geddes-McAlister

> 自下而上的蛋白质组学分析可对特定样本中涉及的蛋白质进行系统性分析。本章的方案描述了肺炎克雷伯菌（Klebsiella pneumoniae）和巨噬细胞共培养、提取和制备用于高分辨率质谱分析的样品，以及最后进行质谱数据分析的工作流程。该工作流程可鉴定病原体感染发病机制中细菌和宿主细胞两方面的蛋白质。

一、引言

包括细菌在内的微生物感染的进程包括侵入生理屏障、克服与宿主免疫系统的相互作用，以促进细菌的生存。宿主的防御反应则可以大致分为先天性免疫和获得性免疫，这二者共同作用以保护宿主及清除入侵的微生物[1]。包括病原体在内的外来物质，最初会遭遇先天性免疫系统识别和抵御，其中包括生理屏障（如上皮细胞）、吞噬细胞（如巨噬细胞）和循环的血清蛋白质（如补体）[1]。这些免疫系统的反应会根据入侵的微生物的类型和感染部位而有所不同。

肺炎克雷伯菌（Klebsiella pneumoniae）是一种机会性细菌病原体，常与医院感染有关，但也易于引起社区获得性感染。人体组织内的黏膜表面（如上呼吸道或胃肠道等），在暴露于细菌或生物被膜后，克雷伯菌会定植于此[2-4]。感染主要导致肺部或尿路感染，也可能发展为肝脓肿或软组织感染[5]。在宿主免疫系统的抵御下，细菌的生存依赖于宿主和病原体蛋白质之间同时互作的结果[6, 7]。如，克雷伯菌分泌一系列蛋白质（即毒力因子），这些蛋白质有助于病菌获取营养物质、逃避宿主防御分子，并最终实现自我复制。同样，宿主细胞通过减少细菌定植所需的金属离子或通过干扰蛋白质活性位点来抑制细菌蛋白质，从而阻止细菌的生长和存活。了解双方的互作将有助于了解感染过程；这些信息将有助于制订克雷伯菌感染的抗微生物治疗策略。

基于质谱的定量蛋白质组学是一种分析化学技术，可用于鉴定和定量样品中的蛋白质。从生物样品中提取蛋白质后，可直接分析蛋白质（自上而下的蛋白质组学）或在分析之前将蛋白质消化成肽段（自下而上或鸟枪法蛋白质组学）。最近不同研究者展示了基于质谱的蛋白质组学在描述免疫系统之间的信息递送、鉴定细菌病原体与宿主之间的相互作用、评估翻译后修饰对疾病结果的影响并探索在发病机制中的应用[6-10]。在本章中，介绍如何使用自下而上的蛋白质组学分析肺炎克雷伯菌（病原体）和巨噬细胞（宿主）

的共培养体系以鉴定宿主和病原体蛋白质丰度的变化，并展示应用基于质谱的蛋白质组学来表征感染性疾病中的病宿互作，为发现新的治疗策略提供机会。

二、材料

（一）肺炎克雷伯菌的培养

1. 待测试的肺炎克雷伯菌菌株。
2. 溶菌肉汤培养基（LB）或胰蛋白大豆胨培养基（TSB）混合物。
3. LB琼脂或胰蛋白大豆琼脂（TSA）混合物。
4. 10ml试管。
5. 血细胞计数板。
6. 15ml尖底离心管。
7. 1.5ml微量离心管。
8. 磷酸盐缓冲液（PBS）（见注释1）。

（二）巨噬细胞的培养

1. 含抗生素的DMEM完全培养基：500ml DMEM，高糖，GlutaMAX™补充剂，胎牛血清（终浓度10%），L-谷氨酰胺（终浓度1%），青霉素：链霉素（100×储存液含青、链霉素各10 000U/ml，加入5ml至终浓度为1%）。0.2 μm过滤器过滤混合培养基，4℃储存（见注释2和3）。
2. 不含抗生素的DMEM完全培养基：500ml DMEM，高糖，GlutaMAX™补充剂，胎牛血清（终浓度10%），L-谷氨酰胺（终浓度1%）。0.2 μm过滤器过滤混合培养基，4℃储存（见注释2）。
3. 移液管（10ml、25ml和50ml）。
4. Bel-Art™ HiFlow真空吸液收集系统。
5. 细胞刮刀（刮刀宽度20 mm）。
6. 100mm×15mm培养皿。
7. 细胞培养6孔板。
8. 血细胞计数板或Countess™ Ⅱ自动细胞计数器。

（三）细胞蛋白质组分析

使用milli-Q双蒸水制备所有缓冲液和试剂。

1. 100mmol/L Tris-HCl（pH 8.5）。
2. 蛋白酶抑制剂混合片剂（见注释4）。
3. 探头式超声仪。
4. 4% 十二烷基硫酸钠（SDS）。
5. 1mol/L 二硫苏糖醇（DTT）（见注释5）。
6. 0.55mol/L 碘乙酰胺（IAA）（见注释5）。
7. 加热振动器或恒温振荡器。
8. 100% 丙酮，存储于-20℃。
9. 80% 丙酮，存储于-20℃。
10. 8mol/L 尿素。
11. 40mmol/L HEPES。
12. 水浴超声仪。
13. 300mmol/L 碳酸氢铵（ABC）。

14. 胰蛋白酶/Lys-C 蛋白酶混合物，质谱级别（0.5μg/μl。工作用量蛋白质：酶为 100 : 1）。

15. 100% 乙酸。

16. 100% 乙腈，质谱级别。

17. 100% 三氟乙酸。

18. 终止液：20% 乙腈，6% 三氟乙酸。

19. 缓冲液 A：2%（v/v）乙腈，0.1%（v/v）三氟乙酸，0.5%（v/v）乙酸[11]。

三、操作方法

在室温下执行以下步骤，除非另有说明。

（一）培养肺炎克雷伯菌

肺炎克雷伯菌是生物安全等级 2 级的微生物，进行培养前应采取必要的防护措施。肺炎克雷伯菌 52.145 株可以在富含营养的琼脂板（即 LB 琼脂或 TSA）上维持生长。以下方案将使用 LB 培养基（也可以使用 TSB 培养基）进行操作。

1. 将甘油中储存的细菌，经划线法在 LB 琼脂板上分离单个菌落。

2. 在静态培养箱中 37℃孵育过夜。

3. 将单个菌落接种到含有 5ml LB 培养基的 10ml 试管中，设置 4 个相同的重复接种管。

4. 于 200r/min 摇床上 37℃孵育过夜。

5. 将过夜培养物以 1 : 100 的稀释比例接种到含有 5ml LB 培养基的 10ml 试管中。设置 4 组用于感染共培养，再设置 4 组用于体外蛋白质组。

6. 200r/min 摇床上 37℃孵育 3 小时。

7. 使用血细胞计数板测量用于共培养的 4 组的数量。

8. 每个重复样品收集 5×10^7 个细胞放置在 1.5ml 微量离心管中。

9. 室温下，以 3500×g 的速度离心 10 分钟收集细胞。

10. 弃去上清液。

11. 用 1ml 无菌 PBS 洗涤细胞。

12. 室温下，以 3500×g 的速度离心 10 分钟。

13. 弃去上清液。

14. 重复步骤 11～13。

15. 室温下存储细胞，直至使用（最长不超过 30 分钟）。

（二）培养巨噬细胞

DMEM 完全培养基应在实验前于 37℃下加热 30 分钟。当处理巨噬细胞时，移液时应轻柔处理。

1. 巨噬细胞的接种

（1）冷冻保存的巨噬细胞重新悬浮于 10ml 含抗生素的 DMEM 中进行复苏。

（2）将细胞和培养基转移到 15ml 尖底离心管中。

（3）以 400×g 的速度离心 5 分钟收集细胞。

（4）用吸液器或移液枪弃去上清液。

（5）用含抗生素的 DMEM 完全培养基重悬细胞。

（6）将细胞移至 100mm×15mm 培养皿中。

（7）置于饱和湿度、含 5% CO_2 的恒温培养箱中，37℃孵育。

2. 巨噬细胞传代以进行共培养

（1）弃去培养皿中的细胞培养基。

（2）向培养皿中加入 5ml 室温 PBS。

（3）倾斜转动培养皿，用 PBS 轻轻冲洗细胞后弃去 PBS。

（4）加入 1ml 冷 PBS。使用细胞刮收集细胞。

（5）加入 9ml 含抗生素的 DMEM 完全培养基。

（6）使用血细胞计数板或自动计数器计数细胞。

（7）使用含抗生素的 DMEM 完全培养基将细胞稀释至 0.6×10^6 个/ml。

（8）将细胞接种于 6 孔培养板的 4 个孔中，每孔 2ml，用于共培养。同样设置第二个板用于非感染的对照。

（9）置于 37℃、含 5%CO_2 的饱和湿度培养箱中孵育培养，使细胞贴壁至少 4 小时。

（三）巨噬细胞与肺炎克雷伯菌的共培养

1. 弃去培养孔板中的细胞培养基。

2. 向每个孔中加入 1ml 室温 PBS。

3. 倾斜转动培养板，用 PBS 轻轻冲洗细胞后弃去 PBS。

4. 重复步骤 2 和 3。

5. 用不含抗生素的 DMEM 完全培养基 2ml 重悬上述第 1 步中收集的细菌（5×10^7）。

6. 将来自单个生物重复的重悬细菌加入到巨噬细胞孔中。每份细菌对应一个巨噬细胞培养孔（见注释 6）。

7. 对于非感染样本培养板上的 4 个孔，执行步骤 1～4，加入 2ml 不含抗生素、也不含细菌的 DMEM 完全培养基。

8. 在含 5%CO_2 的饱和湿度培养箱中于 37℃下孵育 6 孔板 90 分钟。

（四）收集细胞

该程序适用于共培养和非感染巨噬细胞样本。

1. 弃去每个孔中的培养基。

2. 向每个孔中加入 1ml 室温 PBS。

3. 倾斜转动培养板，用 PBS 轻轻冲洗细胞后弃去 PBS。

4. 重复步骤 2 和 3。

5. 向每个孔中加入 1ml 冷 PBS。

6. 使用细胞刮刀收集细胞。将细胞转移到 15ml 尖底离心管中。

7. 于 4℃以 400×g 的速度离心 5 分钟收集细胞。

8. 小心地弃去上清液。

9. 细胞可快速冷冻并储存以备后续处理，或可直接进行下一步操作。

（五）总蛋白质提取

1. 含有蛋白酶抑制剂混合物的 300μl 100mmol/L TrisHCl（pH 8.5）预冷液重悬收集的细胞（见注释 4）。

2. 用探头式超声仪裂解细胞，程序设置为工作 30 秒、间隔 30 秒，重复 5 个循环，振幅为 20%（见注释 7）。

3. 瞬时离心以将细胞碎片等收集于管底。将细胞上清液转移到 2ml 微量离心管中（见注释 8）（译者注：此步应准确知道转移的液体体积，以便于后续每一步精确加入其他溶液并方便计算出新的总体积。并注意，每次加入新的液体后以适当方式充分混匀）。

4. 向每个样本中加入其总体积之 1/9 体积的 20%SDS，使终浓度为 2%。

5. 向每个样本中加入其总体积之 1/100 体积的 1mol/L 二硫苏糖醇（DTT），使终浓度为 10mmol/L。

6. 在恒热振荡器中，于95℃下孵育样本10分钟，振荡速度为800r/min。

7. 样本冷却至室温。

8. 向每个样本中加入总体积的1/9体积的0.55mol/L 碘乙酰胺（IAA），使终浓度为55mmol/L。

9. 室温下避光孵育20分钟。

10. 向每个样品中加入总体积之4倍的冷100%丙酮，使终浓度为80%。

11. 样本于-20℃下过夜（见注释9）。

12. 于4℃以10 000×g的速度离心沉淀10分钟。

13. 弃去上清液。用500μl冷80%丙酮洗涤沉淀。

14. 于4℃，以10 000×g的速度离心沉淀10分钟。

15. 重复步骤13和14。

16. 室温下风干沉淀。

17. 每个样本中加入100μl的8mol/L 尿素/40mmol/L HEPES（见注释10）。

18. 通过涡旋或使用水浴超声仪（超声设置为工作30秒、间隔30秒，重复15个循环）将沉淀重新溶解（见注释11）。

19. 定量蛋白质浓度。测定方法包括BCA蛋白质测定或BSA色氨酸测定（译者注：此步应准确知道用于蛋白质定量所用的溶液体积，计算出剩余溶液体积，以便于后续精确加入其他溶液）。

20. 加入3倍体积的50mmol/L 碳酸铵（ABC），将每个样本中的尿素稀释到最终浓度为2mol/L。

21. 从每个样本中分装100μg到新的微量离心管中。剩余样品快速冷冻并可在-20℃下短期保存（例如2周），或在-80℃下长期保存（例如>1个月）。

22. 以蛋白：酶为50：2（w/v）比例向每个样本中加入胰蛋白酶/Lys-C蛋白内切酶混合物。此处所用的酶混合物的浓度为0.5μg/μl，向上述100μg蛋白中加入4μl酶混合物。

23. 室温下孵育过夜。

24. 第2天，加入1：10的停止液以停止消化，制备干燥的肽。

（六）质谱技术

1. 干燥的肽重悬于10μl缓冲液A中。

2. 测量样本浓度。

3. 将1.5～3μg的肽注入高效液相色谱柱上，肽的上样量取决于仪器的类型（见注释12）。

4. 梯度百分比和长度取决于用户的实验、仪器和偏好（见注释13）。

（七）数据分析

1. 将质谱仪输出的数据文件加载到数据处理软件中。

2. 根据用户的偏好设置分析的一般参数：采用无标记定量法，要求至少有两个肽段用于蛋白质鉴定，肽段长度最短为7个氨基酸，允许最多两个失配的切割位点，使用胰蛋白酶消化、半胱氨酸的碘乙酰胺化作为固定修饰，蛋白质的N-乙酰化和蛋氨酸的氧化被设置为可变修饰，在假阳性检测率为1%的条件下，采用目标-伪目标的策略来过滤肽谱匹配结果。开启"样本间匹配即Match between runs"功能，设置0.7分钟的匹配时间窗口和20分钟的对齐时间窗口。使用Andromeda搜索引擎，针对肺炎克雷伯菌（K. pneumoniae）和小鼠（Mus musculus）在UniProt数据库中的FASTA文件进行蛋白质鉴定。

3. 酌情将适当的输出文件上传至数据分析软件。

4. 对数据进行杂质、反向匹配等过滤，然后对样本进行标注，并去除重复结果。根据用户需求完成数据处理。代表性数据如图17-1，图17-2所示。

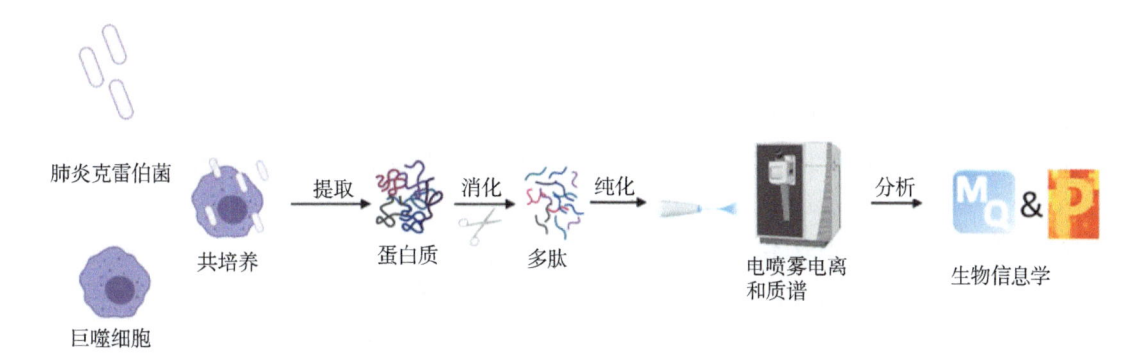

图 17-1　蛋白质组学实验关键步骤的工作流程

样本（即肺炎克雷伯菌、未感染的巨噬细胞，或共培养样本）通过机械破碎进行蛋白质提取，然后消化成肽段；纯化的样本被加载到质谱仪上，数据获取后再进行生物信息学分析以识别蛋白质并定量分析数据。图由 Biorender 生成

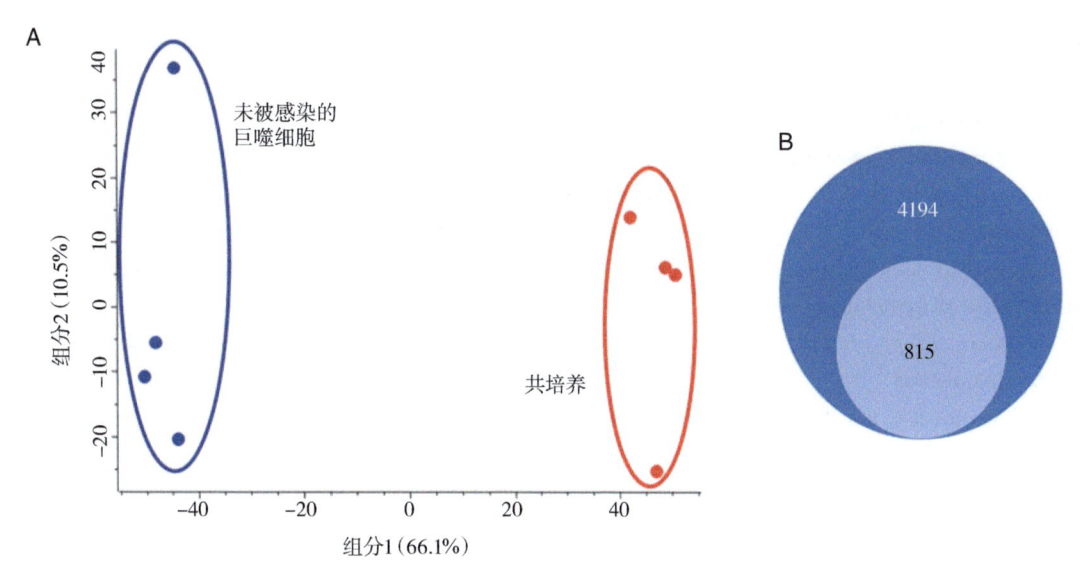

图 17-2　对病原体与宿主细胞互作蛋白质组学数据进行的生物信息分析

A. 主成分分析根据细胞条件（组分 1，66.1%）和重复性（组分 2，10.5%）对生物学重复进行聚类。B. 维恩图表明感染数据中识别到的蛋白质种类组成情况。该数据集共识别出 5009 种蛋白质，其中 4194 种为巨噬细胞蛋白质，815 种为肺炎克雷伯菌蛋白质

四、注释

1. 在分离巨噬细胞时，将无菌 PBS 分装成小份，4℃下保存以供使用。

2. 此方法可用于永生化或原代细胞。在与细菌细胞共培养之前，应根据细胞类型对培养条件进行优化。

3. L- 谷氨酰胺冷冻时易于沉淀，解冻时应反复颠倒促进所有颗粒物的溶解。

4. 将一个 PIC 片剂溶解在 10ml 的 100mmol/L Tris-HCl（pH 8.5）中，4℃冷藏。

5. 将 1.54 g DTT 溶解在 10ml 水中制备 1mol/L DTT。将 1.02 g IAA 溶解在 10ml 乙醇中制备 0.55mol/L IAA。均需分装并冷冻保存，每次取出 DTT 和 IAA 的小份一次性使用，未使用的 DTT 或 IAA 需丢弃不能反复冻融。

6. 培养孔极可以 200×g 的速度离心 5 分钟以使感染同步化。

7. 在某些情况下，细胞成功裂解可通过样本从浑浊变为澄清来确定。

8. 如果体积超过 400μl，则可以在 15ml 尖底离心管中进行以下步骤。

9. 为方便实验安排，样品也可在 –20℃下放置 2 周进行沉淀，但沉淀时间的延长并不一定增加鉴定出的蛋白质数量。

10. 根据总蛋白量的不同，可能需要 100μl 以上的 8mol/L 尿素 /40mmol/L HEPES 来完全溶解样品。可以 100μl 为段增加用量，直到样本完全溶解。后面也需确保相应地添加 50mmol/L ABC 以确保将尿素稀释至 2mol/L。

11. 确保样品始终保持在低温状态。停止振荡时，将样品放在冰上。确保超声波水浴中的水被冷却到 4℃。

12. 注入仪器的样品数量取决于反相柱和仪器灵敏度。应对每台质谱仪优化参数。

13. 对于高分辨率质谱系统（例如 Thermo–Fisher Scientific Orbitrap Fusion™ Lumos™ Tribrid™ 或 Orbitrap Exploris™ 或 Bruker timsTOF Pro），建议细胞蛋白质组或共培养样品采用 2～3 小时的梯度时间。

参考文献

[1] Warrington R, Watson W, Kim HL, Antonetti F(2011)An introduction to immunology and immunopathology. Allergy, Asthma Clin Immunol 7:S1. https://doi.org/10.1186/ 1710-1492-7-S1-S1

[2] Jacobsen SM, Stickler DJ, Mobley HLT, Shirtliff ME(2008)Complicated catheterassociated urinary tract infections due to Escherichia coli and Proteus mirabilis. Clin Microbiol Rev 21:26-59. https://doi.org/10. 1128/CMR.00019-07

[3] Papakonstantinou I, Angelopoulos E, Baraboutis I et al(2015)Risk factors for tracheobronchial acquisition of resistant gramnegative bacterial pathogens in mechanically ventilated ICU patients. J Chemother 27:283-289. https://doi.org/10.1179/ 1973947814Y.0000000199

[4] Lau HY, Huffnagle GB, Moore TA(2008)Host and microbiota factors that control Klebsiella pneumoniae mucosal colonization in mice. Microbes Infect 10:1283-1290. https://doi.org/10.1016/j.micinf.2008. 07.040

[5] Paczosa MK, Mecsas J(2016)Klebsiella pneumoniae:going on the offense with a strong defense. Microbiol Mol Biol Rev 80:629-661. https://doi.org/10.1128/MMBR.00078-15

[6] Sukumaran A, Woroszchuk E, Ross T, GeddesMcAlister J(2020)Proteomics of hostbacterial interactions:new insights from dual perspectives. Can J Microbiol:1-43

[7] Sukumaran A, Coish JM, Yeung J et al(2019)Decoding communication patterns of the innate immune system by quantitative proteomics. J Leukoc Biol 106:1221-1232. https:// doi.org/10.1002/JLB.2RI0919-302R

[8] Ball B, Bermas A, Carruthers-Lay D, GeddesMcAlister J(2019)Mass spectrometry-based proteomics of fungal pathogenesis, host-fungal interactions, and antifungal development. J Fungi (Basel, Switzerland) 5:52. https://doi. org/10.3390/jof5020052

[9] Ball B, Langille M, Geddes-McAlister J(2020)Fun(gi)omics:advanced and diverse technologies to explore emerging fungal pathogens and define mechanisms of antifungal resistance. MBio 11:e01020. https://doi.org/10.1128/ mBio.01020-20

[10] Retanal C, Ball B, Geddes-McAlister J(2021)Post-translational modifications drive success and failure of fungal-host interactions. J Fungi(Basel, Switzerland) 7:124. https://doi.org/ 10.3390/jof7020124

[11] Rappsilber J, Mann M, Ishihama Y(2007)Protocol for micro-purification, enrichment, pre-fractionation and storage of peptides for proteomics using stage tips. Nat Protoc 2:1896-1906. https://doi.org/10.1038/nprot. 2007.261

第十八章

沙门菌感染致小鼠巨噬细胞"修饰膜"蛋白质组学解析

Tzu-Chiao Chao, Samina Thapa, and Nicole Hansmeier

剖析宿主-病原体的相互作用需要有能力特异性地富集不同的蛋白质或由它们共同组装的细胞或复合物。亲和技术利用试剂对所需靶标的特异性，帮助富集感兴趣的蛋白及特异性的相关蛋白。该技术与基于质谱的蛋白质组学相结合，已成为探索多种兼性和专性细胞内病原体的病原体隔室的有力工具。本章将介绍用肠道沙门菌感染小鼠巨噬细胞并用亲和法富集巨噬细胞之修饰膜并用于蛋白质组学分析的程序。

一、引言

多种细菌病原体采用在细胞内生活的方式来逃避宿主免疫系统。宿主内的靶细胞主要包括免疫细胞，如巨噬细胞等。食品致病菌鼠伤寒沙门菌（Salmonella enterica subsp. enterica serovar typhimurium，STM）就是这类病原体之一。这类菌种被宿主内化后，会将吞噬小体转化为含沙门菌的液泡（Salmonella-containing vacuole，SCV），以避免宿主的杀菌吞噬作用（图18-1）[1-3]。SCV通过与内体和循环途径的持续相互作用而成熟，同时通过靠近微管组织中心的空间转移到广泛的管状网络[4, 5]。这种复制能力强的含病原隔室（pathogen-containing compartment，PCC）是由于毒力蛋白（即效应蛋白）的作用而形成的。这些毒力蛋白进入到宿主细胞的胞质中，或通过沙门菌毒力岛1（Salmonella pathogenicity islands 1，SPI1）和毒力岛2（SPI2）上编码的两个Ⅲ型分泌系统（type Ⅲ secretion systems，T3SS）整合为PCC的一部分[6]。因此我们将被细胞内沙门菌修饰的PCC膜称为沙门菌修饰膜（Salmonella-modified membranes，SMM）。

通过传统方法分析这些膜隔室蛋白质组组成一直是具有挑战性的任务，因为其中不参与感染过程的宿主蛋白远远超过参与PCC起源的蛋白。此外，经典的用于细胞器富集的技术，如梯度离心等，往往不适合脆弱的PCC结构。本章介绍的实验方案用来分析受肠道沙门菌感染的小鼠RAW264.7巨噬细胞内的SMM（图18-2）[7]。该方案将亚细胞分离策略（以减少不参与感染相关通路的宿主细胞质蛋白的干扰）与以PCC膜整合效应蛋白SseF为诱饵的亲和富集法相结合。由于没有针对效应蛋白的特异性抗体，因此此处使用基因工程改造的C端M45标记的SseF融合蛋白，该融合蛋白使用天然启动子（p3711）并编码于低拷贝载体上。为了避免效应蛋白的过量产生从而改变天然的感染过程，该载体被用于SseF缺失的细菌突变株中。为了过滤掉非特异性蛋白质富集，还采用无法形成成熟PCC的肠道沙门菌ΔssaV突变株作为对照。随后通过质谱检测方法对PCC成分进行了鉴定和定量，并在肠道沙门菌感染巨噬细胞期间的活细胞成像中得到成功验证。类似的方法已经成功用于上皮细胞中肠道沙门菌[8, 9]和嗜肺军团菌[10-13]的PCC分析。

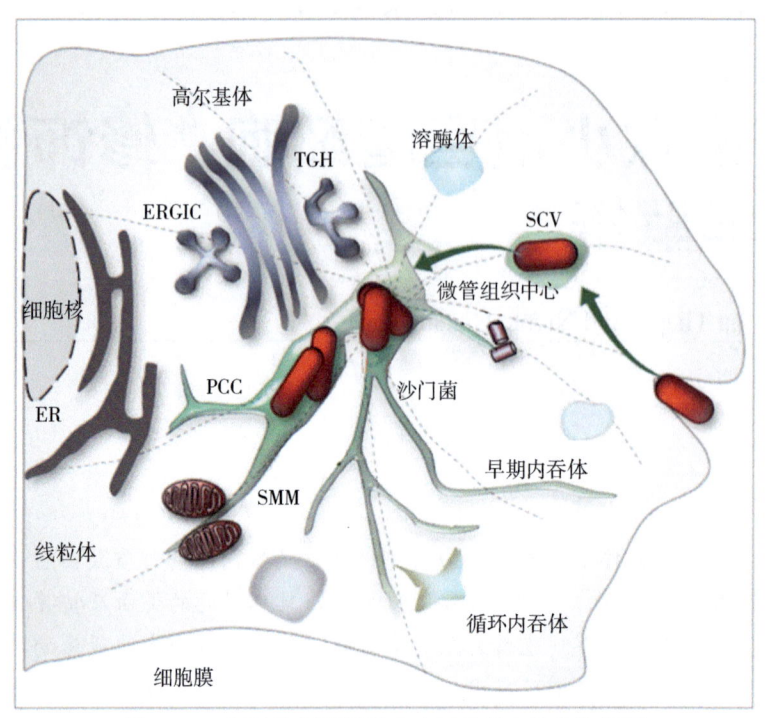

图18-1 肠道沙门菌所致含病原体隔室的生物起源

ER. 内质网；ERGIC. 内质网–高尔基体中间体；SCV. 含沙门菌液泡；SMM. 沙门菌修饰膜；PCC. 含病原体隔室；TGN. 高尔基体反式网络

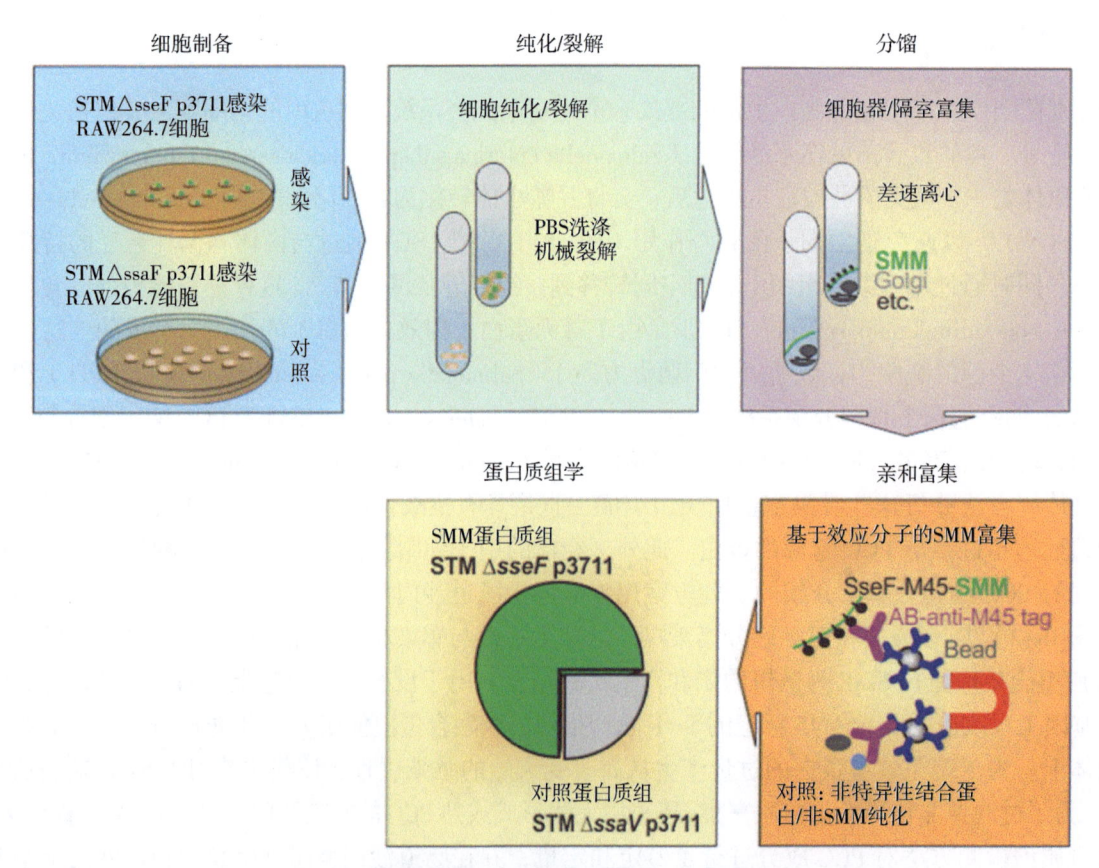

图18-2 亲和富集法解析沙门菌修饰膜的蛋白质组分的工作流程

二、材料

所有的缓冲液和溶液均使用超纯水（25℃时为 18 MΩ-cm）和高效液相色谱级材料制备。细胞培养采用细胞培养级材料。除非另有说明，大多数介质、缓冲液和溶剂都可提前配制及储存在室温下。在准备交联或蛋白质提取溶液时应格外小心，因为有些溶液含有有毒物质（使用前参考材料安全数据表）。

（一）细胞培养、感染和收获的基本仪器及材料

1. 仪器设备

（1）细胞培养操作台（即生物安全柜）和培养箱（真核细胞培养推荐使用饱和湿度、二氧化碳培养箱，细菌培养推荐使用水平摇床）。

（2）细胞计数器（即血细胞计数器）及分光光度计。

（3）适用于细胞培养容器的离心机（转速可达 $1000 \times g$）。

（4）倒置显微镜。

（5）水浴锅（37℃）。

（6）冰箱和冰柜（-20℃）。

（7）消毒器（即高压灭菌锅）。

2. 宿主细胞的培养

（1）宿主细胞系 RAW264.7（ATCC 编号 TIB-71）（见注释 1）。

（2）宿主细胞培养基为 Dulbecco 改良 Eagle 培养基（Dulbecco's Modified Eagle's Medium，DMEM），其中含有 4.5 g/L 葡萄糖和 4mmol/L 稳定的谷氨酰胺（Biochrom），添加 6% 灭活的胎牛血清（inactivated fetal calf serum，iFCS）。储存在 4℃（见注释 2）。

（3）1× 磷酸盐缓冲液（phosphate buffered saline，PBS）（pH 7.3）。

（4）10μg/ml 抗生素或 100μg/ml 庆大霉素，用去离子水配制，于 -20℃储存。

（5）细胞培养专用的器皿和无菌塑料材料，如细胞刮板、移液管、移液器吸头和离心管。

3. 病原体肠道沙门菌的培养

（1）鼠伤寒沙门菌（肠道沙门菌）NCTC12023 株，菌株表达标记的膜整合效应蛋白用于亲和富集（见注释 3）。

（2）Miller 改良 LB 培养基：10 g/L 胰蛋白胨，5 g/L 酵母提取物和 10 g/L 氯化钠（NaCl）的水溶液（pH 7~7.5）。

（3）选择质粒所需的抗生素（如有需要）。

（4）细胞培养专用的器皿和无菌塑料材料，如移液管、移液器吸头和离心管。

（二）蛋白质提取和亲和富集的基本仪器及材料

1. 仪器设备

（1）可适配 50ml 离心管的离心机（转速可达 $500 \times g$）。用于离心 1~2ml 离心管的冷冻离心机（转速可达 $12\,000 \times g$）。

（2）匀浆器（例如：搭配 Turbomix 配件的 Vortex-2 Genie）。

（3）立式旋转振动器用于翻转混合。

（4）恒温振荡仪。

（5）磁分离架。

（6）分光光度计。

（7）冰箱（4℃）和冰柜（-20℃）。

（8）消毒器（即高压灭菌锅）。

2. 亲和富集法的蛋白提取

（1）磷酸盐缓冲液（PBS）：1.06mmol/L 磷酸二氢钾（KH_2PO_4），2.98mmol/L 磷酸二钠（Na_2HPO_4），155mmol/L 氯化钠（NaCl）（pH7.4）。

（2）渗透压稳定缓冲液：250mmol/L 蔗糖，20mmol/L HEPES，0.5mmol/L EGTA（pH 7.4）。

（3）均质缓冲液：含 1× 蛋白酶抑制剂混合物（Serva）的渗透压稳定的缓冲液。使用前现用现配。

（4）消化缓冲液：添加 1.5mmol/L 氯化镁（$MgCl_2$）和 50μg/ml DNA 酶 I（pH7.4）的渗透压稳定缓冲液。使用时现用现配。

（5）台盼蓝染液。

（6）蛋白质测定试剂盒（如 Bradford 试剂）。

（7）用于真核细胞机械裂解的 PowerBead 管（0.5 mm 玻璃珠）。

（8）无菌塑料材料，如细胞刮板、移液管、移液器吸头和离心管。

3. 用 M45 抗体标记 Protein G 磁珠

（1）GE Protein g 磁珠。

（2）M45 抗体。

（3）PBS。

（4）交联缓冲液 A：0.2mol/L 三乙醇胺（TEA）（pH 8.9）。

（5）交联缓冲液 B：0.05mol/L 庚二酰亚胺酸二甲酯盐酸盐（DMP）溶于在 0.2mol/L 三乙醇胺（TEA）（pH 8.9）中。使用时现用现配。

（6）封闭缓冲液 A：0.1mmol/L 乙醇胺水溶液（ETA）（pH8.9）。

（7）洗涤缓冲液 A：0.1mol/L 甘氨酸盐酸盐水溶液（pH 2.9）。

（8）封闭缓冲液 B：1% BSA（w/v）溶于 PBS（7.4）中。使用时现用现配。

（9）无菌塑料材料，如移液管、移液枪和离心管。

4. 沙门菌修饰膜（SMM）的亲和富集

（1）M45 标记的 Protein g 磁珠。

（2）重悬混合液：1.5mmol/L 氯化镁（$MgCl_2$），10mmol/L 氯化钾（KCl），0.1% NP-40。使用时现用现配。

（3）洗涤缓冲液 B：0.1% NP-40 溶于 PBS（pH 7.4）。使用时现用现配。

（4）SDS 缓冲液 A：12.5%甘油、4%（w/v）十二烷基硫酸钠（SDS）、2% 2-巯基乙醇（C_2H_6OS），溶于 50mmol/L Tris（pH6.8）中。-20℃储存。

（5）用于液体消化的 SDS 缓冲液 B：4%（w/v）SDS、10mmol/L 二硫苏糖醇（dTT）溶于 50mmol/L Tris（pH6.8）中。-20℃储存。

（6）无菌塑料材料，如移液管、移液枪和离心管。

三、方法

（一）RAW264.7 细胞感染

1. 将 RAW264.7 细胞在感染前 48 小时种板，于 37℃含 5% CO_2 培养箱中培养（见注释 4）。

2. 在液体培养基中（如有需要，可加入抗生素）接种单一菌落的肠道沙门菌，并在 37℃的摇床中培养 14～16 小时（过夜）（见注释 5）。

3. 将过夜培养的肠道沙门菌以感染滴度（multiplicity of infection，MOI）为 50 的条件下感染 RAW264.7 细胞，于 37℃、5% CO_2 环境中，培养 30 分钟（见注释 6）。

4. 移除感染培养基，用预热（37℃）的 PBS 仔细清洗 RAW264.7 细胞（见注释 7）。

5. 重复清洗步骤3次。

6. 加入含有100μg/ml庆大霉素的DMEM，将细胞在37℃、含5% CO_2的培养环境中培养1小时（见注释8）。

7. 用含有10μg/ml庆大霉素的DMEM替换上述培养基，并将细胞放置在37℃、5% CO_2的培养环境中，直到达到选择的感染时间点（见注释9）。

8. 通过复制试验控制沙门菌的复制，并用显微镜检查每个培养容器，适时进行下一步蛋白制备用于亲和富集（见注释10）。

（二）用于亲和富集法的蛋白质组分制备

1. 在选择的感染时间点，从培养容器中移除细胞培养基，并用预热的（37℃）PBS仔细清洗细胞（见注释7）。

2. 重复清洗步骤3次。

3. 加入预热的（37℃）渗透压稳定缓冲液，并使用细胞刮刀轻柔分离RAW264.7细胞。将分离的细胞转移到圆锥离心管中，以500×g的速度离心10分钟沉淀细胞（见注释11）。

4. 弃去渗透压稳定缓冲液，将细胞重悬于1ml预冷的（4℃）均质缓冲液中（见注释12）。

5. 将细胞转移到2ml的PowerBead管中（预先加入0.5 mm玻璃珠），并使用匀浆器（见注释13）通过5×1分钟的条件裂解细胞。

6. 4℃下以100×g的速度离心裂解物15分钟以去除未破碎的细胞和珠子。将上清液转入新的1ml管中。

7. 4℃下以8000×g的速度离心10分钟，收集用于亲和富集的蛋白质组分（沉淀部分）。

8. 用预冷（4℃）的匀浆缓冲液洗涤沉淀两次，以减少细胞质蛋白的污染（见注释14）。

9. 将沉淀重悬于500μl消化缓冲液中，并在37℃的恒温混匀仪上孵育30分钟（见注释15）。

10. 通过蛋白质测定法测定蛋白质的浓度（如根据制造商的说明进行Bradford测定），并直接进行以下亲和富集实验（见注释16）。

（三）用于亲和富集的磁珠标记

1. 吸取含有Protein G磁珠的溶液，置于磁力架上30秒，尽量彻底地移走上清液（见注释17）。

2. 用预冷（4℃）的PBS洗涤磁珠（见注释18）。

3. 重复清洗步骤。

4. 加入重悬于100μl PBS（pH7.4）的M45抗体，置于立式旋转振荡器上，4℃上下颠倒混匀过夜（见注释19）。

5. 如1、2步清除液体并用预冷（4℃）的PBS清洗磁珠（见注释18）。

6. 加入0.5ml的交联缓冲液A，轻柔涡旋，然后置于磁力架上吸去液体。

7. 重复上一步。

8. 磁珠重悬于0.5ml交联缓冲液B中，并在4℃上下颠倒孵育30分钟。

9. 用0.5ml交联缓冲液A更换液体。

10. 轻柔涡旋后置于4℃上下颠倒孵育15分钟。

11. 用0.5ml洗涤缓冲液替换交联缓冲液A，用于去除未交联的抗体。置于磁力架30秒后吸去液体。

12. 用预冷（4℃）的PBS清洗磁珠两次（见注释18）。

13. 加入0.5ml封闭缓冲液B，在4℃上下颠倒孵育30分钟（见注释20）。然后置于磁力架上吸去液体。

14. 用预冷（4℃）的PBS清洗磁珠（见注释18）。

15. 用M45标记的磁珠进行下一步亲和富集。

（四）亲和富集沙门菌修饰膜（SMM）

1. 将0.5 mg富集的蛋白重悬于200μl重悬缓冲液中，并将混合物与M45标记的磁珠在立式旋转振荡器上4℃上下颠倒孵育12小时（见注释21）。

2. 用磁力架吸附30秒分离磁珠，去除含有未结合蛋白的液体。

3. 加入0.5ml预冷（4℃）的洗涤缓冲液B，轻柔涡旋后置于磁力架上分离磁珠，吸去液体。

4. 重复洗涤步骤5次。

5. 洗脱：加入20μl SDS缓冲液A、通过SDS-PAGE进行蛋白分离，或加入SDS缓冲液B以便后续用于过滤辅助的样品制备（FASP）[14]，样品置于95℃的恒温混匀仪上孵育2分钟。以12 000×g的速度离心5分钟，将上清液收集到一个新的管子中。样本可存放于-80℃或立即进行蛋白质谱分析（见注释22）。

四、注释

1. 该方案也可应用于上皮细胞系，只要根据特定的细胞系优化宿主细胞的培养和感染条件。有关HeLa细胞上的应用细节可在Vorwerk等的文章[8]中找到。

2. 在添加到DMEM之前，FCS需要进行热灭活处理。热灭活方法是将FCS置于56℃下孵育30分钟，然后使用0.45μm过滤器进行无菌过滤。

3. 由于缺乏肠道沙门菌效应蛋白的单克隆抗体，使用了低拷贝载体表达带有标记的效应蛋白，并敲除细菌染色体上编码该蛋白的基因，以避免效应蛋白过度表达并因此改变天然的感染过程。选择SPI2-T3SS的效应蛋白SseF，因为它是沙门菌病原体隔室中最丰富的膜组成成分之一，具有较长的半衰期[15]并且可融合表达多种异源抗原和标签，如串联M45[16]。关于构建名为p3711（SseF-2TEV-2M45）并携带carbenicillin抗性基因的低拷贝载体的细节可在Vorwerk等发表的文章[8]中找到。为了进行亲和富集，作者使用了两种菌株：① STM ΔsseF p3711：表达的M45标记的SseF效应蛋白在细胞内发生移位，可形成非常类似野生型的病原体隔室；② STM ΔssaV p3711：表达的SseF是一个不允许易位的M45标记SseF效应蛋白，不能形成野生型样的病原体隔室。STM ΔssaV p3711作为亲和富集的对照用来确定非特异性富集，这对每种基于亲和纯化/富集的分析都至关重要。

4. 通过血细胞计数仪测定每个培养器皿的细胞数。预实验时，为了分析感染后（hpi.）12小时沙门菌修饰的膜的量，在感染前48小时接种了6个细胞器皿，每个器皿有75cm²的表面积（每个培养器皿的细胞密度为$4×10^6$个细胞，培养在12ml DMEM中）。由于在较早的感染时间点（如，感染后4小时或感染后8小时）形成的PCCs较小，所以宿主的细胞数量需要按需调整。如，分析感染后8小时的PCCs，采用了原本数量2倍的培养器皿及宿主细胞。

5. 为了确保巨噬细胞能吞噬及吸收肠道沙门菌，STM ΔsseF p3711或对照菌株STM ΔssaV p3711分别接种于补充有50μg/ml羧苄青霉素的LB培养基中（3ml），并培养至饱和期后期（14～16小时），而非其他实验中常用的S增长期。

6. 将STM培养物用PBS（pH7.3）稀释至光密度值（600 nm）为0.2（约$3×10^8$cfu/ml）用于感染细胞。将2.6ml上述稀释的细菌悬浮液加入到含有$1.6×10^7$个RAW264.7细胞悬液的培养器皿中。为了同步化感染，将培养器皿以500×g的速度离心5分钟使病原体与宿主细胞确保接触。这一步骤之后，在37℃、5% CO_2的培养条件下孵育25分钟。此时间点作为感染后零时（0 hpi）。

7. 洗涤RAW264.7细胞应避免破坏细胞层，将预热的（37℃）PBS（每75cm²培养表面积所需量约5ml）加入到培养器皿的一侧。轻轻摇晃几次来回有效冲洗。然后小心地将PBS从培养容器中移除。

8. 为了杀死细胞外的肠道沙门菌，在DMEM培养基中加入100μg/ml庆大霉素。每75cm²培养表面积需要12ml培养基。

9. 为了减少RAW264.7细胞的再次感染（即0 hpi后在细胞内扩增并释放出的细菌重新感染细胞），DMEM培养基中添加10μg/ml的庆大霉素。

10. 肠道沙门菌在细胞内的复制效率除了取决于内部宿主因素外，还取决于 SPI2 的表达，必须利用倒置光学显微镜确认每个培养皿中受感染细胞内的沙门菌的复制情况。

11. 这一步中为了稳定感染的细胞并使细胞裂解最小化，细胞应在渗透压稳定的缓冲液（每 75cm² 培养表面积需要 8ml）中刮下，并通过低转速离心收集。

12. 对于每个实验，均质缓冲液需要新鲜制备，因为添加的蛋白酶抑制剂混合物［根据制造商的说明书（Serva）制备］不能在较长时间内保持稳定。

13. 在每次匀浆之间，在冰上冷却离心管 30 秒，以避免在机械裂解过程中局部过热。为了监测细胞裂解，取出 5～10μl 的匀浆，以相同的体积混合台盼蓝溶液，并在显微镜下观察。超过 99% 的 RAW264.7 细胞应该被裂解。如果裂解效率太低，用匀浆机额外增加两轮匀浆，并重新评估细胞裂解情况。

14. 在本方法中，减少细胞质蛋白质对减少非特异性蛋白富集至关重要。

15. 这一步很重要，因为过多的 DNA 污染会干扰亲和富集的成功。DNA 酶处理也可被短暂的、低功率的超声处理所取代，这种超声处理足以降低溶液黏度，但又不会破坏蛋白质复合物。

16. 避免冷冻蛋白质提取物。

17. 取用磁珠之前，必须使其完全分散。因此要涡旋振荡彻底散开任何的聚集体。为了将上清液从磁珠中分离出来，将试管放置在磁力架上 30 秒，使磁珠聚集于侧壁，然后通过从容器内相对于磁珠的另一侧吸取上清液以避免丢失磁珠。每个样品都使用 25μl 的 Protein G 磁珠重悬液。每次亲和富集实验，磁珠都应在实验的前一天新鲜标记。

18. 磁珠洗涤是减少非特异性结合的重要步骤。使用 0.5ml PBS，轻柔涡旋 30 秒，用磁铁吸附 30 秒收集磁珠，然后从相对于珠子的另一侧吸走所有液体。

19. 使用 40μg M45 抗体进行标记，并选择在 4℃ 下孵育过夜，这个流程时间也符合感染和蛋白质制备的工作流程时间。这一步骤也可在室温下孵育 2～4 小时。试过使用较少量的 M45 抗体，发现会导致非特异性结合蛋白的增加。

20. 用阻断缓冲液 B 孵育可减少非特异性富集。

21. 在实验中，每次亲和富集至少需要 0.5 mg 的富集蛋白。

22. 选择最强的洗脱方法（SDS 缓冲液），因为用较温和的洗脱液［6～8mol/L 尿素缓冲液或甘氨酸缓冲液（pH2.7）］，发现大部分 M45 标记的 SseF 仍留在磁珠上。

参考文献

[1] Steele-Mortimer O, Meresse S, Gorvel JP, Toh BH, Finlay BB(1999)Biogenesis of Salmonella typhimurium-containing vacuoles in epithelial cells involves interactions with the early endocytic pathway. Cell Microbiol 1(1):33-49

[2] Brumell JH, Scidmore MA(2007)Manipulation of rab GTPase function by intracellular bacterial pathogens. Microbiol Mol Biol Rev 71(4):636-652. https://doi.org/10.1128/ MMBR.00023-07

[3] Figueira R, Holden DW(2012)Functions of the Salmonella pathogenicity island 2(SPI-2)type III secretion system effectors. Microbiology 158(Pt 5):1147-1161. https://doi.org/ 10.1099/mic.0.058115-0

[4] Schroeder N, Mota LJ, Meresse S(2011)Salmonella-induced tubular networks. Trends Microbiol 19(6):268-277. https://doi.org/ 10.1016/j.tim.2011.01.006

[5] Liss V, Hensel M(2015)Take the tube:remodelling of the endosomal system by intracellular Salmonella enterica. Cell Microbiol 17(5):639-647. https://doi.org/10.1111/cmi. 12441

[6] Haraga A, Ohlson MB, Miller SI(2008)Salmonellae interplay with host cells. Nat Rev Microbiol 6(1):53-66. https://doi.org/10. 1038/nrmicro1788

[7] Reuter T, Vorwerk S, Liss V, Chao TC, Hensel M, Hansmeier N(2020)Proteomic analysis of Salmonella-modified membranes reveals adaptations to macrophage hosts. Mol Cell Proteomics 19(5):900-912. https://doi.org/10.1074/mcp.RA119.001841

[8] Vorwerk S, Krieger V, Deiwick J, Hensel M, Hansmeier N(2015)Proteomes of host cell membranes modified by intracellular activities of Salmonella enterica. Mol Cell Proteomics 14(1):81-92. https://doi.org/10.1074/mcp. M114.041145

[9] Santos JC, Duchateau M, Fredlund J, Weiner A, Mallet A, Schmitt C et al(2015)The COPII complex and lysosomal VAMP7 determine intracellular Salmonella localization and growth. Cell Microbiol 17(12):1699-1720. https://doi.org/10.1111/cmi.12475

[10] Hoffmann C, Finsel I, Otto A, Pfaffinger G, Rothmeier E, Hecker M, Becher D, Hilbi H(2014)Functional analysis of novel Rab GTPases identified in the proteome of purified Legionella-containing vacuoles from macrophages. Cell Microbiol 16(7):1034-1052. https://doi.org/10.1111/cmi.12256

[11] Schmolders J, Manske C, Otto A, Hoffmann C, Steiner B, Welin A, Becher D, Hilbi H(2017)Comparative proteomics of purified pathogen vacuoles correlates intracellular replication of Legionella pneumophila with the small GTPase Ras-related protein 1(Rap1). Mol Cell Proteomics 16(4):622-641. https:// doi.org/10.1074/mcp.M116.063453

[12] Naujoks J, Tabeling C, Dill BD, Hoffmann C, Brown AS, Kunze M et al(2016)IFNs modify the proteome of Legionella-containing vacuoles and restrict infection via IRG1derived itaconic acid. PLoS Pathog 12(2):e1005408. https://doi.org/10.1371/journal. ppat.1005408

[13] Herweg JA, Hansmeier N, Otto A, Geffken AC, Subbarayal P, Prusty BK et al(2015)Purification and proteomics of pathogen-modified vacuoles and membranes. Front Cell Infect Microbiol 5:48. https://doi.org/10.3389/ fcimb.2015.00048

[14] Wisniewski JR, Zougman A, Nagaraj N, Mann M(2009)Universal sample preparation method for proteome analysis. Nat Methods 6(5):359-362. https:// doi.org/10.1038/ nmeth.1322

[15] Kuhle V, Hensel M(2002)SseF and SseG are translocated effectors of the type III secretion system of Salmonella pathogenicity island 2 that modulate aggregation of endosomal compartments. Cell Microbiol 4(12):813-824

[16] Xiong G, Husseiny MI, Song L, ErdreichEpstein A, Shackleford GM et al(2010)Novel cancer vaccine based on genes of Salmonella pathogenicity island 2. Int J Cancer 126(11):2622-2634. https://doi.org/10. 1002/ijc.24957

第十九章

互作蛋白质组学在分子制药中的应用

Nicholas Prudhomme, Jonathan R.Krieger, Michael D. McLean, Doug Cossar, and Jennifer Geddes-McAlister

> 在植物中瞬时表达重组蛋白正被用作生产治疗性蛋白的平台技术。这一系统的好处包括降低药物开发成本、可迅速向市场提供新产品，以及能够为疾病提供更安全有效的药物。尽管基于植物的生产系统为治疗性蛋白的生产提供了极大的潜力，但是存在的障碍，如植物宿主的防御反应，会对产品的产量产生负面影响。本章将介绍一种使用串联质谱标签和基于质谱的蛋白质组学分析的方案，从而快速有效地量化重组蛋白生产过程中引发的宿主防御蛋白丰度的变化。这些蛋白质可以成为基因操作的候选者，用于构建植物防御能力被削减而治疗性蛋白生产产量提高的宿主植物。

一、引言

基于植物的药物蛋白质生产系统，由于其可扩展性、成本低和可快速部署等优点，正成为替代当前哺乳动物细胞或细菌系统的一种极具吸引力的新方案[1]。使用瞬时基因表达最常见的植物模式系统，即本氏烟草（*Nicotiana benthamiana*），可被细菌病原体根癌农杆菌（*Agrobacterium tumefaciens*）感染，同时后者作为载体将感兴趣的基因整合到植物基因组中，并促进靶蛋白的生产。该过程包括根癌农杆菌通过农杆菌渗透法（agroinfiltration）导入植物细胞，即把整个植物浸没在含有细菌悬浮液的渗透介质中，并利用真空迫使细菌细胞通过气孔进入植物组织[2]。被感染的植物生长约7天，即可提取和纯化感兴趣的蛋白质。

在植物生产系统中，宿主防御反应是影响目标蛋白产量的重要因素[3]。这些防御反应可能会在环境压力的存在下增加，如根癌农杆菌的渗透过程。而宿主反应则包括转录后基因沉默（post-transcriptional gene silencing, PTGS）[4]、过氧化氢的增加[5]、过敏反应[6]和非预期的蛋白水解[7]。这些宿主防御反应通过抑制细菌毒力并同时降低目标蛋白的产量来保护植物免受病原体的侵害。虽然某些反应，如 PTGS 已经通过共表达某些沉默抑制因子（如番茄丛矮病毒 P19 蛋白）被成功抵消[8]，但其他宿主防御反应仍是目标蛋白产量的限制因素。

负责宿主防御反应的蛋白质可能在农杆菌渗透后开始大量表达。为了识别和量化随时间变化的宿主防御蛋白，可以使用基于质谱技术的蛋白质组学[9]。由于感兴趣的蛋白是未知的，因此可采用基于"自下而上"的质谱法发现新蛋白。在这种蛋白质组学方法中，可以使用许多策略来量化和确定蛋白质丰度的变化，使用串联质谱标签（tandem mass tags, TMT）或替代策略对多肽进行标记，包括同位素标记依赖的相对和绝对定量（isobaric tag for relative and absolute quantification, iTRAQ）方法，可以对多达 16 个样品进行高效和可重复性的标记，这些样品可以混在一起进行 MS 分析[10, 11]。质谱分析的多路复用功能（multiplexing capabilities）允许对大样本集进行深度的蛋白质组覆盖，而不会增加测量时间。这些优势使 TMT 对这类需要在多个时间点和条件下对肽进行稳定定量的研究具有很大帮助。

在本章给出的方案中，将感染后给定时间点的渗透植物材料进行匀浆，提取蛋白质并消化成多肽，标记并用质谱仪测量丰度（图19-1）。输出文件可使用各种软件平台进行分析，包括开源软件，如MaxQuant[12]和Perseus[13]，以提供植物蛋白质组在整个感染过程中如何变化的无偏概况，并确定参与宿主防御反应的特定蛋白。这些蛋白质可以成为基因操纵的候选分子，用来创建具有较低防御能力的宿主植物，从而产生更多的目标蛋白产量；也可用于探索细菌蛋白质组的变化，以揭示可能促进细菌在植物内侵入和存活的新型细菌致病因子，从而克服植物的防御反应，提高蛋白产量。先前证明了细菌生长条件对蛋白质组和分泌组的影响，以及农杆菌渗透法对细菌细胞重塑的影响[14, 15]。本章对先前的蛋白质组学分析进行扩展，展示一组用于检测和量化本氏烟草农杆菌渗透法后蛋白质丰度变化的方法。

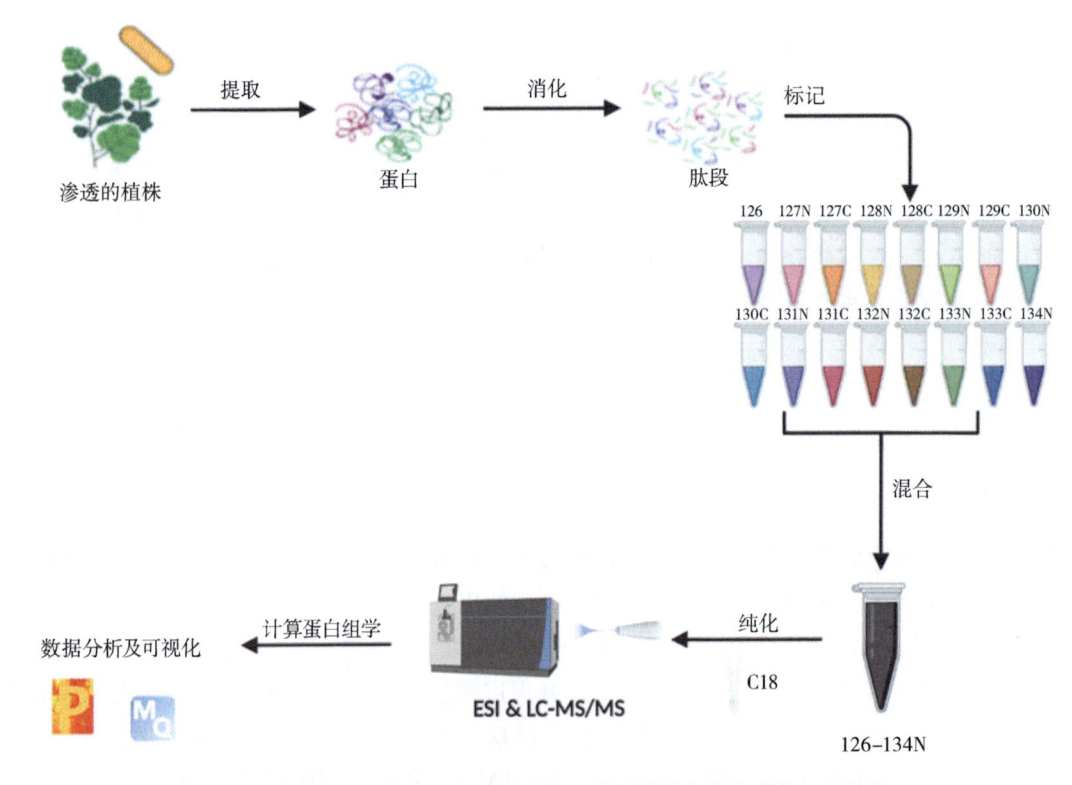

图19-1　用于蛋白质鉴定和定量、基于质谱的蛋白质组学的工作流程
通过Bullet Blender®匀浆、丙酮沉淀、胰蛋白酶消化等过程，从被根癌农杆菌渗透的本氏烟草中提取蛋白质。每个样品的后续肽用TMTpro™ 16plex串联质谱标签（TMT）标记，混合样品并用脱盐离心柱纯化，并通过高效液相色谱（high-performance liquid chromatography，HPLC）分离；最后通过电喷雾电离（electrospray ionization，ESI）对肽进行离子化并进行质谱分析。蛋白质组定量分析可通过使用公共软件平台MaxQuant和Perseus进行数据分析和可视化

二、材料

（一）植物材料

研究人员确定起始的植物材料。这个优化的方案是处理约30 mg的经根癌农杆菌渗透并生长7天的本氏烟草叶片。也可以选择较幼嫩的植物材料、未渗透的植物材料或其他植物组织进行处理，但具体的提取方案需要研究人员进行相应的优化。

除非另有说明，所有试剂均以质谱（MS）级水配制。

（二）蛋白质提取

1. 100mmol/L Tris-HCl，pH 8.5。
2. cOmplete™，不含 EDTA 的蛋白酶抑制剂混合物（PIC）片剂。
3. 2ml Eppendorf LoBind 管。
4. Next Advance SSB14B 不锈钢珠。
5. Bullet Blender® Storm 组织细胞破碎仪。
6. 冷冻台式离心机。
7. 水浴超声仪。
8. 20% 十二烷基硫酸钠（SDS）。
9. 1mol/L 二硫苏糖醇（DTT）（见注释1）。
10. 0.55mol/L 碘乙酰胺（IAA）（见注释1）。
11. 100% 丙酮，在 -20℃下储存。
12. 80% 丙酮，在 -20℃下储存。
13. 8mol/L 尿素 /40mmol/L HEPES。
14. 50mmol/L 碳酸氢铵（Ammonium Bicarbonate，ABC）。

（三）蛋白消化

1. 胰蛋白酶 / 赖氨酰内切酶 Ly-C 混合物，MS 级。
2. 0.1% 乙酸。
3. 终止溶液：20% 乙腈（ACN），6% 三氟乙酸（TFA），74% 水。

（四）肽段纯化

1. 100% ACN。
2. 缓冲液 A：2% ACN，0.1% TFA，0.5% 醋酸，97.4% 水。
3. 缓冲 B：80% ACN，0.5% 乙酸，19.5% 水。
4. PCR 条形连管。
5. 真空离心机。

（五）TMT 标记

1. 100mmol/L HEPES pH 8.5，或 100mmol/L 三乙基碳酸氢铵（TEAB）。
2. TMTpro™ 16plex 同位素标签试剂盒。
3. Pierce™ 多肽脱盐离心柱。
4. Nanodrop 分光光度计。

三、方法

（一）制备植物材料

1. 在 2ml Eppendorf LoBind 离心管内称取 30mg 冷冻的本氏烟草叶片（见注释2）。
2. 加入 0.8g Next Advance SSB14B 不锈钢珠（直径 0.9～2 mm）（见注释3）。
3. 加入 325µl 溶有 PIC 片剂的 100mmol/L Tris-HCl（见注释4）。
4. 用 Bullet Blender® Storm 匀浆仪功率设置为 8，将组织匀浆 2 分钟（见注释5）。
5. 以 1000×g 的速度离心 30 秒，使所有内容物沉于管底。
6. 转移 300µl 上清液至新的 2ml LoBind 离心管（见注释6）。

（二）蛋白提取

1. 加入 1/10 体积（30μl）的 20% SDS。

2. 加入 1/100 体积（3.3μl）的 1mol/L DTT。

3. 短暂涡旋混匀，然后放置在振荡混合仪的加热块上于 95℃、800r/min 振荡 10 分钟。

4. 让样品冷却至室温（见注释 7），然后加入 1/10 体积（33.3μl）0.55mol/L IAA（见注释 1），短暂涡旋并避光孵育 20 分钟。

5. 加入 4 倍体积（约 1.5ml）的 100% 冷丙酮（使丙酮的终浓度为 80%），在 -20℃ 孵育过夜（见注释 8）。

6. 于 4℃ 以大于 10 000×g 的速度离心 10 分钟，使蛋白沉淀。

7. 去除上清液，用 500μl 80% 冰冷的丙酮洗涤沉淀，并在 4℃ 以大于 10 000×g 的速度离心 10 分钟。

8. 重复步骤 7，用 80% 的丙酮总共洗涤两次（见注释 9）。

9. 空气干燥沉淀（见注释 10）。

10. 加入 100μl 8mol/L 尿素 /40mmol/L HEPES 或 100mmol/L TEAB（见注释 11）。

11. 在 4℃ 水浴中以 30 秒开 /30 秒关超声处理共 15 个循环，或直到沉淀完全溶解。

12. 加入 300μl 50mmol/L ABC。

13. 将 120μl 样品加入新的 1.5ml LoBind 离心管中。其余样本冻存。

（三）蛋白消化

1. 用 0.1% 乙酸稀释胰蛋白酶 / 赖氨酰内切酶混合物至 0.5μg/μl。

2. 在来自（二）步骤 13 的样品中加入 5μl 蛋白酶混合物，在室温下孵育 12～18 小时。

3. 加入 1/10 级止溶液（12.5μl）。

4. 以最大速度离心 10 分钟以去除沉淀。

5. 将上清液转移到一个新的 1.5ml LoBind 管中，并于纯化前一直留在冰上（见注释 12）。

（四）肽段纯化

1. 用 3 层 C18 树脂制备 Stage Tip（见注释 13）。

2. 将 100μl 100% ACN 加入 Stage Tip 滤器并以 1000×g 的速度离心 1～2 分钟或直至液体通过滤器。

3. 加入 50μl 缓冲液 B 并以 1000×g 的速度离心 1～2 分钟，或者直到所有液体都通过滤器。

4. 加入 200μl 缓冲液 A 并以 1000×g 的速度离心 1～2 分钟，或者直到所有液体都通过滤器。

5. 加入 50μg（70μl）的植物蛋白提取物之酶解肽段，以 1000×g 的速度离心 3～5 分钟，或者直到所有液体都通过滤器。

6. 用 200μl 缓冲液 A 洗涤并以 1000×g 的速度离心 3～5 分钟或直到所有液体都通过滤器。

7. 用 50μl（2×25μl）缓冲液 B 在 PCR 连管中进行洗脱。

8. 用 SpeedVac 真空离心仪干燥样品，条件为 45℃，45 分钟（见注释 14）。

（五）TMT 标记

1. 在 100μl 100mmol/L HEPES（pH 8.5）或 100mmol/L TEAB 中重悬干燥的肽段。

2. 用光谱仪定量多肽（吸光度为 280 nm）。

3. 根据制造商的说明书（表 19-1），用 TMTpro™ 16plex 同位素标签试剂盒标记多肽。

4. 根据制造商的说明书，用多肽脱盐离心柱纯化标签样品。

（六）质谱分析

1. 将干燥的多肽重悬于 10μl 缓冲液 A 中。

2. 测定样品浓度。

表 19-1　用 TMTpro™ 16plex Isobaric Label Kit 标记多肽

实验组别	样本名称编号[1]	蛋白量（μg）	TMT 标签	标签量（μg）	实验组别	样本名称编号[1]	蛋白量（μg）	TMT 标签[2]	标签量（μg）
1	公共	50	TMTpro-126	500	3	公共	50	TMTpro-126	500
	样本 4	50	TMTpro-127N	500		样本 36	50	TMTpro-127N	500
	样本 21	50	TMTpro-127C	500		样本 19	50	TMTpro-127C	500
	样本 18	50	TMTpro-128N	500		样本 38	50	TMTpro-128N	500
	样本 27	50	TMTpro-128C	500		样本 48	50	TMTpro-128C	500
	样本 11	50	TMTpro-129N	500		样本 46	50	TMTpro-129N	500
	样本 16	50	TMTpro-129C	500		样本 25	50	TMTpro-129C	500
	样本 24	50	TMTpro-130N	500		样本 51	50	TMTpro-130N	500
	样本 3	50	TMTpro-130C	500		样本 13	50	TMTpro-130C	500
	样本 6	50	TMTpro-131N	500		样本 23	50	TMTpro-131N	500
	样本 17	50	TMTpro-131C	500		样本 32	50	TMTpro-131C	500
	样本 34	50	TMTpro-132N	500		样本 1	50	TMTpro-132N	500
	样本 5	50	TMTpro-132C	500		样本 2	50	TMTpro-132C	500
	样本 56	50	TMTpro-133N	500		样本 45	50	TMTpro-133N	500
	样本 15	50	TMTpro-133C	500		样本 20	50	TMTpro-133C	500
	样本 39	50	TMTpro-134N	500		样本 14	50	TMTpro-134N	500
2	公共	50	TMTpro-126	500	4	公共	50	TMTpro-126	500
	样本 37	50	TMTpro-127N	500		样本 54	50	TMTpro-127N	500
	样本 35	50	TMTpro-127C	500		样本 28	50	TMTpro-127C	500
	样本 58	50	TMTpro-128N	500		样本 55	50	TMTpro-128N	500
	样本 12	50	TMTpro-128C	500		样本 49	50	TMTpro-128C	500
	样本 43	50	TMTpro-129N	500		样本 33	50	TMTpro-129N	500
	样本 30	50	TMTpro-129C	500		样本 26	50	TMTpro-129C	500
	样本 22	50	TMTpro-130N	500		样本 52	50	TMTpro-130N	500
	样本 41	50	TMTpro-130C	500		样本 7	50	TMTpro-130C	500
	样本 57	50	TMTpro-131N	500		样本 42	50	TMTpro-131N	500
	样本 47	50	TMTpro-131C	500		样本 9	50	TMTpro-131C	500
	样本 50	50	TMTpro-132N	500		样本 59	50	TMTpro-132N	500
	样本 8	50	TMTpro-132C	500		样本 10	50	TMTpro-132C	500
	样本 40	50	TMTpro-133N	500		样本 29	50	TMTpro-133N	500
	样本 44	50	TMTpro-133C	500		样本 31	50	TMTpro-133C	500
	样本 60	50	TMTpro-134N	500		样本 53	50	TMTpro-134N	500

注：1. 每一个样本的量为 50 μg；2. 每一种 TMT 标签的量为 500 μg

使用 TMTpro™ 16plex 同位素标记试剂盒从 60 个样品中创建 4 个 MS 实验的示例表。用一个含有 60 个样品的 16plex TMT 实验将产生 4 个 MS 实验。为了使这些实验中量化的蛋白质丰度标准化，从所有 60 个样本各取等量并混合在一起，生成内标准或"公共"通道。对于这个例子，至少需要 200 μg 的内参。有一个好的做法是创建多个内参，这样一旦将来有一个 MS 实验需要重复或者 TMT 实验需要扩展，将非常有帮助

3. 将 1.5～3 μg 的肽上样到高效液相色谱柱上，在高分辨率质谱仪上进行测量，具体参数设定视仪器而定（见注释 15）。

4. 梯度长度、ACN 的百分比，以及合适的 MS1 和 MS2 分辨率和其他仪器参数取决于实验和仪器（见

注释 16）。

（七）数据分析

1. 将质谱仪输出的数据文件载入数据处理软件。通常使用 MaxQuant，也可以使用其他类似的软件包。

2. 根据用户偏好和仪器设备，设置分析的大致参数：报告离子 MS3 的水平量化（如果使用的话），选择或加载 16plex TMT 同位素标签，至少要求有两种多肽用于蛋白质鉴定，最小肽长为 7 个氨基酸，允许最多两个不完全酶切位点，胰蛋白酶消化、半胱氨酸的碘乙酰胺化作为固定修饰，甲硫氨酸的氧化设置为可变修饰，肽谱匹配使用目标－诱饵方法以 1% 的错误发现率过滤。启用运行之间的匹配设置为匹配时间窗为 0.7 分钟，比对时间窗为 20 分钟。使用 Andromeda 搜索引擎[16]对从 UniProt 数据库中本氏烟草和根癌农杆菌的 FASTA 文件进行蛋白质搜索识别。

3. 上传适当的输出文件到数据分析软件。通常使用 Perseus，可使用类似的软件包。

4. 对行内容进行过滤以去除污染蛋白、反向命中等，根据有效值对样本进行标记并去掉重复。完成用户要求的数据处理。下面为代表性数据图例（图 19-2）。

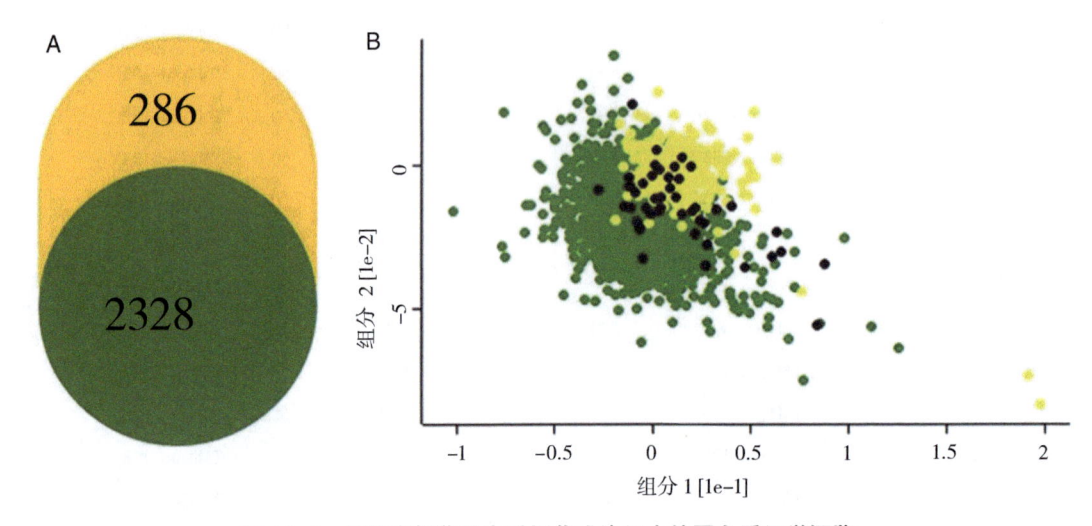

图 19-2　根癌农杆菌及本氏烟草感染组中的蛋白质组学概览

A. 鉴定的总蛋白（共 2614 种）的维恩图。本氏烟草（2328 个蛋白质：绿色）与根癌农杆菌（286 个蛋白质：黄色）。B. 感染组的蛋白质水平主成分分析（PCA）图。根癌农杆菌（黄色）和本氏烟草（绿色）蛋白质。黑色表示的是与防御、过氧化氢分解、氧化应激和蛋白质水解相关的反应蛋白。显示的是在渗透后，宿主和病原体都表现出高丰度的特殊蛋白质

四、注释

1. DTT 和 IAA 均为一次性使用，可预先配制，储存于 -20℃，使用前完全解冻，解冻后未使用的 DTT 或 IAA 应该丢弃，而不是重新冷冻。IAA 对光线敏感，应在黑暗中保存 0.55mol/L 的储存样本，直到准备使用前，迅速添加到样品中。试验台的密闭抽屉可作为避光的孵化室，但应确保抽屉关闭后不漏光。

2. 除非特殊声明，要确保样品在任何时候都保持冷藏。当样品不涡旋时，将样品保存在冰上。确保水浴超声仪中的水被冷却到 4℃。

3. Next Advance SSB14B 不锈钢珠的袋里配备了一个白色小勺子，上面写着"0699 0.10 G"，一勺约是 0.8 g。新买的珠子不是无菌状态，在使用之前应该进行高压消毒。珠子可以洗涤、高压消毒，并重复使用。

4. 在 10ml 100mmol/L Tris-HCl（pH8.5）中溶解一片 PIC。

5. Bullet Blender® Storm 破碎仪的功率设置上限为 12。如果处理难磨的植物材料，功率和（或）时间均

可增加。如果功率达到 10，运行 4 分钟后，可能破坏 Eppendorf LoBind 管的结构使其表面低黏附性质丧失。因此如果需要更多的功率或时间，可以使用强度更高的离心管进行匀浆。

6. 当将匀浆液转移到一个新的 1.5ml 的管子中时，将管子倾斜 45°，将管子的移液管尖端向下移动到珠子中，并轻轻地上下吹打开任何可能已经成团的物质。珠子不会被移液管吸起来，但偶尔会堵塞顶端，如果发生这种情况，重新调整直到液流通畅。

7. 样品可以在冰上放置 2～3 分钟让其冷却到室温。

8. 加入丙酮后通过颠倒混匀可使蛋白质立即开始沉淀。样品可在 –20℃丙酮中储存时间达 2 周。

9. 当去除最后的丙酮洗涤液时，将离心管倒扣在干净的纸巾上，以去除最后一滴丙酮。

10. 在 32℃ 的加热块上放置 5 分钟可以缩短空气干燥的时间，注意不要过度干燥沉淀，会导致沉淀难以重悬。

11. 当加入尿素/HEPES 时，上下吹打几次有助于溶解沉淀。如果蛋白质含量很高，可能需要超过 100μl 的 8mol/L 尿素/40mmol/L HEPES。以 100μl 为档加入更多 8mol/L 尿素/40mmol/LHEPES 直到样品完全溶解。注意后续步骤中必须相应地增加添加 50mmol/L ABC 的量，以确保尿素在分解前稀释到 2mol/L，否则蛋白水解酶不会工作。

12. 在准备 Stage Tip 期间，样品应储存在冰上（最长 30 分钟）。如果样品需要储存更长时间，可在液氮中快速冷冻并在 –80℃下储存 1 天。超过 1 天或多肽降解都可能会降低样品的质量。

13. 装载 C18 树脂时，不要把 Stage Tip 装载得太紧。C18 树脂只需要轻轻地敲入移液器吸头。如果发现洗涤步骤通过过滤器的时间要比建议的时间长，那么样品和随后用缓冲液 A 洗涤将需要很长时间才能通过。这时应该丢掉装载太紧的 Stage Tip，重新制作并注意树脂装载得更松些。

14. 干燥的多肽可以在 4℃ 下短期储存，也可以在 –20℃ 下长期储存。

15. 注入仪器的样品量取决于反相柱和仪器灵敏度，需要为每台质谱仪优化参数。

16. 对于高分辨率的质谱系统（例如 Thermo Scientific Orbitrap FusionTM LumosTM TribridTM 或 Orbitrap ExplorisTM 或 Bruker timsTOF Pro），建议对细胞蛋白质组或共培养样品进行 2～3 小时的梯度。

参考文献

[1] Chen Q, Davis KR(2016)The potential of plants as a system for the development and production of human biologics. F1000Research 5:912

[2] Mclean MD(2017)Trastuzumab made in plants using vivoXPRESS® platform technology. J Drug Des Res 4:1052

[3] Robert S, Goulet MC, D'Aoust MA, Sainsbury F, Michaud D(2015)Leaf proteome rebalancing in Nicotiana benthamiana for upstream enrichment of a transiently expressed recombinant protein. Plant Biotechnol J 13:1169-1179

[4] Yu H, Kumar PP(2003)Post-transcriptional gene silencing in plants by RNA. Plant Cell Rep 22:167-174

[5] Xu XQ, Pan SQ(2000)An Agrobacterium catalase is a virulence factor involved in tumorigenesis. Mol Microbiol 35:407-414

[6] Lee C-W, Efetova M, Engelmann JC, Kramell R, Wasternack C, Ludwig-Müller J, Hedrich R, Deeken R(2009)Agrobacterium tumefaciens promotes tumor induction by modulating pathogen defense in Arabidopsis thaliana. Plant Cell 21:2948-2962

[7] Grosse-Holz F, Kelly S, Blaskowski S, Kaschani F, Kaiser M, van der Hoorn RAL(2018)The transcriptome, extracellular proteome and active secretome of agroinfiltrated Nicotiana benthamiana uncover a large, diverse protease repertoire. Plant Biotechnol J 16:1068-1084

[8] Garabagi F, Gilbert E, Loos A, Mclean MD, Hall JC(2012)Utility of the P19 suppressor of gene-silencing protein for production of therapeutic antibodies in Nicotiana expression hosts. Plant Biotechnol J 10:1118-1128

[9] Geddes-McAlister J, Prudhomme N, Gongora DG, Cossar D, McLean MD(2022)The emerging role of mass spectrometry-based proteomics in molecular pharming practices. Current Opinion in Chemical Biology 68. https://www.sciencedirect.com/science/article/abs/pii/S1367593122000187?via%3Dihub

[10] Thompson A, Schäfer J, Kuhn K, Kienle S, Schwarz J, Schmidt G, Neumann T, Hamon C(2003)Tandem mass tags:a novel quantification strategy for comparative analysis of complex protein mixtures by MS/MS. Anal Chem 75:1895-1904

[11] Thompson A, Wölmer N, Koncarevic S, Selzer S, Böhm G, Legner H, Schmid P, Kienle S, Penning P, Höhle C, Berfelde A, Martinez-Pinna

R, Farztdinov V, Jung S, Kuhn K, Pike I(2019)TMTpro:design, synthesis, and initial evaluation of a proline-based isobaric 16-plex tandem mass tag reagent set. Anal Chem 91(24):15941-15950. https:// doi.org/10.1021/acs.analchem.9b04474

[12] Cox J, Mann M(2008)MaxQuant enables high peptide identification rates, individualized p.p.b.-range mass accuracies and proteomewide protein quantification. Nat Biotechnol 26:1367-1372

[13] Tyanova S, Temu T, Sinitcyn P, Carlson A, Hein MY, Geiger T, Mann M, Cox J(2016)The Perseus computational platform for comprehensive analysis of(prote)omics data. Nat Methods 13:731-740

[14] Prudhomme N, Pastora R, Muselius B, McLean MD, Cossar D, Geddes-McAlister J(2021)Exposure of Agrobacterium tumefaciens to agroinfiltration medium demonstrates cellular remodelling and may promote enhanced adaptability for molecular pharming. Can J Microbiol 67(1):85-97. https://doi.org/10.1139/cjm-2020-0239. Epub 2020 Jul 28

[15] Prudhomme N, Gianetto-Hill C, Pastora R, Cheung WF, Allen-Vercoe E, McLean MD, Cossar D, Geddes-McAlister J(2021)Quantitative proteomic profiling of shake flask versus bioreactor growth reveals distinct responses of Agrobacterium tumefaciens for preparation in molecular pharming. Can J Microbiol 67(1):75-84. https://doi.org/10.1139/cjm- 2020-0238. Epub 2020 Aug 26

[16] Cox J, Neuhauser N, Michalski A, Scheltema RA, Olsen JV, Mann M(2011)Andromeda:a peptide search engine integrated into the MaxQuant environment. J Proteome Res 10:1794- 1805

第二十章

对小麦赤霉病发病机制的无标记定量蛋白质组学分析

Boyan Liu, Danisha Johal, Mitra Serajazari, and Jennifer Geddes-McAlister

> 为了区分不同条件下生物系统中蛋白质丰度的变化,基于质谱的蛋白质组学为检测和量化这种反应提供了强有力的工具。质谱仪器灵敏度和分辨率的提高,以及先进的生物信息学使研究宿主-病原体相互作用的新策略成为可能。本章用最先进的基于质谱的蛋白质组学技术来研究全球性真菌病原体禾谷镰刀菌(fusarium graminearum)对重要作物即小麦(triticum aestivum)的感染所导致的小麦赤霉病(fusarium head blight,FHB)的机制。首先在可控环境下的生长室中,将禾谷镰刀菌接种到小麦品种(如,FHB 抗株和易感株)上以模拟宿主感染,然后在不同的时间点(如,接种后 24 小时和 120 小时)收集样品以评估对感染的时间反应。收集的样品使用自主研发的方法进行总蛋白质提取和处理,并通过液相色谱-结合串联 MS/MS 的无标签方法进行定量。在这个实验中,同时考虑病原体和宿主的动态蛋白质丰度变化,即了解感染的双方,能够确定病原体用来逃避宿主防御反应的策略及宿主自身保护以免受严重感染的策略。

一、引言

禾谷镰刀菌是一种真菌病原体,是导致小麦赤霉病(fusarium head blight,FHB)的病原体,每年由于真菌污染和毒素积累,导致数百万美元作物的损失[1]。次级代谢产物包括脱氧雪腐镰刀菌烯醇(deoxynivalenol,DON)等真菌毒素的产生,会降低粮食质量,并通过受污染的饲料对家禽和畜牧业构成风险,同时还会通过农产品及其食品对人类健康造成严重后果[2]。目前针对 FHB 的治理策略包括在抽穗期单剂量杀菌剂处理。虽然这方法确实有助于降低感染率,但也大大增加了种植成本,一旦发生感染几乎无法防止真菌毒素的积累。此外,对包括杀真菌剂在内的抗真菌药物出现的新耐药性,以及最近发现的 FHB 病原体的种群变化,使人们面临的问题变得更加复杂[3,4]。目前,抗 FHB 品种的育种为抗感染提供了最有效的策略,但没有任何已知的小麦品种能完全免受 FHB 的影响,尽管抗 FHB 品种对感染有抵抗力,但真菌毒素的存在和积累可能仍然存在[5-7]。这些问题需要应用新的技术和方法来制定新的战略,防治全球范围内农业环境中的真菌感染。

为了对抗 FHB,需要对宿主和病原体之间的相互作用进行更广泛的分析,以全面了解这两个生物系统如何相互防御,并发现克服感染的新策略。基于质谱(MS)技术的蛋白质组学的最新进展能够更大规模地研究宿主与病原体的相互作用,并深入分析细胞调节、细胞外环境、蛋白质与蛋白质的相互作用及调节蛋白质功能和信号传导的翻译后修饰[8]。通过使用自下而上的蛋白质组学方法，旨在通过液相色谱–串联质谱法（liquid chromatography with tandem mass spectrometry，LC-MS/MS）从宿主和病原体两个角度（图20-1）鉴定被禾谷镰刀菌感染的小麦样品（包括FHB抗性和易感品种）相关蛋白质丰度的时间依赖性变化。总的来说，该方案能确定抑制病原体蛋白的靶标，用来帮助发现针对真菌病原体的新预防方法。同时，它还建立了一个优化的工作流程，用于观察谷物作物宿主和丝状真菌病原体之间的相互作用，因此它也可以用于研究与农业相关的其他宿主–病原体相互作用。

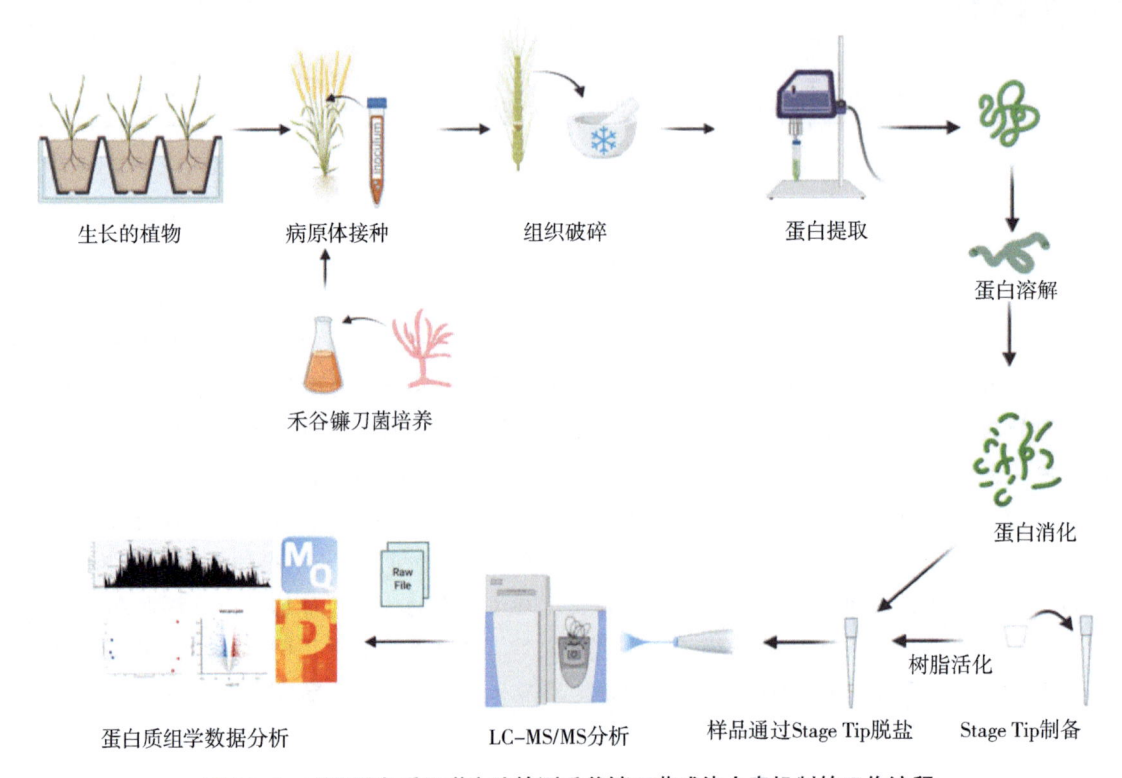

图20-1 利用蛋白质组学方法检测禾谷镰刀菌感染小麦机制的工作流程

采用自下而上的蛋白质组学策略和无标记定量方法，研究禾谷镰刀菌感染小麦后蛋白质丰度的变化。图由 bionder.com 制作

二、材料

所有溶液均使用 MiliQ 水（25℃，18MΩ）和分析级试剂制备；除非另有说明，溶液均新鲜制备，各步骤均在室温下进行。始终遵守相关的废物处理规定。

（一）接种培养基

1. 马铃薯葡萄糖琼脂（potato dextrose agar，PDA）平板。
2. 麦草培养基：在250ml锥形瓶中加入5g磨碎的小麦秸秆并加水125ml。高压灭菌。
3. 旋转式摇床。
4. 血细胞计数器。
5. 所需的禾谷镰刀菌菌株。

（二）接种及收割

1. 所需的小麦品种的种子。
2. 花盆（1加仑即4L容量）。

3. 有适宜温度和湿度的生长室。

4. 10μl 微量移液管。

5. 塑料袋。

6. 喷雾瓶。

7. 标签和记号笔。

（三）总蛋白提取

1. 研钵和研杵（用液氮预冷）。

2. 水浴超声仪。

3. 恒温振荡金属浴混合仪。

4. 15ml 圆锥管。

5. 2.0ml LoBind 微型离心管。

6. Tris-HCl 缓冲液（pH 8.5）：在 900ml 水中称量并溶解 10.90 g Tris。调节 pH 至 8.5，并将溶液定容至 1 L，高压灭菌。

7. 蛋白酶抑制剂：在 15ml 离心管中，加入 10ml Tris-HCl 缓冲液并加入 1 片蛋白酶抑制剂混合物，涡旋振荡至溶解。

8. 20% 十二烷基硫酸钠（SDS）：称 200 g SDS 并在水中溶解，定容至 1 L。室温下储存。

9. 1mol/L 二硫苏糖醇（DTT）：称量 0.781g DTT 溶解到水中，定容至 5ml。搅拌溶解。以 100μl/份分装至 1.5ml 无菌微量离心管中。分装的试剂可用液氮快速冷冻并在 -20℃储存。在通风柜中进行所有步骤。

10. 0.55mol/L 碘乙酰胺（IAA）：称重 2.03 g IAA 溶解到水中，定容至 20ml。充分搅拌溶解。分装成 500μl 至无菌 1.5ml 微量离心管中。上述试剂可以用液氮快速冷冻并在 -20℃储存。所有步骤均应在通风柜内进行，避免光照。

11. 丙酮（100% 和 80%）储存在 -20℃。

12. 8mol/L 尿素 /40mmol/L HEPES：称量 0.19 g HEPES 和 9.6 g 尿素溶解到水中，定容到 20ml。上述试剂可用液氮快速冷冻并保持在 -20℃。

13. 50mmol/L 碳酸氢铵（ABC）：称量 0.40 g 的 NH_4HCO_3 溶解到水中，定容到 100ml。在室温下储存。

14. 赖氨酰内切酶 Lys-C / 胰蛋白酶混合物：按照制造商的说明进行重悬。

（四）Stop-and-Go Extraction Tip（Stage Tip）脱盐

1. 10ml 注射器（切断针头）。

2. PCR 八连管和管盖。

3. 200μl 灭菌移液枪。

4. C18 树脂。

5. 终止溶液：20% 乙腈（ACN），6% 三氟乙酸（TFA）。

6. 100% 乙腈：室温储存。

7. 缓冲液 A：2% ACN，0.1% TFA，0.5% 乙酸（均为体积比）。

8. 缓冲液 B：80% ACN，0.5% 乙酸。

（五）液相色谱 - 串联质谱法（LC-MS/MS）

1. 高分辨率质谱仪（例如，Thermo-Fisher Scientific Orbitrap Exploris 240）。

2. 缓冲液 A［如（四）所述］。

3. 含不同浓度梯度乙腈的 0.5% 乙酸。

（六）生物信息学

1. 数据分析软件工具（如 MaxQuant 和 Perseus）。

2. 来自蛋白质组数据库的 FASTA 文件（如 UniProt）。

三、方法

除非另有说明，所有步骤均在室温下进行。

（一）禾谷镰刀菌的培养和小麦的接种

1. FHB 敏感型（如 Norwell）和抗性型（如 Sumai 3）的春小麦播种在 15cm 的花盆中，在 18～21℃环境中以 16/8 小时光周期培养，直到开花阶段。按需给水。

2. 将所需的禾谷镰刀菌菌株在室温、黑暗条件下培养在马铃薯葡萄糖琼脂（PDA）平板上。让真菌生长 5 天。

3. 将 4 个 PDA 菌块（见注释 1）转移到高压灭菌麦草培养基中，并在旋转式摇床以 120r/min，25℃培养 2 周，制成分生孢子悬浮液。

4. 用血细胞仪对分生孢子进行计数，并用无菌水稀释至 4000 个分生孢子 /μl 作为接种物。同时，使用未经菌丝培养的无菌[9]麦草培养基作为对照接种物。

5. 使用点接种法将真菌接种物和对照接种物接种到小麦小穗（小花）中：分离小穗的外稃和内稃，然后将 10μl 移液管的尖端插入两个结构之间（图 20-2A），并注入 10μl 接种物（见注释 2）。

6. 将新接种的麦穗用水喷雾（见注释 3），并用塑料袋覆盖保持潮湿的环境。植物在 22～27℃以 16/8 小时的光周期培养。

7. 在接种后 24 小时和 120 小时（hpi）或所需时间点收获麦穗。将样品装在铝袋中用液氮进行快速冷冻。储存于 -80℃，直到蛋白质提取步骤。

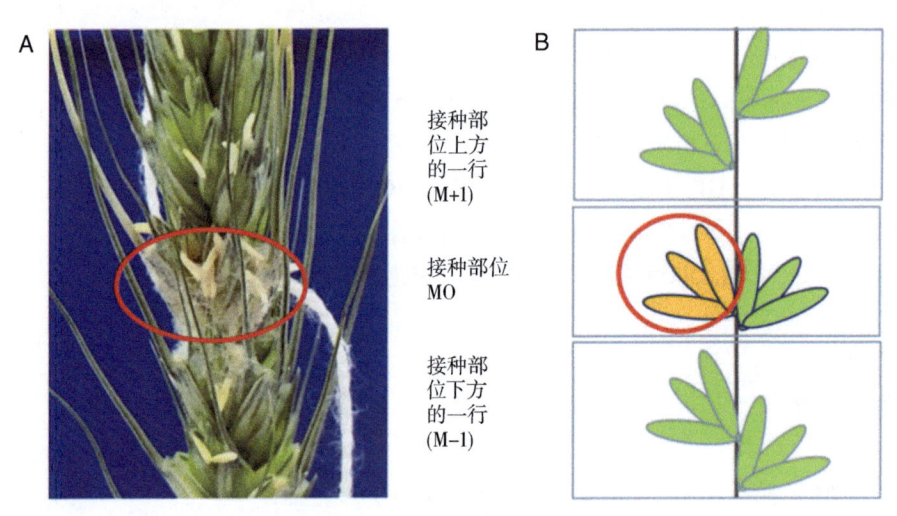

图 20-2　小麦穗部接种部位示意图

A. 受感染的小麦头部出现赤霉病症状。B. 小麦穗接种部位示意图。M0 代表接种的小穗。M+1 是感染部位上方的一行；M-1 是感染部位下方的一行。注意，气生菌丝体扩展到 M-1 和 M+1，如果需要更多的小花提取蛋白质，则应考虑这些行。A 图由 Mitra Serajazari 拍摄

（二）组织破碎及蛋白质提取

1. LC-MS/MS 分析需要约 100μg 的总蛋白。取决于所使用的小麦植株，从每个小麦头部获得 3 朵小花以达到这个浓度（见注释 4，图 20-2）。在有液氮的情况下，用预冷的研钵和研杵把小花磨成细粉（见注释 5）。

2. 将冷却的粉末转移到 2ml LoBind 微量离心管（见注释 6），向样品中加入 300μl 含蛋白酶抑制剂的冷 100mmol/L Tris-HCl（pH8.5）中。

3. 加入 1/9 体积的 SDS（20%）至最终浓度为 2%。

4. 使用 4℃水浴超声仪（120W）对混合物进行 30 秒开/30 秒关的超声处理，进行 2～5 次循环。

5. 快速涡旋样本。

6. 快速离心样品，将所有液体收集于底部。

7. 加入 1mol/L DTT 储备液使最终浓度为 10mmol/L DTT。

8. 快速涡旋样本。

9. 在 98℃以转速为 800r/min 的恒温振荡金属浴中孵育 10 分钟。

10. 样本冷却至室温（见注释 7），然后加入 1：10 体积的 55mmol/L IAA（最终浓度为 5mmol/L IAA）。注意避光。

11. 将样品在室温下黑暗中孵育 20 分钟。

12. 用 40μm 孔径的过滤器（见注释 8）过滤植物碎片，并将上清液转移到干净的 2.0ml LoBind 管中。

13. 将样品在 4℃下，以 9000×g 的速度离心 10 分钟沉淀任何剩余的碎片，并将上清液转移到一个新的管中，记下体积。

14. 将 4 倍体积的 100% 冷丙酮加入到样品中，使丙酮的最终浓度达到 80%（v/v）。

15. 将样本在 -20℃下放置过夜。

（三）蛋白质溶解、定量及消化

1. 将样品在 4℃以 16 000×g 的速度离心 10 分钟沉淀颗粒。

2. 弃去上清液。

3. 用 500μl 80% 冷的丙酮洗涤沉淀。

4. 重复步骤 3 两次。

5. 使沉淀完全干燥（见注释 9）。

6. 将沉淀重悬于 200μl 8mol/L 尿素/40mmol/L HEPES 中（见注释 10）。

7. 将样品在 4℃的水浴超声仪处理 5～7 个循环（30 秒开/30 秒关为一个循环）以完全溶解颗粒。在间隙时间进行涡旋。

8. 采用蛋白质浓度测定法（例如牛血清白蛋白双缩脲法）测定样本蛋白质浓度（见注释 11）。

9. 加入 ABC（50mmol/L）调节每个样品中的尿素最终浓度至 2mol/L。

10. 将赖氨酰内切酶和胰蛋白酶混合物按 1：50（w/w）的酶和蛋白比例加入样品。

11. 室温过夜消化样本（见注释 12）。

（四）制备和平衡 C18 Stage Tip（Stop-and-Go Extraction Tips）

1. 在 200μl 微量移液管吸头封装 3 层 C18 树脂，组装成 Stage Tip。

2. 加入 100μl 乙腈以活化树脂。

3. 以 1000×g 的速度离心 2 分钟以除去液体。

4. 加入 50μl 缓冲液 B 以平衡吸头。

5. 以 1000×g 的速度离心 30 秒至 1 分钟。

6. 加入 200μl 缓冲液 A 以平衡吸头。

7. 以 1000×g 的速度离心 2 分钟。

（五）Stage Tip 样本

1. 加入 1/10（v/v）体积的终止溶液终止样品肽的消化［来自上述（三）之步骤 11］。

2. 以 16 000×g 的速度离心沉淀颗粒。沉淀可以被丢弃。

3. 将上清液转移到上一小节平衡好的 Stage Tip（见注释 13）。

4. 用 1000×g 的速度离心 Stage Tip 3～5 分钟，或直到样品液体通过吸头（见注释 14）。

5. 用 200μl 缓冲液 A 清洗吸头。

6. 以 1000×g 的速度离心 2 分钟，使缓冲液通过吸头。

7. 在每个吸头上加入 50μl 缓冲液 B，用注射器对液体施加压力以洗脱样品。

8. 洗脱的样本用 0.2ml PCR 八连管收集（见注释 15）。

9. 洗脱的样品在真空离心机（45℃，30～40 分钟）中干燥。

（六）LC-MS/MS 分析

1. 用 10μl 缓冲液 A 重悬多肽。

2. 根据仪器规格，将所需量的肽装载到质谱仪上。

3. 对于高分辨率质谱仪（例如，Thermo-Fisher Scientific Exploris 240），将样品加载到纳米流 LC 系统上，用反相二氧化硅柱进行分离。以 4%～30% ACN（含 0.1% 甲酸）的梯度连续 3 小时进行恒定流速的电喷雾，然后用 95% ACN 洗涤 5 分钟。

（七）蛋白质组数据分析

1. 分析获得的 MS 谱图。通常使用 MaxQuant[10] 进行谱图分析，使用 Perseus[11] 进行数据处理和可视化。

2. 在 MaxQuant 中，加载 .RAW 文件，根据蛋白质提取实验设置消化和仪器选项。选择默认设置，但有以下设置例外（见注释 16）。在"Group-specific parameters"下，选择"label-free quantification"部分下的"LFQ"选项，min.Ratio 设置为"1"。为了鉴定肽，从数据库中导入禾谷镰刀菌和小麦的蛋白质组 FASTA 文件（例如，UniProt；https://www.uniprot.org/proteomes/）导入 MaxQuant 中的"Global parameters"。"Identification"部分下的"Min. peptides"（即最少肽段）设置为"2"。滚动到该部分的底部，勾选"Match between running"选项，错误发现率设置为 0.01。根据需要调整处理器的数量，然后按"start"。

3. 将用于总蛋白质组分析的"proteinGroups.txt"文件（将名为"LFQ intensities"的列上传到"Main"）加载到 Perseus 中。首先，通过污染物、反向肽过滤行，同时可根据需要考虑 Only modification by site 或 other categories 等。通过 log2 转换数据集，并选择"categorical annotations"按实验对每一列进行注释。筛选有效值（>50%）或根据样本数量进行筛选。然后，根据正态分布（视情况而定）估算值。最后，可以根据需要对数据进行处理。图 20-3 展示了蛋白质组数据集的一个代表性样本。

四、注释

1. 用无菌吸管和棒或用 1ml 移液器吸头的底部转移选定的菌块。

2. 接种物应完全混匀，因为分生孢子在悬浮液中可能分布不均匀。每个接种的小花应做好标记（例如，标记或系上线绳）。这对于 24 hpi 和 FHB 抗性样本尤其重要，因为它们的症状相对于 120 hpi 和 FHB 敏感的样本来说比较轻，不易被看见。

3. 喷头和麦穗之间应保持 10～20cm，否则接种的分生孢子可能会被冲走。用塑料袋覆盖接种的麦穗，以确保潮湿的环境促进真菌生长及感染。

4. 选择感染的样品应考虑从 M-1 到 M+1 行（图 20-2），因为气生菌丝体通常会延伸到这些行。在处理样品时应尽可能将其放置在冰上。

5. 当在同一组生物学样品之间切换时（如，对照接种组的重复样本），用 70% 的乙醇和无菌水清洗研钵和研杵。当在不同组的生物学样品之间切换时（如，120 hpi FHB 易感样品与 120 hpi 耐药性样品），用洗涤剂、水和 70% 乙醇洗涤研钵研杵，也可在样品组之间使用新的高压灭菌研钵和研杵。预冷的 Bullet Blender 快速组织细胞破碎仪（如 Bullet Blender® Storm）也可作为研钵和杵的替代方法。

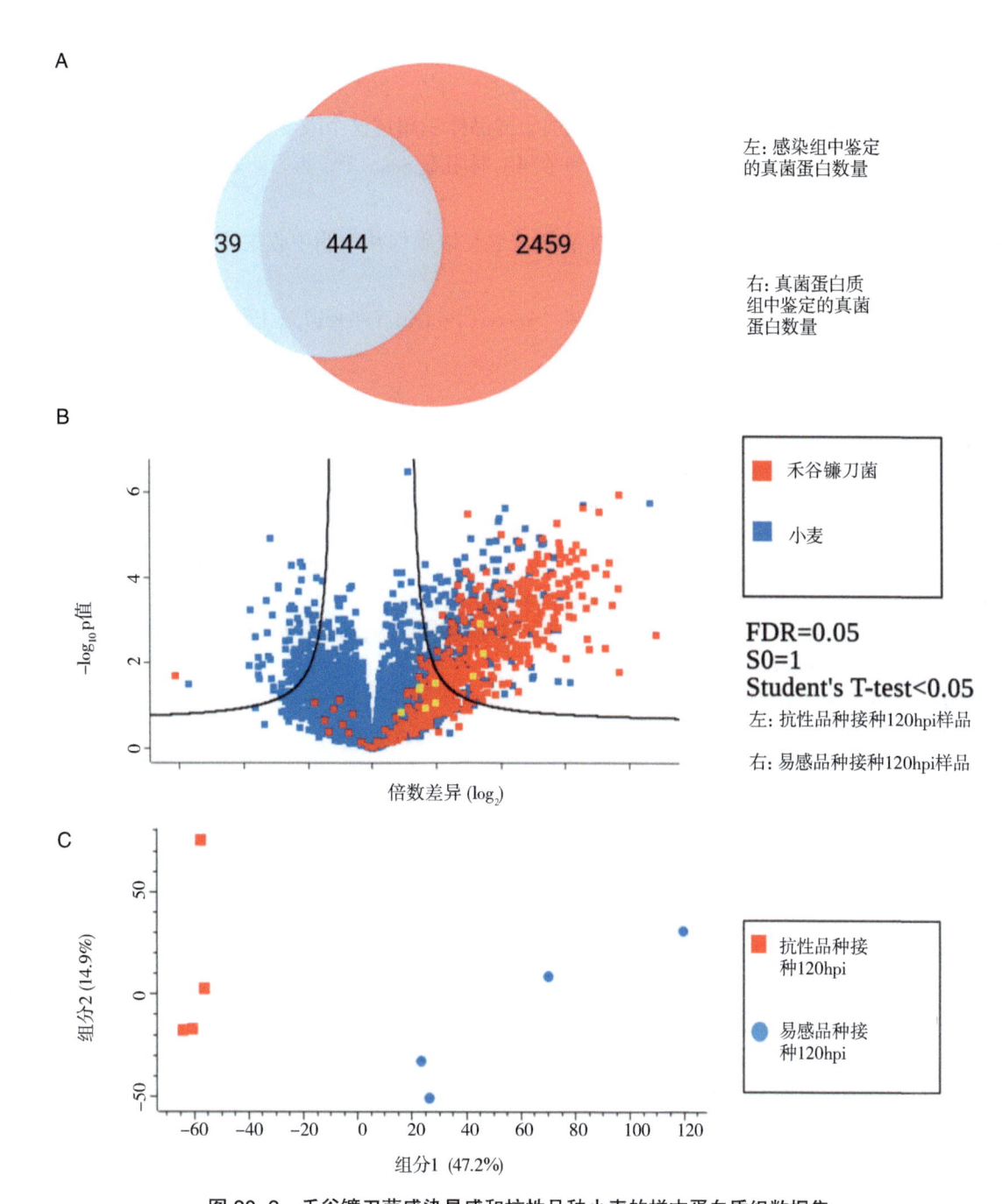

图 20-3 禾谷镰刀菌感染易感和抗性品种小麦的样本蛋白质组数据集

A. 维恩图显示感染组（左）和细胞（右）中病原体蛋白质的数量。B. 显示蛋白质丰度变化的火山图。左. 易感品种接种 120 hpi 的样本；右. 抗性品种接种 120 hpi 的样品。C. 主成分分析图

6. 研钵和微量离心管是预冷的，便于样品粉末的转移。用液氮冷却的刮刀也有助于这一过程。

7. 将样品放在冰上以便更快冷却。

8. 使用例如细胞过滤器之类的过滤器来分离碎片及裂解物。将粗样品转移到细胞过滤器中，并以最低速离心不超过 10 秒收集液体，避免过滤器破裂。固体废弃物应按照废弃物处理规定予以丢弃。

9. 在 37℃下加热打开盖子的微型离心管，以加快干燥速度。样品可在通风橱中放置 30 分钟。

10. 延长超声处理周期，使整个蛋白沉淀溶解。对于较大的沉淀，可增加更长的时间和添加额外的尿素 /HEPES 缓冲液。

11. 推荐 50～100μg 的蛋白质用于总蛋白质组的分析。

12. ABC 中的任何剩余样本都可以在液氮中快速冷冻，并在 –20℃下保存最多 1 周。

13. 使用的 Stage Tip 的最大体积约为 200μl。如果样品体积超过这个限度，则重复步骤 2 来纯化样品。

14. 建议在室温下离心，因可能有沉淀物，并在 4℃时阻塞 Stage Tip 的流动。对于堵塞的 Stage tip，离心步骤可能需要长达 30 分钟。

15. 用 25μl 缓冲液 B 洗脱，再用 25μl 缓冲液 B 洗脱，以确保从树脂中收集所有样品。或将 50μl 缓慢洗脱到 PCR 管中。

16. 默认设置：可变修饰为"Oxidation（M）"和"Acetyl（Protein N-term）"；固定修饰为"Carbamidomethyl（C）"；消化模式为"Trypsin/P"。

参考文献

[1] Xia R, Schaafsma A, w., Wu F, Hooker DC.(2020)Impact of the improvements in Fusarium head blight and agronomic management on economics of winter wheat. World Mycotoxin J 13:423-439. https://doi.org/ 10.3920/WMJ2019.2518

[2] Tamburic-Ilincic L, Wragg A, Schaafsma A(2015)Mycotoxin accumulation and Fusarium graminearum chemotype diversity in winter wheat grown in southwestern Ontario. Can J Plant Sci. https://doi.org/10.4141/cjps- 2014-132

[3] Geddes-McAlister J, Shapiro RS(2019)New pathogens, new tricks:emerging, drugresistant fungal pathogens and future prospects for antifungal therapeutics. Ann N Y Acad Sci 1435:57-78. https://doi.org/10.1111/nyas. 13739

[4] Valverde-Bogantes E, Bianchini A, Herr JR et al(2020)Recent population changes of Fusarium head blight pathogens:drivers and implications. Can J Plant Pathol 42:315-329. https://doi.org/10.1080/07060661.2019. 1680442

[5] Buerstmayr M, Steiner B, Buerstmayr H(2020)Breeding for Fusarium head blight resistance in wheat—progress and challenges. Plant Breed 139:429-454. https://doi.org/ 10.1111/pbr.12797

[6] Bai G, Shaner G(2004)Management and resistance in wheat and barley to Fusarium head blight. Annu Rev Phytopathol 42:135-161. https://doi.org/10.1146/annurev. phyto.42.040803.140340

[7] Fabre F, Bormann J, Urbach S et al(2019)Unbalanced roles of fungal aggressiveness and host cultivars in the establishment of the Fusarium head blight in bread wheat. Front Microbiol 10:2857. https://doi.org/10.3389/ fmicb.2019.02857

[8] Aebersold R, Mann M(2016)Massspectrometric exploration of proteome structure and function. Nature 537:347-355. https://doi.org/10.1038/nature19949

[9] Geddes J, Eudes F, Laroche A, Selinger LB(2008)Differential expression of proteins in response to the interaction between the pathogen Fusarium graminearum and its host, Hordeum vulgare. Proteomics 8:545-554. https:// doi.org/10.1002/pmic.200700115

[10] Cox J, Mann M(2008)MaxQuant enables high peptide identification rates, individualized p.p.b.-range mass accuracies and proteomewide protein quantification. Nat Biotechnol 26:1367-1372. https://doi.org/10.1038/ nbt.1511

[11] Tyanova S, Temu T, Sinitcyn P et al(2016)The Perseus computational platform for comprehensive analysis of(prote)omics data. Nat Methods 13:731-740. https://doi.org/10. 1038/nmeth.3901

第二十一章

数据非依赖型采集蛋白质组学和机器学习帮助快速鉴定生物样本中的细菌类别

Florence Roux-Dalvai, Mickaël Leclercq, Clarisse Gotti, and Arnaud Droit

> 鉴定生物样品中的细菌种类在许多应用领域至关重要。然而，标准方法通常使用耗时的细菌培养（24～48 小时）且有时缺乏特异性。为了克服这些局限性，作者开发了一种新的基于质谱的方法，将数据独立采集模式下的 LC-MS/MS 分析与机器学习算法相结合，在不进行细菌培养的情况下，能在几小时内准确识别污染样品的细菌种类。本章描述了该方法的 3 个步骤（谱库生成、训练步骤、鉴定步骤）来生成个性化的多肽印记，并通过靶向蛋白质组学分析和预测模型将其用于生物样本中的细菌鉴定。

一、引言

在微生物学的许多领域，如流行病学、食品安全、环境和临床中，生物样本中细菌种类的检测和识别至关重要。然而，鉴定微生物的标准方法通常需要耗时的细菌培养（通常为 24～48 小时，也可能延长至数周）后再进行另一个漫长的免疫或生化试验步骤。近年来，MALDI-TOF 质谱技术替代标准鉴定方法在常规实验室的细菌鉴定方面取得了突破性进展，但仍需进行细菌培养。况且该方法缺乏对某些物种的特异性鉴定，且无法定量。为了克服这些局限性，作者开发了一种将高灵敏度、高特异性液相色谱-串联质谱（LC-MS/MS）和人工智能相结合的新方法，能够在不进行细菌培养的情况下，在几小时内鉴定污染生物样品中的细菌种类。

该方案基于已发表的研究工作（参阅文献 [1]），在本研究中作者提出了一种快速准确的方法来识别尿路感染（UTI）中最常见的 15 种细菌，准确率超过 95%。只要微生物浓度达到所使用的质谱仪的灵敏度下限以上，它便可以在被微生物污染的生物样品中检测到。下面描述的过程包括 3 个步骤（图 21-1）。首先是为每个感兴趣的细菌种类生成的大型细菌质谱图库并将其纳入最终模型。通过对每种细菌进行单独培养，然后进行数据依赖式采集（DDA）模式的 LC-MS/MS 分析，生成质谱图库。质谱图库将用于识别在生物背景下易被检测到的细菌肽段。第二步为训练步骤，模型中的每个菌种都在感兴趣的生物背景中单独接种。为保证最终模型的高精度，每种细菌必须进行多次接种。样品在数据非依赖型采集（data independent acquisition，DIA）模式下进行 LC-MS/MS 分析，并通过 Skyline 软件 [2] 和之前生成的质谱图库来识别可检测的肽段。数据非依赖型采集模式下 LC-MS/MS 能够在复杂的生物样品中高通量识别和定量蛋白质，且重复性高。将每个样本中重复识别出的肽的最终列表提供给最近发布的机器学习工具 BioDisc ML[3]，以便识别出能够区分所有感兴趣的细菌种类的肽段特征。在第三步中，通过靶向蛋白质组学分析［本文提出平行反应监测（parallel reaction monitoring），PRM］监测未知样本的肽段特征，并将检测到的和未检测到的肽段列表提供给 BioDisc ML，生成预测模型，进而对细菌进行识别。一旦执行了前两个步骤，第三个步骤可以用于对已知样本的验证，并不断重复以对未知样本进行分类预测。

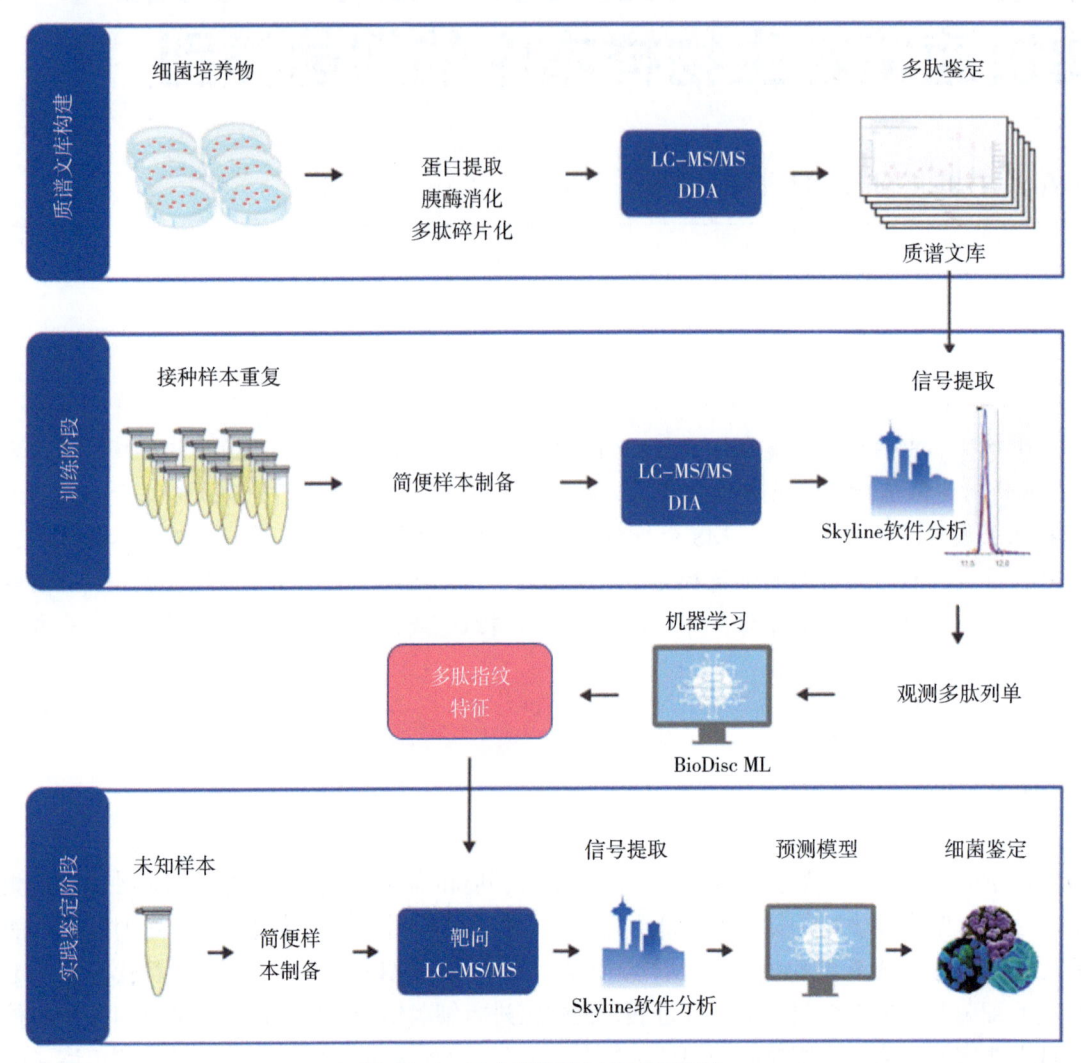

图 21-1　三个步骤的工作流程概述

前两个步骤（谱库生成和训练步骤）只执行一次以生成肽段印记特征，第三个步骤（鉴定步骤）可无限地重复使用该特征以获得对未知样本的预测

　　使用为 UTI 开发的模型，能够在不到 4 小时的时间内识别出污染样品的细菌种类。在这段时间内，3.5 小时专门用于可并行化的样品制备。LC-MS/MS 分析在 30 分钟内完成，预测需要几分钟。使用新开发的模型进行细菌鉴定所需的时间将取决于背景样品（可能会添加一些额外的"清理"步骤以确保检测的灵敏度），以及要检测的细菌种类和数量（大量特征可能需要延长 LC-MS/MS 的运行时间，以确保目标分析中多肽信号的准确测量）。

　　该方法能从 1ml 样品的尿液中鉴定出 1×10^4 CFU/ml 细菌，准确率为 95%。检测的灵敏度将取决于以下几个因素，包括细菌的类型和数量、可用样品的体积及使用的质谱仪。检测前可添加短期培养基（以促进细菌生长），以提高样品中的细菌浓度，从而提高检出能力。

这个方法使用了一种质谱仪（能够在 DDA、DIA 和 PRM 模式下工作的 Orbitrap Fusion Tribrid），但一旦模型建立，对细菌特征的监测方法很容易与其他质谱仪器兼容，包括选定反应监测（SRM）模式工作的三重四级杆质谱仪，非常适合在常规实验室中进行大规模筛选。

二、材料

（一）样品制备

1. 细菌细胞系：本方案适用于对任何肉汤培养细菌细胞系进行蛋白质组学分析。
2. 培养基：选择适合于细菌细胞系生长的培养基。
3. 50mmol/L Tris。
4. 50mmol/L 碳酸氢铵。
5. Mutanolysin（暂译为变溶菌素）溶液：从球孢链霉菌中提取的变溶菌素（Sigma，M9901），溶解于 50mmol/L 的碳酸氢铵溶液中，浓度为 50 U/μl。
6. SDC 溶液：5% 脱氧胆酸钠。
7. DTT 溶液：2mol/L 浓度的 1，4-二硫苏糖醇。
8. Bradford 蛋白定量试剂。
9. 胰蛋白酶溶液：将 20μg 测序级改良胰蛋白酶（Promega，V5111）溶于 100μl 50mmol/L 碳酸氢铵溶液中。
10. 50% 浓度甲酸（FA）。
11. Oasis HLB 1ml Vac 上样柱，含 10 mg 吸附剂（Waters 品牌）。
12. 乙腈（Oasis HLB 预处理溶液）。
13. 0.1% 甲酸（FA）（Oasis HLB 平衡和冲洗缓冲液）。
14. 70% 乙腈（Oasis HLB 洗脱液）。
15. 1.5ml 规格的低蛋白吸附微管。
16. 台式微离心机与适配 1.5ml 微管、10 000×g 离心的转子。
17. 实验用培养箱（37℃孵育）。
18. 微管干式加热器（用于 95℃加热）。
19. Bioruptor® Plus 超声破碎仪（Diagenode 公司）。
20. 离心真空浓缩器。

（二）高 pH 反相高压液相色谱

1. 高压液相色谱系统与组分收集器（如 Agilent 1200 系列 HPLC）。
2. Agilent extend C18 色谱柱，内径 1.0 mm，长度 150 mm，填料 3.5 μm 粒径，或与其等效的色谱柱。
3. HpH 缓冲液 A：10mmol/L 浓度 pH 10.0 的碳酸氢铵溶液。
4. HpH 缓冲液 B：pH 10.0 的 90% 乙腈、10% 碳酸氢铵溶液。
5. 与组分收集器匹配的 96 孔板。

（三）NanoLC-MS/MS 分析

1. NanoDrop 2000 分光光度计。
2. iRT 试剂盒（Biognosys）。
3. Orbitrap Fusion Tribrid 质谱仪，配备纳米喷雾源，并与 U3000 RSLCnano 液相色谱系统（Thermo Fisher Scientific）或等效 LC-MS/MS 系统连接，能够以 DDA 和 DIA 模式获取数据。能够在目标模式下工作的相同或其他 LC-MS/MS 系统（SRM 或 PRM）均可用于"鉴定步骤"。

4. Nano LC 上样缓冲液：2% 乙腈（体积比），0.05% 三氟乙酸（体积比）溶于 LC-MS 级纯水中。

5. NanoLC 缓冲液 A：0.1% 甲酸（体积比）溶于 LC-MS 级纯水中。

6. NanoLC 缓冲液 B：80% 乙腈（体积比），0.1% 甲酸（体积比）溶于 LC-MS 级纯水中。

7. Acclaim™ PepMap™ 100 C18 色谱柱，长度 5 mm，内径 1 mm，5 μm 粒径，柱套（Thermo Fisher Scientific，No. 160434），用于 NanoLC 上样缓冲液脱盐。

8. Acclaim™ PepMap™ 100 C18 色谱柱，50cm 长度，75 μm 内径，3 μm 粒径，NanoViper 分析柱（Thermo Fisher Scientific，No. 164570）。

（四）软件

1. Java 1.8 版本（http://java.com）。

2. R 包 3.5 或以上版本（https://www.r-project.org/）。

3. BioDisc ML，如 BioDisc ML-1.8.7 或更高版本（https://github.com/mickae llecler cq/BioDisc ML）。

4. Mascot（Matrix Science，UK）或其他数据库搜索引擎。

5. Skyline 4.1 或更高版本（www.skyline.ms）。

三、方法

涉及病原菌种的实验应在微生物操作台中进行，直到细菌灭活步骤完成。

（一）谱库：样品制备

以下步骤适用于每个要检测的细菌种类。

1. 制备半对数生长期的细菌培养物，含约 1×10^9 CFU/ml 细菌（见注释 1）。

2. 取 1ml 细菌培养物，室温下以 10 000×g 的速度离心 15 分钟。

3. 弃上清液，用 1ml 50mmol/L Tris 重悬并清洗沉淀。

4. 重复步骤 2.，3.一次。

5. 第三次离心后，弃上清液。干燥后的颗粒可以直接使用或储存在 -20℃ 下。

6. 用 120μl 的 50mmol/L 碳酸氢铵和 12μl 变溶菌素溶液（相当于 600 个酶单位）重悬细菌沉淀，通过消化细胞壁肽聚糖来帮助裂解细菌。37℃孵育 1 小时（见注释 2、3）。

7. 加入 15μl 的 SDC 溶液（终浓度 0.5%）和 1.5μl 的 DTT 溶液（终浓度 20mmol/L），涡旋混匀 30 秒（见注释 4）。

8. 95℃加热 10 分钟，进行蛋白质变性和细菌灭活（见注释 5）。

9. 用非接触式系统对样品进行超声处理。可使用 Bioruptor®Plus（Diagenode）超声仪。设置参数：高功率水平，30 秒开 / 30 秒关、15 个循环（见注释 6）。

10. 以 16 000×g 的速度离心 15 分钟以去除细胞碎片，收集上清液。

11. 使用 Bradford 测定法或类似的定量方法测定蛋白质浓度。

12. 取出 120μg 蛋白的对应体积上清液，用含 0.5% SDC 的 50mmol/L 碳酸氢铵调至 100μl。

13. 加入 12μl 胰蛋白酶溶液（对应酶和蛋白比例 1∶50），涡旋 30 秒，于 37℃孵育 1 小时以消化蛋白质。

14. 用 40μl 50% 甲酸终止胰蛋白酶反应（见注释 7）。

15. 样品以 16 000×g 的速度离心 5 分钟，收集上清液。

16. 根据制造商通用程序使用以下溶液在 Oasis HLB 10 mg 滤芯萃取柱上纯化消化后的多肽。预处理溶液：乙腈（2ml）；平衡液：0.1% FA（3ml）；洗涤液：0.1% FA（3ml）；洗脱液：70% 乙腈，0.1% FA（200μl）。

17. 真空干燥洗脱肽段。样品可在 -20℃ 保存或立即使用。

18. 对于高 pH 反相肽段组分，在 HpH 缓冲液 A 中重悬肽段。
19. 将多肽样品使用 HpH 缓冲液 A 以 1ml/min 的流速加载于配备有 C18 色谱柱的 HPLC 系统上。
20. 根据表 21-1 中的参数用 HpH 缓冲液 B 梯度洗脱，在 96 孔板中以 1 分钟间隔收集洗脱期间的组分。
21. 将所述平板的每一行的组分合并以获得总共 8 个组分（见注释 8）。
22. 真空干燥各组分并将其储存于 −20℃ 直至 LC-MS/MS 分析。

（二）光谱库：DDALC-MS/MS 分析

LC-MS/MS 方法的细节将取决于所用的仪器。此处描述使用 U3000 RSLCnano 液相色谱系统与 Orbitrap 联合质谱仪（Thermo Fisher Scientific）的方法。

1. 用 25μl NanoLC 上样缓冲液重悬上述各样品。
2. 用 NanoDrop 分光光度计测定计算 1μl 样本在 205 nm 的吸光度，计算样品中的肽段浓度（见注释 9）。
3. 使用 NanoLC 上样缓冲液稀释各组分的肽段浓度到 0.2μg/μl。
4. 从每个组分转移 5μl 多肽溶液（相当于 1μg）到一个上样瓶中，并添加 0.5μl 1×iRT。
5. 每个小瓶的所有体积（5.5μl）上样至 LC-MS/MS 系统，使用表 21-1 中描述的液相色谱参数（NanoLC 色谱柱），质谱仪在数据依赖式采集（DDA）模式（表 21-2）下工作。
6. 存储 .raw 文件以供进一步分析。

表 21-1　层析分析参数设置

内容	高 pH HPLC 分离	纳米液相色谱
高效液相色谱仪	Agilent 1200 Series	UltiMate 3000 NanoRSLC（Thermo）
多肽上样量	120 μg	5 μg
样品上机		
前置柱		μ-Precolumn, 300 μm i.d × 5 mm, C18 PepMap100, 5 μm, 100 Å (Thermo)
流速		20 μl/min
上样缓冲液		2% 乙腈/0.05% 三氟乙酸
肽段分离		
色谱柱	Agilent extend C18 色谱柱（1.0mm×150mm, 3.5μm）	PepMap100 RSLC, C18 3m 色谱柱, 孔径 100 Å, 75μm 内径, 50cm 长度
流速	1ml/min	300nl/min
缓冲液 A	10mmol/L pH10 碳酸氢铵	0.1% 甲酸
缓冲液 B	90% 乙腈/10% 碳酸氢铵（pH 10）	80% 乙腈溶于 0.1% 甲酸
梯度	60 分钟内溶剂 B: 5%～35% 24 分钟内溶剂 B: 35%～70%	90 分钟内溶液 B: 5%～40%

表 21-2　质谱仪采集参数

内容	数据依赖式采集（DDA）	数据非依赖式采集（DIA）	PRM
设备	Orbitrap Fusion	Orbitrap Fusion	Orbitrap Fusion
方法时间区间	120 分钟	120 分钟	120 分钟
极性	阳性	阳性	阳性
MS 参数			
分析仪	Orbitrap	Orbitrap	
分辨率	120 K	60 K	

续表

内容	数据依赖式采集（DDA）	数据非依赖式采集（DIA）	PRM
质量范围	350~1800	400~1000	
AGC	4.00E+05	4.00E+05	
最大上样时间（ms）	50	50	
MS/MS 参数			
隔离窗口	1.6	10（40 windows, 400~800）	0.7
激活类型	HCD	HCD	HCD
碰撞能量	35%	35%	35%
分析器	Orbitrap	Orbitrap	Orbitrap
分辨率或扫描率	15 K	30 K	30 K
AGC	5.00E+04	4.00E+05	5.00E+04
最大上样时间（ms）	22	70	120
数据依赖的 MS2 参数	最强前体，强度大于 5000，最高速度 3s，动态排除 30s，容差 10 ppm		
内部校准	锁定质量数 445.12003	锁定质量数 445.12003	锁定质量数 445.12003

（三）质谱文库：生物信息学处理

在生成谱库之前，必须使用数据库搜索引擎（如 Mascot、X!Tandem 或 Sequest HT）在蛋白质数据库中搜索 DDA 分析。搜索参数（尤其是搜索容差）必须适应所使用的仪器和采集参数。在这里，作者使用在（二）中步骤 6 生成的 DDA 原始文件，用 Mascot 搜索引擎进行数据库搜索。

1. 对于每种细菌，使用以下参数对 8 个组分同时进行数据库搜索。参数设置：酶：胰蛋白酶；可变修饰：甲硫氨酸氧化（见注释 10）；最大未切割位点：2；MS 质量容差：10 ppm；MS/MS 质量容差：25 ppm（见注释 11）。

2. 安装 Skyline 软件工具。

3. 在 Skyline 中点击 Settings/Peptide Settings/Library/Build...。

4. 输入要保存的光谱库名称及其存储路径。

5. 将截断值设置为 0.95，选择 Biognosys-10 作为 iRT 标准肽。

6. 点击 "Next" 按钮，然后点击 "Add Files" 按钮，选择每个物种的所有结果文件（如 Mascot .dat 文件）（见注释 12）。

7. 单击 Finish 按钮。Skyline 将下载包含所有光谱的结果文件。

8. Skyline 将创建一个含最终谱库的 .blib 文件，该文件可以通过 View/Spectral libraries 菜单浏览。谱库也会列在 Settings/peptidessettings/library 选项卡中，但必须进行检查才能使用。

9. 针对最终模型中包含的所有细菌种类重复步骤 3~8。

（四）训练步骤：细菌接种物的样品制备

由于项目目标是通过 BioDisc ML 定义的肽段特征来识别生物背景中的细菌污染，因此必须在接种了待检测的不同种类细菌的生物样本上进行模型训练，必须在感兴趣的背景下准备细菌接种。

1. 如（三）中步骤 1 所示，为每个菌种准备半对数细菌培养物。

2. 对每个物种在 1ml 样本背景中接种约 1×10^6 CFU 的细菌细胞至少准备 10 个生物重复（见注释 13 和注释 14）。

3. 将接种物以 10 000×g 的速度离心 15 分钟，收集细菌细胞（见注释 15）。

4. 由于沉淀通常并不可见，所以吸弃上清液时注意不要接触管的底部。

5. 用 1ml 50mmol/L Tris 重悬液洗涤颗粒，再次以 10 000×g 的速度离心 15 分钟，弃上清液。

6. 用 46μl 50mmol/L 碳酸氢铵和 1μl 变溶菌素溶液（50 U）重悬每个细菌沉淀，37℃下孵育 1 小时。

7. 加入 2.5μl SDC 溶液（终浓度 0.5%）和 0.5μl DTT 溶液（终浓度 20mmol/L），涡旋振荡 30 秒。

8. 95℃加热样品 10 分钟进行细菌灭活（见注释 5）。

9. 用非接触式系统对样品进行超声处理。使用 Bioruptor® Plus（Diagenode 公司）设置如下参数：30 秒开/30 秒关，高功率水平，15 个循环（见注释 6）。

10. 16 000×g 的速度离心 15 分钟以去除细胞碎片，收集上清液。

11. 添加 1μl 胰蛋白酶溶液（200ng）消化蛋白提取物，37℃下孵育 1 小时。

12. 加入 20μl 50% FA 来终止胰蛋白酶反应（见注释 7）。

13. 将样品以 16 000×g 的速度离心 5 分钟并收集上清液。

14. 按照 Rappsilber 等[4]所述，在 3mol/L Empore C18 的反相 Stage Tip 上纯化（见注释 16）。

15. 真空干燥 Stage Tip 洗脱液并在 –20℃保存直到 LC-MS/MS 分析。

（五）训练步骤：DIA LC-MS/MS 分析

对于谱库组分，LC-MS/MS 方法将取决于所用的仪器。DIA 分析必须在之前进行 DDA 分析的相同仪器上进行。

1. 将每个上样样品重悬于 10μl NanoLC 上样缓冲液中。

2. 将 5μl 多肽溶液（相当于 1μg）转移到一个上样瓶中，并添加 0.5μl 1×iRT。

3. 在 LC-MS/MS 系统上注入上样瓶中的所有体积（5.5μl），使用表 21-1 中所述的液相色谱参数（色谱柱 NanoLC）、在数据独立采集（DIA）模式（表 21-2）下工作。

4. 存储 .raw 文件以供进一步分析。

（六）训练步骤：DIA 信号提取

对于每个细菌物种，光谱库中包含的所有肽段鉴定信号将在 DIA 原始文件中被提取。由于 iRT 肽已经添加到样品中，Skyline 将使用从每个库中创建的保留时间预测器，在 DIA 文件中提取预测保留时间的肽段信号。

1. 首先在表 21-3 中列出的肽段设置和子母离子（transition）设置菜单中选择合适的设置参数（仅使用黑色显示的设置）。

表 21-3 Skyline 参数设置

内容	肽段设置		子母离子设置	
消化	酶	胰蛋白酶		
	最大漏切位点	0		
	背景蛋白质组	无		
预测	保留时间预测器	自行选择文库	前体离子质量	单一同位素
	测量保留时间存在时是否选用	勾选	生成离子质量	单一同位素
	时间窗	2 分钟	碰撞能量	无
	离子迁移预测器	无	去簇电压	无
			优化谱库	无
			补偿电压	无
			出现优化值时使用优化值	不勾选

续表

内容	肽段设置		子母离子设置	
过滤	最小长度	8 个氨基酸残基	前体电荷	2, 3
	最大长度	60 个氨基酸残基	离子电荷	1, 2
	排除 N 端残基	0	离子类型	y, b
	自动选择所有匹配肽段	勾选	产物离子选择	
			起始	离子 3
			终止	最后离子
			特殊离子	空白
			使用 DIA 前体窗排除	勾选
			自动选择所有匹配子母离子	勾选
文库	文库	自行选择文库	离子匹配容忍度	0.5 m/z
	挑选肽段匹配	文库及过滤	若有谱库，选择强度最强的离子	勾选
	对肽段排序依据	指定强度	挑选	6 个产物离子, 0/3 最小值产物离子
			从过滤的离子电荷和类型	勾选 / 不勾选
			从过滤的离子电荷和类型及过滤的产物离子	不勾选
			从过滤的产物离子	不勾选 / 勾选
结构修饰	Max variable mods	0		
	Max neutral losses	1		
定量	回归拟合	无		
	标准化方法	无		
	回归加权	无		
	质谱水平	全部		
设备			最小荷质比	50
			最大荷质比	2000
			动态最小产物荷质比	不勾选
			方法匹配容差荷质比	0.055m/z
全扫描			MS1 过滤	
			包含同位素峰	无
			MS/MS 过滤	
			获取方法	DIA/Targeted
			产物质量分析器	Orbitrap
			隔离方案	DIA 10m/z
			分辨能力	30000 / 15 000
			At	200 m/z
			使用高选择性提取	勾选
			仅使用预计保留时间 xx 分钟内的扫描	10 分钟
			包括所有匹配扫描	

注：红色字供识别鉴定阶段的 PRM 分析使用

2. 点击 View/Spectral Libraries，向下滚动到第一个物种的库。确保未选中 Associate proteins 框，然后单击 Add All... 按钮来添加主页左侧的 Targets 面板中的所有肽。点击 Refine/Add decoys... 添加诱饵肽，该诱饵肽将进一步用于过滤 FDR。保持诱饵数量与 Skyline 建议的目标数量相同。

3. 点击 File/Save as... 保存 Skyline 文件。

4. 单击 File/Import results 导入 DIA 原始文件。只选择与该谱库的接种细菌种类对应样本的原始文件。

5. 为了过滤掉 Skyline 的挑峰误差，必须使用 FDR 过滤算法对数据进行验证。为此，通过单击 Refine/Reintegrate 来计算 FDR 的 q 值，并选择 mProphet 作为 Peak 评分模型。不要点击 OK，而是在当前 Peak scoring model 菜单的底部点击 Edit current..。

6. 在"Edit Peak Scoring model"窗口中，选中"Use decoys"对话框，并单击"Train Model"按钮。在 Model Scores 选项卡中，应该看到靶标肽和诱饵肽分布的部分离散值和 Q 值选项卡，大部分的目标 Q 值接近 0。

7. 为模型命名并单击 OK。然后在"Reiritegrate"窗口中再次单击 OK。Skyline 将根据该验证模型重新整合所有峰值，并计算在最终导出中可以看到的 q 值。

8. 点击 File /Save 保存文件。

9. 单击 File/Export/ Report 从 Skyline 导出数据。然后，点击 Edit List/ Add 创建一个新的报告。给新报告模板命名，并从前体结果列表中选择以下列：Protein Name，Peptide Sequence，Peptide Modified Sequence Unimod Ids，Precursor Mz，Precursor Charge，Missed Cleavages and Total Area，Average Mass Error PPM 以及 Detection Q Value 选项。选中窗口底部的 Pivot replication Name 对话框，然后单击 OK，再次单击 OK 并选择新创建的报告。单击 Export 将其以 .csv 格式保存在计算机上一个名为"ExportSkyline"的目录中。

10. 针对每种细菌，打开一个新的 Skyline 窗口，重复上述步骤 1～9，将所有导出文件保存在同一个目录中。

11. 使用 scriptDIA.R 脚本生成 DIA_Input ML_discrete.csv 文件。脚本可在 https：//github.com/ArnaudDroitLab/skylineToCSV/blob/ main/DIA/scriptDIA.R 下载。

12. 该脚本将 Skyline 导出的所有肽段输出文件进行整合，但会过滤掉预期重复性较低的肽段。设置为只保留没有缺失切割、没有 PTM、序列中没有蛋氨酸或半胱氨酸并且至少含有 8 个氨基酸的肽段；同时验证肽段检测值[只有 Library dot product（可译作库点积）（dotP）> 0.75 和 q < 0.01 的峰肽段被认为检测到]。对于满足这些过滤标准的对象，给出"TRUE"值，而其他的则给出"FALSE"值（见注释 17 和注释 18）。

（七）训练步骤：机器学习模型和特征识别

1. 检索 DIA_Input ML_discrete.csv 文件，其中对行中的每个样本都包括相应标识符、要预测的类别和所有肽的水平（即特征），表 21-4 中给出了该文件内容的示例。

2. 提取/剪切（手动或通过脚本）15% 的数据库用于进一步验证，同时以相同的标题将其存储到 DIA_Input ML_discrete. validation.csv 文件中（见注释 19）。在这个数据库中保持均衡类别分布。例如，如果你 bacteria_1 中有 100 个样品，bacteria_2 中有 100 个样品，验证文件必须包含每个类别的 15 个样品。

3. 创建一个文本文件作为配置文件，命名为 config.conf，并复制以下参数到文本编辑器中（见注释 20）：

project=bacteria doClassification=true
classificationClassName=class
trainFile=DIA_Input ML_discrete.csv
computeBestModel=true numberOfBestModels=1
numberOfBestModelsSortingMetric=AVG_MCC

表 21-4　DIA_Input ML_discrete.csv 文件示例

标识符	类别	肽段_1	肽段_2	...	肽段_m
样本_1	细菌_1				
样本_2	细菌_1				
样本_3	细菌_1				
样本_4	细菌_1				
...	...				
样本_11	细菌_2				
样本_12	细菌_2				
样本_13	细菌_2				
样本_14	细菌_2				
...					
样本_n	细菌_x				

4. 使用以下命令执行 BioDisc ML：

java –jar biodiscml.jar –config config.conf –train

5. 可以使用此命令等待进程结束或在任何时候提取找到的最佳模型（见注释 21）

java –jar biodiscml.jar –config config.conf –bestmodel

6. 打开以 .details.txt 结尾的文件查看模型的信息，其中包括性能指标、BioDisc ML 选择并在模型中使用的特征性质及最终相关的特征。

7. 如果平均 MCC（AVG_MCC）不尽如人意（＜0.9）或标准偏差高（＞0.1），则该模型在各种交叉验证过程中可能被认为不具有性能或不可信。因此，解决方案可能存在于通过将许多模型的决策汇集在一起进行机器学习的集成模型中。使用 Excel 或任何表格查看软件打开以 _c.classification.results.csv 结尾的结果文件并按 AVG_MCC 排序。然后在结果文件中确定想要包含在集成模型中的模型。它可以是模型标识符的列表（见注释 22），或者只是最好的 X 模型（见注释 23）或分数高于阈值的模型（见注释 24）。此外，如果最佳模型提出的特征数量不能满足您的目标（例如最佳模型选择了太多的特征），则以具有满意特征最高数量的 AVG_MCC 结果中的一个模型为目标。

8. 定位已经生成的模型，文件以前缀 bacteria_d_model.model 开始。

9. 使用以下命令评估最终获得的模型验证文件的性能：

java –jar biodisml.jar –config config.conf –newDataFile DIA_Input ML_discrete.validation.csv –model bacteria_d_model. model –predict

（八）鉴定步骤：用 PRM 监测肽段特征

机器学习产生的多肽特征可以被未知样本的靶向蛋白质组学持续监测（并验证）以进行细菌鉴定。在使用未知样本之前，该步骤可应用于新的已知接种菌种，以验证模型并评估其检测极限。

此处展示的是基于 PRM 在 Orbitrap Fusion Tribrid 质谱上进行的监测验证，但也可以在其他仪器通过 SRM 进行监测。

1. 按照之前（四）的步骤 3～15 所述，将尿液样本制备为上样样本。

2. 对于 LC-MS/MS 分析，重复（五）中的步骤 1～4，但此处按照表 21-2 设置 PRM 参数（见注释 25）。

3. 使用 Skyline 提取每个特征标签肽段的信号。为此，需打开一个新的 Skyline 文件，并使用表 21-3 中列出的 Peptide 和 Transition 设置（包括红色显示的参数）。

4. 在 Excel 中创建一个表格，表格中包含两列："Peptide Sequence 肽序列"（标签多肽的序列，以及 10 个 iRT 肽序列列表）；"Protein name 蛋白名称"列（仅以"Signature"或"Biognosys standards"表示）。

5. 复制表格并粘贴到 Edit/Insert/Peptides，肽段应该会出现在 Skyline 页面左侧的"Targets"栏中。

6. 点击 File /Save as... 保存 Skyline 文件。

7. 点击 File/Import/Results.. 导入所有的 PRM. 原始文件。

8. 使用（六）中步骤 9 创建的导出模板将数据导出为 .csv 文件。

9. 在 R 中使用脚本（https：// github.com/ArnaudDroitLab/skylineToCSV/blob/main/ PRM/scriptPRM.R）验证肽峰，并生成 PRM_Input ML_dis-crete.csv. 文件。

如果多肽满足以下标准则被认为被检测到：

库点积（dotP）＞ 0.85 且平均质量误差＜ 10；或库点积（dotP）＞ 0.75 且平均质量误差＜ 3。在这种情况下，肽获得"TRUE"值，否则为"FALSE"（见注释 26）。

10. 使用以下命令对最终获得的模型中新 PRM 数据文件 PRM_Input ML_discrete.csv 进行细菌识别。

java-jar biodisml.jar-config config.conf-newDataFile PRM_Input ML_discrete.csv –model bacteria_d_model. model –predict

四、注释

1. 细菌细胞浓度随细菌种类的不同而变化。为了能获得至少 120μg 的蛋白质，应使培养浓度达到至少 10^9CFU。

2. 变溶菌素可部分消化革兰阳性菌细胞壁的肽聚糖。如果要纳入模型的细菌集合不包含任何革兰阳性菌，则可以跳过这一步。相反，如果模型包含至少一个革兰阳性菌种，则所有菌种（革兰阳性和阴性）都应经过相同的包含变溶菌素的方案。

3. 变溶菌素的这个用量在细菌细胞的浓度为 10^9CFU 时是最合适的。如果细胞数量不同，则应进行相应调整。

4. 为了制订一个快速的样品制备方案，跳过了通常在蛋白质组学方案中的半胱氨酸的还原和烷基化步骤。所以在机器学习训练之前，应将包含半胱氨酸的多肽排除。

5. 该处理应该足以使大多数细菌灭活；若需要，可以通过琼脂平板培养来验证（特别是对致病病原体）。

6. 如果不能进行超声，可以涡旋振荡混合 5 分钟代替此步骤。

7. 酸化将导致样品中所含的脱氧胆酸钠发生沉淀。如果不可见沉淀，增加 50% 的 FA 量直到沉淀出现。

8. 如果想增加最终谱库的容量，可以收集大量的组分。然而，使用此处的混合 8 个组分通常足以覆盖大多数肽段，而这些肽段在未混合样品中也能被进一步观察到。

9. 如果没有可用的 NanoDrop 分光光度计，可通过 HpH HPLC 上装载的多肽量除以收集组分的个数来估计每个组分中的多肽量。如从 120μg 的多肽中收集 8 个组分，每个组分中应包含约 15μg 的多肽。

10. 为使样品制备方案尽可能短（参见注释 4），没有进行半胱氨酸的氨基甲基化，因此此处不需要设置固定的修饰方式。但用户可以选择添加此步骤，然后相应地调整搜索参数。如需要，还可对变量进行其他修改。

11. 对于每种细菌，在最完整的蛋白质数据库中搜索，最好是 Uniprot Reference 数据库。某些菌种的数据库可能不完整，可使用非常接近的菌种的数据库或其所处属的数据库。但是，这样可能会不利于最终模型区分近缘的菌种。

12. 根据使用的搜索引擎，Skyline 可使用其他类型的结果文件来生成库。

13. 建议为每个物种准备尽量多的生物重复，最好接近最终模型所预测的种类（物种）总数。增加生物重复的数量可能会提高模型的最终准确性。此外，要预测的生物种类（物种）越多，需要准备的生物重复数就越多。

14. 接种浓度必须确保在该背景中能有效地检测出该接种物。$1×10^6$ CFU/ml 的接种量可以很容易地用 Orbitrap Fusion 或 Q-Exactive 质谱仪检测出来。也可采用第二个接种浓度，即接近所用系统的预期检测极限，这样可以提高低浓度下检测模型的效率。虽然该方案是针对 1ml 的样品开发的，但可使用更大的容量，以降低检测极限。

15. 在接种后和离心前，可通过添加额外的步骤，以尽可能多地消除背景蛋白。人尿接种样品可以通过低速离心（1000×g 的速度离心 5 分钟）去除人细胞碎片对牛奶背景中的细菌颗粒可通过柠檬配制缓冲液洗涤去除脂质和酪蛋白。

16. 待纯化样品体积约为 70μl，Stage Tip 过滤柱应分两步上样或使用 200μl 吸头制备。

17. 为保持最高的重复性和最高的肽段检出率，选择严格的肽段过滤标准。用户可以选择修改 R 脚本以从库中包含 / 排除多肽，或修改检测标准。

18. 在进行机器学习训练之前，用户可能还希望排除与背景蛋白质匹配的某些肽序列（如人蛋白质）或其他不该被检测到的污染物。可用 Unipept 软件[5]识别这些序列。

19. 建议随机抽取 20% 的样本在一个名为 samples_peptides.validation. csv 的新文件中进行验证。10%～20% 的任何值都是合理的。

20. BioDisc ML 安装文件和描述性文档可在 https：//github.com/mickaelleclercq/BioDisc ML 中找到。有很多选项可用，如支持把许多非常大的输入文件合并的 mergingID 选项。此外，如果数据集包含数百或数千个样本，最好使用 BioDisc ML 配置文件中的 loocv=false 选项。

21. 根据数据集的不同，BioDisc ML 可能需要几小时的运行时间，所有模型都存储在以 _c.classification.results.csv 结尾的文件中。可以在 Excel 等表格查看器中打开该文件，并按列 AVG_MCC 对模型进行排序，以获得 BioDisc ML 找到的最佳模型的概述。

22. 如果手动选择要包含在集成模型中的模型，则添加使用如下命令生成的模型标识符： java-jar biodisc ML. jar –config config.conf –bestmodel model_ID_1 model_ID_2 model_ID_3。

23. 依据选择，需要根据 BioDisc ML（https：//github.com/mickaelleclercq/ BioDisc ML/blob/mas ter/config.conf）提供的配置文件中的 ## Best model auto-selection 来修改配置文件。如果是选择 AVG_MCC 值（在 BioDisc ML 中默认）前 X 的模型，则在 config.conf 中添加这些行：

numberOfBestModels=1

combineModels=true

然后执行如下命令： java –jar bio- disc ml.jar –config config.conf –bestmodel

24. 如果让 BioDisc ML 基于 AVG_MCC 的特定值（如 MCC > 0.8）选择模型，最多选择 10 个模型，在 config.conf 中添加这些行：

numberOfBestModels=10

numberOfBestModelsSortingMetricThreshold=0.8

combineModels=true

然后执行如下命令： java –jar bio- disc ml.jar –config config.conf –bestmodel

25. 根据要监测的肽的数量，需要根据时间日程安排该方法的具体操作。高通量策略也可以缩短运行时间。在这两种情况下，样品中添加的 iRT 可用于校正对肽保留时间的监测。

26. 这些标准可以根据所使用的仪器和采集条件进行调整。

参考文献

[1] Roux-Dalvai F, Gotti C, Leclercq M et al (2019)Fast and accurate bacterial species identification in urine specimens using LC-MS/MS mass spectrometry and machine learning. Mol Cell Proteomics 18:2492–2505

[2] Pino LK, Searle BC, Bollinger JG et al (2020)The Skyline ecosystem: informatics for quantitative mass spectrometry proteomics. Mass Spectrom Rev 39:229–244

[3] Leclercq M, Vittrant B, Martin-Magniette ML et al (2019)Large-scale automatic feature selection for biomarker discovery in highdimensional OMICs data. Front Genet 10:452

[4] Rappsilber J, Mann M, Ishihama Y (2007)Protocol for micro-purification, enrichment, pre-fractionation and storage of peptides for proteomics using StageTips. Nat Protoc 2: 1896–1906

[5] Mesuere B, Devreese B, Debyser G et al (2012)Unipept: tryptic peptide-based biodiversity analysis of metaproteome samples. J Proteome Res 11:5773–5780

第二十二章

新型生物信息学策略促进动态宏蛋白质组学研究

Caitlin M. A. Simopoulos, Daniel Figeys, and Mathieu Lavallée-Adam

> 质谱技术和实验室工作流程的不断改进，使得对越来越复杂的生物样本进行蛋白质组学研究成为可能。由于微生物组样本的复杂性，宏蛋白质组学分析正变得越来越受欢迎。宏蛋白质组学实验产生了海量的数据，必须从这些数据中有效地提取与生物学相关的信号并得出有意义的结论。这样的数据处理需要相应的生物信息学工具专门发掘或处理宏蛋白质组学数据。本章概述了当前常用及最新工具，这些工具可以执行前沿宏蛋白质组学数据分析中最常用的步骤，如肽段和蛋白质识别和量化，以及数据的标准化、插补、挖掘和可视化。本章还提供了使用这些工具所需的实验设置的详细信息。

一、引言

宏蛋白质组学（Metaproteomics）研究可用于了解复杂的微生物群落的动态和功能概况。为了更好地利用宏蛋白质组学研究微生物群落，科学家们已经开发了一些实验方法，包括改进与蛋白质提取、纯化、消化和质谱分析相关的实验室工作流程[1]。随着实验方案的改进，每次实验获得的数据量也在增加。因此也需要相应的计算工具和方法，以便进行可靠的多肽和蛋白质识别、量化及下游数据挖掘和分析。

与单物种蛋白质组学相比，群落样本由于其高度复杂性，特别是可能包括许多以前从未鉴定出的或高度相近的微生物物种，导致复杂性大大增加，因此对宏蛋白质组学数据的数据分析提出了更多的挑战。标准的蛋白质组学算法往往无法有效或正确地处理宏蛋白质组学数据集。此外，研究人员通常需要使用功率更强大的计算机，以及容量更大且高效的内存来存储大量的重要数据。即使有适当的硬件，由于缺乏使用方便的、针对特定宏蛋白质组学的应用程序的计算工具，可能需要经过统计学或计算方法培训的人员来构建定制化软件包或管线工具[2]。随着科研的发展，更多的研究涉及从群落样本和微生物中识别蛋白质（包括很多的未知蛋白），又加剧了计算资源缺乏带来的压力。这些挑战凸显了针对宏蛋白质组学进行生物信息学工具和Pipeline工具研发的必要性。本章概述了目前在宏蛋白质组学中的计算策略，包括用于多肽和蛋白质鉴定、定量的工具，用于功能和分类分析的代谢蛋白质组专属软件工作流程，以及研究人员如何将最初为蛋白质组学开发的工具应用于宏蛋白质组学研究。图22-1概述了宏蛋白质组学计算数据分析的主要步骤，以及处理这些任务所需的软件包。

鉴定

依赖子数据获取方法

数据依赖式采集

数据库搜索算法
e.g. Metapro-IQ, ProteoStorm, ProLuCID-ComPIL

数据库选择
e.g. evaluated by LiDSiM

从头测序鉴定
e.g. PEAKS, PepNovo, NovoHMM, NovoBridge, CycloNovo

数据独立式采集

建立谱库
e.g. DeepDIA, Prosit

谱库搜索
e.g. Diatools, Spectronaut

从头序列鉴定
e.g. PEAKS

PSM评估
e.g. Percolator, PeptideProphet, DTASelect

定量

定量方法
e.g. Label free, SILAMi

宏蛋白组学流程评估
e.g. Label-free workflow assessment by ANPELA

鉴定及定量流程整合
e.g. MetaLab, MetaProteomeAnalyzer+Prophane, MetaProteomeAnalyzer+PeptideShaker+Unipept, OpenMS

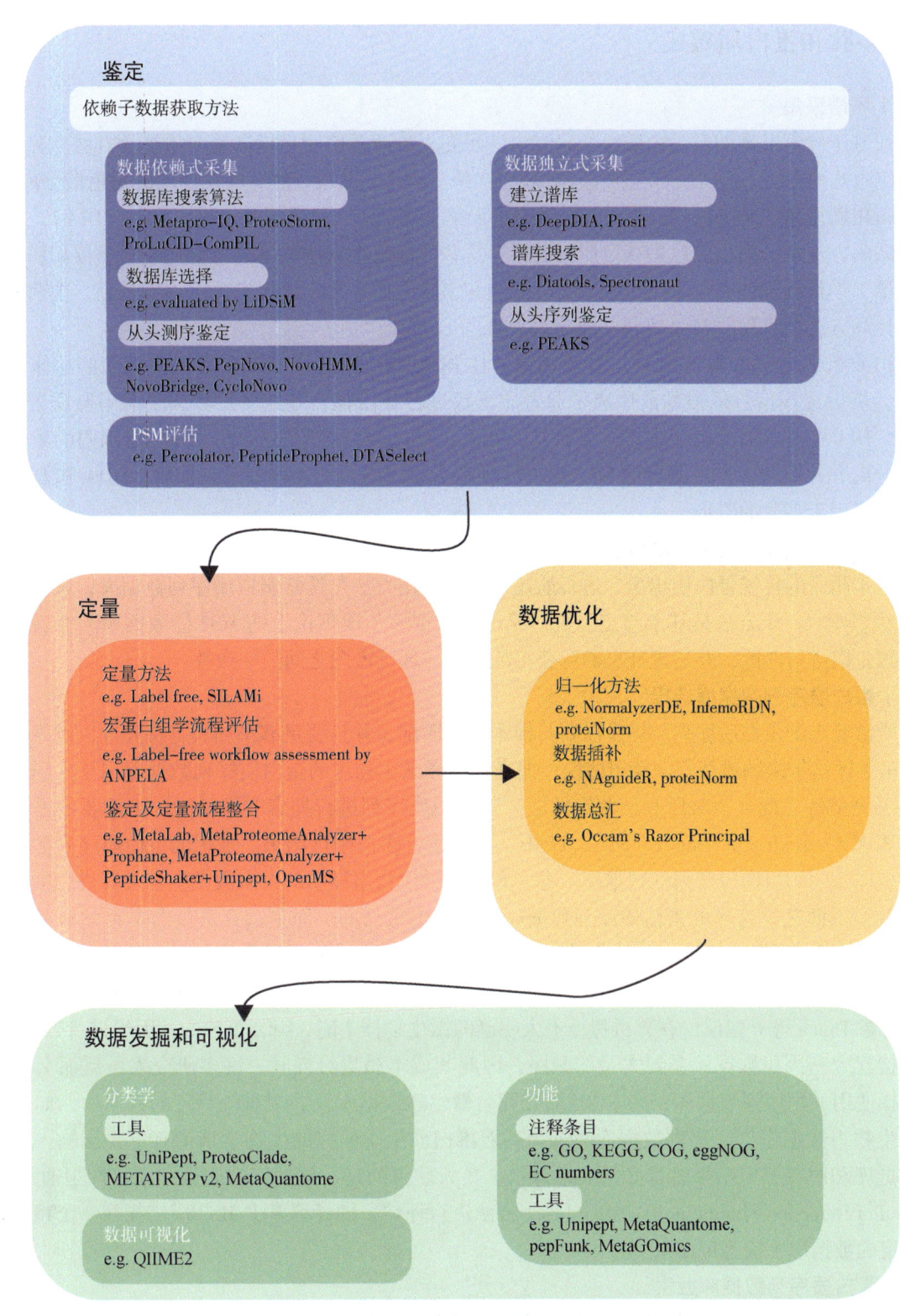

数据优化

归一化方法
e.g. NormalyzerDE, InfemoRDN, proteiNorm

数据插补
e.g. NAguideR, proteiNorm

数据总汇
e.g. Occam's Razor Principal

数据发掘和可视化

分类学

工具
e.g. UniPept, ProteoClade, METATRYP v2, MetaQuantome

数据可视化
e.g. QIIME2

功能

注释条目
e.g. GO, KEGG, COG, eggNOG, EC numbers

工具
e.g. Unipept, MetaQuantome, pepFunk, MetaGOmics

图 22-1　宏蛋白质组学数据计算分析的主要步骤
软件包根据它们所擅长的任务分组

二、多肽和蛋白质鉴定

（一）质谱采集

在现代基于探索发现的宏蛋白质组学研究中，研究人员通常使用鸟枪法蛋白质组学方法来鉴定多肽和蛋白质。使用这种方法，蛋白质首先被酶（如胰蛋白酶）消化成肽段，然后通常使用液相色谱分离所得肽；进一步进行串联质谱（MS/MS），使用数据依赖式采集（DDA）[3]和数据非依赖型采集（DIA）[4, 5]这两种主要数据采集方法从分离出的肽中获取质谱数据。这些数据采集方法的不同之处在于质谱仪如何选择在质谱（MS1谱）中检测到的离子以用于进一步片段化和串联质谱采集（MS2谱）。重要的是，这两种方法需要不同的计算方法从收集的MS2光谱中鉴定多肽。

宏蛋白质组学MS/MS最常用的方法是DDA。在DDA中，质谱仪（MS）首先检测肽的前体离子并测量其强度。然后选择信号最强的前体离子通过质谱仪进行片段化，并获得片段离子的串联质谱数据[6]。另一方面，DIA则对获取的离子强度不做预选，相反，一系列在给定质荷比（m/z）范围内的离子窗口可以被同时分离和片段化，产生嵌合的MS2谱，形成多个前体离子的片段离子。最后，DDA和DIA得到的MS2图谱均可用于多肽的鉴定。

（二）通过数据库检索进行肽段鉴定

对于基于质谱的传统蛋白质组学，进行肽段鉴定最常用方法是搜索蛋白质序列数据库，该策略也可用于宏蛋白质组学[7]。该方法是基于给定的蛋白质序列数据库生成理论上的MS2谱数据库。然后将获得的MS2谱与理论谱进行匹配，并通过计算测定获得的谱图与理论谱图之间的一致性。

（三）蛋白质序列数据库选择

用于质谱鉴定的蛋白质序列数据库需要与样本类型匹配，并且要足够小和具有特异性，以降低错误发现率（FDR）评估带来的挑战[8]。换句话说，把来自海洋微生物组的蛋白质序列数据库用于人肠道微生物组研究是不合适的。此外，对所有已鉴定的微生物蛋白质序列进行搜索非常耗时，更重要的是，偶然发生的肽谱匹配（peptide-spectrum matches，PSMs）将产生许多假阳性结果。理想的蛋白质序列数据库是只包含所分析样品中的蛋白质序列的数据库。考虑到组成微生物组样本的大多数微生物及其表达的蛋白质通常是未知的，因此建立这样的蛋白质序列数据库通常是不可行的。而更适合宏蛋白质组学研究的数据库则是来自宏基因组序列数据库的，但如何利用宏基因组数据建立蛋白质组数据库尚不清楚[9, 10]。Timmins-Schiffman等[10]提出了一种样本特异性的"宏肽"方法，即用未组装的宏基因组测序序列构建要搜索的数据库。或者像Tanca等[9]建议的在分析特征不太明确的微生物样本时，组装单独的基因组进行数据库搜索。

由于构建宏基因组数据库需要大量的测序，因此其成本昂贵且耗时。许多研究人员反而会考虑其实用性，选择使用通用序列数据库，如NCBI的非冗余微生物数据库[11]；或系统特定的数据库，如IGC的人类肠道微生物组数据库[12]。序列数据库的选择对宏蛋白质组学研究的生物学结论有重要影响，因此在选择序列数据库和解释鉴定结果时都必须非常谨慎。令人欣慰的是，数据库的质量和完整性可通过LiDSiM（restriction of Detection SImulation For Microbes）方法进行评估，即计算多少MS2质谱能在一个特定的实验中或在给定的数据库中被鉴定出来[13]。

（四）蛋白质序列数据库搜索

在分析宏蛋白质组学数据时，除了与生物学相关的数据库外，还应考虑宏蛋白质组学特异性的数据库搜索算法。为了减少精确宏蛋白质组学研究所需的大序列数据库中的FDRs，常用的宏蛋白质组学检索方法使用迭代或两步数据库搜索法来减少此类序列数据库的规模。Jagtap等[14]首先描述了两步数据库搜索方法。首先在一个较大的肠道微生物组序列数据库中完成初步搜索，之后，在靶标-诱饵数据库中进行第二次搜索，目标序列由第一次搜索出来的PSMs和宿主（人类）数据库中的阳性肽段组成，诱饵则是它们的反向序列。类似地，MetaPro-IQ[15]使用X!Tandem[16, 17]数据库搜索算法，随后采用MaxQuant[18]搜索引擎进行两步法靶标－诱饵数据库搜索方法。第二次也是最后一次数据库搜索是在一个简化的、非冗余实验合并数据库上完成的，其中只有第一次搜索中匹配的序列被保留进行第二次搜索[15]。现在新的蛋白质序列数据库搜索框架，如宏蛋白质组特异性的 ProteoStorm 已经在使用这种迭代搜索方法[19]。另一方面，Xiao 等描述了一种同样遵循两步方法的宏基因组分类指导的数据库搜索[20]。数据库搜索的第一步使用推断的"伪宏基因组"（pseudometagenomes）作为初步数据库，这是从 UniProt 分类学构建的序列数据库，而不是组装的宏基因组数据库[21]。一旦从这个"伪宏基因组"数据库中鉴定出蛋白质，将这些伪宏基因组序列与从组装的宏基因组翻译出来的开放阅读框（ORF）重叠的序列结合起来，构建一个合并数据库。在合成微生物群落和实际的人类肠道微生物组样本中，添加分类法推断出来的数据库可比经典宏基因组数据库识别出更多的多肽，这也凸显"伪宏基因组"进行数据分析的优势。

近来，为反映在宏组学或多组学（metaomics）研究中发现的多种微生物数量的增加，宏蛋白质组特异性蛋白质数据库 ComPIL 被更新为 ComPIL 2.0[22]。结合最新的数据库，可使用一种使用方便的宏蛋白质组搜索算法 ProLuCID-ComPIL[23]来搜索 Compile 2.0 数据库。总而言之，数据库和更新的搜索算法比它们的原始版本可识别出更多的微生物和宿主蛋白质，提供了另一种宏蛋白质组学特异的数据库搜索方法。

（五）谱库检索

在宏蛋白质组学研究中，蛋白质序列数据库搜索仍然是鉴定多肽的最常用方法，而谱库搜索在该领域也越来越受欢迎，特别是在使用 DIA 获得的数据库的背景下。简而言之，在这类搜索算法中，获得的质谱数据与先前获得并鉴定的 MS2 图谱库（通常通过 DDA 获得，并使用序列数据库搜索方法鉴定）进行匹配[24-26]。这种多肽鉴定方法在 DIA 数据集中通常是首选的，因为在分析含有多个前体离子片段的高度复杂的 MS2 光谱时，可以提高多肽鉴定的灵敏度。然而，这种方法仅限于鉴定已存在于 MS2 光谱中的多肽。为解决这个问题，科学家们建立了在不使用 DDA 数据的情况下、使用深度学习预测肽段 MS2 图谱来构建模拟谱库的方法。如 DeepDIA[27] 和 Prosit[28] 等方法分别根据所使用的质谱仪器，或选择的片段能量及预测的肽保留时间创建数据库。谱库搜索已用于使用 DIA 获得的宏蛋白质组学数据集。事实上，Diatools 软件包[29]（一个处理 DIA 数据、鉴定肽类并对其进行定量的 Pipeline 工具）已被用于鉴别来自肠道微生物组和人类粪便样本的宏蛋白质组学数据[30]。与之相似，Long 等对结直肠癌患者的粪便样本进行了宏蛋白质组学分析，并使用 Spectronaut 软件（Biognosys AG，瑞士）从 DIA 数据中鉴定出多肽。综上所述，肽段识别的质量严重地依赖于参考序列数据库、谱库选择及计算检索方法。

（六）肽谱匹配质量评估和错误发现率估算

机器学习工具和统计分析通常用作蛋白质数据库搜索引擎和谱库调查方法的补充。用来评估 PSM 的可靠性建立这种方法是必要的。因为大多序列数据库和谱库搜索方法将所有获得的 MS2 谱与至少一个肽序列相匹配。这种匹配的质量通常使用目标－诱饵库搜索来评估，搜索来自可能存在于样本（目标）中的肽的 MS2 谱和预期不存在于样本（诱饵）中的肽的 MS2 谱[31]。人们可以从这些目标和诱饵质谱的匹配中得到一组多肽鉴定结果的 FDR。宏蛋白质组学数据分析尤其容易出现高 FDR 的情况，因为样品中存在许多微生物种类，增加了偶然匹配诱饵质谱的概率。因此选择适合分析样本的数据库和搜索策略对减少 FDR 至关重要。可使用基于机器学习的软件与搜索引擎一起来评估最终的目标－诱饵匹配度及 PSM 质量，以改进肽段识别。在这些方法中，作者于 2007 年首次使用 Percolator 即使用半监督支持向量计算法来评估 PSM 的 FDR[32, 33]。研究人员在探索海洋微生物群落功能冗余过程中使用 Percolator 来确保精准 PSM 的估算 FDR 约为 1%[34]。另一方面，Sipros Ensemble 数据库使用集成 PSM 评分和监督机器学习方法来进行 PSM 过滤[35]。Sipros Ensemble 利用多个 PSM 质量指标，如多元超几何（MVH）评分函数、交叉相关（Xcorr）和 logistic 回归分类器中的加权点积（WDP）等，来鉴定可信的 PSM。Spiros Ensemble 已经在真实的和合成的微生物群落样本上进行了测试，与使用单一指标的方法相比，它能够识别出更可信 PSM、多肽和蛋白质。PeptideProphet[36] 则在数据库搜索后使用混合模型和基于概率的方法重新评分 PSM 指标，以确保 PSM 的置信度。最后，DTASelect[37]二次判别分析能够用来完成相同的任务，最近被用于测试原始和更新的宏蛋白质组特异性 ComPIL 2.0 数据库过滤 PSM、评估来自人类肠道微生物组学的 PSM 的可靠性[38]。

（七）从头测序

在没有任何参考序列数据库或谱库的情况下，也可使用从头测序的方法来鉴定多肽，例如 PEAKS[39]、PepNovo[40]和 NovoHMM[41]。这些方法只是根据 MS2 谱中的片段离子来确定产生给定 MS2 谱的肽段序列。尽管这样做在质谱中存在噪声的问题，但优点是无须构建预计会出现在样本中的大型蛋白质数据库。当对这种分析样本中存在的微生物知之甚少时，这是比较有效的方法。虽然从头测序的应用很有限，但一种被称为 Novo-Bridge 的新方法，已经被用来来鉴定合成微生物群落中的肽，以及来自白令海及一家污水处理厂的微生物群落[42]。还使用了 CylcoNovo（一种基于 De Bruijn graphs 的自动从头环肽测序算法）对人类肠道中的环肽进行了从头测序[43]。

三、多肽和蛋白质定量

在宏蛋白质组学中，除了有多种肽段鉴定策略外，还存在多种肽段定量方法。无标记定量方法（如通过谱计数或基于强度的方法）因为它们易于使用，并且无须多肽标记，在宏蛋白质组学研究中很常见，而 TMT（tandem mass tags，串联质量标签）[44]、15N[45]或 iTRAQ[46]（isobaric tags for relative and absolute quantification，用于相对和绝对定量的同位素标签）等策略需要使用多肽标记，也可获得更高的定量准确性。最近有一种名为 SILAMi（stable isotopically labeled microbiota，稳定同位素标记微生物群）[47]的方法，使用体外稳定同位素标记作为标峰参考，以减少技术差异并实现微生物群多肽的相对定量。这种方法能够使用标峰参考来估计肽段和蛋白质丰度的变化倍数，并对不同实验条件的丰度差异进行统计学评估。

为了解决非标记方法伴随的多肽定量不准确的问题，可使用 ANPELA[48]（analysis performance assessment of label-free proteome quantification，非标记蛋白质组定量的分析性能评估）来评估给定的非标记宏蛋白质组学工作流程的质量。在考虑各种数据归一化、转换或插补方法（下文将进一步讨论）的同时，ANPELA 使用 18 种不同的肽强度估计软件的原始输出文件来衡量汇总变异系数（PCV）值中的评估质量，包括精密度、分类能力、差异表达分析、再现性和准确性。虽然从专为宏蛋白质组分析而获得的质谱数据中提取肽定量数值（谱计数或强度值）的计算工具很少，但通常用于蛋白质组学中肽和蛋白质定量的软件包，如 Census[49]和 MaxQuant[18]，也可以用于微生物组的分析[15, 50]。

近年来，一些针对宏蛋白质组学的综合多肽鉴定和定量工作流程已经被开发出来。作者设计了 MetaLab 数据分析管线，用于创建实验特定的序列数据库、识别和定量多肽及蛋白质，并完成分类和功能分析[51, 52]。MetaLab 使用迭代 MetaPro-IQ 算法在数据库搜索并进行肽段鉴定[15]。2020 年，MetaLab v2.0 发布，现在可以进行开放数据库搜索，且更适于鉴定可能对微生物的代谢活性发挥调节作用的翻译后修饰多肽[53]。在 MetaLab 分析之后，还可用 iMetalab Shiny 应用程序（shiny.imetalab.ca）进行进一步的数据分析，比如端到端的生物信息学数据分析和生成符合发表质量的图表。

Schiebenhoefer 等[54]也描述了一种灵活的端到端的宏蛋白质组学工作流程，该工作流程包含一种用于质谱数据处理、分类和功能分析的工具 MetaProteome Analyzer（MPA）[55, 56]，以及一种用于宏蛋白质组学数据可视化的软件包 Proane[57]（www.prophane.de）。这个工作流程能够完成从数据库创建到分类和功能分析的宏蛋白质组学数据分析。与单一集成软件 MetaLab 不同，MPA-Prophane 工作流程是一个可个性化操作的管线工具，每个步骤使用多个软件包，允许自选并使用不同的序列数据库搜索引擎如 X!Tandem[16, 17]和 OMSSA（Open Maass Speetnometry Search Algorithm，开放质谱搜索算法）[58]。来自所有算法的 PSM 被整合在一起，并允许自行选择数据聚合方法以最大限度地进行蛋白质分组计算和多肽识别。用 Prophane 进行自动物种分类和功能分析及可视化。

Van Den Bossche 等[59]描述了一种使用 MPA 的端到端工作流程，与 PeptideShaker[60]和 Unipep[61, 62]一起用于多肽的鉴定和定量，以及物种分类和功能分析。特别值得一提的是它纳入了 PeptideShaker，一个直接连接到 PRIDE 的工具[63]。PRIDE 是蛋白质组学数据存储库 ProteomeXchange 联盟[64]的成员，后者包括多个蛋白质组学数据库。这种连接使得它的多肽识别模块集成大量的数据库搜索结果。该工作流程是专门为扩散新合成的数据和重新分析已存储在 PRIDE 中的数据集而创建的，以方便宏蛋白质组学数据共享。

Galaxy 生物信息学工具套件也提供了宏蛋白质组特异性的工作流程[65]。Galaxy 的宏蛋白质组学工具免费开放访问，允许用户通过云计算轻松完成和分享宏蛋白质组学分析。Galaxy 包括一个使用两步数据库搜索的软件包，如 Jagtap 等，软件包修改后可使用蛋白质鉴定和定量的 ProteinPilot 软件（Sciex，Framingham，MA）。用户可使用 Galaxy 的其他可用软件如 Unipept[61]和 MEGAN5（MEtaGenome Analyzer）[66]完成物种分类和功能分析。

OpenMS 2.0[67]是一套可用于灵活分析蛋白质组学数据的工具。OpenMS 工具是专门为可复制的分析而创建的，可以使用命令行界面（CLI）和基于 GUI 的工作流管理工具，如 Galaxy[68]和 KNIME[69]。OpenMS 定期更新，现在包含用于宏蛋白质组学数据分析的工具，如功能性宏蛋白质组学中用于稳定同位素掺入定量的 MetaProSIP[70]。

用于标准蛋白质组学实验的管线和工作流程也可常规用于宏组学数据分析。如，集成蛋白质组学管线（Integrated Proteomics Pipeline，IP2，Bruker Scientific LLC，Billerica，MA，http：//www.bruker.com）曾被用于鉴定和定量来自小鼠粪便样本微生物组中的肽段和蛋白质[50]。类似地，Trans Proteomic Pipeline[71]是另一个被设计用于集成蛋白质组学数据分析软件包用于蛋白质组学数据分析的工作流程，曾被用于分析人类唾液和舌的微生物组[72]。

四、数据精细化

在统计分析和进一步的数据挖掘之前对数据进行细化是宏蛋白质组学工作流程中的一个重要步骤，可以减少数据生成过程中引入的技术偏差和噪声的影响。数据标准化、转换、插补和过滤是在进一步的下游分析之前可能需要执行的一些步骤，以便从数据集中得出适当的生物学结论。

（一）标准化（归一化）

数据标准化旨在减少由实验条件引入的量值的变化，以便只观察到合理的生物学差异，可用于样品之间或质谱运行之间的比较。蛋白质组学数据标准化的常用方法包括线性回归、局部回归、方差稳定标准化（VSN）、中位数或总强度标准化、Progenesis 标准化、分位数标准化和 EigenMS 标准化。在非标记蛋白质组学的背景下对这些方法进行基准测试发现，VSN 和线性回归通常表现最佳[73]。然而，这些常用的标准化方法大多借鉴了基因组学的方法，忽略了蛋白质组学特有的技术偏差。

标准化工具的引入为蛋白质组学提供了特定的标准化方法。同时还提供了使用集合方差系数（pooled coefficient of variance，PCV）等指标来测试数据的多种方法，以评估标准化后的重现性。虽然这些方法不是专门为宏蛋白质组学开发的，但可能也适用于对这些数据进行标准化。使用 NormalyzerDE，它是 Bioconductor（https：//www.bioconductor.org）的一个 R 包，允许用户使用经典的标准化方法，同时考虑 LC-MS/MS 引入的偏倚[74]。如，用户可以使用 Loess 局部回归、VSN、平均和中位强度标准化，同时考虑保留时间分段标准化。同时还有数据处理的交互工具，如，最初为微阵列数据开发的 InfernoRDN GUI（以前叫 DAnTE）[75]，可使用 R 后端用于数据标准化、数据可视化和一系列统计分析。InfernoRDN 现在专注于蛋白质组学数据分析，虽然不是专门为宏蛋白质组学开发的，但仍然是一种合适的、用户友好型分析工具[76]。

（二）数据插补

在宏蛋白质组学数据库中经常遇到值的缺失，造成一个多肽可以被识别但无法被定量，或者在一个样本中被定量但在另一个样本中无法被定量。它们同样可以发生在分类学水平，在一个样本中检测到微生物，而在另一个样本中无法被检测到。为了对定量结果进行更准确的统计分析，防止偏向于表达更高的肽段和蛋白质，通常需要插补缺失数据。与数据标准化类似，数据插补工具通常不是为宏蛋白质组学分析设计的唯一目的。尽管如此，为"组学"（特别是蛋白质组学）设计的最先进的方法通常也可以应用于宏蛋白质组学数据库。

在宏蛋白质组学中，有两种不同的缺失值类型：完全随机缺失（missing completely at random，MCAR）和非随机缺失（missing not at random，MNAR）。MCAR适用于由于仪器的技术问题而没有被鉴定的多肽，并且不依赖于肽段的性质或强度[77]。MCAR值在整个实验中均匀分布。而非随机缺失值与强度水平相关，通常影响接近仪器检测极限强度的多肽[78]。由于这些缺失值类型不同，文献认为针对不同类型的缺失值，使用不同数据插补方法较好[78]。

Liu和Donggre[79]评估了多种数据插补策略对基于DDA质谱的蛋白质组学差异表达研究的下游影响。作者观察到DDA数据库中大多数缺失值为非随机缺失类型。他们通过模拟数据库发现，基于实验条件的插补大大改善了差异表达结果。此外，笔者推荐针对非随机缺失缺失值可采用一种基于样本最小值的插补方法，而对MCAR缺失值则采用Bayesian PCA和SVD插补方法。NAguideR[80]是一个在线工具，也同样提供多种缺失值插补方法。Shiny app应用程序（http：//www.omicsolution.org/wukong/ NAguideR/）可接受多种文件格式，并使用8个标准（如标准化均方根误差和各种相关系数）评估23种不同的数据插补方法，虽然NAguideR的性能是在DIA质谱数据上评估的，但该工具仍然适用于DIA和DDA生成的数据集。proteiNorm是一种基于R Shiny的工具（https：//sbyrum.shinyapps. io/proteiNorm/），可基于多肽鉴定来过滤数据集、评估标准化方法、填补缺失数据、比较差异丰度方法，并完成探索性数据可视化[81]。

（三）数据聚合

自下而上的蛋白质组学的一个主要挑战是从质谱鉴定的多肽中匹配亲本蛋白。酶消化的性质可导致在多个不同的蛋白质中发现相同的肽序列，这使确定多肽的真实亲本蛋白变得困难。这一挑战被命名为蛋白质推断问题（Protein Inference Problem）[82]。在宏蛋白质组学中这一问题被放大，因为在一个微生物组中存在多种微生物菌株和物种，这些微生物可以共享蛋白质序列的保守元件。鉴定亲本蛋白通常是宏蛋白质组学数据分析中的重要步骤，因为大多数生物信息学工具基于鉴定出的蛋白进行下游分析（如功能富集），并且需要多个肽段强度或质谱计数聚合成单个蛋白强度或计数值。将多肽鉴定聚合为蛋白质鉴定的主要方法是利用Occam的剃刀原理，即能够解释所鉴定多肽存在的最小的一组蛋白质被报告出来[83]。一旦选择了蛋白质鉴定方法，有多种方法可用来汇聚离子强度或谱数值。这些肽段定量值可相加后提供蛋白质定量值，这也是谱计数最常用的方法。多肽强度也可以用平均数体现，通常用于基于强度的量化形式。当取给定蛋白质的肽段的平均强度时，可采用离群值检测来避免极限值带来的平均值偏倚。也可用肽段定量值的中位数作为蛋白质定量值。

五、数据挖掘与功能分析

在完成鉴定、定量和数据精细化等常见步骤后，下一步是对宏蛋白质组学数据进行分类学组成和功能富集分析。本节将讨论用于此类分析的计算方法及用于宏蛋白质组学数据可视化的软件包。

（一）分类学分析

为了解宏蛋白质组学样品中复杂的微生物群落结构，可以使用分类分析工具来鉴别这些样品中存在的类群。一种用于物种分类鉴定的通用方法是通过使用Unipept工具套件实现的[61, 62]。Unipept使用最近共同祖先（lowest common ancestor，LCA）算法，通过将多肽序列与UniProtKB数据库匹配来识别样本中的分类特征。目前Unipept已扩展，不仅可对样本的生物多样性进行评估，还可通过Gene Ontology（GO）条目[84]和酶学委员会（Enzyme Commission，EC）编号[85]探索其功能注释。Unipept提供了广泛的接口，可通过web的平台使用，还可通过本地使用命令行接口和应用程序编程接口（API）与本地桌面应用程序使用。

软件包ProteoClade[86]可在多物种实验中对物种特异性多肽进行鉴定和分类定量。ProteoClade作为一个平台独立的Python工具包，可识别多肽并从指定的数据库搜索或从头测序的方法量化类群，无须实验特定的蛋白质序列数据库。ProteoClade不使用LCA方法，而是考虑特定种属的特异肽段。

分类学分析工具METATRYP v2[87]是专门为环境微生物建立的，并鉴定具有共同胰蛋白酶分解肽段的蛋白质，以改进LCA的分类鉴定。METATRYP被包括在一个用于共享和解释海洋宏蛋白质组学数据的在线工具——海洋蛋白质门户网站（ocean protein portal）中[88]，最近METATRYP还开发实现了识别冠状病毒的功能。METATRYP可与海洋蛋白质门户网站联合使用，可使用本土个性化的蛋白质序列数据库（尤其是使用测序技术创建的数据库）进行本地化运行。

（二）功能分析

也已开发了用于探索在宏蛋白质组学数据库中微生物的功能分布的生物信息学工具。这些方法依赖于底层功能注释［如GO条目[84]、KEGG/Kyoto Enoydopedia of Genes and Genomes）数据库[89]、COG（Clusters of Orthologous Genes）数据库[90]和eggNOG数据库[91]］，对数据集进行表征解释。这些功能数据库不断更新，并且可通过与软件链接的数据库查询的API直接访问。

如前所述，Unipept使用UniProtKB中包含的功能信息，提供依赖于物种分类的功能分析。然而，Unipept是一种对单个样本进行探索性分析的工具，不能进行复杂的统计和富集分析[92]。文献表明，物种分类的变化可能并不总是与微生物群落的功能变化相关[93]。与Unipept类似，MetaQuantome[94]使用功能-物种分类模式进行功能分析。作为一个平台独立的Python软件包，MetaQuantome提供了多个用于数据分析的模块，包括一个用于在分类或功能级别对两次实验条件进行比较的"Stat module"模块，以及一个用于数据可视化的"Viz module"模块。MetaQuantome可以容许基于强度和谱计数的量化数据，并且可以通过本地实现和在Galaxy框架下获得。

一种名为pepFunk的方法则提供了一种不依赖于类群、以多肽为中心的功能分析方法，同时包括一种可以识别宏蛋白质组学样本之间显著差异的统计分析方法[95]。pepFunk为基于强度的定量而设计，不受宏蛋白质组学处理的数量或实验条件的限制，并且可以作为Shiny应用程序在本地或在线运行。目前pepFunk内置的多肽-KEGG数据库仅限于人类肠道微生物组，允许上传自定义的、任何类型的蛋白质组学数据库。MetaGOmics是一个为谱计数数据研发的以多肽为中心、围绕GO条目的富集工具[49]。这个web应用程序通过为每个鉴定的多肽创建有向无环图来考虑GO条目的复杂拓扑结构。MetaGOmics可以接受个性化的蛋白质序列数据库，并可以识别两种实验条件之间有统计学意义的功能差异。

（三）宏蛋白质组学数据可视化

大多数用于宏蛋白质组分析的生物信息学工具可生成达到论文发表质量的可视化结果，但很少有专门为数据可视化而研发的工具。QIIME2不是宏蛋白质组学特有的，但它是一个基于python的软件包，可用于微生物组的数据分析，通过图形用户界面使用命令行，甚至在Jupyter notebook程序中使用[96]。QIIME2还支持复杂的交互式可视化的在线托管，即与其他用户共享，而不需要安装QIIME2。随着宏蛋白质组学领域的发展，期待看到专门针对这类数据的可视化工具的出现。

六、应用：宏蛋白质组学分析方法在真实世界数据中的应用

宏蛋白质组学研究得益于那些用户友好、可解决技术问题、能为数据分析提供创新方法的生物信息学方法。如，Rechenberger等[97]最近一项针对多重耐药肠杆菌感染患者粪便样本的临床研究凸显了宏蛋白质组学所面临的挑战。作者讨论了菌群混杂的数据库的局限性，在其中有超过50%的识别多肽在常用的IGC

数据库中缺失。Rechenberger 等没有使用预先构建的肠道微生物组蛋白序列数据库，而是采用了结合宏蛋白质组学和宏基因组学的多组学方法，构建了具有样本特异性的蛋白数据库进行多肽鉴定[97]。作者还使用 MaxQuant[18] 进行多肽鉴定、使用 Percolator[33] 进行 PSM 质量评估和 16S 测序来增强物质分类分析。最后，作者将鉴定出的肽段输入 Unipept[61]，用于功能和物种分类分析。

MetaGOmics[49] 还被用于研究两个不同地理位置海洋的宏蛋白质组在模拟东潮和暴露于低营养环境的功能[34]。作者使用 16S 测序来帮助分类分析，分析的大部分内容是了解在有机物处理后，海洋微生物功能如何随着时间推移发生变化。通过 GO 富集和分类分析，作者探讨了鉴定出的功能如何对模拟东潮和低营养环境发生响应。作者还比较了两个地方的样本之间的物种分类差异和功能冗余，并据此假设在海洋宏蛋白质组学研究中，功能比分类发挥更重要的作用，而且不同的物种分类标签可能指向相似的功能谱。

为了了解气候变化对微生物的潜在影响，研究人员还利用宏蛋白质组学探索了灌溉减少后用再生水恢复灌溉对苹果园土壤微生物组的功能影响[98]。Prophane[54] 被用于物质分类和功能分析，结果显示减少灌溉改变了功能多样性，但没有改变物种分类多样性。

众所周知，人类肠道微生物组在人类疾病过程中发挥着重要作用，了解人类肠道微生物组的组成和功能特征有助于促进改善人类健康和福祉。越来越多的证据表明，外源微生物可以改变人类肠道微生物组。为了进一步研究肠道微生物组、疾病过程和外源物质之间的联系，开发了一种体外检测方法——RapidAIM，用高通量宏蛋白质组学来评估微生物组对药物的反应[99]。结合 MetaLab 软件套装，能够识别与药物（如小檗碱及其结构类似物[100] 及抗性淀粉等[101]）相关的微生物功能和分类变化。

这些是由最近开发的生物信息学工具驱动的宏蛋白质组学研究的一些例子。随着宏蛋白质组学领域的不断发展，需要新的生物信息学策略来最大限度地提高多肽的表征能力、完成复杂的统计分析，并充分利用高通量研究产生的大量数据。算法的易用性和可访问性将是未来促进宏蛋白质组学发现的关键。

参考文献

[1] Heyer R, Schallert K, Büdel A et al (2019)A robust and universal metaproteomics workflow for research studies and routine diagnostics within 24 h using phenol extraction, fasp digest, and the metaproteomeanalyzer. Front Microbiol 10:1883

[2] Heyer R, Schallert K, Zoun R et al (2017)Challenges and perspectives of metaproteomic data analysis. J Biotechnol 261:24–36

[3] Stahl DC, Swiderek KM, Davis MT, Lee TD (1996)Data-controlled automation of liquid chromatography/tandem mass spectrometry analysis of peptide mixtures. J Am Soc Mass Spectrom 7:532–540

[4] Venable JD, Dong M-Q, Wohlschlegel J et al (2004)Automated approach for quantitative analysis of complex peptide mixtures from tandem mass spectra. Nat Methods 1:39–45

[5] Gillet LC, Navarro P, Tate S et al (2012)Targeted data extraction of the MS/MS spectra generated by data-independent acquisition: a new concept for consistent and accurate proteome analysis. Mol Cell Proteomics 11(O111):016717

[6] Doerr A (2014)DIA mass spectrometry. Nat Methods 12:35–35

[7] Eng JK, McCormack AL, Yates JR (1994)An approach to correlate tandem mass spectral data of peptides with amino acid sequences in a protein database. J Am Soc Mass Spectrom 5:976–989

[8] Tanca A, Palomba A, Fraumene C et al (2016)The impact of sequence database choice on metaproteomic results in gut microbiota studies. Microbiome 4:51

[9] Tanca A, Palomba A, Deligios M et al (2013)Evaluating the impact of different sequence databases on metaproteome analysis: insights from a lab-assembled microbial mixture. PLoS One 8:e82981

[10] Timmins-Schiffman E, May DH, Mikan M et al (2017)Critical decisions in metaproteomics: achieving high confidence protein annotations in a sea of unknowns. ISME J 11: 309–314

[11] O'Leary NA, Wright MW, Brister JR et al (2016)Reference sequence (RefSeq)database at NCBI: current status, taxonomic expansion, and functional annotation. Nucleic Acids Res 44:D733–D745

[12] Li J, Jia H, Cai X et al (2014)An integrated catalog of reference genes in the human gut microbiome. Nat Biotechnol 32:834–841

[13] Kuhring M, Renard BY (2015)Estimating the computational limits of detection of microbial non-model organisms. Proteomics 15: 3580–3584

[14] Jagtap P, Goslinga J, Kooren JA et al (2013)A two-step database search method improves sensitivity in peptide sequence matches for metaproteomics and proteogenomics studies. Proteomics 13:1352–1357

[15] Zhang X, Ning Z, Mayne J et al (2016)MetaPro-IQ: a universal metaproteomic approach to studying human and mouse gut microbiota. Microbiome 4:31

[16] Craig R, Beavis RC (2003)A method for reducing the time required to match protein sequences with tandem mass spectra. Rapid Commun Mass Spectrom 17:2310–2316

[17] Craig R, Beavis RC (2004)TANDEM: matching proteins with tandem mass spectra. Bioinformatics 20:1466–1467

[18] Tyanova S, Temu T, Cox J (2016)The MaxQuant computational platform for mass spectrometry-based shotgun proteomics. Nat Protoc 11:2301–2319

[19] Beyter D, Lin MS, Yu Y et al (2018)ProteoStorm: an ultrafast metaproteomics database search framework. Cell Syst 7:463–467

[20] Xiao J, Tanca A, Jia B et al (2018)Metagenomic taxonomy-guided database-searching strategy for improving metaproteomic analysis. J Proteome Res 17:1596–1605

[21] UniProt Consortium (2021)UniProt: the universal protein knowledgebase in 2021. Nucleic Acids Res 49:D480–D489

[22] Park SKR, Jung T, Thuy-Boun PS et al (2019)ComPIL 2.0: an updated comprehensive metaproteomics database. J Proteome Res 18:616–622

[23] Xu T, Park SK, Venable JD et al (2015)ProLuCID: an improved SEQUEST-like algorithm with enhanced sensitivity and specificity. J Proteome 129:16–24

[24] Lam H, Deutsch EW, Eddes JS et al (2007)Development and validation of a spectral library searching method for peptide identification from MS/MS. Proteomics 7:655–667

[25] Craig R, Cortens JC, Fenyo D, Beavis RC (2006)Using annotated peptide mass spectrum libraries for protein identification. J Proteome Res 5:1843–1849

[26] Frewen BE, Merrihew GE, Wu CC et al (2006)Analysis of peptide MS/MS spectra from large-scale proteomics experiments using spectrum libraries. Anal Chem 78: 5678–5684

[27] Yang Y, Liu X, Shen C et al (2020)In silico spectral libraries by deep learning facilitate data-independent acquisition proteomics. Nat Commun 11:1–11

[28] Gessulat S, Schmidt T, Zolg DP et al (2019)Prosit: proteome-wide prediction of peptide tandem mass spectra by deep learning. Nat Methods 16:509–518

[29] Pietilä S, Suomi T, Aakko J, Elo LL (2019)A data analysis protocol for quantitative dataindependent acquisition proteomics. Methods Mol Biol 1871:455–465

[30] Aakko J, Pietilä S, Suomi T et al (2020)Dataindependent acquisition mass spectrometry in metaproteomics of gut microbiota—implementation and computational analysis. J Proteome Res 19:432–436

[31] Elias JE, Gygi SP (2007)Target-decoy search strategy for increased confidence in large-scale protein identifications by mass spectrometry. Nat Methods 4:207–214

[32] Käll L, Canterbury JD, Weston J et al (2007)Semi-supervised learning for peptide identification from shotgun proteomics datasets. Nat Methods 4:923–925

[33] The M, MacCoss MJ, Noble WS, Käll L (2016)Fast and accurate protein false discovery rates on large-scale proteomics data sets with percolator 3.0. J Am Soc Mass Spectrom 27:1719–1727

[34] Mikan MP, Harvey HR, Timmins-Schiffman E et al (2020)Metaproteomics reveal that rapid perturbations in organic matter prioritize functional restructuring over taxonomy in western Arctic Ocean microbiomes. ISME J 14:39–52

[35] Guo X, Li Z, Yao Q et al (2018)Sipros ensemble improves database searching and filtering for complex metaproteomics. Bioinformatics 34:795–802

[36] Keller A, Nesvizhskii AI, Kolker E, Aebersold R (2002)Empirical statistical model to estimate the accuracy of peptide identifications made by MS/MS and database search. Anal Chem 74:5383–5392

[37] Cociorva D, Tabb L, Yates JR (2007)Validation of tandem mass spectrometry database search results using DTASelect. Curr Protoc Bioinform 13:Unit 13.4

[38] Chatterjee S, Stupp GS, Park SKR et al (2016)A comprehensive and scalable database search system for metaproteomics. BMC Genomics 17:642

[39] Ma B, Zhang K, Hendrie C et al (2003)PEAKS: powerful software for peptide de novo sequencing by tandem mass spectrometry. Rapid Commun Mass Spectrom 17: 2337–2342

[40] Frank A, Pevzner P (2005)PepNovo: de novo peptide sequencing via probabilistic network modeling. Anal Chem 77:964–973

[41] Fischer B, Roth V, Roos F et al (2005)NovoHMM: a hidden Markov model for de novo peptide sequencing. Anal Chem 77: 7265–7273

[42] Kleikamp HBC, Pronk M, Tugui C et al (2021)Database-independent de novo metaproteomics of complex microbial communities. Cell Syst 12:375–383.e5

[43] Behsaz B, Mohimani H, Gurevich A et al (2020)De novo peptide sequencing reveals many cyclopeptides in the human gut and other environments. Cell Syst 10:99–108

[44] Thompson A, Schäfer J, Kuhn K et al (2003)Tandem mass tags: a novel quantification strategy for comparative analysis of complex protein mixtures by MS/MS. Anal Chem 75: 1895–1904

[45] Ong S-E, Blagoev B, Kratchmarova I et al (2002)Stable isotope labeling by amino acids in cell culture, SILAC, as a simple and accurate approach to expression proteomics. Mol Cell Proteomics 1:376–386

[46] Ross PL, Huang YN, Marchese JN et al (2004)Multiplexed protein quantitation in Saccharomyces cerevisiae using amine-reactive isobaric tagging reagents.

Mol Cell Proteomics 3:1154–1169

[47] Zhang X, Ning Z, Mayne J et al (2016)In vitro metabolic labeling of intestinal microbiota for quantitative metaproteomics. Anal Chem 88:6120–6125

[48] Tang J, Fu J, Wang Y et al (2020)ANPELA: analysis and performance assessment of the label-free quantification workflow for metaproteomic studies. Brief Bioinform 21: 621–636

[49] Riffle M, May DH, Timmins-Schiffman E et al (2018)MetaGOmics: a web-based tool for peptide-centric functional and taxonomic analysis of metaproteomics data. Proteomes 6: 2

[50] Mayers MD, Moon C, Stupp GS et al (2017)Quantitative metaproteomics and activitybased probe enrichment reveals significant alterations in protein expression from a mouse model of inflammatory bowel disease. J Proteome Res 16:1014–1026

[51] Cheng K, Ning Z, Zhang X et al (2017)MetaLab: an automated pipeline for metaproteomic data analysis. Microbiome 5:157

[52] Cheng K, Ning Z, Zhang X et al (2020)MetaLab 2.0 enables accurate posttranslational modifications profiling in metaproteomics. J Am Soc Mass Spectrom 31: 1473–1482

[53] Zhang X, Ning Z, Mayne J et al (2020)Widespread protein lysine acetylation in gut microbiome and its alterations in patients with Crohn's disease. Nat Commun 11:1–12

[54] Schiebenhoefer H, Schallert K, Renard BY et al (2020)A complete and flexible workflow for metaproteomics data analysis based on MetaProteomeAnalyzer and prophane. Nat Protoc 15:3212–3239

[55] Muth T, Behne A, Heyer R et al (2015)The MetaProteomeAnalyzer: a powerful opensource software suite for metaproteomics data analysis and interpretation. J Proteome Res 14:1557–1565

[56] Muth T, Kohrs F, Heyer R et al (2018)MPA portable: a stand-alone software package for analyzing metaproteome samples on the go. Anal Chem 90:685–689

[57] Schneider T, Schmid E, de Castro JV et al (2011)Structure and function of the symbiosis partners of the lung lichen (Lobaria pulmonaria L. Hoffm.)analyzed by metaproteomics. Proteomics 11:2752–2756

[58] Geer LY, Markey SP, Kowalak JA et al Open mass spectrometry search algorithm. J Proteome Res 3:958–964

[59] Van Den Bossche T, Verschaffelt P, Schallert K et al (2020)Connecting MetaProteomeAnalyzer and PeptideShaker to unipept for seamless end-to-end metaproteomics data analysis. J Proteome Res 19:3562–3566

[60] Vaudel M, Burkhart JM, Zahedi RP et al (2015)PeptideShaker enables reanalysis of MS-derived proteomics data sets. Nat Biotechnol 33:22–24

[61] Gurdeep Singh R, Tanca A, Palomba A et al (2019)Unipept 4.0: functional analysis of metaproteome data. J Proteome Res 18: 606–615

[62] Verschaffelt P, Van Den Bossche T, Martens L et al (2021)Unipept desktop: a faster, more powerful metaproteomics results analysis tool. J Proteome Res 20:2005–2009

[63] Perez-Riverol Y, Csordas A, Bai J et al (2018)The PRIDE database and related tools and resources in 2019: improving support for quantification data. Nucleic Acids Res 47: D442–D450

[64] Deutsch EW, Csordas A, Sun Z et al (2017)The ProteomeXchange consortium in 2017: supporting the cultural change in proteomics public data deposition. Nucleic Acids Res 45: D1100–D1106

[65] Jagtap PD, Blakely A, Murray K et al (2015)Metaproteomic analysis using the galaxy framework. Proteomics 15:3553–3565

[66] Huson DH, Weber N (2013)Microbial community analysis using MEGAN. Methods Enzymol 531:465–485

[67] Röst HL, Sachsenberg T, Aiche S et al (2016)OpenMS: a flexible open-source software platform for mass spectrometry data analysis. Nat Methods 13:741–748

[68] Grüning B, Chilton J, Köster J et al (2018)Practical computational reproducibility in the life sciences. Cell Syst. 6:631–635

[69] Berthold MR, Cebron N, Dill F et al (2007)KNIME: the Konstanz information miner. In: Studies in classification, data analysis, and knowledge organization (GfKL 2007). Springer

[70] Sachsenberg T, Herbst FA, Taubert M et al (2015)MetaProSIP: automated inference of stable isotope incorporation rates in proteins for functional metaproteomics. J Proteome 14:619–627

[71] Deutsch EW, Mendoza L, Shteynberg D et al (2015)Trans-proteomic pipeline, a standardized data processing pipeline for large-scale reproducible proteomics informatics. Proteomics Clin Appl 9:745–754

[72] Rabe A, Gesell Salazar M, Michalik S et al (2019)Metaproteomics analysis of microbial diversity of human saliva and tongue dorsum in young healthy individuals. J Oral Microbiol 11:1654786

[73] Välikangas T, Suomi T, Elo LL (2018)A systematic evaluation of normalization methods in quantitative label-free proteomics. Brief Bioinform 19:1–11

[74] Willforss J, Chawade A, Levander F (2019)NormalyzerDE: online tool for improved normalization of omics expression data and high-sensitivity differential expression analysis. J Proteome Res 18:732–740

[75] Polpitiya AD, Qian W-J, Jaitly N et al (2008)DAnTE: a statistical tool for quantitative analysis of -omics data. Bioinformatics 24: 1556–1558

[76] Marion S, Desharnais L, Studer N et al (2020)Biogeography of microbial bile acid transformations along the murine gut. J Lipid Res 61: 1450–1463

[77] Karpievitch YV, Dabney AR, Smith RD (2012)Normalization and missing value imputation for label-free LC-MS analysis. BMC Bioinform 13:1–9

[78] Lazar C, Gatto L, Ferro M et al (2016)Accounting for the multiple natures of missing values in label-free quantitative proteomics data sets to compare imputation strategies. J Proteome Res 15:1116–1125

[79] Liu M, Dongre A (2020) Proper imputation of missing values in proteomics datasets for differential expression analysis. Brief Bioinform 22:bbaa112

[80] Wang S, Li W, Hu L et al (2020)NAguideR: performing and prioritizing missing value imputations for consistent bottom-up proteomic analyses. Nucleic Acids Res 48:e83–e83

[81] Graw S, Tang J, Zafar MK et al (2020)proteiNorm—a user-friendly tool for normalization and analysis of TMT and label-free protein quantification. ACS Omega 5: 25625–25633

[82] Nesvizhskii AI, Aebersold R (2005)Interpretation of shotgun proteomic data: the protein inference problem. Mol Cell Proteomics 4: 1419–1440

[83] Serang O, Noble W (2012)A review of statistical methods for protein identification using tandem mass spectrometry. Stat Interface 5: 3–20

[84] Carbon S, Douglass E, Dunn N et al (2019)The gene ontology resource: 20 years and still GOing strong. Nucleic Acids Res 47: D330–D338

[85] Bairoch A (2000)The ENZYME database in 2000. Nucleic Acids Res 28:304–305

[86] Mooradian AD, van der Post S, Naegle KM, Held JM (2020)ProteoClade: a taxonomic toolkit for multi-species and metaproteomic analysis. PLoS Comput Biol 16:e1007741

[87] Saunders JK, Gaylord DA, Held NA et al (2020)METATRYP v 2.0: metaproteomic least common ancestor analysis for taxonomic inference using specialized sequence assemblies-standalone software and web servers for marine microorganisms and coronaviruses. J Proteome Res 19:4718–4729

[88] Saito MA, Saunders JK, Chagnon M et al (2021)Development of an ocean protein portal for interactive discovery and education. J Proteome Res 20:326–336

[89] Ogata H, Goto S, Sato K et al (1999)KEGG: Kyoto encyclopedia of genes and genomes. Nucleic Acids Res 27:29–34

[90] Galperin MY, Wolf YI, Makarova KS et al (2021)COG database update: focus on microbial diversity, model organisms, and widespread pathogens. Nucleic Acids Res 49: D274–D281

[91] Huerta-Cepas J, Szklarczyk D, Heller D et al (2019)EggNOG 5.0: a hierarchical, functionally and phylogenetically annotated orthology resource based on 5090 organisms and 2502 viruses. Nucleic Acids Res 47(D1): D309–D314

[92] The UniProt Consortium (2019)UniProt: a worldwide hub of protein knowledge. Nucleic Acids Res 47:D506–D515

[93] Blakeley-Ruiz JA, Erickson AR, Cantarel BL et al (2019)Metaproteomics reveals persistent and phylum-redundant metabolic functional stability in adult human gut microbiomes of Crohn's remission patients despite temporal variations in microbial taxa, genomes, and proteomes. Microbiome 7:18

[94] Easterly CW, Sajulga R, Mehta S et al (2019)MetaQuantome: an integrated, quantitative metaproteomics approach reveals connections between taxonomy and protein function in complex microbiomes. Mol Cell Proteomics 18:S82–S91

[95] Simopoulos CMA, Ning Z, Zhang X et al (2020)pepFunk: a tool for peptide-centric functional analysis of metaproteomic human gut microbiome studies. Bioinformatics 36: 4171–4179

[96] Bolyen E, Dillon M, Bokulich N et al (2019)Reproducible, interactive, scalable and extensible microbiome data science using QIIME 2. Nat Biotechnol 37:852–857

[97] Rechenberger J, Samaras P, Jarzab A et al (2019)Challenges in clinical metaproteomics highlighted by the analysis of acute leukemia patients with gut colonization by multidrugresistant enterobacteriaceae. Proteomes 7:2

[98] Starke R, Bastida F, Abadía J et al (2017)Ecological and functional adaptations to water management in a semiarid agroecosystem: a soil metaproteomics approach. Sci Rep 7:1–16

[99] Li L, Ning Z, Zhang X et al (2020)RapidAIM: a culture-and metaproteomics-based rapid assay of individual microbiome responses to drugs. Microbiome 8:33

[100] Li L, Chang L, Zhang X et al (2020)Berberine and its structural analogs have differing effects on functional profiles of individual gut microbiomes. Gut Microbes 11: 1348–1361

[101] Li L, Ryan J, Ning Z et al (2020)A functional ecological network based on metaproteomics responses of individual gut microbiomes to resistant starches. Comput Struct Biotechnol J 18:3833–3842

第二十三章

MaxQuant 模块鉴定多肽基因组变异的应用

Pavel Sinitcyn, Maximilian Gerwien, and Jürgen Cox

> 标准鸟枪法蛋白质组学数据分析流程通常只能鉴定由参考基因组所编码的多肽。在许多情况下，也需要鉴定由非同义突变产生的多肽。本章将介绍 MaxQuant 软件中的新模块，通过输入基于 DNA 和 RNA 的二代测序（NGS）数据及原始蛋白质组学数据，可以鉴定出通常情况下可能会被遗漏的多肽变异体。

一、引言

鸟枪法蛋白质组学鉴定多肽最常用的方法均使用多肽数据库搜索引擎[1-3]。MaxQuant 软件[4]中的 Andromeda 搜索引擎[5]可以实现此目的。在标准模式下，只有源自参考基因组的多肽能被鉴定出来。蛋白基因组学 proteogenomics[6,7]是一个通用术语，指的是为任何类型的基因组突变寻找多肽水平上的证据的一门学科。来自癌症研究领域的几个大规模数据集可公开用于研究此类蛋白基因组学效应[8-12]。本章将重点介绍一种计算工作流程，可用于鉴定由单核苷酸多态性（SNP）产生的多肽（图 23-1）。这在免疫多肽组学[13,14]或等位基因特异性蛋白质定量等方面有着重要的应用价值。在本实验方案中，将展示如何把新的 MaxQuant 模块应用于蛋白质组 HeLa 数据集和多肽组学数据集。对于这两个数据集，首先必须把二代测序（NGS）的数据定位于参考基因组上。然后 MaxQuant 模块通过输入比对后的数据寻找突变。在此基础上，软件会输出一个特殊的 FASTA 文件，在每个 FASTA 条目标题指定出应添加到多肽搜索空间中的编码突变。随后的 MaxQuant 分析会用到这些信息，从而以类似于应用可变修饰的方式扩大多肽鉴定空间。SNP 衍生出的多肽搜索结果会被整合到标准的 MaxQuant 输出表格中。作者给这些结果的后处理提供了多个脚本。在实验操作步骤中，将介绍对两个数据集的分析，即 HeLa 蛋白质组[15]和多肽组学数据集[16]。它们之间彼此独立；如果需要，可以忽略其中的任何一个数据集。

二、材料

（一）数据下载

1. 下载对应 HeLa 蛋白质组数据集的 NGS 数据。为此，需从 SRA 存储库（ncbi.nlm.nih.gov/sra）获取 HeLa-S3 细胞系单端和双端 RNA 测序数据，收录号分别为 SRX159818（Caltech_RnaSeq_HeLa-S3_1x75D）和 SRX159826（Caltech_RnaSeq_HeLa-S3_2x75_200）。还可在 ENCODE 网页（encodeproject.org/）检索未比对片段（FASTQ）和比对结果（BAM）- 单端数据标识符为 ENCFF781CJU/ ENCFF308ETR，双端数据

标识符为 ENCFF796WEV/ ENCFF129LVO 。

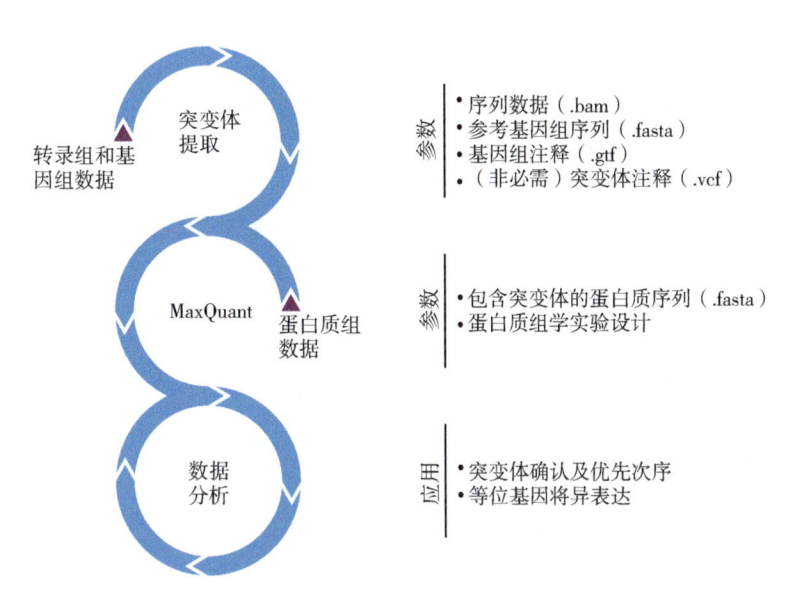

图 23-1 实验方案的三个部分

从 NGS 数据中提取出变异体，执行 MaxQuant 分析，变异体需要包含在 Andromeda 搜索空间中。验证并进一步分析生成的多肽变异体数据

2. 下载多肽组学数据集的 NGS 数据。从 SRA 存储库中获取 A2902/A5101/A5401/A5701 转导的 B721.221 细胞的双端 RNA 序列数据，数据集收录号分别为 SRX2480296、SRX2480297、SRX2480298 和 SRX2480299。

3. 下载基因组参考文件。最新的参考基因组信息，例如 DNA 序列和基因组注释，可以从 Ensembl 网页（ensembl.org）的"FTP 下载"部分或直接从 FTP 服务器（ftp.ensembl.org/pub）获得。在服务器里也可找到以前的版本。对于本实验方案[15]，建议使用人类基因组的初步汇集 FASTA 格式（Homo_sapiens.GRCh38.dna.primary_assembly.fa）和 Ensembl 在 2021 年 5 月发布的 104 版本的 GTF 格式（Homo_sapiens.GRCh38.104.gtf）。

4. 下载 HeLa 蛋白质组学原始数据。可使用数据集标识符 PXD004452 从 PRIDE（ebi.ac.uk/pride/）存储库下载 Orbitrap RAW 文件。在这项研究中，来自 HeLa 细胞系的蛋白质分别用四种蛋白酶［胰蛋白酶、LysC、GluC 和胰凝乳蛋白酶（chymotrypsin）］进行消化，并分成 39 个组分，总共产生了 156 个 RAW 文件。

5. 下载多肽组学原始数据。HLA 等位基因 A0201 的 Orbitrap RAW 文件可以从 MassIVE 存储库（massive.ucsd.edu）中检索得到，数据集标识符为 MSV000080527。HLA 等位基因 A3303、B3802 和 B4002 的 Orbitrap RAW 文件可以用数据集标识符 MSV000084172 在 MassIVE 存储库中检索得到。每个生物样品都进行多次重复检测（A0201、A3303、B3802-4 次重复，B4002-8 次重复），总共产生 20 个 RAW 文件[16]。

（二）软件

1. 尽管像 ENCODE[17] 和 GTEx[18] 这样的大型基因组学计划经常将处理过的比对结果（BAM 格式）和相关发表论文一起提供，但还是需要采用处理流程进行特殊实验的设计或者重新处理原始 NGS 数据。建议使用自定义的流程，例如开发的 github.com/cox-labs/VariationSearchProtocol，或任何方便使用的网络平台，如 Galaxy[19]。

2. 从 MaxQuant 网站 maxquant.org/maxquant/ 下载最新的版本的 MaxQuant 软件（2.0.1 版本或更高版本）。当前版本的 MaxQuant 需要安装 NET Core 2.1（SDK 或 NET Runtime）。具体安装说明取决于操作系统并可以在官网（dotnet.microsoft.com/）上找到。当前版本的 MaxQuant 支持 Windows 和 Linux 操作系统[20]。MaxQuant 软件本身不需要任何额外的软件安装，可以通过图形用户界面（MaxQuant.exe）或命令行（bin/

Max-QuantCmd.exe）来启动。

3.下游数据分析可以使用 Perseus 软件[21]平台和其他自定义 python 脚本执行。后面"数据分析"部分所介绍的所有步骤都可用任何通用编程语言（例如 R 或 MATLAB）来重现。从 maxquant.org/perseus/ 下载最新版本的 Perseus（版本至少为 1.7.0）。MaxQuant 的所有安装说明也适用于 Perseus。所有 python 脚本都是为 3.6 版本的 python 开发和执行的。用于制作图 23-2 和图 23-3 的源代码已经上传至 GitHub（github.com/cox-labs/VariationSearchProtocol）。

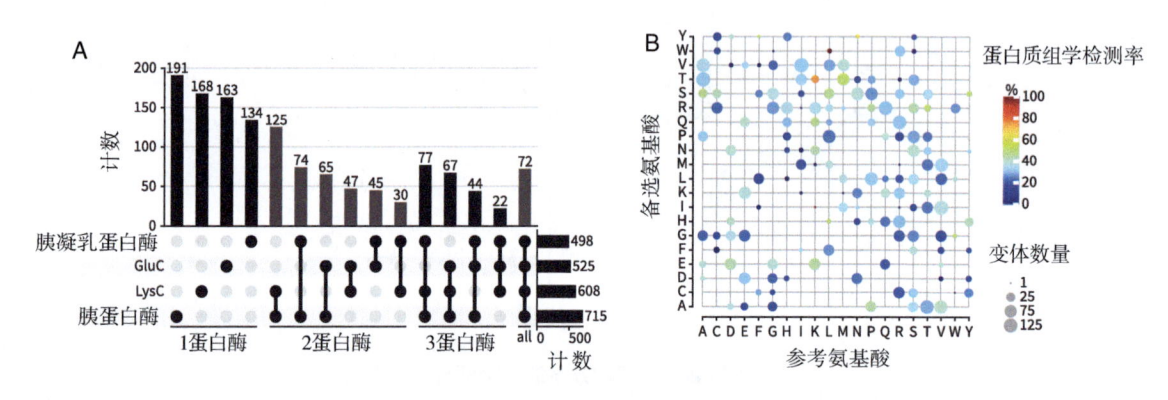

图 23-2 超深度 HeLa 蛋白质组的蛋白基因组学分析所获得的汇总统计数据

A. 在不同蛋白酶组合的条件下所检测到的非同义变异体。按照所用蛋白酶的数量（交叉程度）及集合的大小对鉴定到的变异体数量进行排序，从而体现出蛋白酶的使用效果。每种蛋白酶的累积数量显示在右侧。B. 数据中观察到的替换频率。颜色编码的蛋白质组检测率显示了蛋白质组与基因组 / 转录组水平的鉴定比例。变异体的中位蛋白质组学检测率等于 31%

三、方法

（一）变异体提取

1. 打开 MaxQuant 软件，找到"Tools（工具）"选项卡后从下拉菜单中选择"Variation Extraction（变异提取）"。在"Raw Files（原始文件）"选项卡下，载入包含可调用变异体的 BAM 文件的文件夹。在"Global Parameters（全局参数）"选项卡下，以 FASTA 格式（"Sequence File"）和 GTF 格式 ["Annotation（注释）"] 指定相应的基因组参考序列和基因组注释文件。还要提供所需的目录，将生成临时文件 ["Temporary directory（临时目录）"] 和结果输出 ["Final directory（最终目录）"]。也可提供 VCF 文件 ["Variant Files（变异体文件）"] 来对检测到的变异体进行注释。默认的"Calling Parameters（调用参数）"对于最常见的应用都是最优选择。关于例外情况和更多详细的信息，参阅注释 1。

2. 提取变异体会在指定的输出目录下生成 5 个文件。Proteins.fa 是一个 FASTA 格式的文件，它给出了蛋白质的 ID 和氨基酸序列。如果这个特定的蛋白质包含变异体，还会提供变异体的 ID。该文件可用于 MaxQuant 中的变异体知晓（variant-aware）蛋白质组学搜索，如后文（二）所述。Variants.txt 是一个制表符分隔的文本文件，其中列出了所有已鉴定的变异体，并提供有关染色体位置、参考和变异体氨基酸、变异体类型以及每种鉴定到的变异体的转录本信息。Transcripts.txt 是一个制表符分隔的文本文件，它与 Variant.txt 文件中的信息相同，但是以转录本为中心的方式展示出来。最后的两个 xml 文件——parameters.xml 和 summary.xml——包含进行提取、统计、过滤等操作时所用的参数的信息。需注意的是，变异体提取的输出结果不但用作蛋白质组学搜索的输入文件，还与蛋白质组学数据一起提供一些独特的蛋白基因组学亮点线索 [如（三）部分所示]。

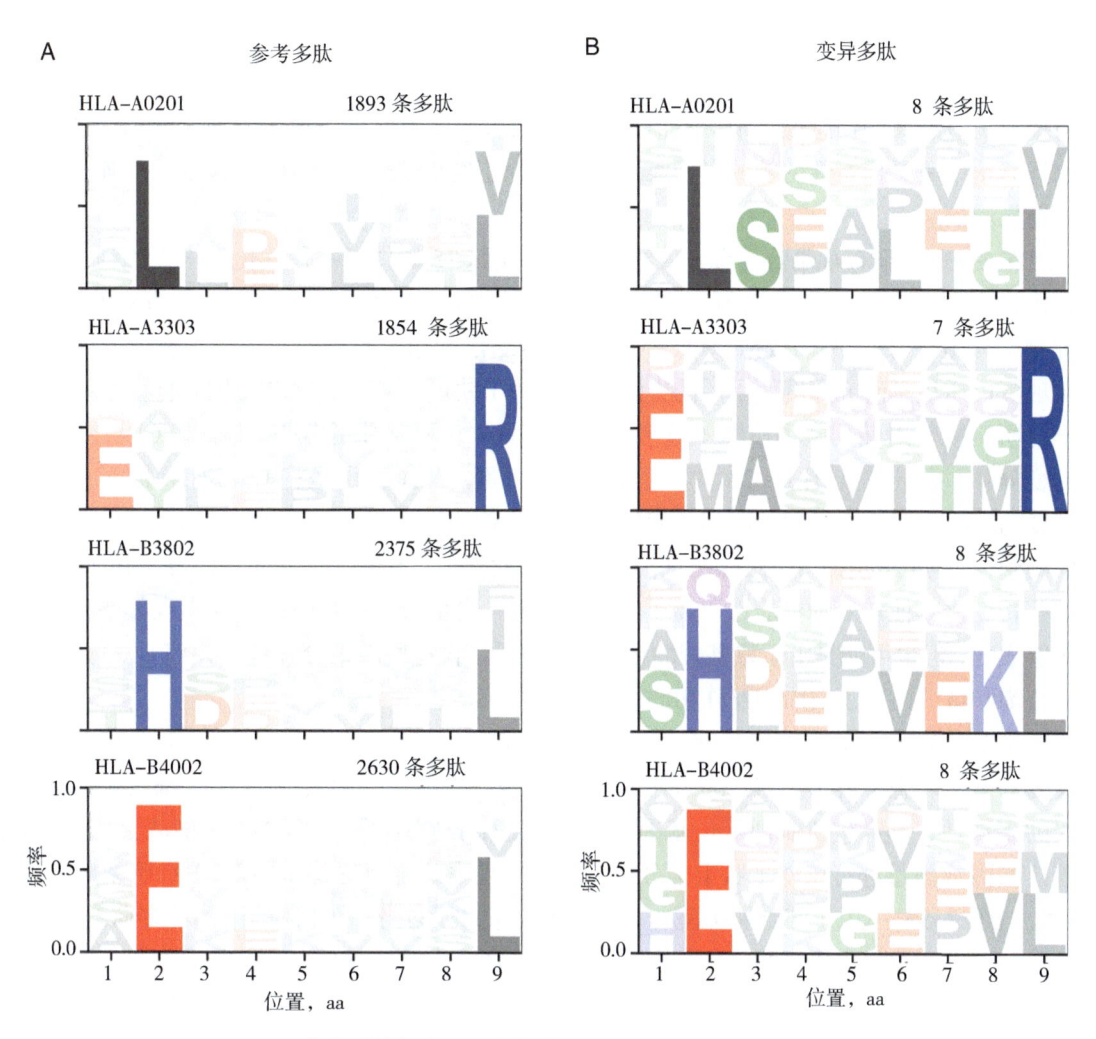

图 23-3　鉴定到的长度为 9 个氨基酸的免疫多肽的序列基序
A.参考多肽的一次结果。B.变异体多肽的一次结果。图中显示了单等位基因 HLA 细胞系的名称及鉴定到的免疫多肽的数量

（二）变异体知晓的 MaxQuant 蛋白质组学搜索

1.打开 MaxQuant 软件，选择"Global Parameters"（全局参数）选项卡，在"Sequences"（序列）下添加蛋白质 FASTA 文件。通过单击选择文件（蓝色突出显示）并添加"Variation rule"（变异体规则）（即正确解析变异体信息的正确表达式）。大多数情况下，默认地建议—> [\s]+\s+ (.+)—是合适的。但还是要确保对合适性进行验证。可以通过单击"Test"（测试）来确认"Variation"（突变）栏中包含了所提供蛋白 FASTA 文件中预期的变异体。此外，将"Variation Mode"（突变模式）从"None"（无）改成"Read from FASTA file."（从 FASTA 文件读取）。多肽长度和质量及最大漏切位点的默认值在大多数情况下都是适用的，但在某些实验设计中可能会发生变化（见注释 2）。有关如何设置 MaxQuant 的更详细的说明，请参阅 MaxQuant 操作方案[22]（见注释 3）。

2.MaxQuant 搜索的输出结果将生成在指定的目录中。根据所需信息和下游数据分析需求，可特别关注不同的文件。与 MaxQuant 中标准蛋白质组学搜索一样，peptides.txt 文件列出了所有鉴别到的多肽以及该实验方案下游数据分析的大部分信息。特别是文件中存在两列额外的信息。"Mutated"（突变）列包含了"No（否）"（意指无变异体，多肽来自参考蛋白质组中）、"Yes（是）"（意指多肽具有至少一种变异体）或"Mixed（混合）"（意指插入变异体使多肽与某参考多肽相似）及"Mutation names（突变名称）"列包含了变异体多肽所有的变体。

（三）数据分析

拥有关于基因组/转录组（见注释4）及蛋白质组水平的突变信息后，研究人员当前面临的挑战变成了如何提取出有意义的信息或提示。对信息的理解很大程度上取决于拟研究的问题和领域。因此，当进入下游数据分析中更具探索性的领域时，无法以循序渐进的方式提出确定的范式。在此提出两种变异体信息的应用场景示例。

1. **超深度HeLa蛋白质组的蛋白基因组学分析** 文献15提供了一种优化的工作流程，通过使用多种酶并结合短梯度和快速扫描进行广泛的预分离，从而生成深度的蛋白质组信息。该方案使用HeLa细胞系进行基准测试。结合RNA测序数据，可以从蛋白基因组学的角度对该资源进行富有成效的探索。本项研究中为实现蛋白质组学研究深度而采用的方法之一是除了胰蛋白酶外还联合使用其他蛋白酶。通过蛋白质基因组学分析，能够对使用胰蛋白酶（最常用的蛋白酶）、胰凝乳蛋白酶、LysC、GluC或任意的组合所鉴定到的变异体进行定量（图23-2A）。通过组合使用蛋白酶（特别是将LysC加到标准胰蛋白酶中）增加鉴定深度的策略，对旨在发现功能相关变异体的蛋白基因组学研究意义重大，因为这些功能性变异体很少能被检测到，而且可以用于下游分析的则少之又少。此外，氨基酸变化并非均匀分布在所有可能的变化中，而是某些转变比其他转变的可能性更高（图23-2B）。这是由于氨基酸的不同出现频率和遗传密码相关的限制所造成的，但也可能是由于氨基酸的物理化学性质。将这些因素分开可以找到变异体影响蛋白质表达、翻译后修饰和蛋白质-蛋白质相互作用的线索。

2. **HLA多肽的免疫多肽组学分析** 人类白细胞抗原（HLA）I类分子的关键特征决定于8～11个氨基酸长度的短肽。想了解I类HLA的多肽结合基序极具挑战性，因为HLA结合部位（即抗原结合区）具有惊人的多样性，其产生机制即等位基因超突变。有学者阐述了一种很好的策略[16, 23]，该策略对工程化的单等位基因细胞系进行免疫多肽组学分析，使得发现由特定单等位基因HLA细胞系所提呈的多肽基序成为可能（图23-3A）。由于细胞所提呈的多肽样本是来自于自身的蛋白质组，因此多肽变异体也能被发现。值得注意的是，从免疫生物学的临床角度来看，这些多肽非常具有吸引力，因为这些多肽可以作为感染或者细胞转化的证据。在图23-3B中，此类多肽变异体的基序显示出HLA多肽的特征，它们通过末端的氨基酸残基与HLA复合物结合。图23-3A显示的是参考多肽的基序情况，图23-3B显示的是变异多肽的序列，可以看出参考多肽的主要特征也能够在变异多肽中体现出来，从而验证了工作流程的合理性。

四、注释

1. 对于像患者来源的肿瘤样本这类遗传不均匀样本，参数调用可以不用那么严格。如，建议将"Min alternative frequency"（最小替代频率）降至0.1～0.15，这样蛋白质组学搜索中就会包括由10%～15%的NGS片段支持的变异体。

2. 对于胰蛋白酶/LysC/GluC蛋白酶，建议保留默认设置，即最多两个漏切位点。然而，由于胰凝乳蛋白酶的特异性较低，故通常建议最多允许4个漏切位点。就免疫多肽而言，"Digestion mode"（消化模式）应设置为"Unspecific."（非特异性）。非特异性搜索的最小和最大多肽长度应分别为8和11。此外，由于免疫多肽的特殊性质，建议将"Protein FDR"设置为1.0，将"Minimum delta score for unmodified peptides"设为6。

3. 如上所述，除使用MaxQuant的详细分步指南以外，一年一度的MaxQuant暑期学校提供的理论课程和实践课程的教学资料也会以视频的方式提供（youtube.com/c/MaxQuantChannel）。

4. 尽管介绍的两个例子都利用了RNA测序数据来寻找非同义变异体，不过全基因组或外显子组测序也能达到相同的目的。

参考文献

[1] Eng JK, McCormack AL, Yates JR (1994)An approach to correlate tandem mass spectral data of peptides with amino acid sequences in a protein database. J Am Soc Mass Spectrom 5: 976–989. https://doi.org/10.1016/1044- 0305(94)80016-2

[2] Perkins DN, Pappin DJ, Creasy DM, Cottrell JS (1999)Probability-based protein identification by searching sequence databases using mass spectrometry data. Electrophoresis 20: 3551–3567

[3] Sinitcyn P, Rudolph JD, Cox J (2018)Computational methods for understanding mass spectrometry–based shotgun proteomics data. Annu Rev Biomed Data Sci 1:207–234

[4] Cox J, Mann M (2008)MaxQuant enables high peptide identification rates, individualized p.p.b.-range mass accuracies and proteomewide protein quantification. Nat Biotechnol 26:1367–1372. https://doi.org/10.1038/ nbt.1511

[5] Cox J, Neuhauser N, Michalski A et al (2011)Andromeda: a peptide search engine integrated into the MaxQuant environment. J Proteome Res 10:1794–1805. https://doi.org/10. 1021/pr101065j

[6] Jaffe JD, Berg HC, Church GM (2004)Proteogenomic mapping as a complementary method to perform genome annotation. Proteomics 4(1):59–77. https://doi.org/10. 1002/pmic.200300511

[7] Nesvizhskii AI (2014)Proteogenomics: concepts, applications and computational strategies. Nat Methods 11:1114–1125. https:// doi.org/10.1038/ nmeth.3144

[8] Zhang B, Wang J, Wang X et al (2014)Proteogenomic characterization of human colon and rectal cancer. Nature 513:382–387. https:// doi.org/10.1038/nature13438

[9] Zhang H, Liu T, Zhang Z et al (2016)Integrated proteogenomic characterization of human high-grade serous ovarian cancer. Cell 166:755–765. https://doi.org/10.1016/j. cell.2016.05.069

[10] Mertins P, Mani DR, Ruggles KV et al (2016)Proteogenomics connects somatic mutations to signalling in breast cancer. Nature 534: 55 –62. https://doi.org/10.1038 / nature18003

[11] Krug K, Jaehnig EJ, Satpathy S et al (2020)Proteogenomic landscape of breast cancer tumorigenesis and targeted therapy. Cell 183: 1436–1456.e31. https:// doi.org/10.1016/j. cell.2020.10.036

[12] Johansson HJ, Socciarelli F, Vacanti NM et al (2019)Breast cancer quantitative proteome and proteogenomic landscape. Nat Commun 10:1600. https://doi.org/10.1038/s41467- 019-09018-y

[13] Schumacher TN, Schreiber RD (2015)Neoantigens in cancer immunotherapy. Science 348: 69–74

[14] Bassani-Sternberg M, Bräunlein E, Klar R et al (2016)Direct identification of clinically relevant neoepitopes presented on native human melanoma tissue by mass spectrometry. Nat Commun 7:13404. https://doi.org/10. 1038/ncomms13404

[15] Bekker-Jensen DB, Kelstrup CD, Batth TS et al (2017)An optimized shotgun strategy for the rapid generation of comprehensive human proteomes. Cell Syst 4:587–599.e4. https://doi. org/10.1016/j.cels.2017.05.009

[16] Sarkizova S, Klaeger S, Le PM et al (2020)A large peptidome dataset improves HLA class I epitope prediction across most of the human population. Nat Biotechnol 38:199–209. https://doi.org/10.1038/s41587-019- 0322-9

[17] Davis CA, Hitz BC, Sloan CA et al (2018)The encyclopedia of DNA elements (ENCODE): data portal update. Nucleic Acids Res 46: D794–D801. https:// doi.org/10.1093/nar/ gkx1081

[18] Aguet F, Barbeira AN, Bonazzola R et al (2020)The GTEx consortium atlas of genetic regulatory effects across human tissues. Science 369(6509):1318–1330. https://doi.org/10. 1126/SCIENCE.AAZ1776

[19] Jalili V, Afgan E, Gu Q et al (2021)The galaxy platform for accessible, reproducible and collaborative biomedical analyses: 2020 update. Nucleic Acids Res 48(W1):W395–W402. https://doi.org/10.1093/NAR/GKAA434

[20] Sinitcyn P, Tiwary S, Rudolph JD et al (2018)MaxQuant goes Linux. Nat Methods 15:401

[21] Tyanova S, Temu T, Sinitcyn P et al (2016)The Perseus computational platform for comprehensive analysis of (prote)omics data. Nat Methods 13:731–740. https://doi.org/10. 1038/nmeth.3901

[22] Tyanova S, Temu T, Cox J (2016)The MaxQuant computational platform for mass spectrometry—based shotgun proteomics. Nat Protoc 11:2301–2319. https://doi.org/10. 1038/nprot.2016.136

[23] Abelin JG, Keskin DB, Sarkizova S et al (2017)Mass spectrometry profiling of HLA-associated peptidomes in mono-allelic cells enables more accurate epitope prediction. Immunity 46(2): 315–326. https://doi.org/10.1016/j. immuni.2017.02.007

第二十四章

真菌种群的非靶向代谢组学分析

Thomas E. Witte and David P. Overy

本章描述了基于超高压液相色谱串联高分辨率质谱（UPLC-HRMS）开发真菌种群的化学表型或"代谢组"的实验方案。使用多种培养基条件培养分离株，以促使多种次级代谢产物生物合成基因簇的表达。使用有机溶剂提取菌丝体和用过的培养基，并使用超高压液相色谱串联高分辨率质谱（Thermo Orbitrap XL）质谱仪进行分析。该质谱仪能够捕获离子并将其碎片化，生成 MS2 谱图。使用免费的软件 MZMine 2 进行 MS 数据前处理。通过数据处理，生成具有分子质量特征的二元矩阵，合并后得到在所有培养基条件下生长的所有分离株的次级代谢产物表型。化学表型的生成可用于筛选大型真菌种群（种间和种内种群）中可能表达的新型次级代谢产物或已知的次级代谢产物类似物的分离株。

一、引言

真菌拥有大量未开发的、快速进化的生物合成基因簇，每个基因簇都可能产生重要的次级代谢产物。在真菌种群中，发生次级代谢产物种内差异的原因有很多，包括表观遗传差异[1]、基因组热点的快速序列变化[2]，或次级代谢产物生物合成基因簇的零星类群分布，这些都表明其基因组的不稳定性[3]和（或）横向基因转移的可能[4]。了解一个种群全部次级代谢物的图谱，对于那些探究具有相关生物活性新型分子（例如药物和农用化学品）的研究人员，以及那些监测由于致病因子的生成（如宿主特异性毒素）而引起的致死性疾病发生的病理学家和监管机构，颇具吸引力[5]。使用质谱分析次级代谢产物表型（此处也称为"代谢组"），是研究真菌种群结构和检测次级代谢物变异的有效手段。

如下的实验方案是一种基于非靶向高分辨质谱的代谢组学方法，用于检测复杂真菌粗提取物中次级代谢产物的表型。有一个具体的案例，描述真菌植物病原体种群之间，次级代谢物生物合成的多样性。次级代谢物表型将用于突出种群内代谢物质量特征的特异性表达——对病原体毒性的潜在影响。次级代谢物生物合成基因簇的快速进化，可能是使病原体适应植物防御系统或入侵新植物宿主克服屏障的关键因素[6]。因此，在目标种群中选择真菌分离株时，病原体种群的次级代谢物表型分析是有必要的，如物种复合体或分离株的多物种集合，用于进一步深入的基因组分析和植物致病性试验。与植物病原体相关的分子质量特征表型，在后续生物系统（如患病植物）复杂提取物的解释中特别有用。

需要注意的是，该实验方案中的许多方面并不是"一刀切"的解决方案。每种真菌都有适宜的培养条件，并且提取过程中所使用的有机溶剂具有不同亲和力也会产生不同的次级代谢产物。质谱仪型号和色谱参数设置可能需要进行方法开发和故障排除，以满足实验研究的需要。此外，数据前处理的参数设置需要基于原始数据手动检查后进行调整，以适应当下的实验设计和科研问题。代谢组学的质谱数据分析是一个快速发展的领域，新的工具不断地推陈出新。尽管如此，本章中提供的是理解和研究真菌种群次级代谢物表型分析所需的基础实验方案。

（一）培养方法

真菌次级代谢物生物合成基因簇的表达受制于错综复杂、通常彼此重叠的调节机制，这些机制对环境扰动很敏感[7]。因此，在真菌分离株无菌培养过程中采用多样化的非生物条件，可最大限度地提高次级代谢物的生成[8]。在设计基于实验室的代谢组学实验时，氮、碳和微量营养素的类型和浓度、盐和饥饿胁迫、pH、温度、光照和湿度都是需要考虑的重要参数。此外，一个物种内的不同分离株，可能对这些刺激表现出不同的表型。在不同培养基条件下培养的分离株群体，可以产生简化的、均衡的次级代谢物表型，从而可以忽略生物合成基因调控的微小变化，而在群体水平上大规模检测次级代谢物的表达[9]。

（二）UPLC-HRMS

使用超高压液相色谱串联高分辨率质谱仪对于分离复杂的混合物和获得其成分的精确质荷比（m/z）数据（$\Delta m/z < 5\text{ppm}$）至关重要。任何品牌或型号的高分辨率质谱仪均可以应用于代谢组学研究。Thermo Orbitrap 等高分辨率质谱仪是质谱分析的良好选择，因为它们还可对感兴趣的特定分子质量特征进行 MSn 实验。一些科研项目可能受到高分辨质谱仪可用性和成本的限制，因此正如本文所示，低分辨率质谱仪也可用于生成代谢组谱图，但是会因其无法准确预测化学式和离子碎片质量，限制下游分子质量特征的注释。本实验方案没有对分子质量特征注释做大量讨论，因为这是一个快速发展的领域，而且不是一项容易的工作[10]。基于质谱数据进行小分子注释，建议读者使用众多基于计算机模拟计算的工具，如 MS-FINDER[11] 或 CSI: Finder-ID[12]，以及线上 MS2 数据库比对流程，如 GNPS[13]。基于 MS2 的分子注释需要质谱仪辅助，如 Thermo QExactive，能够快速生成大量高分辨 MS2 数据，能够高效地捕获和碎裂样本中几乎所有检测到的 m/z，并且可以在运行中快速切换正负离子模式而不影响 HPLC-HRMS 的运行时间。这些强大的分析能力也增加了仪器成本，对于一些研究项目来说可能是不可行的。而本实验方案中产生的样本数据，一旦发现含有可能感兴趣的分子，都可以使用不同的质谱仪进行进一步分析。

（三）数据分析

数据前处理包括将原始 MS 数据中的离子峰简化，生成一个 m/z 和色谱保留时间（retention time，RT）相关联的质量特征矩阵——本质上是将三维数据压缩成二维矩阵。再将前处理后的代谢组数据转换为基于二进制和（或）频率的格式，通过消除因提取物浓度差异或真菌代谢能力引起的 m/z 信号强度的变化，从而简化次级代谢物表型的解释。因此，本实验方案侧重于次级代谢物表达模式的可视化，而非次级代谢产物的定量。

二、材料

（一）用于生物样本培养和提取的材料

1. 单个孢子（可以是菌丝塞或分生孢子）培养的真菌分离株冷冻储存样本。

2. 甘露醇、Murashige&Skoog 盐培养基（MMK2）：1 L 蒸馏水中加入 40 g 甘露醇、5 g 酵母提取物和 4.3g Murashige&Skoog 盐混合物。

3. Czapek 酵母自溶物培养基（CYA）：1 L 蒸馏水中加入 3 g $NaNO_3$、1g KH_2PO_4、500mg KCl、500 mg $MgSO_4 \cdot 7H_2O$、10 mg $FeSO_4 \cdot 7H_2O$、5g 酵母提取物、30g 蔗糖和 1 ml "微量元素"（见下文）。

4. 微量元素：100 ml 蒸馏水中加入 1 g $ZnSO_4 \cdot 7H_2O$ 和 0.5 g $CuSO_4 \cdot 5H_2O$。

5. 酵母提取物蔗糖培养基（YES）：1 L 蒸馏水中加入 20 g 酵母提取物、150 g 蔗糖和 500mg $MgSO_4 \cdot 7H_2O$。

6. 含 Instant Ocean 的酵母提取物蔗糖培养基（YESIO）：向 YES 配方中添加 18 g Instant Ocean 盐。

7. 玻璃器皿：50ml 玻璃斜管，巴氏移液管，20ml 带箔衬里盖的硼硅酸盐闪烁瓶，125ml 锥形瓶，2ml 带聚四氟乙烯（PTFE）衬里盖的 HPLC 小瓶。

8. 真菌培养及无菌操作设备：培养箱，高压灭菌锅，B2 生物安全柜（用于植物病原真菌），118ml Whirl-Pak 袋和 -20℃冰箱。

9. 提取溶剂：HPLC 级别的乙酸乙酯。

10. 复溶溶剂：UPLC 级甲醇。

11. 提取物处理设备：化学通风橱，Genevac 真空浓缩仪或氮吹仪（或干燥有机溶剂的其他等效装置），高精度质量秤（精确至 0.1 mg）。

（二）用于 UPLC-HRMS 分析的材料

1. MS 仪器：配备离子阱的 UPLC-HRMS，能够以高分辨率（< 5 ppm）捕获 m/z 2000 以内分子的 MSn 谱图。

2. C18 反相色谱柱（Phenomenex C18 Kinetex，50 mm × 2.1 mm ID，1.7 μm 或等效柱）。

3. 反相液相色谱溶剂：UPLC 或 LCMS 级纯水（含 0.1% 甲酸）和乙腈（含 0.1% 甲酸）。

（三）用于数据分析和挖掘的材料

1. 一台运行 Windows 或 Linux 的多核个人电脑，至少 4 GB 内存（最好是大于 12GB）。不需要访问计算机集群。

2. 免费软件："R"[14]，MZMine 2[15]。

三、方法

见图 24-1，了解此处描述方法的概览图。

（一）发酵

1. 准备 MMK2、CYA、YES 和 YESIO 培养基。更多有关发酵的实验方法，参见注释 1。

2. 标记斜管。每个培养条件、每个菌株各准备 4 个重复、包括使用空白培养基作为空白对照组。每个斜管中加入 15ml 培养基，盖好盖子后，在高压灭菌锅中进行灭菌（121℃，15 分钟）。冷却至室温后，再进行后续步骤。

3. 室温下解冻冻存的菌株，并接种到斜管中。

4. 将所有斜管（包括培养基空白对照），置于与水平面成 10°～20° 角（使斜管内培养基的表面积最大化）、25℃避光条件下培养 14 天（见注释 2）。

5. 用镊子取出漂浮在每个斜管表面的菌丝垫，放入单独标记的 Whirl-Pak 袋中。

6. 立即将所有含有菌丝体的袋子和斜管放入 -20℃冰箱中，保存至样本提取处理。

（二）溶剂提取

1. 室温下解冻斜管。

2. 离心斜管，沉淀培养基中残留的菌丝体。将培养基上清液（即"使用过的培养液"）转移至贴有标签的 125ml Erlenmeyer 玻璃锥形瓶中。将空白对照斜管中的培养基，倒入另外的 125ml Erlenmeyer 锥形瓶中。

3. 从冰箱中取出装有菌丝体的袋子，在冷冻状态下，用手轻轻压碎组织，再从袋子中取出，转移至贴有标签的 125ml Erlenmeyer 锥形瓶中。

4. 向每个锥形瓶中加入 15ml HPLC 级别的乙酸乙酯，将锥形瓶放置于通风橱中旋转摇床的烧瓶夹上，室温下轻轻摇动（约 120r/min）1 小时（见注释 3）。

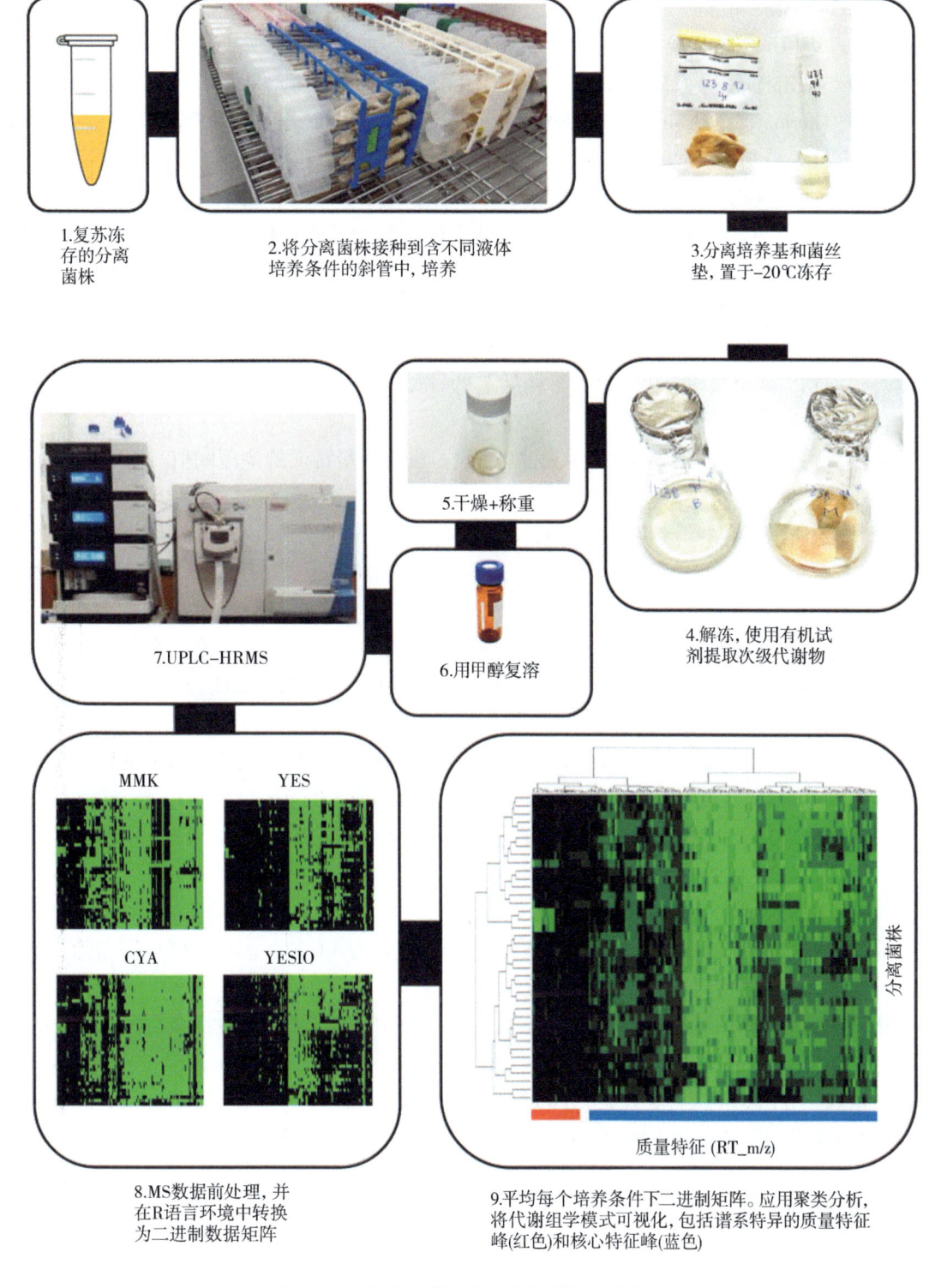

图 24-1 实验设计概述（种内群体表型分析）

5. 使用玻璃的巴氏移液管，将乙酸乙酯上清液转移至预先称重的硼硅酸盐闪烁瓶中，并使用 Genevac 真空浓缩仪在真空条件下，将样本完全干燥（或在化学通风橱中使用针式空气或氮吹仪）。

6. 干燥后，使用天平称量闪烁瓶，以确定粗提物质量。

7. 将样本储存于 -20℃的冰箱中，保存至 UPLC-HRMS 上机分析。

（三）UPLC-HRMS 检测

1. 使用 UPLC 级甲醇复溶提取物，至浓度为 500μg/ml（见注释 4）。

2. 使用 UPLC-HRMS 分析每个样本（色谱和 HRMS 操作条件，示例如下）。使用 Thermo Ultimate 3000 UPLC 串联 Thermo LTQ Orbitrap XL HRMS（见注释 5）。UPLC 上配备 Phenomenex C18 Kinetex 柱（50 mm×2.1 mm ID，1.7μm）色谱柱，流速为 0.35 ml/min，使用水（含 0.1% 甲酸）和乙腈（含 0.1% 甲酸）作为流动相：从 5% 乙腈开始，4.5 分钟增加至 95% 乙腈，在 95% 乙腈下保持至 8.0 分钟，在 9.0 分钟后返回到 5% 乙腈，再保持至 10 分钟，使色谱柱平衡至起始条件。HRMS 在 ESI+ 模式下（监测范围 100～2000 m/z）操作，使用如下参数：鞘气（40），辅助气（5），清扫气（2），喷雾电压（4.2kV），毛细管温度（320℃），毛细管电压（35V），管透镜（100V）。

在后续实验中，可以使用 35 eV 的 CID 对目标 m/z_RT 质量特征进行 MSn 碎裂。

3. 将复溶提取物以随机顺序上机，每五个样品上机一次甲醇，作为空白（见注释 6）。

（四）代谢组学数据前处理

1. 质量检测。将数据导入 MZMine 2[15]（见注释 7）。设置质量特征的检测阈值。Orbitrap XL 仪器常用的检测阈值为 $1.0\ E^4$。

2. 色谱图构建（图 24-2A）。使用"ADAP Chromatogram Builder"模块，设置最小组的大小为 5，组强度阈值为 $1.0\ E^5$，最高强度的最小阈值为 $5.0\ E^6$。m/z 容差为 $0.01 m/z$ 或 5.0 ppm，所有的保留时间（RT）容差为 0.05 分钟。

3. 色谱图解卷积（图 24-2B）。使用"Local Minimum Search"模块，设置色谱阈值为 10，RT 最小搜索范围为 0.05 分钟，最小相对峰高为 10%，最小绝对峰高为 $1.0\ E^7$，最小峰信噪比为 1.2，峰宽范围为 0～4.00 分钟（见注释 8）。

4. 同位素峰合并（图 24-2C）。使用"Isotopic Peaks Grouper"模块，设置最大电荷数为 2，且满足单调峰形和代表性同位素峰的强度最高。设置 m/z 容差为 $0.01 m/z$ 或 5.0 ppm。

5. 峰对齐（图 24-3A）。使用"Join Aligner"模块，对齐样品之间的峰。设置 m/z 容差为 $0.01 m/z$ 或 5.0 ppm，m/z 的权重为 2，保留时间的容差为 0.05 分钟，RT 的权重为 1。

6. 缺失值填充（图 24-3B）。使用"Peak Finder（Multi-Threaded）"模块，填充质量特征数据集中的缺失值，缺失值主要是由于质量特征的强度低于信号的检测阈值（设置为 $1.0\ E^7$）。设置强度容差为 25%，m/z 容差为 $0.01 m/z$ 或 5.0 ppm，保留时间容差为 0.05 分钟。

7. 归一化。使用"Linear Normalizer"模块，基于每个样品的总离子电流，将峰面积值归一化。设置归一化类型为"Total Raw Signal"，峰测量类型为"Peak Area"（见注释 9）。

8. 导出数据表。导出 .csv 文件，设置"Field Separator"为逗号，在"Export Common Elements"界面中勾选"Export Row m/z"和"Export Row Retention Time"，以及"Export Data File Elements"界面中的"Peak Area"。

（五）数据处理（使用 R 语言）

1. 过滤培养基空白或 QC 样本中匹配的信号。首先使用质量特征的 RT 和 m/z，创建 RT_m/z 格式的质量特征串联名称。过滤掉与培养基对照样本或 UPLC-HRMS 中 QC 样本匹配的质量特征，他们可能是系统性污染（见注释 10）。

2. 基于相关性分析合并质量特征（图 24-4A）。对所有 RT_m/z 质量特征进行两两比较，如果质量特征之间 Pearson 相关系数 > 0.85，并且质量特征之间流出色谱柱时间在 0.02 分钟保留时间窗口范围内，合并质量特征。仅保留合并组内具有最高平均强度的"代表性"的 RT_m/z 质量特征（见注释 11）。

3. 转换为二进制矩阵（图 24-4B）。每个重复的两种样本类型（菌丝体和培养基）的信号强度，进行加和，将任何强度 > 0 的数据转换为 1，从而将数据矩阵转换为二进制矩阵（见注释 12）。

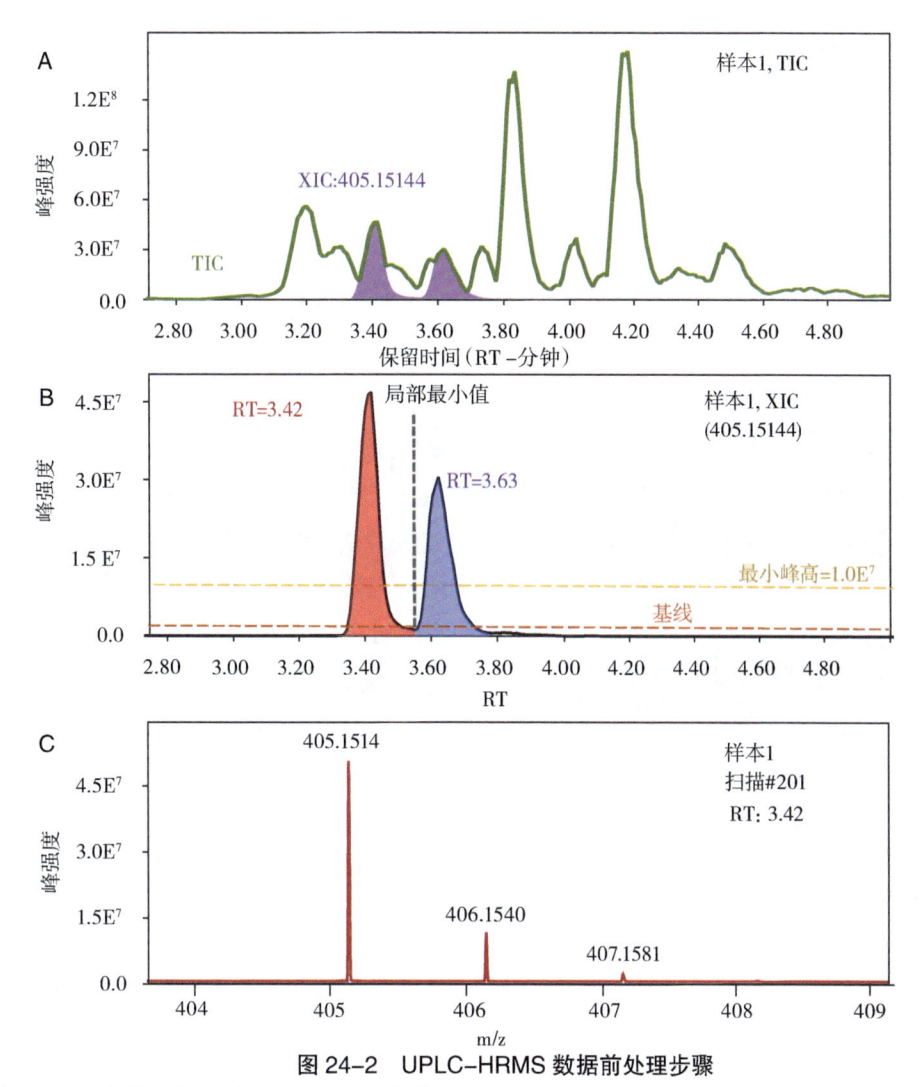

图 24-2 UPLC-HRMS 数据前处理步骤

A. 色谱图构建。通过观察典型峰高和仪器的灵敏度，构建色谱图。例如：紫色峰代表质量特征 m/z 405.1514（5ppm 以内）的提取离子色谱图（XIC）。绿色线是样品的总离子流色谱图（TIC）。B. 色谱图解卷积。基于所选的方法，估计峰形建模的参数。参数可能包括最小绝对峰高、基线、峰形比、峰宽等。例如：解卷积识别质量特征 m/z 405.1514 的两个峰，保留时间（RT）分别为 3.42 分钟（红色）和 3.63 分钟（蓝色）。C. 同位素峰合并。通过分离丰度最高的同位素，合并同位素峰，从而简化数据。例如：质量特征 m/z 405.1514 被视为在 3.42 分钟峰的 [M+1] 离子。该扫描图显示的是电荷 =1 的单调峰形

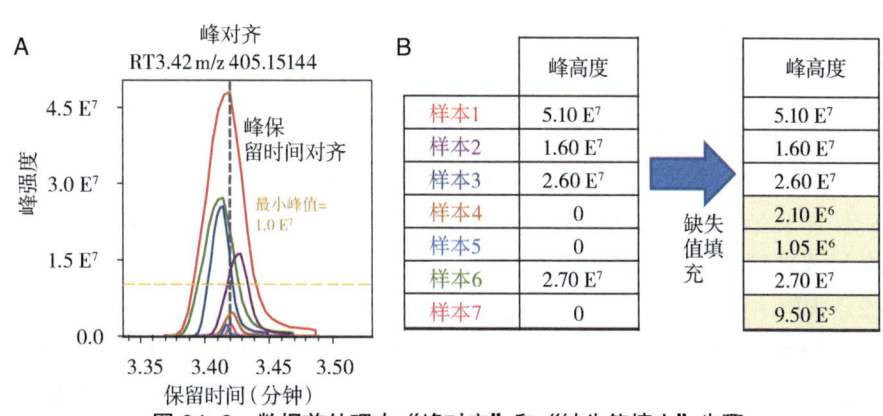

图 24-3 数据前处理中"峰对齐"和"缺失值填充"步骤

A. 峰对齐。样本间峰对齐的目的是为了解决色谱图和质量的微小偏差。B. 缺失值填充。对齐峰值后，在原始数据中检测到的质量特征峰低于最小峰高阈值（也称为"间隙填充"）时，需要手动填充缺失值。例如：在对齐步骤中，对齐了所有 m/z 405.15184 和 RT 3.42 分钟（粗体）的质量特征。缺失值填充步骤在样品 4、5 和 7 中，也检测到该质量特征的低强度峰（强度值使用黄色突出显示）

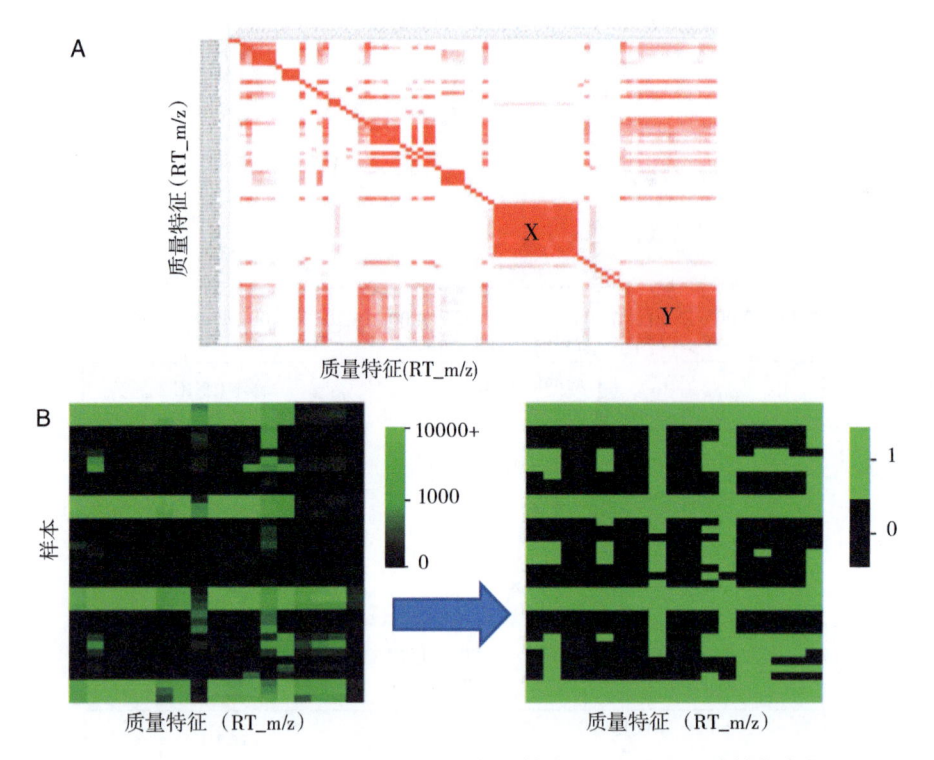

图 24-4　数据处理过程中质量特征相关性分析和二进制矩阵转换步骤

A. 质量特征相关性分析（在 R 语言环境中）。通过对在 0.02 分钟时间窗口内出现的、相关性系数大于 0.85 的质量特征进行合并，从而简化数据解释。示例显示了一个相关系数矩阵，其中红色强度表示高相关系数。字母 X 和 Y 表示质量特征组的示例，它们是基于相关性合并的极佳候选特征，每个质量特征组都将由单一假定的"母离子"或加合物表示。B. 转换为二进制矩阵

4. 过滤掉检测不一致的质量特征。对每个 RT_m/z 质量特征/菌株的所有重复，计算平均值，以获得频率值，然后过滤去除掉在 4 个重复中出现少于 3 个的 RT_m/z 质量特征（＜ 0.75；见注释 13）。

5. 平均每个培养条件下的二进制矩阵，以创建一个的化学表型的频率矩阵。现在所有重复检测已计算了平均值，将数据转换为二进制。计算 4 种培养条件下检出/未检出率的平均值，得到一个频率矩阵（如，数值 0.75 表示，该特定菌株在 3/4 的培养条件下，检测到了这个 RT_m/z 质量特征）。

6. 使用聚类热图将化学表型可视化。使用 R 包 "heatmaply"[16]，创建一个频率矩阵的交互式热图，"行"为菌株名称，"列"为质量特征（图 24-5）。使用 "Ward.D2" 聚类算法，对行和列进行分层聚类，以便于菌株和 RT_m/z 质量特征的解释（见注释 14）。

四、注释

1. 本实验方案选用了一组培养条件，将镰刀菌分离株分别暴露于不同氮源、碳源、微量营养素和盐胁迫的条件下，以确保在 HRMS 检测条件到的代谢组学信号存在差异。然而，文献中还有许多培养基配方，针对各种真菌无菌培养进行了优化，因此读者在设计自己的实验时，拟用的培养基应根据文献检索仔细选择[17, 18]。玻璃斜管通常用于此类实验，但是也可以用其他生长容器代替——每一种器皿可能影响实验结果，需要注意记录实验期间使用的所有设备。同样地，该生长条件适用于不同真菌或科学实验问题，其中的一些参数，如光/暗循环、紫外线照射、温度和湿度，可以根据需要进行调整。如果想使用固体培养基，则可在灭菌前将琼脂添加到培养基中，再倒入培养皿中。

2. 收集培养样本时，目视检查发酵管是否被污染十分重要。如果发酵菌种不纯，试管中可能出现混合培养物。同样的，即使采用了适当的无菌技术，在接种期间孢子可能通过空气传播引起真菌污染。许多空

气传播的真菌污染物（如曲霉菌、青霉菌、紫霉菌和木霉菌等）都生长迅速。这些真菌菌落在试管中会呈现为蓝绿色、绿黄色、粉紫色和黑色等其他颜色的离散斑块，通常通过形态观察，可以较容易地与接种的菌种区分开来。细菌和酵母菌污染也会发生，导致发酵液外观上变得半透明或不透明，并伴有异味。若疑似细菌/酵母污染，可以将发酵液划线接种到适当的固体生长培养基上，孵育后监测可疑污染物的生长情况。丢弃任何受污染的样本非常重要，因为污染物的存在会影响从相应培养物中提取次级代谢产物的成分，进而导致错误的数据分析和解释。

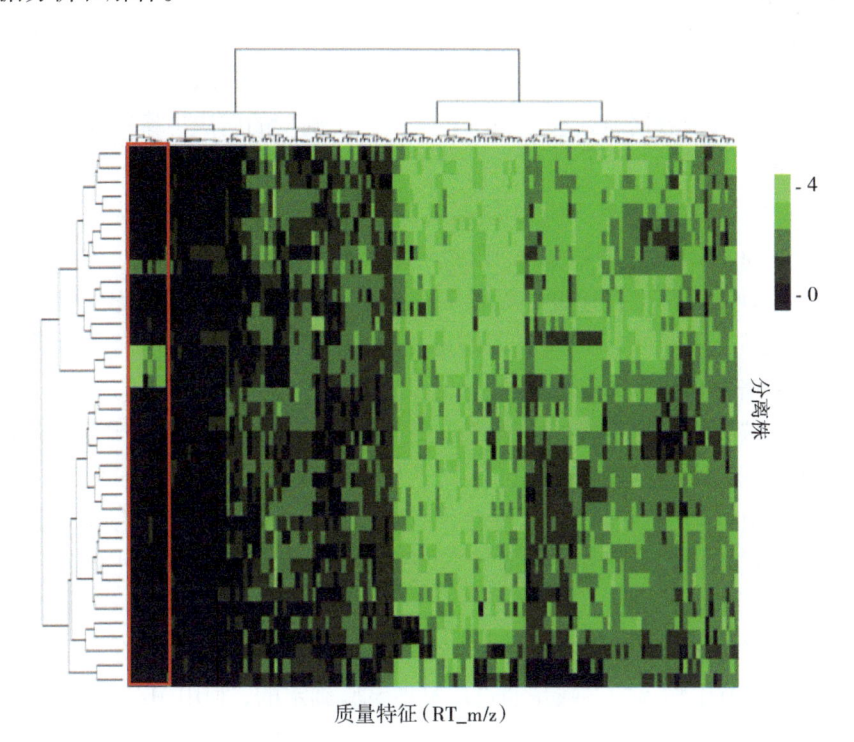

图 24-5　质量特征检测模式热图

由所有培养条件的平均二进制矩阵构成。使用层次聚类，对行（顶部）和列（左侧）进行聚类。频率热图对于靶向真菌菌株进行更深入的分析非常有用，包括质量特征注释和（或）菌株基因组测序。在此示例中，菌群子集中的提取物具有谱系特异的质量特征（用红色框突出显示）。这些后来被注释为"apicidins"，是一种以前与该物种无关的霉菌毒素

3. 本实验方案使用乙酸乙酯作为提取试剂，但是有一系列的溶剂或混合溶剂可能更适合作为提取试剂，如二氯甲烷、甲醇、乙腈等。由于溶剂极性的差异，每种溶剂具有倾向性地从组织或培养基中提取不同的分子亚群。如果使用乙酸乙酯，实验过程中，该溶剂不要接触塑料或橡胶手套，这一点非常重要。如果发生这种情况，样品将被塑化剂污染。这样不但会破坏样本（塑化剂将成为实验质谱图中的主要信号），还会对UPLC色谱柱造成不可修复的损坏。始终使用巴氏玻璃移液管转移乙酸乙酯，或其他验证过的转移设备。切勿将乙酸乙酯储存在塑料容器中。最后，样品必须完全干燥后，再重悬于甲醇中，进行UPLC-HRMS检测，任何残留的乙酸乙酯都会损坏设备。

4. 如果提取物不易溶解，可将小瓶置于超声浴中，5～10分钟。有时提取物只是需要在甲醇中放置更长时间才能完全溶解。如果提取物仍难以溶解，考虑在注入UPLC-HRMS分析前，使用离心和（或）0.2μm PTFE过滤器对提取物进行过滤。

5. 虽然代谢物鉴定对于本实验方案来说并不是必需的，但是添加UV吸收光谱的二极管阵列检测器（如Thermo Dionex Ultimate 3000二极管阵列检测器，190～800 nm），可以极大地辅助真菌提取物的鉴定。

6. 甲醇空白样本有多种用途，对代谢组学研究来说必不可少。它们有助于清洁色谱柱，以及检测系统中污染物的存在，如色谱柱残留以及色谱运行中洗脱出来的化合物［如，实验室发现化合物恩镰孢菌素

（enniatin）在 C18 色谱柱上残留非常麻烦］。因此，在数据分析时，甲醇空白有助于检测由于色谱运行之间的残留而导致的假阳性，应根据实验规模和可用资源，尽可能频繁地将甲醇空白包括在内。此外，UPLC-HRMS 样品运行应在序列开始包括一个内部校准标准品（如利血平），主要用于校准 HRMS 机器的准确性，也可以用于比较不同代谢组学实验结果中 m/z 和 RT 的一致性。

7. HRMS 数据处理软件正在经历快速改进和数量激增，一些步骤可能显得很过时。但是，本实验方案中涵盖了最基本的实验步骤，包括如何将多个样本的 HRMS 数据转换成特定 RT_m/z 质量变量和相应信号强度的矩阵。MZMine 2[18] 是我们进行此分析的首选免费软件。同时还有其他可供使用的软件，包括 XCMS[19]、MS-DIAL[20] 和 MetaboAnalyst[21] 等。MZMine 2 允许用户对质谱数据进行精细化处理，尽管许多新用户会发现参数数量太多。对于数据前处理，并没有一个"正确"的解决方案或参数设置——每个实验都需要一定程度的参数调整。

大多数参数需要通过手动检查原始 HRMS 数据或检查每个预处理步骤生成的质量特征列表来推断设定。HRMS 数据很复杂，通常会经过多次处理，以找到最佳的参数设置。例如，可以使用多种不同的工具实现色谱图解卷积——每种工具都会在速度和灵敏度之间进行权衡，也需要考虑所涉及的色谱仪和所提出的实验问题。通常，前处理步骤需要输入阈值，如 m/z 和 RT 的容差，这对于描述峰形和对齐样本之间的峰至关重要。如，在峰对齐步骤中，设置适当的 m/z 和 RT 窗口，以便有足够的宽松度，准确对齐实验中所有样品的峰。如果色谱仪在重复样本或处理组之间发生变化（例如在 UPLC-HRMS 检测中，更换了色谱柱或管路），导致样本之间色谱的保留时间或峰形发生变化，峰对齐则变得极具挑战。因此，为了确保实验的准确性，实验中的所有样本应当连续上机分析，不被其他实验中断，且所有样本都必须使用同一个色谱柱。值得庆幸的是，数据预处理时遇到的困难，与获得令人兴奋的趋势结果所体验到的满足感，是无法相提并论的。

8. 色谱图解卷积是非常重要的步骤，有许多不同解卷积的方法，取决于数据质量和具体的实验问题，他们或多或少彼此相关。本节中输入的参数是通过反复地试验确定的，利用 MZMine 2 中 "preview"（预览）选项，可以观察参数变化将如何影响解卷积。

9. 有多种数据标准化的方法。在许多情况下，为了方便下游数据标准化处理，最好在样本提取之前或在 UPLC-HRMS 上机分析前复溶样本的步骤中，在样品中加入标准品。当然每种方法都有好处和不足。实验方案分析了跨真菌群体的次级代谢产物的表型，并不关注样本中质量特征 HRMS 信号的相对定量结果。在这种情况下，总离子流归一化是可以接受的。

10. 在某些情况下，甲醇空白会表现出所用色谱系统中固有的质量特征（有时称为"系统峰"），但是它们也可能是来自样品，残留在色谱柱上的化合物（即由"样品过载"导致的）。因此，在去除"系统峰"时应当非常小心，不要过滤掉"样品过载"的信号，因为它们是真实存在于菌株提取物中，通常在分析中保留这些质量特征比移除它们更安全。另一种信号处理的方法是用样品中检测的质量特征峰强度，减去它们在甲醇空白中的平均强度。当化合物在色谱柱上残留时，这种方法将人为地降低样本数据中"真实峰"的强度，但不太可能影响本章所述的二进制检出/未检出矩阵结果。

11. 对于任意代谢物来说，HRMS 产生的 RT_m/z 质量特征中可能有大量是代谢物的加合物和源内碎片离子，因此为了简化数据分析，通常会去除它们。有许多不同的方法可以实现这一目标。在示例中，可以用 Pearson 相关分析来比较质量特征峰面积强度，其逻辑是加合物和碎片离子强度在所有样品中具有较高的相关性，并且几乎总是同时从柱上洗脱下来。最新发布的 MZMine 2 包含一个 Ion Identity Networking（离子识别网络）模块[22]，该模块在数据前处理时，将共流出信号的峰形和强度进行关联分析。该方法在识别特定加合物类型［如常见的质子化（$[M + H]^+$）或加钠化的（$[M + Na]^+$）"前体离子"］方面具有额外的优势。此外，需要注意的是，选择作为关联组代表的质量特征，不应是假设真实存在的加合物和（或）源内碎片的前体离子，而仅仅代表在不同样本中检出率高的质量特征，因此对于创建检出/未检出的二进制矩阵来说很重要。

12. 使用缺失值填充后的数据创建二进制矩阵不是一个简单的步骤。在缺失值填充步骤中引入的低水平的"系统峰值"，可能被错误地鉴定到，从而导致错误。这些假阳性值可以在 R 数据处理时通过设定阈值的方式去除，或者在 MZMine 2 数据预处理时在缺失值填充后过滤掉低强度峰去除。信号强度阈值的选择，可以通过查看原始数据中的峰强度值和数据集中质量特征强度分布的直方图来判断。任何数据分析都不能避免假阳性。手动检查质谱峰，对于发现那些由于数据预处理或处理参数设置引起的假阳性，至关重要。

13. 这一步是去除那些在四个重复样本中仅出现一次或两次的假阳性质量特征，它们可能是来自色谱柱上化合物的残留和样本的"过载"造成的。在 UPLC-HRMS 分析时，使用足够的样本重复数及采取样品随机上机的方式，可降低所有重复样本中包含相同假阳性的可能性，使得该步骤在减少假阳性峰时更为有效。

14. "Heatmaply"[16] 只是 R 语言环境中众多可视化热图包的一种。之所以在这里推荐使用它，是因为它的易用性和交互性，使用者可以放大各组信号结果、更加清楚地读取质量特征和样品名称等。这种交互性在代谢组学分析和解释中十分有用，因为代谢组学研究通常会产生数千个质量特征、构成的大型数据集很难解释。

参考文献

[1] Williams RB, Henrikson JC, Hoover AR et al(2008)Epigenetic remodeling of the fungal secondary metabolome. Org Biomol Chem 6: 1895–1997. https://doi.org/10.1039/ b804701d

[2] Alexander NJ, McCormick SP, Waalwijk C et al(2011)The genetic basis for 3-ADON and 15-ADON trichothecene chemotypes in Fusarium. Fungal Genet Biol 48:485–495. https://doi.org/10.1016/j.fgb.2011.01.003

[3] Croll D, Zala M, McDonald BA(2013)Breakage-fusion-bridge cycles and large insertions contribute to the rapid evolution of accessory chromosomes in a fungal pathogen. PLoS Genet 9:e1003567. https://doi.org/10. 1371/journal.pgen.1003567

[4] Ma LJ, Van Der Does HC, Borkovich KA et al(2010)Comparative genomics reveals mobile pathogenicity chromosomes in Fusarium. Nature 464:367–373. https://doi.org/10. 1038/nature08850

[5] Tsuge T, Harimoto Y, Akimitsu K et al(2013)Host-selective toxins produced by the plant pathogenic fungus Alternaria alternata. FEMS Microbiol Rev 37:44–66

[6] Croll D, McDonald BA(2012)The accessory genome as a cradle for adaptive evolution in pathogens. PLoS Pathog 8:e1002608. https://doi.org/10.1371/journal.ppat. 1002608

[7] Macheleidt J, Mattern DJ, Fischer J et al(2016)Regulation and role of fungal secondary metabolites. Annu Rev Genet 50:371–392. https://doi.org/10.1146/annurev-genet- 120215-035203

[8] Bode HB, Bethe B, Höfs R, Zeeck A(2002)Big effects from small changes: possible ways to explore nature's chemical diversity. Chem Bio Chem 3:619–627

[9] Witte TE, Villeneuve N, Boddy CN, Overy DP(2021)Accessory chromosome-acquired secondary metabolism in plant pathogenic fungi: the evolution of biotrophs into host-specific pathogens. Front Microbiol 12:700. https:// doi.org/10.3389/fmicb.2021.664276

[10] Blaženović I, Kind T, Torbašinović H et al (2017)Comprehensive comparison of in silico MS/MS fragmentation tools of the CASMI contest: database boosting is needed to achieve 93% accuracy. J Cheminform 9:32. https://doi.org/10.1186/s13321-017-0219-x

[11] Lai Z, Tsugawa H, Wohlgemuth G et al(2018)Identifying metabolites by integrating metabolome databases with mass spectrometry cheminformatics. Nat Methods 15:53–56. https://doi.org/10.1038/nmeth.4512

[12] Dührkop K, Fleischauer M, Ludwig M et al(2019)SIRIUS 4: a rapid tool for turning tandem mass spectra into metabolite structure information. Nat Methods 16:299–302. https://doi.org/10.1038/s41592-019- 0344-8

[13] Wang M, Carver JJ, Phelan VV et al(2016)Sharing and community curation of mass spectrometry data with Global Natural Products Social Molecular Networking. Nat Biotechnol 34:828–837. https://doi.org/10.1038/nbt. 3597

[14] Team R Development Core(2020)A language and environment for statistical computing. R Foundation for Statistical Computing, Vienna, Austria. http://www.r-project.org

[15] Pluskal T, Castillo S, Villar-Briones A, Orešič M(2010)MZmine 2: modular framework for processing, visualizing, and analyzing mass spectrometry-based molecular profile data. BMC Bioinformatics 11:395. https://doi.org/10.1186/1471-2105-11-395

[16] Galili T, O'Callaghan A, Sidi J, Sievert C(2018)heatmaply: an R package for creating interactive cluster heatmaps for online publishing. Bioinformatics 34:1600–1602. https:// doi.org/10.1093/bioinformatics/btx657

[17] Bills GF, Foster MS(2004)Formulae for selected materials used to isolate and study fungi and fungal allies. In: Biodiversity of fungi: inventory and monitoring methods. Elsevier, pp 595–618

[18] Samson RA, Hoekstra ES, Lund F et al (2004)Methods for the detection, isolation and characterization of food-borne fungi. In: Samson RA, Hoekstra ES, Frisvad JC, Filtenborg O(eds)Introduction to food-and airborne fungi, 7th edn. American Society for Microbiology, pp 283–297

[19] Smith CA, Want EJ, O'Maille G et al (2006)XCMS: processing mass spectrometry data for metabolite profiling using nonlinear peak alignment, matching, and identification. Anal Chem 78:779–787. https://doi.org/10. 1021/ac051437y

[20] Tsugawa H, Cajka T, Kind T et al(2015)MS-DIAL: data-independent MS/MS deconvolution for comprehensive metabolome analysis. Nat Methods 12:523–526. https://doi. org/10.1038/nmeth.3393

[21] Chong J, Soufan O, Li C et al(2018)MetaboAnalyst 4.0: towards more transparent and integrative metabolomics analysis. Nucleic Acids Res 46:W486–W494. https://doi.org/ 10.1093/nar/gky310

[22] Schmid R, Petras D, Nothias LF et al(2020)Ion identity molecular networking in the GNPS environment. Nat Commun 12:3832

[23] Witte T, Harris L, Nguyen H et al(2020)Apicidin biosynthesis is linked to accessory chromosomes in Fusarium poae isolates. BMC Genomics 22:591. https://doi.org/10. 21203/rs.3.rs-116075/v1